U0351036

南京農業大學
NANJING AGRICULTURAL UNIVERSITY

南京农业大学档案馆 编

年鉴

2017

中国农业出版社

北 京

图书在版编目（CIP）数据

南京农业大学年鉴. 2017 ／南京农业大学档案馆编.
—北京：中国农业出版社，2018.12
ISBN 978-7-109-24977-6

Ⅰ．①南… Ⅱ．①南… Ⅲ．①南京农业大学－2017
－年鉴 Ⅳ．①S-40

中国版本图书馆CIP数据核字(2018)第263579号

中国农业出版社出版
（北京市朝阳区麦子店街18号楼）
（邮政编码 100125）
责任编辑 刘 伟 冀 刚

北京通州皇家印刷厂印刷　　新华书店北京发行所发行
2018年12月第1版　　2018年12月北京第1次印刷

开本：787mm×1092mm　1/16　印张：24.75　插页：6
字数：640千字
定价：128.00元
（凡本版图书出现印刷、装订错误，请向出版社发行部调换）

　　9月8日，在第33个教师节来临之际，时任江苏省委书记李强（上图左一）来到学校，看望慰问工作在教学科研第一线的教师代表王源超（上图右一）、陶建敏（下图第一排左二）等教授

　　12月6日，第十届世界大豆研究大会奖"终身成就奖"授予盖钧镒院士（右一），以表彰其为世界大豆研究作出的突出贡献

世界大学学术排名2017

2017 ● ● ● ● ● ● ● ● ● ● ● ● ● ● ●
2016 2015 2014 2013 2012 2011 2010 2009 2008 2007 2006 2005 2004 2003

Top 500   501-800   排名方法   排名统计   相关文章

世界排名	学校*	按地区 所有 ▼	国家排名	总分	指标得分 Alumn ▼
1	哈佛大学		1	100.0	100.0
2	斯坦福大学		2	76.5	44.5
3	剑桥大学		1	70.9	81.4
4	麻省理工学院		3	70.4	68.7
5	加州大学-伯克利		4	69.1	64.4
6	普林斯顿大学		5	61.1	54.4
7	牛津大学		2	60.1	50.8
401-500	庆北国立大学		8-12		0.0
401-500	巴黎高等矿业学校		18-20		13.4
401-500	南京农业大学		34-45		0.0
401-500	南京医科大学		34-45		0.0
401-500	南京航空航天大学		34-45		0.0
401-500	南京理工大学		34-45		0.0
401-500	雅典国家技术大学		2-3		0.0
401-500	新墨西哥州立大学-拉斯克鲁塞斯		120-135		0.0

　　10月24日，学校首次进入《美国新闻与世界报道》（*U.S. News & World Report*，简称U.S. News）发布的"全球最佳农业科学大学"排名前10

4月1日，学校公共管理学院石晓平教授入选"青年长江学者"名单

4月1日，学校园艺学院吴巨友教授入选"青年长江学者"名单

全国创新争先奖状

获 奖 者：沈其荣

所在单位：南京农业大学

授奖日期：2017年5月

5月27日，沈其荣教授荣获"全国创新争先奖状"

8月17日，国家自然科学基金创新研究群体项目揭晓，南京农业大学作物疫霉菌的致病机理与病害调控团队，作为江苏仅有的2支高校团队之一，获得了该项目支持

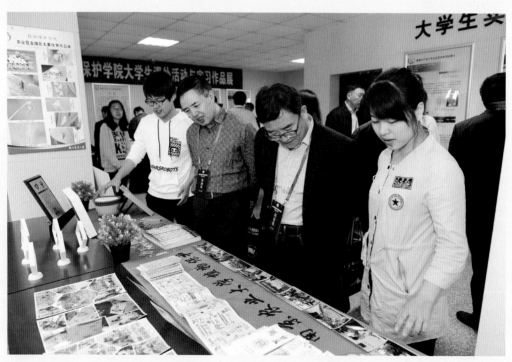

4月25日，农学、植物保护专业率先通过教育部本科专业认证

4月15日，南京农业大学孙颉教育基金捐赠仪式在学校举行

11月，南京农业大学-密歇根州立大学"亚洲农业研究中心"成立，美国密歇根州立大学来访商讨进一步合作事宜

10月28日，比利时植物学家德克·英泽（左一）获2017年GCHERA世界农业奖

6月11～13日，中美农业植物生物学研究中心成立

11月7日，2016年中国科学院期刊分区正式发布。学校首份英文学术期刊《园艺研究》影响因子4.554，位于园艺类一区，第1/34名；农林科学大类一区，第5/472名，并且被评为TOP期刊

9月25日起，话剧《北大荒七君子》在学校公演，传递南农人世纪家国情怀

11月14日，在波士顿海因斯国际会展中心举办的2017年国际基因工程机械设计大赛（简称iGEM），学校NAU-CHINA再次斩获金奖

《南京农业大学年鉴》编委会

编　辑　说　明

《南京农业大学年鉴 2017》全面系统地反映 2017 年南京农业大学事业发展及重大活动的基本情况，包括学校教学、科研和社会服务等方面的内容，为南京农业大学的教职员工提供学校的基本文献、基本数据、科研成果和最新工作经验，是兄弟院校和社会各界了解南京农业大学的窗口。《南京农业大学年鉴》每年一期。

一、《南京农业大学年鉴 2017》力求真实、客观、全面地记载南京农业大学年度历史进程和重大事项。

二、年鉴分学校综述、重要文献、2017 年大事记、机构与干部、党的建设、发展规划与学科建设、师资队伍建设与人事、人才培养、科学研究与社会服务、对外交流与合作、发展委员会、办学条件与公共服务、学术委员会和学院栏目。年鉴的内容表述有专文、条目、图片、附录等形式，以条目为主。

三、本书内容为 2017 年 1 月 1 日至 2017 年 12 月 31 日间的重大事件、重要活动及各个领域的新进展、新成果、新信息，依实际情况，部分内容时间上可有前后延伸。

四、《南京农业大学年鉴 2017》所刊内容由各单位确定的专人撰稿，经本单位负责人审定，并于文后署名。

《南京农业大学年鉴 2017》编辑部

目　　录

八、人才培养

九、科学研究与社会服务

十、对外合作与交流

一、学校综述

[南京农业大学简介]

南京农业大学坐落于钟灵毓秀、虎踞龙蟠的古都南京，是一所以农业和生命科学为优势和特色，农、理、经、管、工、文、法学多学科协调发展的教育部直属全国重点大学，是国家"211工程"重点建设大学、"985优势学科创新平台"和"双一流"一流学科建设高校。现任校党委书记陈利根教授，校长周光宏教授。

南京农业大学前身可溯源至1902年三江师范学堂农学博物科和1914年私立金陵大学农科。1952年，全国高校院系调整，以金陵大学农学院和南京大学农学院原国立中央大学农学院为主体，以及浙江大学农学院部分系科，合并成立南京农学院。1963年，被确定为全国两所重点农业高校之一。1972年学校搬迁至扬州，与苏北农学院合并成立江苏农学院。1979年迁回南京，恢复南京农学院。1984年更名为南京农业大学。2000年由农业部独立建制划转教育部。

学校设有农学院、工学院、植物保护学院、资源与环境科学学院、园艺学院、动物科技学院（含无锡渔业学院）、动物医学院、食品科技学院、经济管理学院、公共管理学院、人文与社会发展学院、生命科学学院、理学院、信息科技学院、外国语学院、金融学院、草业学院、政治学院、体育部19个学院（部）。设有62个本科专业、31个硕士授权一级学科、15种专业学位授予权、16个博士授权一级学科和15个博士后流动站。现有全日制本科生17 000余人，研究生8 500余人。教职员工2 700余人，其中，中国工程院院士2人，"千人计划"、"长江学者"、国家杰出青年科学基金获得者27人次，国家和省级教学名师8人，全国优秀教师、模范教师、教育系统先进工作者5人，入选国家其他各类人才工程和人才计划100余人次；拥有国家和省级教学团队6个、教育部创新团队3个。

学校的人才培养涵盖了本科生教育、研究生教育、留学生教育、继续教育及干部培训等层次，建有"国家大学生文化素质教育基地""国家理科基础科学研究与教学人才培养基地""国家生命科学与技术人才培养基地"，以及植物生产、动物科学类、农业生物学虚拟仿真国家级实验教学中心，是首批通过全国高校本科教学工作优秀评价的大学之一，2000年获教育部批准建立研究生院，2014年首批入选了国家卓越农林人才培养计划。

学校拥有作物学、农业资源与环境、植物保护和兽医学4个一级学科国家重点学科，蔬菜学、农业经济管理和土地资源管理3个二级学科国家重点学科，以及食品科学国家重点培育学科。第四轮全国一级学科评估结果中，作物学、农业资源与环境、植物保护、农林经济管理4个学科获评A＋，公共管理、食品科学与工程、园艺学3个学科获评A类。有8个学科进入江苏高校优势学科建设工程。农业科学、植物与动物科学、环境生态学、生物与生物化学、工程学、微生物学、分子生物与遗传学 7 个学科领域进入 ESI 学科排名全球前1‰，其中农业科学和植物与动物科学已经进入前 1‰，跻身世界顶尖学科行列。

学校建有作物遗传与种质创新国家重点实验室、国家肉品质量安全控制工程技术研究中心、国家信息农业工程技术中心、国家大豆改良中心、国家有机类肥料工程技术研究中心、农村土地资源利用与整治国家地方联合工程研究中心、绿色农药创制与应用技术国家地方联合工程研究中心等 66 个国家及部省级科研平台。"十二五"以来，学校科研经费超 26 亿元，获得国家及部省级科技成果奖 100 余项，其中作为第一完成单位获得国家科学技术奖 8 项。学校凭借雄厚的科研实力，主动服务社会、服务"三农"，创造了巨大的经济效益和社会效益，多次被评为国家科教兴农先进单位。

学校国际交流日趋活跃，国际化程度不断提高，先后与 30 多个国家和地区的 150 多所境外高水平大学、研究机构保持着学生联合培养、学术交流和科研合作关系。与美国加利福尼亚大学戴维斯分校、英国雷丁大学、澳大利亚西澳大学、新西兰梅西大学等世界知名高校开展了"交流访学""本科双学位""本硕双学位"等数十个学生联合培养项目。学校建有"中美食品安全与质量联合研究中心""南京农业大学-康奈尔大学国际技术转移中心""猪链球菌病诊断国际参考实验室"等多个国际合作平台。2007 年成为教育部"接受中国政府奖学金来华留学生院校"。2008 年成为全国首批"教育援外基地"。2012 年获批建设全球首个农业特色孔子学院。学校倡议发起设立了"世界农业奖"，并连续 5 届分别向来自康奈尔大学、波恩大学、加利福尼亚大学戴维斯分校、阿尔伯塔大学、比利时根特大学的获奖者颁发奖项。2014 年，与美国加利福尼亚大学戴维斯分校（UC Davis）签署协议共建"全球健康联合研究中心"（One Health Center），获科学技术部批准援建"中-肯作物分子生物学联合实验室"，获外交部、教育部联合批准成立"中国-东盟教育培训中心"。

学校校区总面积 9 平方公里，建筑面积 74 万平方米，资产总值 35 亿元。图书资料收藏量 235 万册（部），拥有外文期刊 1 万余种和中文电子图书 500 余万种。学校教学科研和生活设施配套齐全，校园环境优美。

在百余年办学历程中，学校秉承以"诚朴勤仁"为核心的南农精神，始终坚持"育人为本、德育为先、弘扬学术、服务社会"的办学理念，先后培养造就了包括 54 位院士在内的20 余万名优秀人才。

展望未来，作为近现代中国高等农业教育的拓荒者，南京农业大学将以人才强校为根本、学科建设为主线、教育质量为生命、科技创新为动力、服务社会为己任、文化传承为使命，朝着世界一流农业大学目标迈进！

注：资料截至 2018 年 4 月。

（撰稿：吴 玥 审稿：刘 勇 审核：张 丽）

[南京农业大学 2017 年工作要点]

中共南京农业大学委员会
2016—2017 学年第二学期工作要点

本学期党委工作的指导思想和总体要求：全面贯彻落实中共十八大和十八届三中、四中、五中、六中全会精神，深入学习贯彻习近平总书记系列重要讲话精神和全国高校思想政治工作会议精神，认真落实全面从严治党要求，持续巩固"两学一做"学习教育成果，积极为迎接中共十九大胜利召开营造良好舆论氛围，不断加强和改进学校党的建设与思想政治工作。进一步明确"双一流"建设路径、举措，加速推进"十三五"发展规划和综合改革方案实施，切实加快世界一流农业大学建设步伐。

一、科学做好学校发展顶层设计，牢牢把握高等教育改革机遇

1. 切实加快"双一流"建设 完成一流大学与一流学科建设方案制订，完善建立与推进机制。对照第四轮学科评估结果，进一步明确一流学科建设目标、建设项目和建设模式。积极推进科技体制机制创新，切实加快与美国密歇根州立大学共建亚洲农业研究中心暨联合学院和国家重大科技基础设施立项建设。

2. 全面深化综合改革 进一步落实人事聘用、考核与分配改革的实施意见，科学研制配套实施细则，不断加大高层次人才引进与培养力度，切实提高教师队伍整体产出效益；探索建立运行机制，构建以创新为主要特征的运行特区。制订改革工作进度表，规划年度重点推进项目，加速推进"十三五"发展规划和综合改革方案的深入实施。

3. 全力加速以新校区建设为核心的两校区一园区建设进程 进一步深化新校区总体规划和主要单体方案设计工作，启动各类专项规划。开展新校区选址地地质评估和相关勘探工作。启动征地程序办理、土地利用规划调整、建设用地指标获取等工作。着手开展一期项目申报立项、方案设计和施工设计。积极配合地方政府完成江浦农场居民拆迁安置，妥善处置好江浦农场土地。加快卫岗校区基本建设与白马基地建设。

二、不断加强党建和思想政治建设，牢牢把握高校意识形态工作的领导权和话语权

4. 全面贯彻落实高校思想政治工作会议精神 深入学习习近平总书记系列重要讲话精神，深刻理解加强和改进高校思想政治工作的特殊重要性和现实紧迫性。准确把握学习贯彻落实会议精神的工作重点，做到"六个坚持"。成立南京农业大学党建与思想政治工作领导小组和学生工作领导小组，形成多部门密切配合、整体联动的工作机制，全方位、体系化地抓好学校党建和教师与大学生的思想政治教育工作，切实落实立德树人的根本任务。

5. 加强和改进宣传思想工作 认真履行党委意识形态工作的主体责任，不断增强意识形态工作引导力、凝聚力和感染力。全面落实《关于进一步加强和改进新形势下高校宣传思想工作的意见》。继续完善校院两级中心组学习与政治学习方式，切实加强对习近平总书记系列重要讲话精神和中共中央治国理政新理念新思想新战略等重大主题的学习教育。扎实推进党校各项培训工作。坚决防范和抵制意识形态渗透，认真落实"一会一报""一事一报"制度。

6. 强化领导班子和干部队伍建设 不断深化干部选拔任用和管理制度改革，研究修订中层干部管理规定，做好中层后备干部推荐后续工作。进一步实施青年干部能力提升计划，不断完善优秀青年干部教育培养体系。坚持从严管理监督干部，开展中层干部届中考核，着力强化新常态新理念干部培训，进一步加强中层干部因私出国（境）管理，严格审批程序，做好领导干部个人有关事项报告及查核工作。

7. 切实激发基层党建的组织活力 开展二级单位巡察试点工作，不断提高基层党组织工作活力与廉政定力。进一步加强组织员队伍建设，开展专题调研，制订建设方案。按照教育部党组统一安排，稳妥推进班子成员交叉任职，确保二级党组织建党管党责任落实。实施教师党支部书记"双带头人"培育工程。有效加强基层组织建设，重点聚焦党支部建设，规范组织生活，加大软弱涣散党支部及不合格党员的组织处理力度。

8. 加强党对意识形态的领导和思政课建设 全面贯彻党和国家的教育方针，遵循党建与思想政治工作规律，抓紧抓牢全校师生意识形态的引领工作。进一步强化思政教育的理论体系、学科体系与课程体系建设。加大师资引进与培养力度，不断加强政治学院与思想政治理论课教学科研团队建设。深化思政课教学改革，完善和创新实践教学的内容和形式，探索开展网络教学试点，充分发挥思政课的主阵地作用。

9. 加强优秀传统文化传承和大学文化建设 以优秀的中华传统文化和独具品格的南农文化为摇篮，帮助师生塑造正确的人生观、价值观和世界观。深入贯彻落实中共中央办公厅、国务院办公厅印发的《关于实施中华优秀传统文化传承发展工程的意见》，聚焦核心思想理念、中华传统美德和人文精神，不断弘扬优秀传统文化。开展"诚朴勤仁"校训精神大讨论，进一步凝练南农精神。充分挖掘学校历史宝贵资源，抓好名师大家口述史等精品项目，构建独具南农特色的文化体系。做好南农系列文化产品的开发、宣传与推广工作。

三、不断加强纪检、监察和审计、招投标工作，深入推进反腐倡廉建设

10. 深化全面从严治党 进一步落实从严治党主体责任和监督责任，强化"党政同责"和"一岗双责"，认真执行《关于新形势下党内政治生活的若干准则》和《中国共产党党内监督条例》要求，严肃党内政治生活。积极探索和运用好监督执纪"四种形态"。切实落实中央八项规定精神，坚决反"四风"。严格执行《中国共产党问责条例》，不断加强对遵守党章党规、执行党纪情况的监督检查，严肃查处违反党章党规党纪的行为。

11. 健全惩治和预防腐败体系 落实党风廉政建设责任制，对二级单位党政领导班子、领导干部进行廉政建设工作专项检查考核。完成现有管理制度、程序和相关做法的梳理与修订。推进党务公开、校务公开和二级单位办事公开制度建设。加强和改进对干部人事工作的监督，严格责任追究，防止带病提拔。开展廉政风险长效机制建设，推动落实权力清单、责

任清单制度，严把重点领域和关键环节防控关口，构建全覆盖的内部控制制度体系。加强经常性监督检查，规范权力运行，严肃财经纪律。做好信访举报工作。

12. 加强审计和招投标工作 制订《南京农业大学网上竞价采购管理办法》等相关文件，完善招标程序，简化办事流程，提高采购效率。完善招标采购综合管理平台建设，实现与财务、资产系统有效对接。严格执行内部审计相关规定，对重点领域进行全面审计，强化审计监督管理职能。

四、聚焦"双一流"建设任务，切实加快世界一流农业大学建设步伐

13. 深化教育教学改革 成立本科教学工作审核评估专家反馈意见整改工作领导小组，对照本科教学工作审核评估反馈意见，研究分解整改项目，落实整改任务，结合大类招生的客观要求，不断完善人才培养、教育教学、招生就业与管理模式的方案设计与综合改革。继续推进卓越农林人才培养计划和科教协同育人计划实施。切实加强教学师资、团队、资源与平台建设，积极引入国际标准与评价体系，不断提高教学能力和水平。进一步做好大学生思想政治教育、创新创业教育。完善招生就业和少数民族学生事务管理机制。做好继续教育和大学体育工作。

14. 提升研究生和留学生培养质量 统筹管理非全日制和全日制专业学位研究生培养，做好学位授权点评估和研究生工作站到期考核工作。强化国际化人才培养力度，加强全英文课程建设，提高研究生出国访学、国际会议项目的质量、数量与参与比例。稳步提升留学生规模及生源质量，完善来华留学生奖学金制度，扩大生源国别结构，做好来华留学质量认证的筹备和推进工作。

15. 加强学科建设 完成学院一级学科"十三五"发展规划编制工作。做好全国一级学科评估后续工作及结果分析。推进省优势学科建设和省重点学科建设。做好学科动态调整工作。

16. 加强师资队伍建设 以优化学科布局为目标实施定向招聘，着力加强高端领军人才和青年拔尖人才的引进与补充。做好"钟山首席教授"和"钟山学术骨干"的遴选工作。做好科级及以下管理岗位和其他非教学科研岗位聘任工作，科学设置岗位数。科学设计绩效工资分配方案，及时完成养老保险改革工作。

17. 提升科技创新能力 密切跟踪国家重点研发计划、自然科学基金、社科重大等各类项目的申报和评审动态，积极申报、争取获批立项。做好国家及省部级科技奖励、人才项目的申报工作。探索新兴交叉学科研究中心建设机制，推进国际联合研究中心等科研平台运行。构建高效运行的大型仪器设备共享服务体系。

18. 增强社会服务能力 加强地方技术转移分中心及校企合作平台建设。积极推动江苏省新农村发展研究院战略联盟建设，规范新农村服务基地管理，做好重大农技推广服务试点工作。进一步推进定点扶贫区域的产业项目对接、示范基地建设及技术指导培训工作，扎实做好精准扶贫。继续推进智库建设，为地方经济社会发展和"三农"工作提供决策咨询。

19. 深化国际交流与合作 优化校际合作伙伴布局，推进与海外高水平大学和"一带一路"沿线国家高校新建校际合作关系，加速合作项目的落实，开展好合作办学。做好各类引智计划和国际合作平台建设，加强教育援外基地和孔子学院建设以及各类培训工作。精心筹备 2017 年 GCHERA 世界农业奖评选、颁奖等活动。

20. 做好服务保障工作 完善财务管理制度，全面推进内部控制体系建设。改善教学实验楼宇、学生宿舍区、校园环境美化绿化等基础设施条件。完善资产信息化平台，推进资产清查问题的整改落实。推进后勤社会化和监管工作，改善后勤基础服务设施。加强对所属企业国有资产的监管，严格执行退出机制。大力推进校园网基础设施建设和网络信息安全建设。加强文献资源保障体系建设和档案信息化建设。完成年鉴编印出版。继续推进医疗改革，优化药品结构。

五、进一步凝聚各方力量，推动学校和谐发展

21. 加强发展委员会工作 推动建立青海、陕西、湖北校友会，筹建非洲校友会。建立新媒体校友沟通联络平台。科学设计筹资募捐项目，加强项目跟踪管理，完善捐赠档案，通过设立发展工作基金、推广"微捐赠"等方式，提高基金会筹资能力，实现资金保值增值。

22. 加强统一战线工作 继续组织好各级人大代表、政协委员的换届推荐工作，协助做好民主党派到期换届，配强配齐民主党派基层组织负责人。进一步强化民主党派组织建设，加强与各民主党派的协商，统筹协调各民主党派平衡发展。

23. 发挥工会作用 做好学校教职工代表大会和工会委员换届工作，不断推进学校民主管理。发挥工会桥梁纽带作用，努力为学校改革发展稳定大局服务。深入开展"模范教职工之家"创建活动，丰富教职工文化生活。健全保障机制，继续做好大病医疗互助基金的审核和补助发放，努力为教职工提供解困服务。

24. 做好共青团工作 贯彻落实《共青团中央改革方案》和《高校共青团改革实施方案》精神，完善学校共青团工作实施方案，稳步推进学校团学工作改革。深化社会主义核心价值观教育，激发青年学生自我成才的主体意识。加强"青年之声"和"青年之家"建设。实施基层团支部"活力提升"工程。深化社会实践、志愿服务和创新创业教育工作，丰富大学生精神文化生活。

25. 做好老龄工作 落实党和国家有关老龄工作的方针、政策，提高服务水平。加强老龄组织和校院两级关心下一代工作委员会（以下简称关工委）建设，尊重并发挥离退休老同志在学校各项事业发展中的重要作用。积极开展适合老同志身心健康的各类活动。

26. 维护校园安全稳定 着力加强消防、危险化学品等重点领域的安全管理，对安全生产大检查排查出的隐患进行全面整治，严格落实治安综合治理和消防安全责任。继续开展安全宣传教育，完善技防体系。切实抓好维护稳定工作，做好信息搜集、研判与报送。做好保密工作。

（党委办公室提供）

中共南京农业大学委员会
2017—2018 学年第一学期工作要点

本学期党委工作的指导思想和总体要求：全面贯彻落实中共十八大和十八届三中、四中、五中、六中全会精神，深刻领会习近平总书记系列重要讲话精神和中共中央治国理政新理念新思想新战略，准确把握全国高校思想政治工作会议和全国教育工作会议精神。始终坚持全面从严治党要求，扎实做好"两学一做"学习教育的常态化制度化。全力推进"双一流"建设，不断深化综合改革，着力提升核心竞争力和国际影响力，切实加快世界一流农业大学建设步伐，以优异成绩迎接中共十九大胜利召开。

一、全面贯彻党的教育方针，牢牢把握高等教育发展机遇

1. 全面贯彻落实全国高校思想政治工作会议精神　深刻理解加强和改进高校思想政治工作的特殊重要性和现实紧迫性，全面系统谋划学校思想政治工作。严格落实《关于加强和改进新形势下高校思想政治工作的意见》精神，始终坚持社会主义办学方向，扎根中国大地办大学。进一步优化南京农业大学党建与思想政治工作领导小组和学生工作领导小组工作机制，大力加强教职工和学生的思想政治工作，努力构建全员思想政治教育大格局，全面提升思想政治工作水平。

2. 全面深化综合改革　根据《教育部等五部委关于深化高等教育领域简政放权放管结合优化服务改革的若干意见》，编制学校"放管服"实施细则。进一步落实人事制度改革实施意见精神，出台配套实施办法。统筹开展江浦实验农场土地整体收储和新校区征地拆迁工作，加快新校区开工建设前的各项审批手续办理进程，完成新校区总体规划报批，全力推进新校区建设。

3. 切实加快"双一流"建设　组织制订并实施一流学科建设方案，完善建立与推进机制。科学构建学科建设体系，优化管理机制，积极筹建学术特区，着力培育新的学科增长点，以一流学科建设带动学校整体发展。

二、深入学习贯彻习近平总书记系列重要讲话精神，不断提高党建与思想政治工作科学化水平

4. 不断推进"两学一做"学习教育常态化制度化　深入开展党员干部"双抓双促"大走访大落实活动，以问题为导向深入基层，切实解决基层工作矛盾和师生实际困难。探索和推进"党支部书记工作室"和"党员教育实境课堂"建设。深化"亮身份、树形象"活动，开展"我身边的优秀共产党员"评选活动，发挥先进典型的引领示范作用。认真做好"两学一做"学习教育常态化制度化集中督查。召开好年度专题民主生活会、组织生活会，抓好民主评议党员工作。

5. 加强和改进宣传思想工作　全面落实《关于进一步加强和改进新形势下高校宣传思想工作的意见》。进一步完善校、院两级党委中心组学习制度和学习方式，深入学习贯彻中

共十九大会议精神和习近平总书记在省部级主要领导干部专题研讨班上的讲话等系列重要讲话精神。不断完善党校教育培训体系，落实《干部教育培训工作条例》。坚决防范和抵制意识形态渗透，认真落实"一会一报""一事一报"制度。

6. 强化领导班子和干部队伍建设 深化干部选拔任用和管理制度改革，完善选人用人制度，修订中层干部选拔任用规定和管理办法，制订中层后备干部管理办法，改进和完善中层干部考核办法，出台中层干部兼职管理办法。加强干部监督管理，严格执行领导干部个人有关事项报告"两项法规"。严格规范做好领导干部因私出国（境）证件管理工作。

7. 巩固和加强党的基层组织建设 开展二级单位巡察试点工作。加强基层组织建设，重点聚焦党支部建设，规范组织生活，加强对基层支部"三会一课"工作的指导检查，加大对软弱涣散党支部及不合格党员的组织处理力度。出台《南京农业大学学生党建工作标准》。建立党组织和党员信息系统，做好党组织和党员信息采集工作。加强对党员主题教育实践活动立项方案的检查和指导。开展院级党组织书记抓基层党建述职评议考核。

8. 加强党对意识形态工作的领导和思政课建设 认真履行党委意识形态工作的主体责任，落实好二级党组织意识形态工作责任制。改进创新思想政治理论课教学，提升吸引力、说服力、感染力，增强针对性、有效性。加强思政师资队伍建设，明确用人需求，做好高水平师资引进与青年人才培养。深化思政课程改革，做好反馈问题整改，推进课程群建设，加强网络教学、课堂理论教学建设。

9. 加强优秀传统文化传承和大学文化建设 深入贯彻落实《关于实施中华优秀传统文化传承发展工程的意见》。进一步挖掘"诚朴勤仁"校训内涵，凝练南农精神。弘扬大学精神，充分利用学校历史宝贵资源，推动大师名家口述史等精品项目。加强对文化建设立项项目的管理与督促。抓好校园网络文化建设与校园文化产品创意设计与开发。

三、坚持全面从严治党，深入推进反腐倡廉建设

10. 深化全面从严治党 进一步落实从严治党主体责任和监督责任，强化"党政同责"和"一岗双责"，认真执行《关于新形势下党内政治生活若干准则》和《中国共产党党内监督条例》。严明纪律，积极践行监督执纪"四种形态"。切实落实中央八项规定精神，坚决防止"四风"问题。严格执行《中国共产党问责条例》，不断加强对遵守党章党规、执行党纪情况的监督检查，严肃查处违反党章党规党纪的行为。

11. 健全惩治和预防腐败体系 落实党风廉政建设责任制，对二级单位党政领导班子、领导干部落实主体责任、"一岗双责"情况进行检查考核。加强和改进对干部人事工作的监督。推进党务公开、校务公开和二级单位办事公开制度建设。开展廉政风险防控机制建设，严把重点领域和关键环节关口，构建全覆盖的内部控制制度体系。加强和改进对基建、维修工程管理和招投标管理工作的监督，开展招投标合同履行情况监督检查。深化与驻地检察院的配合合作，开展预防职务犯罪共建工作。做好信访举报工作。

12. 加强审计和招投标工作 制订和完善审计工作流程，做好2016年度预算执行与决算审计，完成2017年领导干部经济责任审计，组织好科研项目经费、基建维修工程与固定资产效益审计工作。制定《南京农业大学网上竞价采购管理办法》等系列制度，完善招标采购程序，简化办事流程。加强招标采购综合管理平台和网上竞价平台建设。规范招标采购管理，维护好专家库和供应商库管理。

四、全力推进"双一流"建设，切实加快世界一流农业大学建设步伐

13. 深化教育教学改革 推进人才培养模式改革，不断改进本科人才分类培养体系、优化教学资源和平台建设、修订人才培养方案。加强本科教学工程建设，积极落实专业认证反馈问题整改，推动各级品牌专业建设与国际认证，做好优秀教材申报，制订提升本科生考研升学率实施办法。修订与完善学籍管理等相关制度。进一步做好大学生思想政治教育、创新创业教育和心理健康教育。加强学生工作法制化管理，完善招生就业和少数民族学生事务管理机制。做好继续教育和大学体育工作。

14. 提升研究生和留学生培养质量 加强"双一流"背景下拔尖创新人才培养，统筹管理全日制与非全日制学位研究生培养，做好课程案例、实践示范基地、学术前沿课程建设。加强国际学生招生策划、全英文专业及课程建设和相关管理制度建设，积极争取和落实有关国际组织及伙伴高校留学生培养计划，做好来华留学质量认证筹备工作，促进学校留学生教育"质"与"量"的双提升。

15. 加强学科建设 组织推进学校世界一流学科建设方案实施。做好第四轮全国一级学科评估结果分析与江苏高校优势学科建设工程二期项目评估验收。推进"十三五"省重点学科建设。

16. 加强师资队伍建设 以"高水平师资队伍建设"为中心，重点加强高端领军人才和青年拔尖人才的引进与补充。全面推进钟山学者计划。建立高层次人才"年薪制"，科学设计绩效工资和年终分配方案。做好各类国家级人才项目的申报与服务工作。进一步修订专业技术人员岗位分级条例，完善职称申报系统。做好管理人员的职员制聘任工作。及时完成养老保险改革工作。

17. 提升科技创新能力 总结分析国家自然科学基金评审立项结果，密切关注省部级科技奖励申报动态，认真筹划项目申报辅导和奖励申报的遴选与推荐。探索新兴交叉学科研究中心运行管理机制，加速推进交叉研究中心、国家重大科技基础设施建设。推动国家级平台优化整合，积极培育新的国家级平台。组织好各级重点实验室绩效考核与总结验收。

18. 增强社会服务能力 进一步推进科技成果展示平台与技术转移中心建设，加快各地市合作的研究院与工作站建设，开展新农村服务基地考核评估。加强中央和江苏省组织的农技推广服务项目管理，建立农技推广成果库。扎实推进产业扶贫项目，做好科技帮扶对接，确保扶贫的精准实效。继续加强智库建设，为地方社会发展和"三农"工作提供决策咨询。

19. 深化国际交流与合作 优化校际合作的全球布局，推进与海外高水平大学和"一带一路"沿线国家高校新建校际合作关系，加快与密歇根州立大学共建联合学院及研究中心的申报与筹建进程。进一步加强孔子学院、教育援外基地及国别研究中心建设。做好2017年GCHERA世界农业奖颁奖典礼及相关活动的筹备与组织工作。

20. 做好服务保障工作 健全财务管理体系，梳理完善财务制度，实施公务卡结算业务。优化办学空间配置，有序推进各类基建工程实施，改善校园基础设施条件，提高办学资源使用效率。加快白马基地基础条件建设，全面发挥教学科研服务功能。继续推进后勤服务社会化，改善后勤基础服务设施。做好校企剥离工作预案，严格退出机制。不断改善信息基础条件，加强网络信息安全制度与技术保障体系建设。持续抓好文献资源保障体系与档案信息化建设。完成年鉴出版。积极推进医改，确保医疗安全。

五、凝聚多方改革共识与发展力量，助推学校和谐发展

21. 加强发展委员会工作　建立健全地方校友会管理办法，着力推进企业和行业校友会建设。加大校友信息服务管理系统和教育发展基金会项目管理系统的推广应用力度，多渠道做好校友的联络与服务工作。充分发挥基金会作用，调动各方筹资积极性，形成良好的捐赠文化，努力扩大捐资总量和基金投资效益。

22. 加强统一战线工作　配合做好各级人大代表、政协委员换届的推荐与后续工作。加强统战工作信息化建设，建立南京农业大学统战信息管理系统。进一步强化民主党派组织建设，加强与各民主党派的协商，统筹协调各民主党派平衡发展。

23. 发挥工会作用　做好教职工代表大会和工会委员会的换届工作，进一步完善二级教职工代表大会制度建设，推进学校民主管理，服务学校改革发展稳定大局。加强"二级教工之家"建设，丰富教职工文化生活。继续做好教职工大病医疗互助基金的申请和补助发放工作。

24. 做好共青团工作　贯彻落实《共青团中央改革方案》，组织好共青团南京农业大学委员会改革方案的实施，稳步推进学校团学工作改革。强化思想引领，深化社会主义核心价值观教育。推进第二课堂课程体系建设。组织《北大荒七君子》原创话剧排演，弘扬南农精神品质。加强共青团组织建设、专兼职团学骨干队伍建设。深化社会实践、志愿服务和创新创业教育，丰富大学生精神文化生活。

25. 做好老龄工作　落实党和国家有关老龄工作的方针、政策，提高服务水平。研究出台《关于进一步加强和改进离退休干部工作的意见》，加强老龄组织和校院两级关工委建设。尊重并发挥离退休老同志在学校各项事业发展中的重要作用，积极开展适合老同志身心健康的各类活动。

26. 维护校园安全稳定　密切关注信息动态，做好信息搜集、研判与报送，全面深化校园稳定工作。继续推进警校联动，严格落实治安综合治理和消防安全责任，着力加强消防、危险化学品等重点领域的安全管理与隐患排查。认真开展安全宣传教育，提高突发事件的处置能力。推进校园交通智能化管理。做好保密工作。

（党委办公室提供）

南京农业大学
2016—2017学年第二学期行政工作要点

一、教学与人才培养

1. 本科教学 深化人才培养模式改革，启动2019版人才培养方案修订，推进卓越农林人才培养计划。组织国家级教学成果奖申报。加强教学团队及教师教学能力建设，设置"教师教学能力提升"系列课程，推进"卓越教学"课堂教改项目。加强专业内涵建设，做好环境工程、食品工程、信息科学与信息系统等专业认证工作，参与教育部农业类专业认证标准制定。完善通识教育核心课程体系，加强在线开放课程建设。大力推进创新创业教育。加强实践教学基地建设，推进产教融合协同育人。

2. 研究生教育 召开第四届研究生教育工作会议，做好"双一流"背景下研究生教育改革的顶层设计。积极推进研究生培养模式改革，优化博士生培养环节，改进直博生培养机制，深化专业学位研究生教育综合改革，推进研究生实践示范基地建设。完善学位论文质量监督保障体系，修订优秀学位论文评选与奖励办法。做好学位授权点建设与自我评估。落实研究生导师立德树人职责，加强导师队伍建设。

3. 留学生教育和继续教育 完善来华留学生招生录取制度，优化生源结构，扩大招生规模，执行世界银行"可持续农业与农业商务管理卓越中心"项目留学生培养计划。启动来华留学质量认证工作，进一步加强英语授课专业及课程建设。面向"一带一路"发展中国家，组织实施好各类援外人力资源培训项目。做好成人教育、第二学历和专接本的招生宣传工作，加强教学质量监控。围绕"乡村振兴"，挖掘培训资源，打造具有南农特色的培训品牌。

4. 招生就业 规范开展各层次各类型招生录取工作。创新招生宣传方式，加强对学科、专业的宣传，强化学院主体作用，推进生源中学共建。完善推荐免试研究生工作方案。拓展高层次就业市场，提高就业质量。加强大学生生涯发展教育，做好就业群体分类指导。推进牌楼创业实践中心运营，启动大学生创业种子基金评选，强化双创导师队伍建设，做好大学生创业成果的宣传推介。

5. 学生素质教育 加强学生思想政治教育，创新活动形式和载体，在学生中培育和践行社会主义核心价值观。继续加强学风建设，提升本科生升学率。做好家庭困难学生认定工作，实现精准帮扶和资助育人。完善心理健康教育体系。做好大学体育工作，强化体育精神育人功能。鼓励学生参加各类课外科技活动，组织学生广泛参与社会实践和志愿服务，使学生在实践中锻炼成长。

二、科学研究与服务社会

1. 科研平台建设 积极培育作物表型组学研究国家重大科技基础设施。筹建第二个国家重点实验室。探索新兴交叉学科研究中心建设机制，推进国际联合研究中心等平台运行。启动转基因试验基地建设。

2. 项目管理与成果申报 密切跟踪国家自然科学基金、社会科学基金及各类人才项目的申报与评审动态。加强国家重点研发计划的申报以及"种业自主创新工程"等国家重大项目预研。主动适应国家科技奖励制度改革的新形势，做好重大成果的培育和申报工作。制订知识产权管理办法，规范知识产权管理。完善科技成果奖励办法，加大高水平标志性成果的奖励力度，加强代表性成果的科普宣传。

3. 产学研合作与服务社会 主动服务乡村振兴战略。推进技术转移中心实体化运行和科技成果展示交易平台建设，促进成果转化。落实两部委《关于深入推进高等院校和农业科研单位开展农业技术推广服务的意见》，优化农技推广项目及成果管理，完善新农村服务基地管理评价机制，加快推进泰州研究院、和县研究院等基地建设。制订扶贫开发工作实施方案，推进精准扶贫。加强智库建设，继续编写发布《江苏新农村发展系列报告》和《江苏农村发展决策要参》。

三、人事与人才工作

1. 高水平师资队伍建设 贯彻落实《关于全面深化新时代教师队伍建设改革的意见》，加快建设高素质创新型教师队伍。精准引进高端领军人才和青年拔尖人才。加强青年教师招聘力度，完善师资博士后管理办法，扩大师资博士后规模。适时启动"钟山学术骨干"和第四批"钟山学术新秀"遴选工作。

2. 人事管理 总结人事制度改革试点经验，进一步优化完善实施方案，积极稳妥推进全校范围的改革。做好岗位分级和职称评聘工作。制订绩效工资方案并组织实施。规范编制外用工管理。完成各类人员养老保险基数的编报、学校与教职工养老保险费用结算工作。

四、"两校区一园区"建设

1. 新校区建设 与地方政府签署新校区建设和农场土地收储合作协议。进一步完善新校区总体规划，推进规划审批。配合地方政府完成征地拆迁工作，完成新校区一期用地预审和土地征转工作。开展单体设计和专项规划，全面完成项目开工前报批报建手续。

2. 卫岗校区基本建设 完成第三实验楼建设一期工程，6月交付使用，全力推进二期主体工程建设。完成卫岗校区智能温室建设并投入使用。推进白马基地作物学公共实验中心立项工作。加强 30 万元以上维修工程规范报建和项目管理工作。

3. 白马基地建设 启动高标准试验田三期、西区实验田水系贯通等新建工程。组织学院加快入驻白马基地，做好已入驻科研平台和本科实践教学的服务保障工作。配合政府加快推进白马基地剩余土地的征用拆迁。完成白马基地修建性规划修编报批工作。

五、"双一流"建设与综合改革

1. "双一流"建设 实施学校一流学科建设，制订"双一流"建设资金管理办法和一流学科建设绩效评估办法。做好第四轮全国一级学科评估结果总结分析。做好省优势学科二期项目考核验收及三期项目申报工作。

2. 综合改革 继续推进综合改革，跟踪改革项目进展，按工作进度完成各项改革任务。继续做好"十三五"规划目标与综合改革任务的深度融合，按计划推进重点项目实施。及时总结改革阶段性成果。

六、现代大学制度建设

1. 学校规章制度"立改废"工作　根据《南京农业大学规章制度管理办法》和《南京农业大学规章制度清理工作方案》，继续推进规章制度的梳理和汇编工作，建立健全依法办学制度体系。

2. 发展委员会工作　召开 2018 年校友代表大会。建立陕西、湖北、辽宁校友分会，完成四川、安徽、河北及江苏徐州等地校友分会换届，筹建台湾地区校友会和日本校友会。完善校友信息服务管理系统，推进校友企业家平台建设，为校友联络和资源共享提供更好服务。科学设计筹资募捐项目，调动学院筹资和校友募捐积极性，成立南农校友股权投资基金和南农校友投资管理有限公司。加强校友馆建设，拓展校友馆育人功能。

3. 学术委员会工作　做好第七届学术委员会换届工作。按期召开学术委员会工作会议。修订《南京农业大学学术规范》《南京农业大学学术不端行为处理办法》，规范学术行为，惩治学术不端。

4. 教职工代表大会工作　认真做好教职工代表大会提案办理工作，及时反馈提案落实情况，保障教职工知情权、参与权、监督权。做好教职工代表大会和工会委员会换届工作。进一步完善二级教职工代表大会制度建设，提升二级教职工代表大会质量，积极发挥教职工参政议政作用。

七、国际合作与信息化工作

1. 国际合作　设立"国际合作能力提升计划"等国际合作专项，加大"111 基地"建设及聘专工作力度，提升学科国际合作能力。加快与密歇根州立大学共建联合学院工作，推进"亚洲农业研究中心"等国际合作平台的建设与实体化运行。拓展学生国际交流项目，完善资助体系及相关推进机制，扩大师生国际交流规模与效益。布局"一带一路"及农业"走出去"对外合作工作，发起成立"非洲孔子学院农业职业技术培训联盟"，谋划和推动"南农-非洲学院"建设工作。

2. 信息化建设　完成教师综合绩效考核及业务数据采集系统建设，为人事制度改革提供信息化支撑。建设学校科研数据中心与学者库，为双一流建设提供数据支持。加强信息化建设项目扎口管理，规范立项评审与项目建设。

八、财经工作

1. 财务管理　强化预算管理，编制下达 2018 年校内预算，做好预算执行工作，实施预算执行绩效报告制度和财务量化评价报告制度。实施网上自动报账，建立校园统一支付平台，实现各类缴费的线上支付，提高服务效率。试行公务卡结算业务。加强科研经费的全过程、精细化管理。修订预算管理、收费管理、现金管理、会计档案管理等规章制度，提高财务工作规范性。

2. 招投标与审计工作　制订快速采购管理实施细则，建立电商直采平台，提高采购效率。完善招标采购综合管理平台，加强评标专家库和供应商库动态调整，进一步提升招标服务质量。完善审计工作制度，修订科研经费审计办法、优势学科建设工程跟踪审计工作方案，严格执行内部审计相关规定，对重点领域进行全面审计，强化审计监督管理职能。

九、公共服务与后勤保障

1. 图书与档案工作　开展第十届读书月活动，不断优化阅读推广服务体系。开展文献保障情况分析评估，提供高效文献传递服务，提高文献资源保障和服务水平。完成学籍档案、基建档案数字化工作，完善成绩自动翻译系统，积极申报江苏省五星级档案馆。继续做好办学史料的征集整理工作。完成 2016 年学校年鉴编印出版工作。

2. 后勤保障　加强公房资源调配，做好部分学院搬迁和相关接龙工作。配合政府加快推进雨污分流工程，完成全部管道建设和路面整体恢复。开发资产综合利用平台，提高资产管理信息化水平。完成青石村家属区危旧房改造。完成家属区基础设施改造，进一步推进家属区物业社会化。继续推进卫岗校区物业管理社会化，做好服务管理监督，改善后勤基础服务设施，提高保障能力。完成学校公务用车改革。建设智慧医院，增加医疗服务项目，提高医疗服务水平。

3. 校办产业　加强对经营性国有资产监管，进一步清理规范校办企业。以专利技术入股方式完成对"南方粳稻研究开发有限公司"注资，积极推进学校各类科技成果转化。

4. 平安校园建设　完善实验室安全与环保管理、设备物资采购管理等规章制度，加强实验室危险废弃物处置，开展实验技术人员和安全管理人员专项培训，提升实验室安全管理水平。启动实验楼宇环保设施一期建设。加强消防、食品、特种设备等重点领域的安全管理，强化责任落实。继续推进警校联动，加强学生安全教育，增强突发事件应急处置能力。加强校园各类车辆管理。

（校长办公室提供）

南京农业大学
2017—2018 学年第一学期行政工作要点

一、重点工作

(一)高水平师资队伍建设

出台《人事制度改革实施意见》相关配套细则,构建合理的多元聘用、考核评价以及绩效奖励政策体系,逐步推进人事制度改革。加大人才招聘和引进力度,积极推进"钟山学者"计划,努力建设高水平师资队伍。

(二)新校区建设

统筹开展江浦农场土地整体收储和新校区征地拆迁工作,尽快获得新校区建设供地和土地权证。积极争取各级政府部门支持,加快推进新校区开工建设前的各项审批手续办理。完成新校区总体规划报批,高质量开展景观、能源、智慧校园等专项规划,加快推进项目立项和可行性论证。配合地方政府做好江浦农场职工、住户拆迁安置工作。

(三)"双一流"建设

积极组织实施一流学科建设项目。结合学校"十三五"发展规划,稳步推进学校"双一流"建设,进一步优化学科结构,构建"一流学科、优势学科、基础学科"的学科建设体系。积极推进学术特区建设,培育新的学科增长点。

二、常规工作

(一)教学与人才培养

1. 本科教学 继续深化人才培养模式改革,做好专业大类培养试点工作,探索基于大类招生的拔尖创新型人才和复合应用型人才的分类培养体系。落实植物生产类专业认证反馈意见的整改工作,组织食品工程专业开展 IFT 国际认证,推进江苏省高校品牌专业建设,建设一批校级品牌专业。制订公共基础课程教学改革方案和通识教育核心课程建设方案。完成 2016 年省级在线开放课程建设及 2017 年新项目申报,举办首届"大学课程论坛"。组织省级重点教材与中华农业科教基金优秀教材申报。加强实验教学中心建设,制订《南京农业大学国家级实验教学中心管理办法》。根据教育部第 41 号令,修订完善学籍管理规定及相关文件。

2. 研究生教育 加强"双一流"背景下拔尖创新人才培养,筹备召开第四届研究生教育工作会议。继续推进博士生学术前沿课程建设,开展首期研究生全英文课程建设项目验收评估,推进二期项目实施。全面启动专业学位研究生课程案例库建设,继续推进全日制和非全日制专业学位研究生的统筹培养。加强研究生实践示范基地建设,探索基地导向的招生与培养改革机制。做好 2017 年学位点动态调整工作，组织各学位点开展自我评估。优化导师年度招生资格审核制。做好在牌楼创业中心住宿研究生的生活与服务工作。

3. 留学生教育和继续教育 做好来华留学质量认证的筹备工作，促进学校留学生教育"质"与"量"的双提升。落实与肯尼亚埃格顿大学联合执行世界银行"可持续农业与农业商务管理卓越中心计划"及研究生培养项目。继续推进本科留学生全英文课程体系建设。加强继续教育的教学质量监控，做好函授站（点）教学过程管理，拓展合作培训项目，重点做好农业领域培训。

4. 招生就业 总结 2017 年招生工作，研究分析大类招生改革试点情况，修订完善各类特殊类型招生实施方案。加大宣传力度，加强省外生源基地建设。积极开拓就业市场，组织开展 2018 届毕业生就业供需洽谈会，为毕业生提供更多优质就业信息和双向选择机会。健全完善创业实践指导服务工作体制机制，启动牌楼大学生创业指导中心、创业超市的运营，落实各类创新创业扶持基金，为学生开展创业实践搭建平台、提供服务。

5. 学生素质教育 狠抓学风建设，加强引导，完善服务配套措施，切实提升本科生升学率。加强班主任队伍建设。继续推进学校大学生思想政治工作体制机制改革。加强体育教育和心理健康教育，推进第二课堂育人体系建设，组织开展各类科技文化、志愿服务、社会实践活动，引领学生综合全面发展。

（二）科学研究与服务社会

1. 项目管理与成果申报 总结分析自然科学基金、社会科学基金等各类项目的申报情况。构建国际科技合作项目来源数据库，推动"一带一路"科技合作。修订中央高校基本科研业务费管理办法，加强统筹管理，提高基本业务费使用成效。进一步拓宽国家科技奖励申报推荐渠道，积极筹划提前做好 2018 年申报组织工作。积极推进国际专利申报，修订知识产权管理办法，规范学校知识产权管理。

2. 科研平台建设 实体化运行作物表型组学交叉研究中心，探索新兴交叉学科研究中心运行管理机制，推进作物表型组学研究国家重大科技基础设施建设。学习研究《国家科技创新基地优化整合方案》，做好国家级平台建设顶层设计，积极推进现有平台优化整合，抓住机遇培育新的国家级平台。完成大型仪器平台设备入网建设工作。做好教育部、农业部和江苏省重点实验室考核验收工作。完成实验室与设备管理处组建，提升实验室管理规范化水平。

3. 产学研合作与服务社会 建设学校科技成果展示平台，推动技术转移分中心逐步向省外扩展，加快推进校企合作平台建设。推进泰州研究院等基地建设，制订新农村服务基地考核办法，并对首批服务基地进行考核评估。做好重大农技推广服务试点工作，完善"双线共推"科技服务模式。扎实推进产业扶贫。继续编写发布《江苏新农村发展系列报告（2016）》和《江苏农村发展决策要参》，为地方经济社会发展和"三农"工作提供决策咨询。

（三）人事工作

1. 高水平师资队伍建设（见重点工作）

2. 人事管理 调整教授二级、三级岗位分级条件，修订专业技术人员岗位分级条例。开展管理人员职员制聘任工作。科学设计绩效工资分配方案，建立高层次人才"年薪制"，构建合理的人才薪酬体系。及时完成养老保险改革工作，确保教职工养老保险社会化的顺利过渡。

（四）"两校区一园区"建设

1. 新校区建设（见重点工作）

2. 卫岗校区基本建设 加大力度推进牌楼片区总体规划报批工作，启动牌楼学生公寓一期建设项目。加快第三实验楼建设进程，完成一期工程主体验收，二期工程进入主体施工阶段。确保大学生实践和创业指导中心按时交付使用。加快推进卫岗校区智能温室建设。

3. 白马基地建设 完成白马基地修建性规划修编工作。加快推进动物实验基地、高标准试验田等8项新建工程建设，力争11月底前投入使用。完成教学生活片区总体规划设计方案报批，完成部分师生公寓及食堂的单体设计，积极争取教学生活片区建设用地指标。组织各学院积极进驻基地。

（五）"双一流"建设与综合改革

1. "双一流"建设（见重点工作）

2. 综合改革 贯彻落实《教育部等五部委关于深化高等教育领域简政放权放管结合优化服务改革的若干意见》，编制学校"放管服"实施细则。继续推进综合改革，跟踪改革项目进展情况，及时总结改革成果。

（六）现代大学制度建设

1. 学校规章制度"立改废"工作 以《南京农业大学章程》为统领，出台《南京农业大学规章制度管理办法》，制订规章制度清理工作方案，全面开展规章制度的梳理和汇编工作，建立健全依法办学制度体系。

2. 发展委员会工作 制订地方校友会管理办法，规范地方校友会新建和换届工作，推动企业和行业校友会建设工作。推广使用校友信息服务管理系统，更新校友大数据，多渠道做好校友的联络与服务工作。充分发挥教育发展基金会作用，调动各方筹资积极性，加强筹资募捐项目设计，扩大基金总量与投资增值效益。

3. 学术委员会工作 按期召开学术委员会工作会议。全面开展学位评定委员会、专门委员会和学术分委员会议事规则的制定和修订工作，促进学术委员会工作规范化。

4. 教职工代表大会工作 做好教职工代表大会和工会委员会换届工作，进一步完善二级教职工代表大会制度建设，充分发挥二级教职工代表大会在学院民主管理、民主监督方面的重要作用，认真做好教职工代表大会提案办理工作。充分发挥工会组织在构建和谐校园中的作用。

（七）国际合作与信息化工作

1. 国际合作 通力做好与密歇根州立大学共建联合学院的申报工作，成立"亚洲农业研究中心"。聚焦"一带一路"及农业"走出去"国家战略需求，力争在复合型国际化人才培养、农业对外合作平台建设及国别研究等方面形成新的突破口。拓展学生国际交流项目及派出人员规模，健全出国境留学"一站式"服务体系。举办第五届 GCHERA 世界农业奖颁奖典礼及相关活动，完善奖励办法，进一步扩大世界农业奖的影响力。

2. 信息化建设　完成教师综合绩效考核及业务数据采集系统建设，为人事制度改革提供信息化支撑。推动师生综合管理与服务平台上线运行。改善网络基础条件，改进校园网认证、计费及邮件管理模式，提升师生用网体验，加强网络信息安全制度与技术保障体系建设。

(八) 财经工作

1. 财务管理　继续完善财务管理制度，修订预算管理、收费管理、现金管理、会计档案管理等相关规定。做好 2017 年预算执行和 2018 年预算编制，加强预算经费统筹管理，探索实施预算执行绩效报告制度和财务量化评价报告制度。做好新旧会计制度过渡及会计核算衔接工作。逐步实施公务卡结算，做好用卡宣传和培训工作。落实修订后的科研经费管理办法，推行科研财务助理制度，优化科研经费报销流程。拓展和完善财务系统功能，提升财务信息化水平和财务服务能力。

2. 招投标与审计工作　制订《网上竞价采购管理办法》《招标代理机构管理考核办法》等相关文件，完善招标采购综合管理平台和网上竞价采购平台，实现与财务系统无缝对接，加强评标专家库和供应商库建设，优化招标程序和流程，提高采购效率。完善审计工作流程，严格执行内部审计相关规定，对重点领域进行全面审计，强化审计监督管理职能。

(九) 公共服务与后勤保障

1. 图书与档案工作　开展电子资源利用绩效评估，优化文献资源馆藏结构，提升重点学科文献资源建设水平，提高文献传递实时性。创新阅读推广工作，进一步优化阅读服务，实现部分阅读空间 24 小时开放，改善师生阅读体验。加强档案信息化建设，完成基建档案的数字化工作。出版百年南农照片画册。完成 2016 年学校年鉴编印出版工作。

2. 后勤保障　拓展办学空间，租赁校外房屋，制订第三实验楼一期、逸夫楼等部分房屋搬迁接龙方案，优化现有办学空间配置，提高办学资源使用效率。继续开展家属区物业社会化和青石村危房改造工作。推进卫岗校区雨污分流工程建设和能源监控平台二期工程验收。完善资产信息化平台。逐步推进卫岗校园物业管理社会化，做好服务管理监督，改善后勤基础服务设施。继续推进医疗改革，提高医疗服务水平。

3. 校办产业　研究制订资产经营公司校企剥离工作预案。健全国有资产监管机制，规范企业占用学校资源的管理工作。进一步清理规范校办企业。积极推进学校各类科技成果转化。

4. 平安校园建设　认真开展安全生产大检查工作，对各类安全隐患进行全面整治，着力加强危险化学品、消防等重点领域的安全管理，强化责任落实。加强新生入学安全宣传教育，重点做好校园贷、电信网络诈骗防范工作，加强新生军训安全教育。进一步完善技防体系，维护学校安全稳定。

（校长办公室提供）

［南京农业大学 2017 年工作总结］

2017 年，学校党委与行政全面贯彻中共十九大精神，深入学习贯彻习近平新时代中国特色社会主义思想，认真落实全国高校思想政治工作会议精神，全力推进"双一流"建设，切实加快世界一流农业大学建设步伐。

一、全面贯彻中共十九大精神，始终坚持社会主义办学方向

（一）认真学习贯彻中共十九大精神，深刻领会习近平新时代中国特色社会主义思想

学校召开党委常委会专题组织学习中共十九大报告，研究部署校院两级中心组、党支部以及师生学习中共十九大精神工作。邀请江苏省委宣讲团来校进行中共十九大精神宣讲，校领导亲自给师生上党课，利用校报、宣传栏、校园网、新媒体等宣传阵地，强化舆论引导与氛围营造，努力将中共十九大精神和习近平新时代中国特色社会主义思想转化为推动学校发展的具体实践。

（二）始终坚持党委领导核心地位，坚持并不断完善党委领导下的校长负责制

始终坚持把立德树人作为中心环节，把培养社会主义现代化事业的建设者和接班人作为学校的根本任务。健全六大议事规则的决策程序，完善民主集中制度体系建设，推进现代大学制度建设。加强政治理论学习，构建学习型、廉洁型班子，着力提升班子成员的常委意识、身份意识、大局意识和规矩意识，办学治校科学化水平不断增强。

二、深化内涵建设，加快世界一流农业大学建设步伐

（一）努力开启"双一流"建设新征程

2017 年，学校进入国家"双一流"一流学科建设高校，作物学、农业资源与环境入选"双一流"建设学科。第四轮学科评估中，7 个学科进入 A 类，其中 4 个学科获评 A＋，位列全国高校第 11 位。植物与动物科学成为第二个 ESI 前 1‰学科，ESI 学科总数增至 7 个。学校首次进入 U. S. News "全球最佳农业科学大学"前 10。

编制完成基于国际国内双项指标体系的世界一流学科建设方案，完成 2018 年中央高校建设世界一流大学（学科）和特色发展引导专项资金项目申报，获批建设经费 8 500 万元。

（二）人才培养质量持续提升

招生就业质量稳步提升。开展大类招生试点，全年录取本科生 4 274 人、硕士生 2 710人、博士生 490 人。加强就业创业指导与服务，全年来校招聘用人单位 1 520 家，本科生就业率 97.08％、研究生就业率 94.33％。

持续深化本科教学改革。农学、植物保护专业通过国家第三级专业认证，全面启动课程

（群）教学团队建设工作，设立"卓越教学"课堂教学改革实践项目，上线、出版在线开放课程和数字课程 30 门，获批各类重点教材与规划教材 97 部。学校获省级教学成果奖特等奖 1 项，一、二等奖 6 项。

不断完善研究生教育质量保障体系。积极探索博士生培养模式改革，延长博士生基本学制。开展专业学位综合改革，建立产学研结合培养研究生模式。推进研究生教育国际化，96 人入选研究生公派项目。完善导师遴选制度，优化学科点布局。全年授予博士学位 433 人，授予硕士学位 2 106 人。

素质教育成效显著。不断加强学风建设，完善第二课堂育人体系，丰富文化艺术、科技竞赛、创新创业、社会实践、大学体育和心理健康等教育形式。2017 年，学生团队在"国际基因工程机械设计大赛"、第 13 届全国学生运动会等一系列国际国内比赛中获得佳绩。

积极发展留学生教育。全年招收各类留学生 1 083 人，获 2017 年度中国政府奖学金"丝绸之路"项目和中非高校"20＋20"合作计划专项资助。积极推进全英文授课专业建设，留学生教育质量进一步提高。

继续教育社会效益和经济效益显著。录取继续教育新生 7 764 人、第二学历和专接本学生 645 人。举办各类专题培训班 112 个、培训人次创历史新高。

（三）师资队伍建设保持良好势头

作物疫病研究团队获批国家自然科学基金创新研究群体，实现突破，盖钧镒院士获世界大豆研究大会奖"终身成就奖"，陈发棣教授入选国家"百千万人才工程"，朱艳、吴俊两位教授获得国家杰出青年科学基金，王恬教授被评为国家教学名师，引进张舒群、齐家国两位"千人计划"专家，20 余人次入选"青年千人"、"青年长江"、江苏省特聘教授等各类人才项目。全年引进高层次人才 12 人，招聘教师 48 人、师资博士后 57 人。

启动人事制度改革试点工作，制订教学、科研工作量核算办法。调整二三级专业技术岗位和高级专业技术职务申报条件，完成 2017 年专业技术职务评聘工作，聘任正高职称 34 人、副高职称 61 人。完成科级及以下管理岗位和其他非教学科研岗位人员聘任以及职员评聘工作。积极推进养老保险社会化改革，提高教职工薪酬待遇。

（四）科技创新与服务社会能力持续增强

年度到位科研经费 8.091 4 亿元，其中纵向经费 6.947 2 亿元、横向经费 1.144 2 亿元。作物疫病团队研究成果入选 2017 高校十大科技进展。获批国家重点研发计划项目 5 项、国家社会科学基金重大项目 1 项、国家自然科学基金项目 155 项。发表 SCI 论文 1 670 篇、SSCI 论文 22 篇。获省（部）级以上奖励 16 项，获授权专利、品种权、软件著作权等 300 余件。《园艺研究》被 SCI 收录，影响因子 4.554，位居 JCR 园艺领域首位。

作物遗传与种质创新国家重点实验室评估获优秀。成立"作物表型组学交叉研究中心"，推进重大科技基础设施建设。2 个江苏省协同创新中心和 1 个江苏省重点实验室评估获优秀。

大学农技推广的政策建议获得全国政协主席俞正声批示，并被农业部、教育部采纳。产业扶贫入选教育部精准扶贫十大典型项目。继续推进双线共推服务模式，发布《江苏新农村发展系列报告（2016）》。全年共签订技术开发、技术转让等各类合同 421 项，合同金额

1.6 亿元。

（五）国际交流合作持续深入

举办第五届世界农业奖颁奖典礼，启动"亚洲农业研究中心"建设，新签和续签校际合作协议 21 个。与国外知名高校共建"动物健康与食品安全国际实验室""中美农业植物生物学研究中心"。新增聘专项目 110 项，聘专经费 992 万元。

鼓励师生出国研修访学，全年出国（境）访问交流教师 453 人次、学生 620 人次。与埃格顿大学共建"可持续农业与农业商务管理卓越中心"，孔子学院建设得到国家领导人肯定。

（六）办学条件与服务保障水平进一步提高

学校财务总体运行状况良好。全年各项收入 22.29 亿元、支出 21.76 亿元，年底银行存款余额 11.17 亿元。大力推进财务信息化建设，完善财务管理制度体系，积极推进公务卡结算。

新校区总体规划通过江北新区管理委员会审批，一期建设土地通过省国土厅预审，与地方政府达成农场土地收储初步意向，启动征地拆迁工作。全年在建工程 25 项，牌楼大学生创业与就业指导中心陆续交付使用，第三实验楼一期工程即将交付，二期工程和卫岗智能温室有序推进。白马教学科研基地新建成动物实验基地、高标准试验田等 11 个工程项目，2 个科研平台新增入驻。

信息化建设扎实推进。新增数据库 10 个，实现 56 万种纸本图书电子化。建成师生综合管理与服务平台，上线移动校园 APP，建立国际带宽保障出口。加强档案信息化建设，完成年鉴编写。

后勤保障能力不断增强。全年新增固定资产 1.39 亿元，固定资产总额达到 25.66 亿元。开展卫岗校区雨污分流工程。推进家属区物业社会化，完成物业招标。完成学生宿舍与教学办公楼宇物业管理社会化。提高医疗费用报销比例，改进医药费报销流程。

加强经营性资产管理。清理关闭 2 家公司、退出 1 家公司，出资设立南方粳稻研究开发有限公司、南京农大认证服务有限公司。

加强安全生产管理。成立实验室与设备管理处，完善实验室安全管理体制，改造危险化学品仓库，改进危废品收集办法，排查消除安全隐患。组织安全生产宣传、消防和应急救护演练，强化警校联动，保障校园安全。

三、深入开展党建和思想政治工作，不断提升办学治校科学化水平

（一）加强与改进师生思想政治教育工作，牢牢把握意识形态的领导权与话语权

加强党委对意识形态工作的领导。完善校院两级党校建设，建立健全党校分层分类培训体系，加强党员干部教育培训；认真做好党员干部调训工作，选派 30 余名处级及以上干部参加中组部、国家教育行政学院和省委党校等培训项目。

深入推进"两学一做"学习教育常态化制度化建设。一是明确各级党组织主体责任，坚持"三会一课"制度，与省委党建办合作，开展党史党情专题教育。二是开展"双抓双促"大走访大落实活动，深入基层走访调研，举办集体座谈，查摆具体问题。三是全面启动基层党建"书记项目"。

健全思想政治教育体制机制。定期发布校院两级中心组学习计划，组织中心组集体学习。成立党委教师工作部和学生工作领导小组，努力构建全员思想政治教育大格局。结合中共十九大召开等契机，不断加强师生理想信念教育和爱国主义教育。加强马克思主义学院建设，制订思想政治理论课教学质量年专项工作方案，不断深化思政课程改革。

（二）巩固和加强基层党组织和干部队伍建设，不断激发基层党组织与干部队伍活力

启动院级党组织书记抓基层党建述职评议考核。开展党组织和党员基本信息采集工作，实现与全国党员信息互联，全年累计发展师生党员 880 人。组织党员主题教育实践活动立项。规范党费收缴、使用和管理。

从严从实干部管理与监督。改进选拔任用方式，强化党委领导和把关作用，全年累计民主推荐、公开竞聘 4 次，新选拔任用处级干部 4 人。严格落实干部个人有关事项报告制度，累计核查 16 人，5 人诫勉、2 人批评教育、1 人暂缓提任。规范领导干部兼职和因公（私）出国（境）管理。

（三）创新文化传播和文化育人方式，不断提升学校文化软实力

打造校园文化精品。启动学校大师名家口述史工作，组织编排《北大荒七君子》话剧巡演，创新"大师·记忆"栏目建设方式，传递世纪南农精神。

讲好南农故事。深耕外宣新闻报道的农业"土壤"，2017 年，共受新华社、中央电视台、《光明日报》、《中国教育报》等中央媒体报道 137 次，学校海外网络传播力居全国高校第 13 位。

（四）民主治校、依法治校不断推进，多方合力助推学校事业发展

积极推进学校民主管理。召开第五届教职工代表大会第 11 次会议，听取学校相关工作报告，征集整理提案 40 件，并逐一组织协调督办。

统战工作继续加强。完成各级人大、政协换届推荐工作。协助学校民盟、九三学社委员会换届，1 人当选省九三学社副主委。新发展民主党派成员 15 人，提交议案、建议和社情民意 33 项，获国家表彰 2 项、省级表彰 12 项。

全面加强团的建设。制订学校共青团改革方案。大力推进"青春引领工程"、基层团支部"活力提升工程"、双创培育工程等品牌项目建设。

广泛凝聚校友力量。召开年度校友理事会会议。新建甘肃、宁夏校友分会与部分地市级分会，完成北京、山东等 8 地分会换届。设立孙颔教育基金、刘大钧农业教育基金，签订捐赠协议 20 项，到账金额 1 406 万元。

充分发挥离退休老同志积极作用。落实好老同志的政治待遇、生活待遇。加强条件保障，办好"老干部之家"。认真听取老同志在学校建设发展、关心下一代、构建和谐校园中的意见和建议。

四、切实强化正风肃纪，深入推进党风廉政建设

（一）认真落实"两个责任"，推动中央八项规定精神落地生根

认真传达上级党组织关于党风廉政建设的决策部署。召开纪委全会和党风廉政建设工作

会议。组织开展违规公款购买消费高档白酒问题自查自纠工作。建立巡察工作制度、婚丧喜庆事宜申报备案制度，开展党风廉政建设责任制考核与廉政教育。

严肃监督执纪问责。开展督导检查，加强重点领域监督。畅通信访举报渠道，全年共受理信访 32 件，处置问题线索 34 条，立案审查 1 件；谈话函询 11 人，初核 2 人；诫勉谈话 6 人，给予党纪处分 2 人，政纪处分 1 人。

（二）加强审计和招投标工作，抓好重点领域监管

加强和完善审计制度与工作流程建设，认真开展重点领域和重点环节审计。全年完成各类审计项目 532 项，累计 11.72 亿元，核减工程结算款 1 951 万元。完善招投标规章制度，明确规范标准，建成信息化管理平台，完成各类招标 480 余项，总计 2.85 亿元。

一年来，学校各项事业取得较快发展。这是广大师生员工齐心协力、共同奋斗的成果。在此，我代表学校，向全体师生员工表示衷心的感谢和崇高的敬意！

在总结成绩的同时，我们也要清醒地看到，学校的工作与"双一流"建设的目标要求相比，与师生、校友的热切期盼相比，还存在一定差距：一是培养具有国际竞争力的人才体系还需进一步完善；二是具有国际影响力的领军人才与创新团队的培养与引进力度亟须加强；三是主动适应科技体制改革方面存在不足，科技创新与重大科技成果产出能力有待进一步提高；四是科技成果转化服务乡村振兴战略的能力有待加强；五是新校区建设的推进速度还需加快；六是党风廉政建设有待持续深入。

在新的一年里，我们将始终团结和依靠广大师生员工，紧紧围绕世界一流农业大学建设目标与综合改革的中心任务，重点做好以下几个方面的工作：

一是深入贯彻中共十九大精神，深刻学习领会习近平新时代中国特色社会主义思想，不断加强和改进学校党建和思想政治教育工作，始终坚持社会主义办学方向，牢牢把握高校意识形态工作的领导权和话语权。

二是全面推进"双一流"建设方案实施，认真总结分析第四轮学科评估结果，以"一流学科"建设带动并加速世界一流农业大学建设进程。

三是加速推进"十三五"发展规划和综合改革方案实施，不断优化学校内外治理结构，加大改革力度，破解"瓶颈"难题。

四是不断深化教育教学、人才培养机制改革，切实提高人才培养质量，提升本科生升学与出国深造比例。

五是加大学术领军人才和创新团队的引进与建设力度，以一流的师资队伍不断提升"双一流"建设的内驱力。

六是加强国家战略规划的系统性、前瞻性研究，提升重大研究项目与方向制定的建议权，提高科学研究解决农业重大问题能力和原始创新能力。

七是争取 2018 年新校区正式启动建设，充分发挥白马基地教学科研功能。

八是进一步落实"两个责任"，不断加强党风廉政建设，持之以恒抓好作风建设。

（校长办公室提供）

［南京农业大学国内外排名］

　　国际排名：《美国新闻与世界报道》（U. S. News & World Report，简称 U. S. News）公布的"全球最佳农业科学大学"（Best Global Universities for Agricultural Sciences）排名中，南京农业大学居第九位，首次进入全球前 10；在其公布的"全球最佳大学排名"中，南京农业大学位列全球排名第 673 位，在中国内地大学中列第 42 位。英国《泰晤士高等教育》（THE）公布的世界大学排名中，南京农业大学位列 601～800 名之间，在入选的中国内地大学中排名第 35 位。上海软科 2017 年世界大学学术排名中，南京农业大学位列 401～500 名之间，这是学校首次跻身该排行榜世界五百强。台湾大学公布的世界大学科研论文质量评比结果（NTU Ranking）南京农业大学位列世界排名 501～600 名之间，在农业领域的世界总体排名为第 52 位。

　　国内排名：南京农业大学位列中国管理科学研究院大学排行榜第 43 位，在中国科学评价研究中心（RCCSE）、武汉大学中国教育质量评价中心（ECCEQ）和中国科教评价网（www. nseac. com）联合发布的中国大学本科院校综合竞争力总排行榜中位列第 54 位，在中国校友会大学排行榜中位列第 43 位，软科中国最好大学排名第 71 位。

（撰稿：辛　闻　审稿：周应堂　审核：张　丽）

[教职工和学生情况]

教 职 工 情 况

在职总计 （人）	专任教师			行政 人员 （人）	教辅 人员 （人）	工勤 人员 （人）	科研机 构人员 （人）	校办企 业职工 （人）	其他附设 机构人员 （人）	离退休 人员 （人）
	小计 （人）	博士生 导师（人）	硕士生 导师（人）							
2 729	1 637	507	1 117	502	235	141	133	0	81	1 620

专 任 教 师

职称	小计 （人）	博士 （人）	硕士 （人）	本科 （人）	本科以下 （人）	29岁及以下 （人）	30～39 岁 （人）	40～49 岁 （人）	50～59 岁 （人）	60岁及以上 （人）
教授	436	415	20	1	0	0	57	161	207	11
副教授	613	415	146	52	0	2	269	197	145	0
讲师	570	329	191	50	0	45	382	108	35	0
助教	18	0	17	1	0	10	8	0	0	0
无职称	0	0	0	0	0	0	0	0	0	0
合计	1 637	1 159	374	104	0	57	716	466	387	11

学 生 规 模

类别	毕业生 （人）	招生数 （人）	人数 （人）	一年级 (2017)（人）	二年级 (2016)（人）	三年级 (2015)（人）	四、五年级 (2014、2013)（人）
博士生 （＋专业学位）	384	487（＋3）	1 885 （＋3）	487	444	855	99
硕士生 （＋专业学位）	1 877 ＋（223）	2 293 （＋417）	6 918 （＋1 826）	2 293	2 511	2 114	
普通本科	4 272	4 289	17 397	4 314	4 246	4 321	4 516
成教本科	2 877	2 420	8 836	2 420	2 216	2 757	1 443
成教专科	2 592	5 684	11 967	5 684	3 430	2 853	0
留学生	51	146	371	146	36	112	77
总计	12 053 （＋223）	15 319 （＋420）	47 374 （＋1 829）	15 344	12 883	13 012	6 135

学 科 建 设

学院	20个	博士后流动站	15个	国家重点学科（一级）	4个	省、部重点学科（一级）	7个
		中国工程院院士	1人	国家重点学科（二级）	3个	省、部重点学科（二级）	0个
		"千人计划"入选者	5人	国家重点（培育）学科	1个		
		"青年千人计划"入选者	5人				

（续）

学 科 建 设

本科专业	62 个	博士学位授权点	一级学科	16 个	国家重点实验室	1 个	省、部级研究（院、所、中心）、实验室	89 个
			二级学科	0 个	国家工程研究中心	4 个		
专科专业	58 个（继续教育院）	硕士学位授权点	一级学科	31	国家工程技术研究中心	2 个		
			二级学科	7				

资 产 情 况

产权占地面积	559.99 万平方米	学校建筑面积	64.42 万平方米	固定资产总值	24.99 亿
绿化面积	94.95 万平方米	教学及辅助用	32.97 万平方米	教学、科研仪器设备资产	11.27 亿
运动场地面积	6.61 万平方米	办公用房	3.72 万平方米	教室间数	308 间
教学用计算机	9 387 台	生活用房	27.73 万平方米	一般图书	251.69 万册
多媒体教室间数	266 间	教工住宅	0 万平方米	电子图书	335.64 万册

注：截止时间为 2017 年 12 月 7 日。

（撰稿：蒋淑贞　审稿：刘　勇　审核：张　丽）

二、重要文献

[领导讲话]

秉承校训精神　坚持改革创新
切实推进世界一流农业大学建设

——在 2016—2017 学年第二学期全校中层干部大会上的讲话

左　惟

（2017 年 2 月 18 日）

回顾 2016 年，在全校师生、校友共同努力下，学校整个"十三五"开局较好：一是在建设世界一流农业大学过程中，通过本科教学工作审核评估，对人才培养的思路和路径更加清晰，为我们进一步深化教育教学改革打下了坚实基础。二是科技创新的能力和水平显著提升。工程学成为第五个 ESI 前 1‰ 的学科，微生物学成为第六个。科研经费创历史新高，年度到位科研经费 8.48 亿元，其中纵向经费 7.41 亿元，横向经费突破 1 亿元。三是国际合作取得实质性进展。学校牵头设立世界农业奖开放基金，首期获得大北农集团 1 000 万元的捐赠。学校跟密歇根州立大学联合办学，并于 2016 年 11 月签订双方合作协议。四是完成了人事制度改革方案的顶层设计，构建了多元聘用机制、绩效考核机制和分配激励机制"三位一体"的框架原则。五是"两校区一园区"建设取得重要进展。白马教学科研基地初步完成功能性建设。滨江校区正式获得教育部批准立项，按照 2 500 亩的规划，建设面积 120 万平方米。

下面，我想借今天这个机会讲几个方面的问题：

第一，关于加强党的建设和思想政治工作

2016 年，中央召开关于高校加强党建和意识形态工作的会议，并下发 50 号文件，对新时期高校党的建设和意识形态工作做了统一部署与安排。目前，部党组正在起草实施意见。

本学期，学校党的建设和思想政治工作的重点为：

一是尝试由学校党委对二级单位进行巡察试点。目前，中管高校由中央巡视组直接巡视，部属高校由教育部巡视，学校也计划对二级单位进行巡察。巡察将更多从党的建设、事业发展、班子工作状态、党风廉政建设责任制的落实情况等方面入手。相关部门正在讨论起草巡察办法，通过试点，切实促进二级单位各项工作有序开展。客观上讲，学校已经制定了一些制度，但是各学院的落实情况参差不齐，有些方面差异较大，希望通过巡察发现问题，总结制度规定落实中存在的不足，并树立一些好的典型。

二是调研和加强党的基层组织建设。党委在学校起着领导作用，但支部层面差异较大，根据二级党组织提供的材料，学生支部的情况好于教工支部，教工支部参差不齐，有的支部班子配得比较强，支部书记威信比较高，整个支部充满活力，人文氛围浓厚，活动丰富；有些支部个别党员长期不参加组织生活，存在党员意识弱化的问题，民主生活会很难正常开展，甚至个别支部形式上基本处于瘫痪状态。这个学期相关部门要花精力做一些调研，拿出具体举措来加强支部建设。

三是完成新一轮中层后备干部遴选。2016 年底，根据常委会安排，由相关学院推荐，我们了解到各个学院领导班子的工作状态、工作氛围，让人感触很深。总体来说，这个推荐方式还是比较成功的，学校将在 2017 年上半年，着力完成这项工作。

四是进一步深化"两学一做"学习教育成果。把学习教育过程中呈现出好的作风和基层支部、党员摸索出好的经验进行交流，形成常态化。包括强化党员的意识和责任，重温党章，增强责任感和使命感；努力挖掘我们身边的、校园里的标兵和典型，切实发挥应有的激励作用，要继续深化"两学一做"学习教育成果，就要把我们身边好的支部、好的党员、好的党务工作干部梳理一下，让大家切身地感受到身边的优秀党员。

第二，关于"两校区一园区"建设方面

首先，关于白马教学科研基地建设。截至 2016 年，学校花了很大的精力，动用了很多的资源，初步完成了白马园区的功能性建设，距完全建成还有一段距离，但是已经具备了初步的条件，并投入基本使用之中。随着五桥征地和新校区建设加快推进，白马的初步功能已经具备。对于白马基地建设来说，要做好"三个尽快"，就是要尽快完成基本条件建设，尽快投入使用，尽快发挥作用。可能大家对江浦农场感情很深，而对白马基地的感情还在培育当中，但是我们既然定了这个目标，建设也走到了今天这一步，无论是规划还是硬件，都比江浦农场有根本的提升。我们希望，这么大的项目展开，这么多的资源投入，能够在学校人才培养和科学研究方面发挥更好的作用。各个学院在这个问题上不要犹豫，要与学校的总体规划同步，集中力量、上下一心，把白马园区建设好、使用好。

其次，关于滨江校区建设。2016 年底，学校在招投标基础上，已经确定了承担详规设计的单位。春节前，相关职能部门已经和设计单位进行了一轮非常详细的沟通。在把相关方案向大家展示以后，组织专家进行了几轮的关门讨论，实际上是在 6 个方案里面对规划要点进行系统梳理，并与中标设计单位进行深入沟通，对之前的方案推倒重来，在 6 个方案的基础上，结合学校的要求，把精华提炼出来。同时，目前关于滨江校区有几条线在并行工作：

一要争取各级政府的支持，拿到各类建设指标。在新校区建设过程当中，各类指标都是稀缺资源。由于学校新校区建设未能与江北新区建设保持同步，以至于后期在规划空间指标、农业用地赞助平衡指标、建设用地指标等方面全面告急。

二要对接江北新区和浦口区，争取规划审批、建设模式、征地拆迁、土地收储等方面的支持。由于土地归浦口区，规划归江北新区，所以两家都得支持，工作量确实比一般单位要大一点、要困难一些。

三要与规划和设计单位对接，提出甲方需求。规划设计决定了整个校区的起点和高度，所以要花更多的精力在规划和设计阶段，考虑得细致一点，要尽可能在这个阶段把问题解决。

最后，关于卫岗校区建设。目前第三实验楼正在盖，希望在第三、四季度，10月的时候能够封顶。比较理想的状态是在2018年6月能够交付使用，但要想做到这一点，还有很多事情跟大家相关，即封顶以后楼面怎么分割，怎么通过装修体现功能等，这些都要在封顶之前把工作做完，这样才能保证一天不浪费、一环接一环。第三实验楼能不能在明年6月交付使用，实际上取决于我们这一学期的工作做得怎么样。这学期把规划做好了，等到6月，规划设计都完成了，10月封顶以后，随即进入下一步交付使用的准备可能就来得及。

第三，关于"双一流"建设方面

现在"双一流"建设在高教圈是一个最热门的话题。"985"没有了，"211"也没有了，以后就只称"双一流"了。从目前来看，"双一流"带来的资源，比以往"211""985"任何一个项目都多，而且建设目标非常明确，就是建一流大学、建一流学科。所以，在这样强有力的国家力量推动下，将是高等院校又一次排列组合，大家都要高度重视。学校2016年拿到了5 400万元的引导资金，比所有"985"高校要少，但在"211"高校里面，算是比较多的，在江苏"211"高校里面是最多的。国家推动"双一流"建设的力度也是前所未有的，对中国大学来讲，是中国经济社会发展到一定阶段以后，高等教育发展的一个必然趋势，社会有需求，民众有期待，政府有要求。同时，对南农来讲，也是我们建设世界一流农业大学进程当中的一个非常重要的机遇。可以想象，"双一流"建设对我们建设世界一流农业大学将会是一个重大的推动。但是，怎么做好"双一流"，各个学校都在谋划，大家起点都不低，想法都不少。我认为，在这个过程当中，一是要体现竞争，二是加强考核，三是要提高投入产出比，要有绩效。我们学校借助"双一流"，从战略上讲要突出重点，支持强势学科寻求新的高度和突破，同时要整合适当的资源，借力布局，补弱布新。从基本原则上讲，就是要统筹谋划、注重绩效、世界标准、交叉融合、改革创新。所谓统筹包含5个方面：

一是教学和科研的统筹。学科建设不仅仅是科研的事，我们讲一个学校的学科强，一定是它有很强的教师队伍，能够产生很好的科研成果，同时也能培养出良好声誉的毕业生。没有优秀毕业生的学科，也很难称之为是好学科、一流学科。因为我们是大学不是研究所，重点就是要统筹科研和教学。

二是存量学科和增量学科的统筹。所谓存量学科就是现有的老学科，所谓增量学科就是从零开始，根据我们的需要布局的新学科，这两者要统筹。在国家支持学科建设的背景下，所谓借力就是要借这个力，更好地做好我们自己的文章，要做好统筹协调布局。我们要在"十三五"期间，通过新学科的布局，为南农2020—2030年的发展积蓄力量。

三是基础研究和产业应用的统筹。研究型大学，是依托产业支撑产业的研究型大学，两头都要兼顾，没有基础研究很难有高度，很难产生重大的学术成果，同样，如果没有产业应用就解决不了重大技术问题。所以，基础研究和产业应用要统筹。

四是经费统筹。国拨经费、省拨经费、学校自筹经费和学科配套经费要统筹，落脚点是解决学校发展的重大问题和关键问题。

五是做好国际评价和国内评价的统筹。谈到"双一流"建设，要理解什么叫世界一流农业大学，世界一流大学和世界一流农业大学怎么认识？所谓世界一流大学，即学校老师看的、想的、做的，都是全人类去做的事，想的都是这个世界明天会怎么样，应该做什么事。中国目前大多数研究都是跟随性的，根据别人提出的领域、方法照着来，成果很好但还不是引领，真正的一流就是引领，就是不分种族、不分区域，一切都关心；第二，一流大学都是要提出问题引领方向；第三，一流大学要有广泛认可的学术影响和地位，所谓影响力，即成为国际国内顶级学术会议特邀嘉宾，担任国际国内顶级期刊编委或审稿专家，所研究领域受到同行关注，并能成为行业标准。

世界一流农业大学和世界一流大学的差异在哪里，差异就在我们的贡献领域主要在农业领域，但不是说世界一流农业大学比世界一流大学低一个层次，只是重点研究领域相对集中在农业。国外好多一流大学在其网站介绍上，很少重点讲它的历史，更多的是讲它率先发明了什么理论，发明了什么技术。国内大学几乎没有讲这方面，因为我们没有提出问题、引领方向的共性，国家经济社会的发展还没到这个阶段，大学的发展也没到这个阶段，但正在朝这个方向努力，穿越"瓶颈"走向一流。因此，要非常明确一流是什么样，未来是什么样，并照这个标准努力。至于标准高低，可参照孔子在《论语》里面说的："取乎其上，得乎其中；取乎其中，得乎其下；取乎其下，则无所得矣"。

关于世界一流农业大学做什么？在上次党代会上我提出：标准要定得高一点，就是要提出人类生存和发展的重要问题，解决国家区域产业发展的重大技术问题，简单来说，凝练重大科学问题，解决重大技术问题，这个是一流大学的责任和使命。对农业大学来讲，就是凝练农业的科学问题，解决农业的技术问题，而且是重大方向性问题，这就是我对世界一流农业大学的理解。把这个话题放在"双一流"的框架下讲，就是我们的一流要以高标准来理解认识。如果说我们真的通过几代人的努力达到这个标准，我相信大家就不再纠结是国际标准还是国内标准，不再纠结 SCI 发多少文章，也不再纠结多少点击、多少引用量，因为关注的是不是原创、是不是方向性的问题。

学校提出了建设世界一流农业大学的目标非常切合南农发展的需求，因此深入人心，在凝聚学校共识、共同发展、共同奋斗方面发挥了极其重要的作用，同时也已经变成南农校园里出现频度最高的一句话。那么，在建设世界一流农业大学的过程中，南农的每一位同志，包括教学科研岗位的同志，也包括行政管理岗位的同志都要思考，现在的工作能给建设世界一流农业大学发挥多大的作用，是助推，还是拖了后腿？不能把这个话抽象成一个口号，口号一定要振奋人心、渲染气氛，这都是要的。但如果仅仅停留在口号上，目标是很难实现的。我们要用这个口号和目标来评价自己，来评估我们现在的能力、认识、水平和这个目标是不是吻合？我们现在的贡献是助推还是阻碍了一流大学的建设？如果助推了，要再加把劲，推的力度更大一点；如果阻碍了，得好好学习、好好进步，和南农作为世界一流农业大学同步成长、同步进步。

第四，关于改革创新方面

目前，国际国内高校的发展竞争日益激烈，从一定意义上说，国内高校的竞争更加白热化。如果不甘心亦步亦趋跟随式的发展现状，就得考虑一些超越式发展的思路和办法。从各个学校发展的情况来看，凡是获得超越式发展的学校，无一不是改革创新的结果。

在这边我举两个例子。苏州大学的发展有目共睹，很多的指标已经超过了"985"高校，苏大改革的理念就是实施人才计划，付出的代价是巨大的，但成绩也是巨大的。苏大的自然基金数、学科排名都在整体进步。这两年南京医科大学的发展也非常快，尤其在基金方面突飞猛进，跟学校长期以来的积淀有关系，但跟其科研机制也有关系。南农应该学习、应该取长补短，改革创新是必由之路，不改革、不创新将会逐渐被淘汰，要争取到2020年在国内高校稳居前50。

关于改革创新，主要包括：

一是人事制度改革，主要是要改革评价方式和分配方式。

二是要进行体制机制的创新，主要是探索更加有利于人才和资源发挥更好效益的体制机制，包括组织构架、管理模式、分配机制、评价机制、资源配置模式。学校计划组建"特区"，做体制机制改革的尝试，先在"特区"试，不成功退回来，成功了逐步推广。初步考虑建设两个"特区"。一个"特区"是为积极准备申报"作物表型基因组学"的重大基础设施专项成立一个"作物表型基因组学"研究中心；另外一个是开放的综合"特区"，主要进行运行体制改革的尝试。学校将尽快拿出方案，希望大家要以一种开放包容的心态看待"特区"，要有尝试失败的思想准备，要对"特区"建设多提意见，逐步把人才资源的效率发挥到最大。

三是要进行学科布局调整，主要就是优化资源配置，淘汰"僵尸学科"。所谓"僵尸学科"，就是该学科没学生、没项目、没成果、没文章、没资助，点长没有或接近没有，占用学校很多资源，这样的"僵尸学科"就要淘汰。淘汰以后空出来的博士点、硕士点用来拓展新学科，发展新领域，布局新方向。南农冲击世界一流，学科上可能还有一些短板需要补，现在弱的要补强，现在没有的要另起炉灶建。

同时，在这个过程当中要注意：一是遵循学科发展规律。大学学科有自身规律，包括诞生、成长、兴旺、衰落、消亡，所以撤销一批"僵尸学科"也要尊重学科发展的必然规律。二是要提升资源配置效率。个别学科，学生毕业以后找不着工作，社会没有需求，教师在这个点上，却不愿意拓展新的领域，浪费招生资源。三是顺应市场发展需求。对于社会需求要做理性分析，确实存在某些学科专业的学生整体社会需求量不大，作为社会又必须培养，但是对于应用类学校来讲，有相当多的"僵尸学科"都面临着几乎没有社会需求，并在整个学校的学科布局生态中也不起什么作用，这就是需要调整的学科。四是积蓄持续发展力量，为南农可持续发展奠定基础。现在已经基本形成了一些共识，由学校党委、学术委员会决定具体淘汰哪些学科。希望改革创新成为学校的主旋律，也成为常态。

第五，关于校训方面

与大家相比，受南农文化熏陶，对南农优秀文化的传承方面领会还不够深入。因为做党委工作，这是重要的一个方面，无论是校园文化建设还是意识形态工作，都是必须要考虑的。我通过宣传部给我提供材料，详细了解校训的背景、内涵解释等。就我个人理解，"诚朴勤仁"是南农的基本价值观，是一个百年学府深厚积淀的浓缩，一个新办的学校即便提出校训，也很难有这么深刻的认识和体会，这就是学校的文化品质。南农学生脸上的气质就是"诚朴勤仁"的文化模具铸出来的，这就是文化气质，也是南农的先辈留给我们的精神财富！

"诚朴勤仁"教我们怎么做人，怎么做事，怎么做学问，但是需要我们正确深刻全面地认识理解。"诚朴勤仁"，就是要实事求是，既不要太高调也不要太低调；就是要脚踏实地，既不要好高骛远，也不能格局太小；就是要求真求善求美，既不能投机取巧也不能不讲战略策略。如果工作没有取得应有的效果和成绩，不是"诚朴勤仁"的价值观束缚了思想和行为，而是没有真正认识和体现"诚朴勤仁"的内涵。什么是"诚朴勤仁"？我认为，"诚朴勤仁"是南农的文化名片、基本价值观、文化品质、精神财富。设想一下，如果丢掉了"诚朴勤仁"，南农还剩什么？要反思在现代环境下办大学，"诚朴勤仁"的内涵是什么。所以，我们要秉承"诚朴勤仁"的校训，既要有激情也要有思路，既要有想法也要有办法，既要有感情也要有贡献，既要有口号也要有行动。

2017 年是学校发展和建设非常重要的一年，希望我们今年的一些想法都能实现；也希望大家共同努力，一年一个脚印，一年一个高度，按照第十二次党代会的规划把南农建设好、发展好，成为有广泛社会声誉和公认学术成就的一流大学！谢谢大家！

在南京农业大学 2017 年党风廉政建设工作会议上的讲话

左 惟

（2017 年 3 月 15 日）

同志们：

这次会议主要任务是，深入学习贯彻习近平总书记在中央纪委七次全会上的重要讲话，传达中央纪委全会、省纪委全会和教育部党组党风廉政建设工作会议精神，部署 2017 年学校党风廉政建设和反腐败工作。园艺学院、研究生院结合本单位实际进行了大会交流，4 家单位的交流材料也将在会后印发，供大家互相借鉴、推动工作。邦跃同志代表学校纪委作了工作报告，明确了下一阶段的任务，请大家抓好落实。下面，我代表学校党委讲四点意见。

一、深入学习和准确把握习近平总书记重要讲话精神，切实增强推进党风廉政建设的政治责任

习近平总书记在中央纪委七次全会上的重要讲话，站在实现党的历史使命的战略高度，充分肯定中共十八大以来全面从严治党取得的显著成效，明确提出当前和今后一个时期工作的总体要求和主要任务，为推动全面从严治党向纵深发展提供了重要遵循。学校各级党组织和广大党员干部要把学习贯彻习近平总书记重要讲话精神作为重大政治任务，全面把握讲话的精神实质，切实增强贯彻落实的自觉性和坚定性。

一是要准确把握总书记关于党风廉政建设和反腐败形势的科学判断。既要看到当前反腐败斗争压倒性态势已经形成，党内政治生活呈现新的气象；又要清醒地认识到反腐败斗争的形势依然严峻复杂，全面从严治党任重道远。

二是要准确把握总书记关于党风廉政建设和反腐败斗争重要启示的精辟阐述。做到坚持高标准和守底线、抓整治和抓责任、查找问题和深化改革、选人用人和严格管理的"四个统一"。

三是要准确把握总书记关于党风廉政建设和反腐败斗争的工作要求。继续在常和长、严和实、深和细上下功夫，以更大力度抓好中共十八届六中全会精神的贯彻落实。

二、严肃党内政治生活，强化党内监督，严格追责问责

中共十八届六中全会围绕全面从严治党作出战略部署，《党内政治生活准则》（以下简称《准则》）和《党内监督条例》（以下简称《条例》）作为推进依规治党、标本兼治的重要制度成果，为全面从严治党提供了新的制度利器。

《准则》从 12 个方面对党员、干部提出了有针对性的规范，为严肃党内政治生活提供了根本遵循。学校各级党组织必须担负起执行和维护政治纪律与政治规矩的责任，把"重音"

放在集中统一上，确保《准则》各项要求落到实处。党员领导干部要以"四个意识"为政治标杆，坚持以上率下，自觉开展批评和自我批评，通过严肃认真的党内政治生活锻炼党性，提高修养。要不断加强和改进新形势下高校思想政治工作，紧紧抓住学生和教师这两大主要群体，引导学生铸就理想信念，掌握丰富知识，锤炼高尚品格；引导教师以德立身、以德立学、以德施教。严格落实意识形态工作责任制，严明课堂教学管理和教学秩序，对那些突破政治底线和价值底线的现象绝不能听之任之。

《条例》构建了党委全面监督、纪律检查机关专责监督、党的工作部门职能监督、党员民主监督的党内监督体系，是新时期加强党内监督的重大制度设计。就学校而言，除了学校党委履行全面监督、纪委履行专责监督外，组织、宣传、教学、科研、财务、审计、后勤等部门要履行好职能监管责任，二级单位党委特别是各个支部都必须履行管党治党的日常监督，绝不能一提监督就认为是学校党委、纪委的事。党员领导干部是党内监督的重点对象，必须"多设探头"，全方位地开展监督，要吸取前几年一些案件的深刻教训，绝不能再出现监督的"死角"和"盲区"；要进一步规范决策过程、选人用人过程以及领导干部个人重大事项报告，将领导干部的活动置身于党组织、党员、群众的监督之下。党的干部要习惯于在监督下工作，养成自觉接受监督的良好习惯。

问责是严肃党内政治生活、强化党内监督的重要保障。要让失责必问、问责必严成为常态。教育部正在制订《贯彻落实〈中国共产党问责条例〉实施办法》，对党的领导弱化、党的建设缺失、从严治党责任落实不到位的将严肃问责。上学期，学校党委、纪委采取纪律处分、组织调整、诫勉谈话等方式对一些党员干部违反纪律问题进行了问责，下一步也将进一步加大问责力度，激发担当精神，对该问责而不问责的，也要严肃问责。

三、将纪律挺在前面，有效运用监督执纪"四种形态"

监督执纪"四种形态"是从党的历史和从严治党实践中总结出来的，体现了惩前毖后、治病救人的一贯方针，是把纪律和规矩挺在前面的具体体现，也是全面从严治党的重要方法。2016 年，学校党委制订了《关于贯彻落实监督执纪"四种形态"的实施办法》，明确了实践运用"四种形态"的具体要求。需要强调的是，第一种形态主责在各级党组织，我们要把功夫下在平时，让"红红脸""出出汗"成为常态，使党员、干部时时处处感受到纪律的严格约束。

各级党组织和领导干部要围绕纪律、作风、思想等方面情况，经常与党员干部谈心交心。校党委、行政班子成员每年至少要与分管部门领导班子成员、联系单位主要负责人进行一次谈心活动；对涉及选人用人、财务管理、科研经费、基建工程、物资采购、校办企业等重点领域和重点岗位的领导干部要进行重点谈心交心。各二级单位党组织主要负责人，每半年至少要与班子成员进行一次谈心活动；二级单位班子成员每年至少要与分管人员进行一次谈心活动。这些都是制度化的刚性要求，也是大家落实"一岗双责"的重要抓手，必须要落深、落细。

强调用好第一种形态，绝不意味着放松后三种形态。"四种形态"是个有机整体，层层递进、相辅相成。各级党组织只有善于运用第一种形态，加强日常的批评教育，用"咬耳扯袖""红脸出汗"管住全体党员，防止"破纪"行为的发生，才能使后三种形态的人员依次递减，最终实现标本兼治。

四、坚持高标准严要求，坚定不移把全面从严治党引向深入

学校综合改革正在稳步推进，新校区建设也已经获得教育部立项批复，实现学校第十一次党代会提出的发展目标，需要我们以更高标准更严要求，把全面从严治党引向深入。当前要抓好以下几个方面的工作：

一是要驰而不息打好作风建设攻坚战、持久战。经过几年来的努力，学校作风建设取得了明显成效。希望大家继续严格执行中央八项规定精神和省委十项规定精神，锲而不舍地把纠正"四风"做深做实，真正养成作风建设的高度自觉。

二是要继续扎紧制度的笼子，严格执行制度。近两年，学校各部门制定完善了一系列规章制度，为开展各项工作提供了遵循，但自觉执行制度的意识还不强。一方面，制定制度的部门要加强宣传教育，强化教职员工的纪律意识、规矩意识，形成尊崇制度、遵守制度、捍卫制度的良好氛围和习惯；另一方面，要加强对制度执行情况的监督检查，对违反制度规定的行为要严肃问责，切实做到制度面前没有特权、制度执行没有例外。

三是做好校内巡察试点工作。2016年，学校对6个学院和1个直属单位开展了党风廉政建设情况的检查，传导了压力，推动了主体责任的落实。常委会刚刚通过了校内巡察试行办法，即将开展校内巡察试点，这是将"两学一做"成果常态化的举措，是落实全面从严治党的举措，也是加强党的基层组织和深入贯彻中央八项规定精神的举措。另外，党委组织部和纪委办公室要相互协作，按照全面从严治党的要求，统筹院级党组织书记抓基层党建述职评议考核和落实"两个责任"的考核工作，以考核促进全面从严治党责任的落实。

同志们，我们要更加紧密地团结在以习近平同志为核心的党中央周围，认真抓好中共十八届六中全会精神的落实，切实履行从严治党责任，严肃党内政治生活、严明党的纪律和规矩，推动全面从严治党取得新成效，共同为世界一流农业大学建设作出新的更大贡献！

谢谢大家！

在农学、植物保护专业认证专家反馈会上的讲话

左 惟

（2017 年 4 月 27 日）

（根据录音整理）

尊敬的王长新副校长、廖允成副校长、盛敏处长
各位领导、各位专家、南农的各位老师：

大家好！最近几天，两个专家组的各位专家对学校农学、植物保护两个专业进行了认证。刚才，各位专家既肯定了两个专业建设成就，也从不同的角度，提出了很专业、很重要、很有见地的意见，客观地指出了我们在人才培养方面，在认识、理念、做法、措施等各个层面上存在的问题。这些宝贵的意见，必将在进一步巩固学校人才培养的中心地位，弘扬世界眼光、中国情怀、南农特色的培养理念当中，助力我们人才培养的标准化，助力我们在人才培养的过程中分析问题、解决问题的适应性、针对性和有效性。我代表学校感谢各位专家的辛勤劳动。

今天，我们相关院系的负责同志和老师、相关业务部门的负责同志都来到现场直接听取了各位专家的反馈意见。下一步，我想应该从学校、职能部门、学院、专业、课程及相关实验、实习训练等各个层面，认真消化各位专家意见，从认识理念的角度深入讨论、思考；从师资队伍的角度切实充实、调整；从教学计划的角度认真修订、完善；从课堂教学（包括实验实习）的角度全面贯彻、落实。希望我们的同志从学校到课程各个层面，能够做到视野更加开阔、理念更加先进、思考更加深入、协作更加紧密、改革更加坚决、统筹更加有力、落实更加扎实、执行更加高效、程序更加优化、管理更加精细，切实达到"以评促建、以评促强、追求卓越"的认证目的。

各位专家在两天半的时间里完成了大量艰苦、细致的工作，非常辛苦，也卓有成效。这次认证，既是各位专家对学校农学、植保两个专业的"问诊把脉"，也是各个兄弟高校和相关企业给我们的"传经送宝"。我代表学校党政和全体师生向各位专家、向教育部高等教育教学评估中心表示衷心的感谢，也向南农所有参与此次认证的各位老师和同学表示感谢和慰问。

我们希望，通过对这两个专业的认证，能够起到以点促面、以点带面的作用，在学校各类学生、各个专业的培养上体现、落实这次认证的成果和收获，牢固树立人才培养是大学，尤其是一流大学的中心任务和第一使命的观念，在学校事业发展中，注意统筹各项资源，统筹学校各个方面的发展，不断提升服务社会、服务"三农"的能力和贡献，真正达成一所历史比较悠久，以建设世界一流农业大学为目标的大学，负起向社会和产业提供一流人才、一流贡献、一流成果的光荣责任。

最后，再次感谢各位领导和各位专家的辛勤工作和中肯意见，也感谢参加这次认证的南农的各位老师和同学，谢谢大家！

把握新机遇　谋划新发展
努力开创世界一流农业大学建设新局面

——在南京农业大学第五届教职工代表大会第11次会议上的工作报告

周光宏

（2017年4月19日）

各位代表，同志们：

现在，我代表学校党委和行政，向大会报告学校工作，请予审议。

一、2016年工作回顾

2016年，学校紧紧围绕世界一流农业大学建设目标，扎实推进"1235"发展战略，各项事业持续快速发展。

（一）积极推进综合改革，不断提升办学治校科学化水平

完成本科教学工作审核评估，进一步巩固了人才培养的中心地位以及本科教学的基础地位。以全国第四轮学科评估为契机，系统梳理一级学科建设情况，编制"双一流"建设实施方案，规划构建了"一流学科、优势学科、基础学科"的学校学科建设体系；制订人事制度改革方案，并通过教职工代表大会审议，拟构建"多元聘用机制""绩效考核机制""分配激励机制"三位一体的管理体系；完善科研经费管理制度，为激发科研人员积极性提供政策保障；新校区建设取得重要进展，获得教育部立项批复。

坚持并完善党委领导下的校长负责制，顺利完成行政换届和党委副职增补；继续推进落实六大议事规则的议事决策、民主集中制度体系建设；修订《南京农业大学学术委员会章程（试行）》，并报送教育部备案，充分支持学术委员会在学术领域重大事项上的决策权、审议权和评定权；定期召开教职工代表大会，审议学校重大改革事项，使教职工积极参与学校的民主管理与监督。

（二）全面深化内涵建设，学校各项事业发展再上新台阶

1. 人才培养质量持续提升

（1）本科生教育。持续推进教学质量工程建设，20门课程入选国家精品资源共享课和视频公开课，11种教材入选江苏省高等学校重点教材；设立"钟山教学名师奖"，重奖优秀教师。按照"以评促改、以评促建、以评促管"的原则，完成本科教学工作审核评估，系统梳理了不同时期的办学定位，学校办学路径与人才培养目标更加明晰；积极改善教育教学条

件和教学管理，进一步提高了人才培养保障度和有效度；通过新一轮教育思想大讨论，进一步理清了人才培养理念；通过全面自评和专家"问诊、把脉、开方"，总结了近年来学校本科人才培养的成功经验和不足之处，明确了进一步深化教育教学改革的着力点，为办好一流本科教育奠定了坚实的基础。

（2）研究生教育。全面推进学位授权点自我评估，完善专业学位授予标准，积极推进研究生教育国际化，成功举办第三届研究生国际会议，设立研究生短期出国访学项目和博士生国际学术交流基金，119 人入选研究生国家公派项目，人数创新高。全年授予博士学位 375 人、硕士学位 1 987 人，获江苏省优秀博士学位论文 10 篇、优秀硕士学位论文 11 篇。

（3）招生就业。全年录取本科生 4 252 人，一志愿率达 99.84％；录取硕士生 2 286 人、博士生 450 人，生源质量均稳步提升。加强就业指导与服务，建成大学生创客空间，用人单位信息库扩充至 2 380 家，全年组织各类招聘会、宣讲会近 400 场。应届本科生就业率为 94.36％、研究生就业率为 90.28％。

（4）素质教育。推进第二课堂育人体系建设，不断丰富文化艺术、科技竞赛、创新创业、社会实践、志愿服务、大学体育和心理健康等教育形式。获国际竞赛奖 7 项，国家级表彰 9 项，省级表彰 44 项。

（5）留学生教育。入选留学江苏目标学校，全年招收各类留学生 930 人。积极打造国际文化节等留学生品牌文化项目，校园国际化氛围更加浓厚。

（6）继续教育。录取继续教育新生 8 561 人，第二学历和专接本学生 590 人。举办各类专题培训班 90 个，培训学员 8 672 人次，创历史新高。

2. 师资队伍建设稳步推进　全年引进高层次人才 10 人，招聘教学科研岗教师、师资博士后 76 人。新增"万人计划领军人才"5 人、杰出青年基金获得者 1 人、"青年千人计划"2 人、"青年长江学者"2 人、中宣部文化名家暨"四个一批"人才 1 人，共 40 余人次入选江苏省特聘教授等各类人才项目。

继续实施"钟山学者计划"，增补"钟山特聘教授"1 人，聘任首批"钟山首席教授"29 人，评选"钟山教学名师"6 人，完成首批"钟山学术新秀"聘期考核。推进养老保险改革工作，开展参保人员分类界定及基本信息审核。

3. 学科建设再获新进展　积极推进一流学科建设，获一流大学（学科）和特色发展引导专项资金。ESI 学科再获新突破，2016 年以来，工程学、微生物学、分子生物与遗传学先后进入 ESI，学校 ESI 学科达到 7 个，农业科学排名前 1‰，植物与动物科学、环境生态学、生物与生物化学排名稳步上升。

4. 科技创新能力进一步增强　年度到位科研经费 8.48 亿元，其中纵向经费 7.41 亿元，横向到账经费首次突破亿元。获批国家重点研发计划项目 3 项、转基因重大专项牵头项目 2 项、国家自然科学基金项目 164 项。发表 SCI 论文 1 557 篇，植物保护学院胡高副教授、王源超教授连续在 *Science* 上发表论文。学校以第一完成单位获省（部）级奖励 16 项，获授权专利、品种权、软件著作权近 300 件，出版专著 37 部。校办学术刊物影响力不断提高，《园艺研究》被 SCIE 收录，是学校第一个 SCI 收录期刊（有影响的国际刊物）。

国家重大科技基础设施立项申请工作取得进展，顺利完成国家重点实验室评估。3 个省级协同创新中心通过绩效评估获资金滚动支持，教育部重点实验室评估获良好成绩，6 个农业部重点实验室考核评估均获优秀。实验平台信息化建设取得新进展，规范试剂采购管理，初步完成学校大型仪器设备共享平台与国家网络管理平台对接。

5. 社会服务水平进一步提高 成立江苏高等学校新农村发展研究院协同创新战略联盟。新建 3 个新农村服务基地、3 个农业科技综合示范基地。"南农易农"等信息服务功能日益完善，双线共推服务模式取得较好效果。依托科技支撑与项目合作，实现对贵州麻江等地区的精准扶贫。出版《江苏新农村发展系列报告》。全年共签订技术开发、技术转让等各类合同 314 项，合同金额 1.36 亿元，产学研合作成果入选国家"十二五"科技创新成果展。

6. 国际交流合作持续深入 中外合作办学取得重要进展，与密歇根州立大学签署共建联合学院协议。世界农业奖影响力日益增强，举办第四届世界农业奖揭晓仪式，设立世界农业奖开放基金。新签和续签校际合作协议 28 个。全年获聘专经费 1 000 多万元，获批 1 个"111"引智基地，1 个中心被认定为国家级国际科技合作基地。

鼓励教师出国研修，全年教师出国（境）访问交流 396 人次。推进人才培养国际化，全年派遣学生出境交流 601 人次，开设全英文授课课程 104 门，1 门课程入选教育部"来华留学英语授课品牌课程"。教育援外工作不断深入，全年举办援外培训班 21 期，中肯作物分子生物学实验室投入运行。孔子学院开展汉语教学 62 个班次、农业技术培训 5 期，培训学员 2 000 多人。

7. 办学条件与服务保障水平进一步提高

（1）财务工作。学校财务总体运行状况良好，全年各项收入 20.97 亿元、支出 18.63 亿元。年末累计结存 13.21 亿元（2011 年 6 亿元），其中，专项结存 11.07 亿元，学校总体财务状况运行良好。

（2）校区与基本建设。开展新校区总体规划。全年新建工程 19 项，牌楼大学生创业与就业指导中心完成主体工程封顶，第三实验楼一二期工程有序推进。白马教学科研基地建成学生生活服务区，10 个科研平台落户基地开展相关科研实验研究。

（3）图书、信息化与档案工作。图书馆文献资源持续扩充，新增采购 SSCI 等数据库 18 个。完成校园网宽带设备升级，实现校园有线及无线网络全覆盖。完成新版 OA 等信息化系统建设，增强移动办公功能。加强档案信息化建设，完成年鉴编写。

（4）资产管理与后勤服务。全年新增固定资产 1.02 亿元，固定资产总额达到 24.04 亿元。完成国有资产盘点清查，调增净资产 2 500 多万元。完成卫岗校区能源监控平台二期建设。继续推进家属区物业社会化工作。修订《教职工公费医疗管理暂行办法》，提高教职工医疗保障水平。积极推进校办产业清理规范工作。

（5）审计工作。实现内部审计全覆盖，对所有新建工程实行全过程跟踪审计。全年完成各类审计项目 429 项，审计金额 11.16 亿元，核减基建维修项目金额 670 余万元。规范招投标管理程序，完成各类招投标 592 项，节约采购资金 1 000 余万元。

（6）安全生产工作。加大安全生产检查力度，重点对实验室安全进行专项整治整改，为加强学校实验室安全管理，学校成立实验室管理处。进一步升级校园安防系统，扩大校园监控覆盖面。

（7）改善民生工作。提高老职工租金补贴和新职工住房补贴，调整离休人员基本离休费、在职人员岗位工资和薪级工资标准，预发奖励性绩效津贴，全年人员经费支出 7.14 亿元，比 2016 年显著增长。

（三）加强党建和思想政治工作，提升学校整体凝聚力

1. 深入开展"两学一做"学习教育　精心制订工作方案，以党支部为基本单位，以"三会一课"为基础形式扎实推进专题学习教育。召开"两学一做"学习教育动员大会、庆祝建党 95 周年表彰大会，通过完善学习载体、丰富学习内涵、强化督查指导、注重典型引路等方式，构建了党课常规化、学习讨论专题化、学习资料规范化、网络培训信息化于一体的学习体系，取得较好的学习效果。

2. 强化思想政治教育　坚持以社会主义核心价值观为引领，牢牢把握意识形态工作的领导权和话语权，努力提升思想政治工作科学化水平。围绕中共十八届六中全会、"两学一做"学习教育、全国高校思想政治工作会议等专题，结合纪念长征胜利 80 周年、学习李保国精神等契机，不断加强师生理想信念教育和爱国主义教育。开展"师德标兵""师德先进个人"评选。建立意识形态领域情况分析研判联席会制度。

3. 加强基层组织和干部队伍建设　启动院级党组织基层党建和思想政治工作检查。开展党员组织关系排查。规范党费收缴，进一步明确缴费基数和交纳比例。全年累计发展师生党员 750 人。启动后备干部推荐工作，新选拔任用处级干部 14 人。完成干部人事档案专项审核，从严从实执行领导干部个人有关事项报告制度，累计抽查核实 55 人，16 人受到批评教育、诫勉或取消提任处理，免职 1 人。严格规范领导干部因公（私）出国（境）审批。

4. 创新文化与宣传工作　完善校园文化设施，开展校园文化精品项目建设，"单仁耘诗书画育人实践"获第九届高校校园文化优秀成果奖一等奖。开发"楠小秾"形象等系列文化产品，提升学校品牌形象。深耕新闻报道的农业"土壤"，讲好南农故事，发出南农声音，创新宣传工作方式，构建媒体与专家教授联动机制，共受到中央媒体报道 134 篇次。

5. 发挥各方力量助推学校事业发展　大力支持民主党派做好自身建设、参政议政与社会服务。发展民主党派成员 15 人，提交议案、建议和社情民意 22 项。民主党派集体和个人获国家表彰 1 项，省级表彰 6 项。充分发挥教职工代表大会、工会民主管理职能，先后召开 4 次教职工代表大会审议学校重要事项。积极改善离退休老同志活动条件，充分发挥老同志在学校建设发展、关心下一代、构建和谐校园中的作用。完善校友联系网络，新建海南、重庆校友分会。积极吸纳社会力量捐资助学，签订社会捐赠协议 36 项，到账金额 1 361 万元。

6. 深入推进反腐倡廉工作　制订《中共南京农业大学委员会关于贯彻落实监督执纪四种形态的实施办法》。召开年度党风廉政建设会议和机关工作作风建设大会。切实强化监督执纪问责，突出"关键少数"，加强对党员干部的监督。建立了纪检监察信访事项与问题线索处置工作例会制度，全年共办理信访 54 件，谈话函询 15 人次，诫勉谈话 7 人，给予党纪政纪处分 3 人。

各位代表、同志们，2016 年学校各项事业取得了可喜进展，办学水平与社会声誉显著提升，排名位列 NTU Ranking 农业领域第 53 位，《美国新闻与世界报道》"全球最佳农业科学大学"第 13 位，并首次进入泰晤士世界大学排行榜。在国内主要排行榜中排名保持前 50。这些成绩的取得，是广大师生员工齐心协力、共同奋斗的成果。在此，我代表学校，向全校师生员工的辛勤工作表示崇高的敬意和衷心的感谢！

二、今后一段时期的重点工作

在总结成绩的同时，我们也清醒地看到，学校的工作与世界一流农业大学的建设相比，与"双一流"建设的迫切要求和现实压力相比，与师生和校友的热切期盼相比，还存在不足与差距：一是在"双一流"建设背景下，学校建设与发展的目标定位、路径举措还不够科学，高水平人才的引进与培养力度亟须加强与突破；二是学校班子和党员干部的办学治校能力、攻坚克难定力、服务师生意识、工作执行能力等方面有待加强；三是"十三五"发展规划与综合改革方案的实施推进力度需进一步加大；四是人才培养的中心地位还要牢固确立，人才培养质量有待进一步提高；五是党风廉政建设有待持续深入，惩治和预防腐败体制机制还需不断完善。

我认为最近一段时间，更重要的是研究由教育部、中央编办、发改委、财政部、人社部五部门联合印发的《关于深化高等教育领域简政放权放管结合优化服务改革的若干意见》，这个是政府给高校的一个大红利，是给高校的一次很大的松绑。我们如何抓住这个机遇，抢占先机，先拔头筹，对于南农是一个很大的考验。

在新的一年里，学校将始终团结和依靠广大师生员工，紧紧围绕世界一流农业大学建设目标与"双一流"建设需要，重点做好以下几个方面的工作：

一是深入贯彻中共十八届六中全会和全国高校思想政治工作会议精神，不断加强和改进学校党建和思想政治工作，努力办好中国特色社会主义大学。

二是进一步完善"双一流"建设方案，开展学科动态调整，优化学科布局，统筹办学资源，筹划学科"特区"，创新体制机制，抢抓高等教育改革与发展的战略机遇。

三是加快新校区建设，完成新校区总体规划，开展各类专项规划，积极推进单体立项、选址征地、土地收储等前期各项工作，力争早日开工建设。完善白马基地服务功能，争取更多项目入驻，尽快发挥作用。

四是牢固确立人才培养的中心地位，以落实本科教学审核评估整改意见为契机，不断深化教育教学、人才培养机制与大类招生改革，进一步提升人才培养质量。

五是进一步推进教育国际化，积极争取中外合作办学项目，力争与密歇根州立大学共建亚洲农业研究中心和联合学院早日落地。

六是深入实施人才强校战略，加快领军人才、青年拔尖人才和创新团队的引进与建设，精心组织实施人事制度改革，努力构建与"双一流"建设相适应的人才人事格局。

七是进一步增强科学研究解决农业领域重大问题能力和原始创新能力，争取国家重大科技基础设施项目早日立项，提高学校学术研究的国际影响力和国内话语权。

八是不断加强党风廉政建设，巩固党的群众路线教育实践活动、"三严三实"专题教育和"两学一做"学习教育成果，持之以恒抓好作风建设。

各位代表、同志们，2017 年国家"双一流"建设将全面启动，学校新校区建设已经进入关键阶段，学校人事制度改革方案即将实施，本科生大类招生开始试点，一系列重大改革举措正在深入推进，学校改革发展的任务繁重而艰巨。让我们团结一致、奋勇向前，努力开创世界一流农业大学建设新局面！

谢谢！

坚定贯彻学校"1235"发展战略
保障世界一流农业大学的达成

——在新学期中层干部会议上的讲话

周光宏

（2017 年 8 月 31 日）

同志们：

新学期已经开始了。首先，我代表学校党委和行政，向暑假期间坚守岗位、辛勤工作的同志们表示衷心的感谢。

刚才植物保护学院和工学院作了很好的经验交流。一个从科研的方面，一个从教学的方面，都非常好。盛书记代表学校党委就工作要点作了些概述，我也完全同意。

植物保护学院作物疫病团队获批国家自然科学基金创新研究群体，这是学校在团队建设上取得的重大突破。一个学院在一个月内两次在 *Science* 上发表论文，全国也没有几个高校。全国植保方向共 6 个"杰青"，有 4 个在南农。植物保护学院近年来在科研和团队建设上取得的成绩，得益于学院良好的学术氛围。他们在国际学术界上从跟跑、并跑，到现在已经实现了在某些领域的领跑，这一点值得各个学院学习。

2012 年年终汇报，我提出工学院要将本科生的升学率作为一项重点工作来抓。之后，学院认真部署，从分析学生升学意愿入手，制定切实可行的措施，动员引导营造考研氛围，有针对性地进行辅导，加强班主任队伍建设，近 5 年来取得了较大进步，考研率从 8％提高到 15％，升学率从 15％提升到 30％。今天提考研率的问题，是因为南农本科生的考研率与江苏高校和同层次的农林高校相比，都是比较低的，与南农的发展极不相符。假期前把学校的考研整体情况分析了一下，令人非常吃惊的是，往往是我们一些高分录取的专业的考研率非常低，这反映的是学生的学风问题。这个问题后面我再专题讲。

今天我主要讲三个方面的内容：

第一，坚定不移地推进学校"1235"发展战略，积极推进学校八项综合改革任务。

第二，分析南京农业大学成为世界一流农业大学的达成度。

第三，问题与挑战：提高建设世界一流农业大学的保障度。

一、坚定不移地贯彻学校"1235"发展战略，积极推进学校八项综合改革任务

我们回顾一下学校制定的"1235"发展战略：一个目标是建设世界一流农业大学，两大任务是高水平师资队伍建设、办学空间拓展，三个结合是世界一流、中国特色、南农品质，五大篇章是发展、改革、特色、和谐、奋进。这个战略大家都很熟悉，深入人心。现在看

来，尤其是在当前"双一流"建设的背景下，这个战略目标具有时代性、必要性，符合现在的形势。"双一流"对于南农来说是建世界一流学科，南农的世界一流学科是农业和农业相关的学科，实质上南农的"双一流"建设就是建设世界一流的农业大学。

我们之前启动了八项综合改革任务：一是统筹校区协调发展，拓展学校办学空间；二是优化内部治理结构，完善现代大学制度；三是完善人才培养机制，提高人才培养质量；四是推进科研创新组织，提升社会服务能力；五是创新学科发展模式，打造世界一流学科；六是深化人事制度改革，激发人力资源活力；七是优化资源配置方式，提升自身保障能力；八是改进党政组织建设，提高组织管理效率。综合改革方案和"1235"发展战略的形成，是经过学校上上下下讨论、班子集体研究形成的智慧结晶。这二者一脉相承，我们要继续坚持，要一张蓝图绘到底。

二、南京农业大学世界一流农业大学的达成度

我们提出建设世界一流农业大学这个目标，一直在思考：如何衡量世界一流农业大学达成度，我们选择了几个国际公认的排行。

1. NTUR（台湾大学版世界大学科研论文质量评比）　选择这个排行榜是因为它专门有关于农业领域（包括农业科学、植物与动物科学、环境与生态学 3 个学科）的大学排行。2011 年我们学校处在 168 位，2014 年进入前 100，2016 年进入 53 位，中国农业大学处于第 26 位，浙江大学 33 位，西北农林科技大学 90 位，华中农业大学 105 位，我们还处于一个比较有优势的位置，发展比较快。今年我们肯定可以进入前 50 名。我们在设定目标时，根据当时的基础，认为我们要核心学科进入前 50 名才称得上是世界一流农业大学，2030 年要进入世界大学 500 强（软科的排行榜已经把我们排进去了），现在看来好像"来得都太快"。从排名上看，我们现在已经站在世界一流农业大学门口了，但我不认为我们建成了世界一流农业大学，也不认为我们达到了世界 500 强的水平。

2. U. S. News 世界大学排行榜　2014 年 U. S. News 开始对全球的大学进行排名，南农在农业科学领域排到 36 位。我们学校从 36 名到 2016 年的 13 名，预估计快进入前 10 名了。现在中国农业大学第 3 位、浙江大学第 7 位、江南大学第 11 位、南京农业大学第 13 位。为什么江南大学还在我们前面呢，因为国外是把食品科学放在农学领域里，江南大学依靠食品科学就把农科科学推到了全球前 1‰。他的食品科学对农业科学的贡献率大概 90%，我们的食品现在的贡献率大概是 30%。

3. ESI 排名　ESI 是目前最重要的一个排名。2012 年，学校农业科学、植物与动物科学、环境生态学这 3 个学科进入前 1%，随后我们的生物与生物化学、工程学、微生物学、分子生物与遗传学先后进入前 1%。工程学进入前 1% 对学校来说非常重要，学校的微生物学也是江苏高校该领域唯一的 ESI 学科。

在 ESI 的 22 个领域当中，我们由 3 个学科增长为 7 个学科。更可喜的是，2015 年 7 月农业科学进入了前 1‰，2017 年 5 月植物与动物科学又进入前 1‰。现在全国有 2 个或 2 个以上进入前 1‰ 的大学只有 19 个，从这个国际公认的学术指标来看，南农在全国排前 20 名，在江苏省内高校也名列前茅，我们要引以为荣。

4. QS、THE 排行　QS 也对农林大学做了排名，目前南京农业大学在 50～100 位，华中农业大学和西北农林科技大学在 100～200 位。在泰晤士高等教育（THE）发布的世界大学

排名中，中国农业大学在 500～600 位，南京农业大学在 600～800 位。

5. ARWU（上海交通大学）排名　最近 ARWU 世界大学学术排名正式发布，南农首次跻身世界 500 强。

综合几个国际公认的大学排行榜来看，我们发展得非常好。那我们现在是不是真正的世界一流农业大学，或者是世界 500 强大学？我的结论是：我们站在了门口，但尚未达成。

作为农业大学的教师和管理干部，我们要正确认识农业在国家经济社会发展中的重要地位。任何一个发达国家、发达地区都有发达的农业。我们要树立大农业的观念，不能简单地从国民经济统计口径理解农业。现代农业不仅仅是狭义上的农业，它可以向前延伸到整个生态环境，向后延伸到农产品加工、物流、食品安全，这都属于大农业。农产品加工产值，包括食品，在全国 GDP 占 29%，这么大一个产值，超过航空业、运输业等，是最大的产业，我们要理直气壮地把这个问题讲出来。农业很大，产值也很大，相关产业也很多。

三、问题与挑战：提高建设世界一流农业大学的保障度

世界一流的农业大学应该有一流的学生与教学、一流的学科与专业、一流的师资队伍、一流的科研与成果、一流的设施、一流的影响与话语权、一流的管理与保障。这就是我要讲的第三个问题，如何保障我们目标的达成。

1. 一流的学生与教学　我们顺利完成本科教学工作审核评估，为打造一流本科教育奠定的基础。初步构建了"拔尖创新型"和"复合应用型"分类培养模式以及较为完善的研究生质量保障体系。2016 年本科教学评估专家给我们提出了很多好的意见和建议，需要我们进一步落实。

我们的生源不理想，从录取成绩看高分的学生很少，本科生源在全国大概排在 120～130 位，在江苏省已经低于一本高校的平均线，研究生生源下滑严重。这次大类招生我们生源质量没有进一步下滑，整体还有所提升，但仍然需要我们继续努力。随着推免政策的实施，优质研究生生源流失严重。学校不能阻拦优秀的学生去他们认为更好的学校和研究院所进行深造，但是我们希望多留一些好的学生。经过高考和推免两轮下来，最好的苗子都被"985"等综合性高校拿走了，我们真成了"把根留住"。所以，不能光"把根留住"，更要"把苗留住"，要做工作，要合情合理地、合乎规章制度地留下优秀生源。研究生院、各个学院，包括我们的教师，都要做认真的分析，采取对应的措施。

今天，我谈的更重要的一点就是提升本科生的考研率。我们的本科生考研率太低。从升学率来看，超过 50% 的仅有农学、资环、生科等学院，其中生科院保研的大部分学生都去"985"大学和中国科学院系统。考取率最好的理学院为 35.9%，资环学院为 28.9%，进步比较快的工学院从 8.03% 增长到 17.09%。低于全校平均考研率的学院有：金融学院 8.87%，外国语学院 8.52%，食品学院 8.29%，经管学院 10.4%，公共管理学院 10.79%，人文学院 10.17%。这其中很多都是学校的热门专业，高考招生时录取的都是高分的学生，这么好的学生不考研，出国率也不高，拉低了整个南农的升学率、考研率，说明南农的学风有问题。所以，我们要把工学院提升学生考研率的相关做法和经验推广到全校。第一，各个学院的书记、院长要重视，这关系到学风问题，要与学院的考核、副书记的考核、辅导员班主任的考核挂钩。学生管理，首要的是鼓励学生学习，要选更多的一线教师做班主任，鼓励引导学生积极深造。第二，要强化关键基础课教学，考研成功率低，重要的原因之一是基础

课成绩不好，所以外国语学院、理学院等基础课学院要强化教学。如果我们学校四级通过率与其他学校相比很低，那就是整个外国语学院外语没教好。第三，研究生院要认真分析，进行适当调整，科学合理地分配免推指标。

2. 一流的学科与专业 近年来，学校的学科建设成绩显著，学校 ESI 学科从 2011 年的 3 个，增加到现在的 7 个，其中 2 个 1‰ 学科。8 个学科入选江苏高校优势学科建设工程。我们编制了"双一流"建设方案，完成了"一流学科、优势学科、基础学科"的学科顶层设计。我们要在学科的顶层设计、新的学科增长点培育方面做深入的工作，对于一些缺乏竞争力、生源较少的学科要进行调整，要增加一些对南农未来发展有重要作用的学科，如未来南农将设八大学部，这八大学部要有哪些学科，要进行设计，现在就要着手培育。

将来专业会发挥更重要的作用。专业的知名度强会提升学校的影响力，所以要加强品牌专业建设。

3. 一流的师资队伍 2011 年以来，学校新增"杰青"8 人、"长江学者"6 人、教授万建民当选中国工程院院士。但是，高层次人才的数量我们还要有新的突破，这一点我们跟华中农业大学还是有很大差距的。人事制度改革我们花了大量的时间精力，最终出台改革方案，教职工代表大会也通过了，今年就要逐步实施。

今年下半年开始，我们要加大招聘和引进力度，招贤纳士，请各个学院抓紧做好准备。一是要加强人才引进的针对性，根据学科发展需要定向精准引进高层次人才。二是要加大宣传力度，要进行宣传策划。三是要继续执行非升即走的师资博士后制度。四是继续推进"钟山学者"计划。我们要尽快补充教学及实验急需人员，对学科交叉中心人员采取灵活的聘用方式。

4. 一流的科研与成果 我们学校的科研经费从 2011 年的 3.3 亿元增长到 2016 年的 8 亿元，横向到账经费突破 1 亿元。SCI 论文从 2011 年的 621 篇，增长到 2016 年的 1 557 篇，尤其是高水平论文的增长非常明显。国家重点实验室评估从黄牌到优秀。"十二五"获得国家奖 8 项，"十三五"还没有国家奖。随着国家奖评选办法的改革，我们面临的压力更大。科研方面在要点上说得比较清楚，我就不再多说了。

5. 一流的设施 新校区建设是学校发展的头等大事，暑期学校正式成立了新校区建设指挥部，由戴建君副校长任总指挥，同时抽调了相关单位的中层干部，全职投入新校区建设。全校各单位都要全力配合指挥部的工作，加快规划报批、一期项目立项申报、征地拆迁、用地指标和空间指标争取等各项工作。指挥部用到谁，都要毫不犹豫服从。

6. 一流的影响与话语权 学校倡议设立的世界农业奖已经连续颁发 4 届，影响逐渐扩大，最近我们对世界农业奖的设立提出了新的建议。我们建立了全球首个农业特色孔子学院，在国际上特别是非洲产生了很好的影响。学校与 Nature 出版集团合作创办的第一份国际期刊《园艺研究》被 SCI 收录，首个影响因子达到 3.6，成为园艺领域排名前 3 的杂志。

7. 一流的管理与保障 学校的财政收入从 2011 年的 12 亿元，增长到 2016 年的 20.97 亿元，增长 75%。其中，工资福利支出从 2010 年的 2.05 亿元，增加到 2016 年的 7.14 亿元，增加了近 2.5 倍。我们还完成卫岗校区电力增容，学生宿舍、教室全部安装空调，改善了学习生活条件。

一流的大学，需要一流的管理。2017 年 3 月，国务院印发了《教育部等五部门关于深化高等教育领域简政放权放管结合优化服务改革的若干意见》，从专业设置、岗位管理、进人用人、职称评审、薪酬分配、经费使用、内部治理、优化服务八方面向高校放权。所以，我们也要向学院放权。现在是有些事放给学院了，但是权没有交下去，学校的二级单位管理体制还要进一步优化。

总结一下：

第一，坚定不移地推进学校"1235"发展战略，积极推进学校八项综合改革任务，这是学校集体智慧的结晶，要一张蓝图干到底。

第二，我分析了南京农业大学世界一流农业大学的达成度，结论是我们站在了门口，但是尚未达成。

第三，要提高建设世界一流农业大学的保障度，从一流的学生与教学、一流的学科与专业、一流的师资队伍、一流的科研与成果、一流的设施、一流的影响与话语权、一流的管理与保障这些方面进行阐述。

总之，竞争是激烈的，不进则退。学生是学出来的，研究生是做出来的，干部是干起来的。在座的中层干部都要干起来，正是因为你比别人干的优秀才会提拔担任领导干部。干部要管事、要思考、要积极进取，学校管理工作有很多方面值得总结分析，要研究自己的分管工作，分析校内、兄弟高校、国外高校的情况，这也可以出很多文章。每年要发一两篇研究文章，读一两本书，这是大学老师最起码的职业精神。

同志们，我们要全面贯彻落实中共十八大和习近平总书记系列重要讲话精神，准确把握全国高校思想政治工作会议和全国教育工作会议精神。我们要坚定学校"1235"发展战略，积极推进八项综合改革任务，保障世界一流农业大学的达成。

我的讲话完了，谢谢！

在 2017 级新生入学典礼上的讲话

周光宏

（2017 年 9 月 10 日）

同学们，老师们，家长们：大家上午好！

今天，我们在这里隆重举行 2017 级新生入学典礼，热烈欢迎来自全国各地的 4 274 名新同学，我代表学校全体教职员工对同学们以优异的成绩考上南京农业大学，表示热烈的祝贺！向为你们的成长付出心血和汗水的家长表示衷心的感谢！今天是我国的第 33 个教师节，也向你们的小学、中学老师送上最诚挚的问候和祝福！

今天是一个值得铭记的日子，同学们经过十余载的寒窗苦读，经受了高考的历练，步入百年名校，向人生理想迈出了重要的一步。

同学们：参加入学典礼代表着独立人生的开始，从今天起，南京农业大学这所百年名校将成为你们独立成长的家园，你们了解这个家园吗？你们知道南农是一个什么样的大学吗？同学们也许有所了解，但我还要说几句。

同学们知道中国有多少大学吗？2 700 多所！在 2 700 多所大学中形成的中国高等教育"象牙塔"中，南农在最上面这个层次，基本处于前 50 名。

在 2 700 多所大学中，只有 100 多所大学进入国家重点建设大学行列，即"211 工程"大学，南农是其中之一。

只有 72 所直属教育部管理，由中央政府拨款，也就是"中央高校"，南农是其中之一。

只有不到 40 所为研究型大学，南农也是其中之一。

按照国际基本科学指标（essential science indicator，ESI）全世界所有 22 个学科群，南农的农业科学、植物与动物科学分别于 2015 年和 2017 年进入 ESI 全球前 1‰。

有 2 个或以上进入全球前 1‰的大学全国只有 19 所，南农是其中之一；江苏只有 2 所，南农是其中之一。

江苏只有 8 个学科进入全球前 1‰，南农占了 1/4。

在国家即将实施的"双一流"大学建设，即世界一流大学高校和世界一流学科高校名单中，南农肯定也是其中之一。

百余年来，南京农业大学培养了 20 多万名优秀学子，既有像"北大荒七君子"一样长期扎根农业生产第一线的基层工作者，也有以 54 位院士为代表的一大批农业科学家，同时还有一大批企业精英和行政管理专家，农业部目前有 4 位副部长是南农的校友。南农不仅有一流的教学，还有一流的科研。近 10 年来，南农在作物遗传育种、植物保护、农业资源与环境、信息农业、动物健康、园艺生产、农产品加工、农业经济管理等方面取得一大批科研成果，对国家现代农业科技进步作出了卓越的贡献，获得多项国家奖励。2014 年学校水稻研究成果入选"中国科学十大进展"，并名列榜首，9 个月前植物保护学院一个月内连续有 2

篇论文在国际顶级期刊 *Science* 上发表，震惊国内外同行。同时，南农还享有卓越的国际声誉，世界农业奖由学校提出，并每年在学校举行颁奖仪式。10 月 28 日，第五届世界农业奖颁奖仪式就在这里举行。

南农拥有农、理、经、管、工、文、法多个学科门类，农业和生命科学是学校的优势与特色。我们有 7 个 ESI 学科、14 个国家重点学科、66 个国家和省部级科研平台，同样，我们的理学、经济学、管理学、工学、文学、法学也都很强。我们经济管理学院的学生，曾多次在国际相关联盟组织的案例竞赛决赛中战胜欧美著名大学，勇夺桂冠；我们工学院的学生不但能造拖拉机，也能造方程式赛车，并在国内大赛屡屡获胜。

著名经济学家、前世界银行副行长林毅夫来学校时评价说，南京农业大学不仅是国内最好的农业大学之一，也是国内最好的综合性大学之一。

2011 年，学校提出了建设世界一流农业大学的战略目标。经过 6 年多的努力，目标已经基本达成。

去年，《美国新闻与世界报道》在其全球最佳农业科学大学（Best Global Universities for Agricultural Sciences）排名中，南京农业大学居第 13 位，今年估计要进前 10 名。前 10 名肯定是世界一流！

2014 年，学校提出到 2030 年学校要进入全球大学 500 强。

今年 8 月 15 日，2017 年世界大学学术排名正式发布，排名展示了全球领先的 500 所研究型大学。学校首次跻身世界五百强。幸福来得太突然。我认为，我们已经到了世界 500 强的门口，但尚未达成，但为时不远，在你们毕业时估计就是了！我觉得你们是最幸运的一届新生，一进来发现南农已基本是世界一流农业大学，没多久，"双一流"大学高校迎面而来，毕业时说可以自豪地说，我毕业于世界 500 强大学！

同学们，南农辉煌的历史是一代代南农人崇尚科学、追求真理、脚踏实地所取得的，学校的未来能否取得更大的成绩，将取决于在座各位能否成长为一名优秀乃至杰出的"南农人"。如何做到这一点，我对大家提出三点要求。

一是要志存高远。

每个人都有一条命，叫"性命"，是父母给你的。

在座的学生都有两条命：性命和生命。只追求一日三餐的温饱，每一天都重复着昨天的故事，那是性命。你们已经超过了这个阶段。要有自己的生活，提高内在修养和生活质量，那就是生命。

但我希望你们有第三条命，即"使命"，成为卓越的人。

卓越的人有三条命：性命、生命和使命，它们分别代表了生存、生活和事业！

卓越的人比其他人多了一条命，那就是事业！是一定要把事情做成的责任，他们把自己的事业同国家、民族甚至整个人类的命运紧密相连，有事业、有担当，就是神圣的使命。

每个人都有手机，"苹果"改变了世界。

苹果 1997 年的广告："那些疯狂到以为自己能够改变世界的人，才能真正改变世界。"

"苹果"创始人乔布斯真的改变了世界。他小的时候，一直都以为自己是个适合人文科学的人。但由于喜欢电子设备，他决心成为一个既擅长人文又能驾驭科学的人。写《乔布斯传》的作家采访了他 50 余次，总结到：乔布斯之所以能改变世界，最关键的是一个具有强烈个性的人身上集合了人文和科学的天赋后所能产生的那种创造力。

二是要勤奋学习。

从今天开始，同学们应该从近几个月的赞美声中或自责中冷静下来，认真思考如何度过人生最重要的大学时光，要养成良好的学习和生活习惯，培养良好的学习和生活习惯。大学是最好的地方，因为大学为你们提供了各种平台和条件，老师们也会为同学们传道、授业、解惑。但大学和中学不一样，在大学主要靠自己，主要靠自觉。

在大学中可以做的事情有很多，大学里的选择也很多。但是，学习始终是学生的第一要务，学习素质始终是第一素质。所以，希望同学们在大学期间要以学为主，在勤奋学习的基础上全面发展。

三是要持之以恒。

同学们能考上南农，你们的智商都很高，和进入清华、北大的学生在智商上没有实质性区别。因为"人类差异最小的是智商，差异最大的是坚持"，所以在你们中间没有智商差异，关键在于是否努力。4 年以后，你们中间会有一批同学直接攻读研究生，有一些同学会享受国家奖学金出国留学，大部分同学经过努力会顺利毕业，但也有一些个别同学因为迷失方向而毕不了业。

我国著名农业机械专家陈学庚，只有中专学历，但是凭他的不懈努力获得多项科技成果，当上了院士。习近平见到他说"英雄不问出处"。

你们智商都很高，但关键是要努力，要持之以恒，只要坚韧不拔、百折不挠，成功就一定在前方等你。

同学们要志存高远、崇尚科学、勤奋学习、全面发展。你们要有世界眼光、中国情怀和南农品质，你们要有志成为社会主义的建设者和接班人，成为行业的领军人才，有自己的事业。

同学们，南京农业大学已确立了建设世界一流农业大学和进入世界 500 强的宏伟目标，希望你们以饱满的热情投入新的学习生活中去，谱写青春最美丽的篇章。"天高任鸟飞，海阔凭鱼跃"，祝同学们和南农一起飞跃！

谢谢大家！

［重要文件与规章制度］

学校党委发文目录清单

序号	文号	文件标题	发文时间
1	党发〔2017〕20 号	关于印发《南京农业大学党委巡察工作办法（试行）》的通知	20170317
2	党发〔2017〕21 号	关于印发《贯彻落实党委（党组）意识形态工作责任制任务分解方案》的通知	20170317
3	党发〔2017〕28 号	关于印发《关于加强和改进新形势下学校思想政治工作的实施办法》的通知	20170428
4	党发〔2017〕31 号	关于调整南京农业大学思想政治理论课建设工作领导小组成员的通知	20170508
5	党发〔2017〕35 号	关于印发《南京农业大学推进"两学一做"学习教育常态化制度化工作方案》的通知	20170601
6	党发〔2017〕40 号	关于转发《中共教育部党组关于左惟同志免职的通知》的通知	20170704
7	党发〔2017〕43 号	关于印发《南京农业大学领导干部兼职管理办法》的通知	20170718
8	党发〔2017〕44 号	关于印发《共青团南京农业大学委员会改革实施方案》的通知	20170720
9	党发〔2017〕46 号	关于校领导班子成员分管工作及工作联系点调整的通知	20170726
10	党发〔2017〕47 号	关于成立新校区建设工作领导小组和新校区建设指挥部的通知	20170808
11	党发〔2017〕61 号	关于印发《关于进一步加强和改进离退休工作的实施意见》的通知	20171020

（撰稿：朱　珠　审稿：庄　森　审核：张　丽）

学校行政发文目录清单

序号	文号	文件标题	发文时间
1	校社科发〔2017〕28 号	关于印发《南京农业大学人文社科基金管理办法》的通知	20170120
2	校发〔2017〕30 号	关于印发《南京农业大学招标与采购管理办法》的通知	20170123
3	校发〔2017〕33 号	关于印发《南京农业大学工程招标管理实施细则》《南京农业大学货物采购管理实施细则》《南京农业大学服务采购管理实施细则》的通知	20170123
4	校外发〔2017〕86 号	关于印发《南京农业大学聘请境外专家经费管理办法（暂行）》和《南京农业大学外事接待经费管理办法（暂行）》的通知	20170315
5	校资发〔2017〕117 号	关于印发《南京农业大学30万元以下修缮工程管理办法》（2017 年修订）的通知	20170411
6	学术〔2017〕4 号	南京农业大学学术委员会议事规则（试行）	20170503
7	学术〔2017〕5 号	关于制定南京农业大学学位评定委员会、学术委员会专门委员会和学术分委员会议事规则的通知	20170508
8	校发〔2017〕138 号	关于印发《南京农业大学学术委员会章程（试行）》（2017 年修订）的通知	20170524
9	校教发〔2017〕225 号	关于印发《南京农业大学2017级本科专业大类设置试点方案》的通知	20170612
10	校人发〔2017〕240 号	关于印发《南京农业大学师资博士后管理办法（暂行）》的通知	20170620
11	校审发〔2017〕310 号	关于印发《南京农业大学建设工程管理审计暂行办法》的通知	20170815
12	校发〔2017〕343 号	关于印发《南京农业大学学生管理规定》的通知	20170807
13	校发〔2017〕346 号	关于印发《南京农业大学本科生学分制学籍管理规定》的通知	20170817
14	校学发〔2017〕357 号	关于印发《南京农业大学家庭经济困难学生认定工作实施办法》的通知	20170823
15	校学发〔2017〕353 号	关于印发《南京农业大学优秀本科毕业生评选办法》的通知	20170823
16	校学发〔2017〕355 号	关于印发《南京农业大学本科生三好学生奖学金、单项奖学金评选办法》的通知	20170823
17	校学发〔2017〕364 号	关于印发《南京农业大学助学金评定办法》的通知	20170823
18	校学发〔2017〕354 号	关于印发《南京农业大学先进班集体、先进宿舍、优秀学生干部评选办法》的通知	20170823
19	校学发〔2017〕368 号	关于印发《南京农业大学学生申诉处理办法》的通知	20170825
20	校学发〔2017〕356 号	关于印发《南京农业大学国家奖学金管理办法》《南京农业大学国家励志奖学金管理办法》和《南京农业大学国家助学金管理办法》的通知	20170825
21	校教发〔2017〕365 号	关于印发《南京农业大学研究生学籍管理规定》的通知	20170825
22	校教发〔2017〕366 号	关于印发《南京农业大学本科学生转专业实施办法》的通知	20170830
23	校教发〔2017〕367 号	关于印发《南京农业大学本科生新生入学资格复查工作暂行办法》的通知	20170830
24	校教发〔2017〕369 号	关于印发《南京农业大学授予学士学位执行细则》的通知	20170830

（续）

序号	文号	文件标题	发文时间
25	校研发〔2017〕309 号	关于印发《南京农业大学硕博连读研究生招生选拔办法》的通知	20170831
26	校教发〔2017〕381 号	关于印发《南京农业大学金善宝实验班（植物生产类）学生学籍管理暂行办法》的通知	20170912
27	校教发〔2017〕388 号	关于印发《南京农业大学金善宝实验班（动物生产类）学生学籍管理暂行办法》的通知	20170912
28	校教发〔2017〕382 号	关于印发《南京农业大学金善宝实验班（经济管理类）学生学籍管理暂行办法》的通知	20170912
29	校发〔2017〕403 号	关于印发《南京农业大学"双一流"建设实施办法（暂行）》的通知	20170921
30	校人发〔2017〕446 号	关于印发《南京农业大学人事制度改革指导意见》的通知	20171010
31	校发〔2017〕488 号	关于印发《南京农业大学落实〈教育部等五部门关于深化高等教育领域简政放权放管结合优化服务改革的若干意见〉的实施细则》的通知	20171030
32	校学发〔2017〕505 号	关于印发《南京农业大学新疆、西藏籍少数民族学生学业进步奖励办法（试行）》的通知	20171109
33	校发〔2017〕491 号	关于印发《南京农业大学规章制度管理办法》的通知	20171120
34	学术〔2017〕7 号	关于印发《南京农业大学教授二、三级岗位及其他专业技术三级岗位申报条件》等三个文件的通知	20171226
35	校学发〔2017〕594 号	关于印发《南京农业大学关于进一步加强和改进新形势下大学生就业工作的实施意见》的通知	20171228

（撰稿：朱　珠　审稿：庄　森　审核：张　丽）

三、2017 年大事记

1 月

13 日，《科学》（*Science*）杂志在线发表了南京农业大学王源超教授团队关于作物疫病发生机制的突破性成果。

3 月

9 日，基本科学指标（ESI）数据库显示，南京农业大学分子生物与遗传学进入世界排名前 1% 行列。

4 月

19 日，南京农业大学第五届教职工代表大会第 11 次会议召开。校长周光宏向大会代表作《学校工作报告》。

25～28 日，教育部专业认证专家组对南京农业大学农学、植物保护专业开展认证（第三级）工作。专家组一致同意，农学专业、植物保护专业通过专业认证。

中国共产党优秀党员、老红军、离休干部，原南京农学院党委书记、院长李力同志因病医治无效，于 4 月 26 日 9 时 15 分在南京逝世，享年 103 岁。

5 月

11 日，据 ESI（essential science indicator，基本科学指标）最新统计数据，南京农业大学植物与动物科学领域进入全球排名前 1‰ 的行列。

6 月

8～10 日，南京农业大学 2017 年"钟山学术论坛"在江苏省宿迁市举行。

12 日，南京农业大学校学术委员会召开七届七次全体委员会议，研究修订南京农业大学教授岗位聘任办法。

22～23 日，南京农业大学 2017 届本科生毕业典礼、2017 届研究生毕业典礼暨学位授予仪式在学校举行。

26 日，科学技术部公布了 2016 年生物和医学领域国家重点实验室评估结果，南京农业大学作物遗传与种质创新国家重点实验室获得"优秀"。

7 月

7月，南京农业大学圆满完成2017年本科招生录取工作，面向全国31个省（自治区、直辖市）录取新生4 274人。

19日，南京农业大学陈巍教授撰写的《强化大学农技推广职能，推进大学与农技推广体系有机结合》政策建议被全国政协主席俞正声批示并转农业部。农业部部长韩长赋批示给予高度肯定，将作为农业院所体制机制创新加以推广。

8 月

13日，《人民日报》第10版头条专题通讯报道南京农业大学精准扶贫工作，同时刊发评论《攻坚战更不能麻了爪》，对学校想方设法将贫困村与大学"接好头"予以高度肯定。

15日，2017年ARWU世界大学学术排名正式发布，排名展示了全球领先的500所研究型大学，南京农业大学首次跻身世界五百强。

9 月

2日，刘大钧农业教育基金成立仪式在南京农业大学举行。

8日，在第33个教师节来临之际，中共江苏省委书记李强来到南京农业大学，看望慰问工作在教学科研第一线的教师代表。

9日，江苏省教育厅公布了2017年江苏省教学成果奖评审结果，南京农业大学喜获省级教学成果奖特等奖1项、一等奖2项、二等奖4项。

10～11日，南京农业大学2017级本科生、研究生入学典礼暨入学教育先后在校体育中心举行。

21日，教育部公布世界一流大学和一流学科建设高校及建设学科名单，南京农业大学进入一流学科建设高校名单，作物学、农业资源与环境入选"双一流"建设学科名单。

25日，科睿唯安公布了2017年度的修订版期刊引证报告（*Journal Citation Reports*，JCR），南京农业大学与自然出版集团合作的英文期刊 *Horticulture Research*（《园艺研究》）正式影响因子为4.554，在JCR园艺领域中排名第一，位于Q1区。

25日，由南京农业大学创作的话剧《北大荒七君子》在前线大剧院上映。该剧讲述了1957年，为响应党的号召"到祖国最需要的地方去"，南京农学院（今南京农业大学）的34名毕业生主动请缨，要求到北大荒拓荒，最终7人获选奔赴东北，用所学的农业知识拓荒北大荒的真人真事。

10 月

13日，南京农业大学报送的《"四位一体"助力定点扶贫"精准"落地》项目，成功入选第二届教育部直属高校精准扶贫精准脱贫十大典型项目。

18 日，教育部下发《教育部关于"转化医学与临床研究"等国际合作联合实验室立项建设的通知》（教技函〔2017〕52 号），南京农业大学"动物健康与食品安全国际合作联合实验室"获批立项建设。这是学校首个获批立项的国际合作联合实验室。

24 日，《美国新闻与世界报道》（U. S. News & World Report）在其网站 usnews. com 上发布了 2018 全球最佳大学排行榜及其分国家、区域、学科领域排行榜。在其"全球最佳农业科学大学"排名中，南京农业大学居第九位，首次进入全球前 10。

28 日，2017 年 GCHERA 世界农业奖颁奖典礼在南京农业大学举行。根特大学植物系统生物学中心主任德克·英泽（Dirk Inzé）教授凭借其在植物器官生长和生物量生产力研究中的突出贡献，摘得该奖。

11 月

14 日，2017 年国际基因工程机械设计大赛在美国波士顿落下帷幕，南京农业大学 NAU－CHINA 再次斩获金奖。

28～30 日，南京农业大学-密歇根州立大学"亚洲农业研究中心"成立大会在南京举行。

12 月

6 日，世界大豆研究大会奖终身成就奖颁奖仪式在南京农业大学举行。第十届世界大豆研究大会奖终身成就奖授予南京农业大学盖钧镒院士，以表彰其为世界大豆研究作出的突出贡献。

11 日，国务院副总理刘延东出席全国孔子学院工作座谈会并作主旨报告，报告充分肯定了南京农业大学与肯尼亚埃格顿大学共建的孔子学院在传播语言文化、促进两国交流和建设方面发挥的重要作用。

12 月，2017 年度"中国高等学校十大科技进展"在京揭晓，南京农业大学作物疫病团队研究成果《诱饵模式——病原菌致病的全新机制》成功入选。

28 日，教育部网站公布了第四轮全国一级学科评估结果。南京农业大学作物学、农业资源与环境、植物保护、农林经济管理、公共管理、食品科学与工程、园艺学 7 个学科评估结果为 A 类，其中作物学、农业资源与环境、植物保护、农林经济管理 4 个学科获评 A＋，A＋学科数并列全国高校第 11 位。

（撰稿：吴 玥 审稿：刘 勇 审核：张 丽）

四、机构与干部

[机构设置]

机 构 设 置

（截至 2017 年 12 月 31 日）

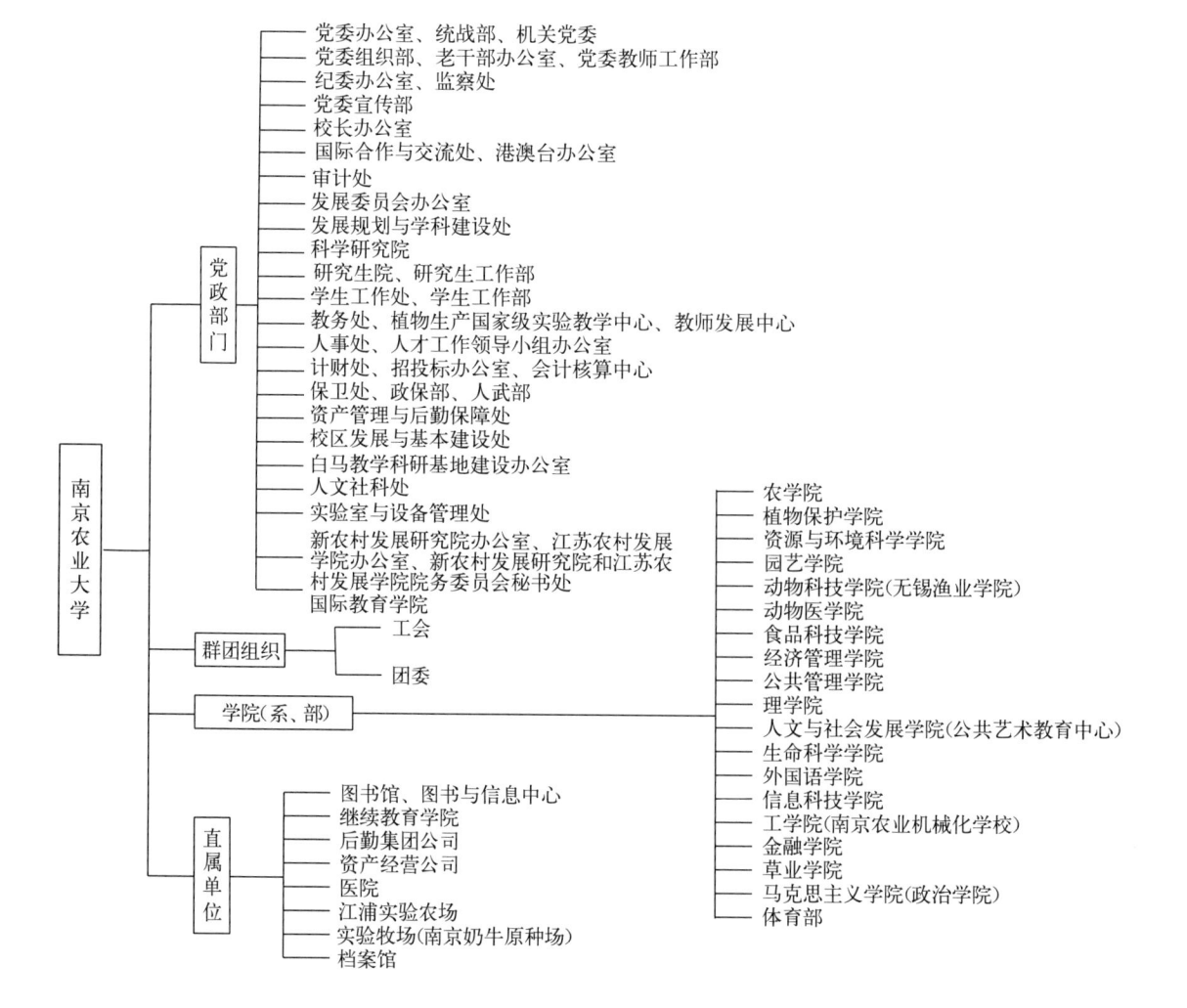

机构变动如下：

(一) 党组织

成立中共南京农业大学马克思主义学院总支部委员会，撤销中共南京农业大学政治学院总支部委员会（2017 年 11 月）。

(二) 机构

成立实验室与设备管理处，正处级建制（2017 年 3 月）。

成立党委教师工作部，与组织部合署，正处级建制（2017 年 10 月）。

成立马克思主义学院，正处级建制，与政治学院一个机构、两块牌子（2017 年 10 月）。

（撰稿：李云锋　审稿：吴　群　审核：张丽霞）

［校级党政领导］

党委书记：左　惟（2017 年 4 月调离）

党委副书记、校长：周光宏

党委副书记、纪委书记：盛邦跃

党委副书记：王春春　刘营军

党委常委、副校长：胡　锋　戴建君　丁艳锋　董维春　闫祥林

副校长：陈发棣

（撰稿：李云锋　审稿：吴　群　审核：张丽霞）

［处级单位干部任职情况］

处级单位干部任职情况一览表

(2017.01.01—2017.12.31)

序号	工作部门	职 务	姓名	备 注
一、党政部门				
1	党委办公室、统战部、机关党委	主任、部长、书记	胡正平	
		副主任、副部长	庄 森	
2	党委组织部、老干部办公室、党委教师工作部	部长、主任、部长	吴 群	2017 年 10 月任教师工作部部长
		副部长	许承保	2017 年 4 月任现职
		副主任、离休直属党支部副书记	张 鲲	
3	纪委办公室、监察处	纪委副书记、主任、处长	尤树林	
		副主任、副处长	夏拥军	
4	党委宣传部	常务副部长	全思懋	
		副部长	石 松	
5	校长办公室	主任	单正丰	
		副主任	刘 勇	
		副主任	姚科艳	
6	人事处、人才工作领导小组办公室	处长、主任	包 平	
		副处长	周振雷	
		副处长	杨 坚	
		副处长、副主任	刘泽文	
7	审计处	处长	顾义军	
		副处长	顾兴平	
8	发展规划与学科建设处	处长	罗英姿	
		副处长	周应堂	
9	学生工作处、学生工作部	处长、部长	刘 亮	
		副处长、副部长	李献斌	
		副处长、副部长、研究生工作部副部长	吴彦宁	
10	研究生院、研究生工作部	常务副院长、部长、学位办公室主任	侯喜林	
		副院长、培养处处长	张阿英	2017 年 9 月任副院长
		副部长	姚志友	
		招生办公室主任	於朝梅	
		学位办公室副主任	李占华	

（续）

序号	工作部门	职　务	姓名	备　注
11	教务处、植物生产国家级实验教学中心、教师发展中心	处长、主任、主任	张　炜	2017 年 10 月任现职
		副处长（正处级）	缪培仁	
		副处长、植物生产国家级实验教学中心副主任	吴　震	
		副处长、公共艺术教育中心副主任（兼）	胡　燕	
		副处长、教师发展中心副主任	丁晓蕾	
12	计财处、招投标办公室、会计核算中心	处长、招投标办公室主任	许　泉	
		副处长、会计核算中心主任	陈庆春	
		副处长	杨恒雷	
		招投标办公室副主任	胡　健	
13	保卫处、政保部、人武部	处长、部长、部长	刘玉宝	
		副处长、副部长、副部长	何东方	
14	国际教育学院	院长	刘志民	
		副院长	李　远	
		副院长	童　敏	
15	国际合作与交流处、港澳台办公室	处长、主任	陈　杰	2017 年 12 月任现职
		副处长、副主任	魏　薇	
16	科学研究院	常务副院长	姜　东	
		副院长（正处级）	俞建飞	
		重大项目处处长	陶书田	
		实验室与平台处处长	周国栋	
		成果与知识产权处处长	姜　海	
		产学研合作处（技术转移中心）处长（主任）	马海田	
17	发展委员会办公室	主任	张红生	
		副主任、校友会副秘书长（兼）	郑金伟	
		副主任	杨　明	
18	继续教育学院	党总支书记、院长	李友生	
		党总支副书记	陈明远	
		副院长	陈如东	
19	校区发展与基本建设处	处长、直属党支部书记	钱德洲	
		副处长	倪　浩	
		副处长	赵丹丹	
20	实验室与设备管理处	处长	陈礼柱	2017 年 7 月任现职

（续）

序号	工作部门	职　务	姓名	备　注
21	资产管理与后勤保障处	处长	孙　健	
		副处长	周留根	
22	白马教学科研基地建设办公室	副主任	桑玉昆	
23	人文社科处	处长	黄水清	
		副处长	卢　勇	
24	新农村发展研究院办公室、江苏农村发展学院办公室、新农村发展研究院和江苏农村发展学院院务委员会秘书处	主任	陈　巍	
		副主任	李玉清	
二、群团组织				
1	工会	主席	欧名豪	
		副主席	肖俊荣	
2	团委	副书记、公共艺术教育中心副主任（兼）	谭智赟	
		副书记	邵　刚	
三、学院（系、部）				
1	农学院	党委书记	戴廷波	
		院长	朱　艳	
		党委副书记	殷　美	
		国家信息农业工程技术中心常务副主任、副院长	田永超	
		作物遗传与种质创新国家重点实验室常务副主任、副院长	王秀娥	
		副院长	黄　骥	
		副院长	赵晋铭	
2	植物保护学院	党委书记	吴益东	
		院长	王源超	
		党委副书记	黄绍华	
		副院长	张正光	
		副院长	叶永浩	
3	资源与环境科学学院	党委书记	李辉信	
		院长	徐国华	
		党委副书记	崔春红	
		副院长	邹建文	
		副院长	李　荣	

（续）

序号	工作部门	职　务	姓名	备　注
4	园艺学院	党委书记	陈劲枫	
		院长	吴巨友	2017年5月任现职
		党委副书记	韩键	
		副院长	房经贵	
5	动物科技学院	党委书记	高峰	
		院长	刘红林	
		党委副书记	刘志斌	
		副院长	毛胜勇	
		副院长	张艳丽	
6	动物医学院	党委书记	范红结	
		院长	周继勇	
		党委副书记	熊富强	
		副院长	曹瑞兵	
		副院长	苗晋锋	
7	食品科技学院	党委书记	夏镇波	
		院长	徐幸莲	
		党委副书记	朱筱玉	
		党委副书记	丁广龙	
		副院长	辛志宏	
		国家肉品质量安全控制工程技术研究中心常务副主任、副院长	李春保	
		副院长	金鹏	
8	经济管理学院	院长	朱晶	
		副书记（主持工作）	孙雪峰	2017年3月任现职
		党委副书记	卢忠菊	
		副院长	耿献辉	
		副院长	林光华	
9	公共管理学院	党委书记	郭忠兴	
		院长	石晓平	
		党委副书记	张树峰	
		副院长	于水	
		副院长	谢勇	
10	理学院	党委书记	程正芳	
		院长	章维华	
		党委副书记	刘照云	
		副院长	吴磊	

（续）

序号	工作部门	职　务	姓名	备　注
11	人文与社会发展学院	党委书记	朱世桂	
		院长、公共艺术教育中心主任（兼）	杨旺生	
		党委副书记	冯绪猛	
		副院长	付坚强	
		副院长	姚兆余	
		副院长	路璐	
12	生命科学学院	党委书记	赵明文	
		副院长（主持工作）	蒋建东	
		党委副书记	李阿特	
		副院长	崔瑾	
13	外国语学院	党委书记	韩纪琴	
		副院长（主持工作）	曹新宇	
		党委副书记	董红梅	
		副院长	游衣明	
14	信息科技学院	党委书记	梁敬东	
		副院长（主持工作）	郑德俊	
		党委副书记	白振田	
		副院长	徐焕良	
		副院长	何琳	
15	金融学院	党委书记	刘兆磊	
		副院长（主持工作）	周月书	
		党委副书记	李日葵	
		副院长	张龙耀	
16	草业学院	党总支书记	李俊龙	
		党总支副书记、副院长	高务龙	
		副院长	徐彬	
17	马克思主义学院（政治学院）	党总支书记、院长	余林媛	2017 年 11 月任现职
18	体育部	党总支书记、主任	张禾	
		党总支副书记	许再银	
		副主任	陆东东	
19	工学院	党委书记	李昌新	
		院长、南京农业机械化学校校长	汪小旵	
		党委副书记、纪委书记	张兆同	
		副院长、南京农业机械化学校副校长	沈明霞	
		副院长、南京农业机械化学校副校长	薛金林	

（续）

序号	工作部门	职务	姓名	备注
19	工学院	副院长、办公室主任	李骅	2017年11月任副院长
		纪委办主任、监察室主任、机关党总支书记	张和生	
		教务处处长	丁永前	
		人事处处长	毛卫华	
		科技与研究生处处长	周俊	
		计财处处长	高天武	
		总务处处长	李中华	
		农业机械化系、交通与车辆工程系党总支书记	刘杨	
		农业机械化系、交通与车辆工程系主任	何瑞银	
		机械工程系党总支书记	刘平	
		机械工程系主任	康敏	
		电气工程系党总支书记	王健国	
		电气工程系主任	卢伟	
		管理工程系党总支书记	施晓琳	
		管理工程系主任	李静	
		基础课部党总支书记	桑运川	
		基础课部主任	屈勇	

四、直属单位

序号	工作部门	职务	姓名	备注
1	图书馆、图书与信息中心	党总支书记	查贵庭	
		馆长、主任	倪峰	
		副馆长、副主任	唐惠燕	
		副馆长、副主任	宋华明	
2	后勤集团公司	总经理	姜岩	
		资产与后勤党委副书记、副总经理	胡会奎	
		副总经理	孙仁帅	
3	资产经营公司	总经理、直属党支部书记	孙小伍	
4	江浦实验农场	党工委书记	乔玉山	
		场长、党工委副书记	刘长林	
		副场长	赵宝	
5	档案馆	馆长	景桂英	
		副馆长	段志萍	
6	医院	院长	石晓蓉	

（续）

序号	工作部门	职 务	姓名	备 注
7	学术交流中心	董事长、总经理	郑 岚	

五、调研员

序号	职 别	姓 名
1	正处级调研员	沈振国
2	正处级调研员	姬长英
3	正处级调研员	王勇明
4	正处级调研员	姜玉明
5	副处级调研员	张 斌
6	副处级调研员	邢 邯

（撰稿：李云锋 审稿：吴 群 审核：张丽霞）

［常设委员会（领导小组）］

中共南京农业大学第十一届委员会

丁艳锋　王春春　王源超　左　惟　包　平

朱　艳　刘营军　闫祥林　李昌新　吴　群

王小昆　沈其荣　陈利根　陈劲枫　周光宏

胡　锋　胡正平　侯喜林　夏镇波　徐　翔

盛邦跃　董明盛　董维春　戴建君

中共南京农业大学纪律检查委员会

书　记：盛邦跃

副书记：尤树林

委　员（以姓氏笔画为序）：

尤树林　刘玉宝　许　泉　李辉信　张兆同

陈礼柱　欧名豪　单正丰　盛邦跃　韩纪琴

戴廷波

南京农业大学第七届学术委员会

主　任：沈其荣

副主任：钟甫宁　丁艳锋

委　员（以姓氏笔画为序）：

丁为民　丁艳锋　万建民　马正强　王　恬

王思明　王源超　方　真　朱　晶　朱伟云

沈其荣　沈振国　张绍铃　陆兆新　陈发棣

欧名豪　罗英姿　赵方杰　钟甫宁　姜　平

徐国华　盖钧镒　董维春　韩召军　强　胜

秘书长：罗英姿（兼）

南京农业大学第十一届学位评定委员会

主　席：周光宏

副主席：董维春

委　员（以姓氏笔画为序）：

王思明　王源超　朱　艳　朱　晶　刘红林

李祥瑞　汪小昆　沈其荣　张　炜　张天真

陈发棣　欧名豪　罗英姿　周光宏　周继勇

钟甫宁　侯喜林　徐　跑　徐　翔　徐幸莲
徐国华　姬长英　黄水清　曹卫星　盛邦跃
章文华　盖钧镒　董维春　韩召军

南京农业大学学术规范委员会

主任委员：丁艳锋

副主任委员：姜　东　黄水清

委　员（27人）：

丁艳锋　王　恬　尤树林　包　平　朱　晶
朱伟云　刘志民　严火其　张正光　张红生
杨　红　邹建文　陈劲枫　欧名豪　周月书
周应恒　周继勇　查贵庭　钟甫宁　侯喜林
姜　东　顾飞荣　徐幸莲　郭旺珍　姬长英
黄水清　章文华

南京农业大学职称评定与教师学术评价委员会

主任委员：周光宏

副主任委员：沈其荣　董维春

常务委员（11人）：

丁艳锋　左　惟　包　平　沈其荣　周光宏
郑小波　赵方杰　钟甫宁　章文华　盖钧镒
董维春

南京农业大学教育教学指导委员会

主任委员：董维春

副主任委员：刘营军　张　炜　强　胜

委　员（以姓氏笔画为序）：

王　恬　冯淑怡　朱　艳　刘　亮　刘红林
刘志民　严火其　李友生　李俊龙　李辉信
吴　磊　应瑞瑶　汪小旵　张　禾　陈　巍
陈劲枫　范红结　周月书　侯喜林　姜　东
洪晓月　姚兆余　徐　跑　徐幸莲　徐焕良
曹新宇　缪培仁

秘书长：缪培仁（兼）

南京农业大学体育运动委员会

主　任：刘营军

副主任：戴建君　董维春

秘书长：张　禾

副秘书长：胡正平　单正丰　欧名豪

委　员（以姓氏笔画为序）：

丁广龙　石晓蓉　卢忠菊　白振田　包　平
冯绪猛　全思懋　刘　亮　刘玉宝　刘志民
刘志斌　刘照云　许　泉　许再银　孙　健
李日葵　李阿特　张　炜　张兆同　张树峰
陆东东　姜　岩　姚志友　钱德洲　倪　峰
殷　美　高务龙　黄水清　黄绍华　崔春红
董红梅　韩　键　谭智赟　熊富强

南京农业大学学士学位审核委员会

主任委员：张　炜

副主任委员：侯喜林

委　员（以姓氏笔画为序）：

王　超　刘　亮　刘志民　李友生　应瑞瑶
汪小旵　胡　燕　洪晓月　蒋建东　游衣明
缪培仁

秘　书：成何珍

（撰稿：吴　玥　审稿：刘　勇　审核：张丽霞）

［民主党派成员］

学校民主党派成员统计一览表

党派	民盟	九三	民进	农工	致公	民革	民建
人数（人）	178	177	14	12	8	8	1
负责人	严火其	陈发棣	姚兆余	邹建文	刘斐		
总人数（人）	398						

注：1. 2017年，共发展民主党派成员 15 人。其中，九三 10 人，民盟 4 人，民进 1 人。2. 九三于 4 月 21 日完成换届选举，民盟于 5 月 5 日完成换届选举。

（撰稿：朱　珠　审稿：庄　森　审核：张丽霞）

［学校各级人大代表、政协委员］

全国第十二届人民代表大会代表：万建民
江苏省第十二届人民代表大会常委：郭旺珍
南京市第十五届人民代表大会代表：朱　晶
玄武区第十八届人民代表大会代表：戴建君　朱伟云
浦口区第四届人民代表大会代表：施晓琳

江苏省政协第十一届委员会常委：陆兆新（界别：农业和农村界）
江苏省政协第十一届委员会委员：周光宏（界别：教育界，教育文化委员会委员）
江苏省政协第十一届委员会委员：王思明（界别：社会科学界，文史委员会委员）
江苏省政协第十一届委员会委员：邹建文（界别：中国农工民主党江苏省委员会）
江苏省政协第十一届委员会委员：马正强（界别：中国民主同盟江苏省委员会）
江苏省政协第十一届委员会委员：张天真（界别：农业和农村界）
江苏省政协第十一届委员会委员：赵茹茜（界别：农业和农村界）
南京市政协第十三届委员会常委：姜卫兵（界别：农业和农村界）
玄武区政协第十二届委员会常委：洪晓月
玄武区政协第十二届委员会委员：沈益新
浦口区政协第四届委员会委员：丁启朔

注：本年度完成新一届各级人大代表和政协委员推荐工作，共推荐全国第十三届人大代表候选人1人、江苏省第十三届人大代表候选人1人、江苏省第十二届政协委员候选人7人、南京市第十四届政协委员候选人1人。

（撰稿：文习成　审稿：庄　森　审核：张丽霞）

五、党的建设

组 织 建 设

【概况】党委组织部（老干部办公室、党校）在学校党委的正确领导下，认真学习贯彻中共十九大精神和习近平新时代中国特色社会主义思想，深入推进"两学一做"学习教育常态化制度化，不断提高干部队伍建设、基层党组织建设和党员队伍建设科学化水平，为学校改革发展稳定提供强有力的政治保证、思想保证和组织保证。

全面加强党的基层组织建设，不断提高基层党组织凝聚力和战斗力。一是扎实做好党员发展工作。全年发展党员 880 人，其中教职工 14 人。二是全面开展党组织和党员基本信息采集。全校共采集党员信息 6 856 人，按时准确完成信息录入，实现全国党员信息互联。三是继续开展党员主题教育实践活动立项。全校范围共申报立项 18 项，重点项目 6 项。四是进一步规范党费收缴、使用和管理。将 2016 年全校党员补交党费的 40%（共计 185 万元）用于贵州麻江、江苏灌南等对口帮扶地区。五是启动院级党组织书记抓基层党建述职评议考核。对全校 27 个二级党组织负责人抓基层党建和思想政治工作开展情况进行考核。截至年底，学校共有二级党组织 28 个，其中党委 18 个，党工委 1 个，党总支 5 个，直属党支部 4 个。学校共有党支部 374 个，其中学生党支部 204 个，教职工党支部 139 个，离退休党支部 25 个，混合型党支部 6 个。共有党员 6 569 人，其中学生党员 3 897 人，占学生总人数的 15.87%；在职教职工党员 1 916 人，占教职工总人数的 61.43%；离退休党员和流动党员分别为 556 人和 200 人。

构建以领导干部个人有关事项报告、兼职管理及因私出国（境）管理为主要抓手的监督管理体系。一是严格执行领导干部个人有关事项报告制度。本年度全校共 94 位中层干部按规定填报，核查 16 人，5 人被诫勉，2 人被批评教育，1 人暂缓提任。二是进一步规范领导干部兼职管理。制订《南京农业大学领导干部兼职管理办法》，对领导干部企业兼职和社会团体兼职范围与数量、审批程序、取酬等作了明确规定。三是严格规范领导干部因私出国（境）管理。全年审批领导干部因私出国（境）20 人次，集中保管领导干部因私证件 206 件。

不断规范干部选拔任用和教育培养工作。改变以往竞聘为主的干部选拔任用方式，把民主推荐作为干部选拔任用的必经程序，全年累计民主推荐、公开竞聘 4 次，新选拔任用处级干部 4 人。对 2016 年新提任的 25 名处级干部开展了试用期满考核。不断拓宽干部实践锻炼渠道，本年度学校援藏、援疆、扶贫、挂职干部共 37 人，1 人援疆被记二等功一次，4 人被评为"第八批中央和国家机关、中央企业优秀援疆干部人才"，1 人被评为黔东南苗族侗族自治州"最美第一书记"。

建立健全党校分层分类培训体系，切实发挥党校主渠道主阵地作用。一是不断完善入党教育培养体系。开发"南京农业大学入党教育培训在线学习平台"，全年共培训入党积极分子、发展对象和预备党员 3 400 余人。二是建立健全党员干部教育培训体系。依托中国教育干部网络学院在线学习平台，对中层干部、党支部书记、学生教育管理工作者、党校兼职教师和组织员等不同类型干部开展不同内容、不同形式培训。全校 192 位中层干部、186 名教师党支部书记、97 名学工干部参加了在线学习。三是认真做好党员干部调训工作。全年选调 130 余名处级及以上干部、党支部书记、研究生党员骨干参加中组部、国家教育行政学院、江苏省委党校等各种培训项目。学校党校荣获国家教育行政学院"高校干部网络培训工作优秀组织单位"称号。

用心用情做好老干部服务管理工作。一是扎实做好老干部思想政治工作。以定期组织学习、开展主题教育、学习先进事迹为抓手，组织开展形式丰富、内容多样、寓教于乐的学习活动，不断满足老同志精神文化需求。二是大力推进党支部建设。通过政治学习、爱心募捐、主题教育、支部共建等多种形式，充分发扬老党员在关心教育下一代、构建和谐校园中的积极作用。三是认真做好老干部服务管理工作。坚持走访慰问送温暖，办好"老干部之家"，丰富业余生活，认真落实老干部生活待遇。

【"两学一做"学习教育常态化制度化】深入推进"两学一做"学习教育常态化制度化建设，"双抓双促"大走访大落实活动取得实效。一是加强统筹安排。结合学校实际研究制订工作方案，召开工作推进会，制订年度工作安排，明确各级党组织主体责任，确保学习教育取得实效。二是坚持"三会一课"制度。与江苏省委党的建设办公室合作，邀请专家开展党史党情专题辅导，校院各级领导亲自给师生上党课。全校范围内开展"我学十九大"主题组织生活会，为全校师生党员订购《中国共产党章程》《党的十九大报告》，将学懂弄通做实中共十九大精神落到实处。三是开展"双抓双促"大走访大落实活动。全校党员干部 1 500 余人次下基层走访调研，集体座谈 273 场次，参加人员 3 700 余人，个别访谈对象达到 2 800 余人，共查摆师生员工关注的具体问题 539 条，按照"问题清单管理"要求，对问题清单逐项分析研究、分类梳理、及时整改。四是全面启动基层党建"书记项目"管理工作。全校 27 个二级党组织书记申报了"书记项目"，形成了一批基层党建成果和品牌，进一步夯实了基层党建基础。五是利用新媒体开展学习教育。开通"南农先锋"微信公众号，共计推送文章 261篇，共计阅读总数 97 132 次，累计阅读人数 63 532 人次，产生了良好的宣传和引领作用。六是注重典型引路。开展"'两学一做'——我身边的优秀共产党员"评选活动，制作系列微视频并通过微信平台推送宣传，起到了较好的榜样示范作用。该系列微视频获得本年度江苏省高校"微党课"视频二等奖。

（撰稿：李云锋 审稿：吴 群 审核：张丽霞）

附录 1　学校各基层党组织党员分类情况统计表

（截至 2017 年 12 月 31 日）

序号	单位	党员人数（人）							在岗职工人数总数（人）	学生总数（人）	研究生数（人）	本科生数（人）	党员比例（%）			
		合计	在岗职工	离退休	学生党员总数	研究生	本科生	流动党员					在岗职工党员比例	学生党员比例	研究生党员占研究生总数比例	本科生党员占本科生总数比例
	合计	6 569	1 916	556	3 897	2 872	1 125	200	3 119	24 559	7 560	17 302	61.43	15.79	37.99	6.50
1	农学院党委	606	128	16	462	389	73		195	1 774	931	843	65.64	26.04	41.78	8.66
2	植物保护学院党委	452	87	19	297	263	34		106	1 111	664	447	82.08	26.73	54.67	7.61
3	资源与环境科学学院党委	486	94	14	287	238	49	91	149	1 467	696	774	63.09	19.56	34.20	6.33
4	园艺学院党委	489	95	17	377	303	74		148	2 001	726	1 275	64.19	18.84	41.74	5.80
5	动物科技学院党委	314	74	18	207	172	35	15	115	991	467	524	64.35	20.89	36.83	6.68
6	动物医学院党委	384	73	25	286	225	61		125	1 461	586	875	58.40	19.58	38.40	6.97
7	食品科技学院党委	351	80	8	263	208	55		101	1 219	466	753	79.21	21.58	44.64	7.30
8	经济管理学院党委	337	53	10	274	201	73		80	1 438	392	1 046	66.25	19.05	51.28	6.98
9	公共管理学院党委	259	66	4	189	139	50		80	1 316	328	988	82.50	14.36	42.38	5.06
10	理学院党委	143	63	13	67	30	37		95	624	112	512	66.32	10.74	26.79	7.23
11	人文与社会发展学院党委	196	62	7	127	69	58		95	1 187	539	948	65.26	10.70	12.80	6.12
12	生命科学学院党委	327	69	14	221	179	42	23	123	1 321	618	703	56.10	16.73	28.96	5.97
13	外国语学院党委	150	50	7	79	37	42	14	84	758	108	650	59.52	10.42	34.26	6.46
14	信息科技学院党委	130	35	5	83	39	44	7	52	846	111	735	67.31	9.81	35.14	5.99

（续）

序号	单位	党员人数（人）							在岗职工人数（人）	学生总数（人）	研究生数（人）	本科生数（人）	党员比例（%）		
		合计	在岗职工	离退休	学生党员总数	研究生	本科生	流动党员					在岗职工党员比例	研究生党员占研究生总数比例	本科生党员占本科生总数比例
15	金融学院党委	217	33	1	183	123	60		40	1 166	287	879	82.50	42.86	6.83
16	工学院党委	828	285	99	443	111	332	1	395	5 603	413	5 190	72.15	26.88	6.40
17	机关党委	371	279	92					342				81.58		
18	资产与后勤党委	162	107	55					217				49.31		
19	草业学院党总支	55	20		35	29	6		35	242	82	160	57.14	35.36	3.75
20	继续教育学院党总支	19	14	5					20				70		
21	图书馆党总支	59	42	17					75				56.00		
22	马克思主义学院党总支	44	19	8	17	17	0	17	29	34	34	0	65.52	50.00	0.00
23	体育部党总支	32	26	6					41				63.41		
24	江浦实验农场工委	64	19	45					77				24.68		
25	离退休直属党支部	39	3	33					3				100.00		
26	实验牧场直属党支部	12	1	11					2				50.00		
27	校区发展与基本建设处直属党支部	19	16	3					23				69.57		
28	资产经营公司直属党支部	27	23	4					272				8.46		

注：1. 以上各项数字来源于2017年党内统计。2. 流动党员主要是已毕业组织关系尚未转出、出国学习交流等人员。

（撰稿：史文稿　审稿：吴　群　审核：张丽霞）

附录 2 学校各基层党组织党支部基本情况统计表

（截至 2017 年 12 月 31 日）

序号	基层党组织	党支部总数	学生党支部数			教职工党支部数		混合型党支部数
			学生党支部总数	研究生党支部	本科生党支部	在岗职工党支部数	离退休党支部数	
	合计	374	204	131	73	139	25	6
1	农学院党委	20	14	10	4	5	1	
2	植物保护学院党委	22	15	11	4	5	1	1
3	资源与环境科学学院党委	17	11	7	4	5	1	
4	园艺学院党委	29	24	19	5	4	1	
5	动物科技学院党委	16	10	7	3	4	1	1
6	动物医学院党委	18	13	11	2	4	1	
7	食品科技学院党委	19	14	11	3	4	1	
8	经济管理学院党委	22	17	11	6	4	1	
9	公共管理学院党委	13	8	8		4		1
10	理学院党委	9	4	2	2	4	1	
11	人文与社会发展学院党委	15	6	3	3	8	1	
12	生命科学学院党委	16	10	6	4	4	1	1
13	外国语学院党委	12	4	2	2	6	1	1
14	信息科技学院党委	10	5	3	2	5		
15	金融学院党委	11	8	6	2	3		
16	工学院党委	66	36	10	26	26	4	
17	机关党委	24				23	1	
18	资产与后勤党委	12				9	3	
19	草业学院党总支	5	4	3	1	1		
20	继续教育学院党总支	2				1	1	
21	图书馆党总支	5				4	1	
22	马克思主义学院党总支	4	1	1		2	1	
23	体育部党总支	3				2	1	
24	江浦实验农场党工委	2				1	1	
25	离休直属党支部	1						1
26	实验牧场直属党支部	1				1		
27	校区发展与基本建设处直属党支部	1				1		
28	资产经营公司直属党支部	1				1		

注：以上各项数据来源于 2017 年党内统计。

（撰稿：史文韬 审稿：吴 群 审核：张丽霞）

附录3 学校各基层党组织年度发展党员情况统计表

（截至 2017 年 12 月 31 日）

序号	基层党组织	总计	学生			在岗教职工	其他
			合计	研究生	本科生		
	合计	880	867	173	694	13	
1	农学院党委	52	52	16	36		
2	植物保护学院党委	32	32	10	22		
3	资源与环境科学学院党委	47	47	16	31		
4	园艺学院党委	68	68	27	41		
5	动物科技学院党委	33	32	10	22	1	
6	动物医学院党委	47	47	14	33		
7	食品科技学院党委	43	42	9	33	1	
8	经济管理学院党委	49	48	4	44	1	
9	公共管理学院党委	49	49	12	37		
10	理学院党委	25	24	3	21	1	
11	人文与社会发展学院党委	42	42	8	34		
12	生命科学学院党委	44	44	11	33		
13	外国语学院党委	31	31	4	27		
14	信息科技学院党委	33	33	4	29		
15	金融学院党委	47	47	10	37		
16	工学院党委	217	216	12	204	1	
17	机关党委	3				3	
18	资产与后勤党委	1				1	
19	草业学院党总支	10	9	3	6	1	
20	继续教育学院党总支	1				1	
21	图书馆党总支						
22	马克思主义学院党总支	5	5	5			
23	体育部党总支						
24	江浦实验农场党工委	1				1	
25	离休直属党支部						
26	实验牧场直属党支部						
27	校区发展与基本建设处直属党支部						
28	资产经营公司直属党支部						

注：以上各项数字来源于 2017 年党内统计。

（撰稿：史文韬　审稿：吴　群　审核：张丽霞）

党 风 廉 政 建 设

【概况】学校以习近平新时代中国特色社会主义思想为指引，全面贯彻中共十八大、十九大精神，聚焦监督执纪问责，深入推进党风廉政建设，为学校持续、健康发展提供坚强保证。

聚焦中心任务，推进落实全面从严治党主体责任和监督责任。召开党风廉政建设工作会议，部署党风廉政建设和反腐败工作，深刻分析存在的问题并提出针对性措施。对党风廉政建设和反腐败工作年度任务进行分解，明确主责部门，细化责任内容，推动工作落实。配合驻教育部纪检组开展《中国共产党问责条例》贯彻执行情况和谈心谈话工作情况调研，并以调研为契机，传达上级要求，层层传导压力。印发纪检监察工作要点，部署监督执纪问责工作。组织开展党风廉政建设责任制考核工作，立足问题导向，对8个二级单位落实党风廉政建设责任制情况进行专门考核，并及时反馈考核结果，推动整改。指导工学院党委开展党风廉政责任制考核工作。对新提任的处级领导干部进行廉政谈话，筑牢思想防线。

把纪律挺在前面，强化专责监督。加强信访举报工作，畅通信访举报渠道，认真接待处理每一件信访。严格执行线索处置工作例会制度，由纪委书记主持例会，梳理分析研判信访情况，规范处理问题线索。以信访问题为切入点，举一反三，约谈相关单位主要负责人，着力推动问题解决和制度完善。全年共受理纪检监察信访32件，处置问题线索34条，立案审查1件。开展信访工作大起底，全面清查问题线索。配合驻江苏省教育厅纪检组开展信访举报工作检查，对工学院信访工作进行延伸检查，提升处置问题线索的能力。实践监督执纪"四种形态"，坚持抓早抓小，做到小过即纠、小错即查。对反映苗头性问题的，及时谈话提醒、约谈函询，要求被反映人作出说明；对存在违纪问题的，查清主要违纪事实，综合考虑违纪行为的性质情节和认错悔错态度，给予批评教育、组织处理或纪律处分。全年谈话函询11人次，初步核实2人；诫勉谈话1人，给予党纪处分2人，给予政纪处分1人。

加强作风建设，推动中央八项规定精神落地生根。开展宣传教育，做好中共十八大以来全面从严治党成效的宣传工作，释放执纪必严强烈信号。组织开展廉政文化作品征集、大学生廉政知识问答等廉洁文化活动，营造风清气正校园氛围。纪委、监察部门领导走访二级单位，作专题报告，进行座谈，宣讲中央八项规定精神。结合有关高校29起违反中央八项规定精神问题典型案例，广泛开展警示教育，强化持之以恒正风肃纪意识，坚决防止不良风气反弹回潮。紧盯元旦、春节、国庆等重要节点，通过下发专门通知、开展监督检查等多种方式打招呼，严防各类"节日腐败"。落实专项治理，按照上级要求，组织开展违规公款购买消费高档白酒问题自查自纠工作，对有关问题线索进行核查。同时举一反三，提醒督促有关部门和单位整改类似问题，从源头上预防"四风"问题发生。

完善制度规范，扎紧管党治党制度笼子。建立巡察工作制度，出台《南京农业大学党委巡察工作办法（试行）》，为开展校内巡察提供制度保障。建立婚丧喜庆事宜申报备案制度，印发《关于实行领导干部操办婚丧喜庆事宜申报备案制度的通知》，规定领导干部操办婚丧喜庆事宜，必须书面申报备案，督促领导干部严格执行有关规定，防止违规操办婚丧喜庆事宜或借机敛财。

推进廉政风险防控工作，强化权力运行制约监督。开展督导检查，走访研究生院、学生工作处、继续教育学院等单位，听取工作汇报，检查支撑材料，督促指导认真查找权力运行风险，预防腐败行为。要求各单位根据实际情况，动态调整防控措施，构建长效机制。将有关二级单位查找出的45个廉政风险点和制定的70条防控措施在纪检监察网站公示，接受监督。加强重点领域监督。一是加强招投标工作监督，纪检监察部门走访招投标办公室，进行廉政风险防控工作交流；现场监督代理、评委抽签230余项；通过网络监察校内评标情况；开展招投标合同履行情况"回头看"。二是加强工程建设领域监督，结合南京市玄武区检察院的专项调研，推动30万元以下维修工程采用预选库的方式确定施工队；每2年集中招标遴选施工队入围进入预选库，适时动态筛选淘汰；制定规则和程序，从预选库中确定具体工程由哪一个入围施工队承接；既节约时间，又防止暗箱操作，防范廉洁风险。三是加强招生监督，重点关注特殊类型招生工作，防止徇私舞弊等行为的发生。四是配合南京市、玄武区预防职务犯罪机构在学校开展科研经费使用情况调研活动。五是深化合同审查，防范法律风险，对重点合同提前介入、主动服务，把好法律关。

加强法律宣传，弘扬法治精神。集中开展宪法学习教育系列活动，举办"学宪法讲宪法"主题演讲比赛等；组织外聘法律顾问作"大学校园的法律意识与法治思维"专题报告，并作为校、院党委中心组专题学习内容，300余人听取报告。

坚持打铁必须自身硬，建设忠诚干净担当的纪检监察队伍。纪委召开3次全会，监察工作委员会召开2次全会，学习传达上级精神，研究部署学校监督执纪问责工作，审议决定纪律处分事宜。纪检监察部门加强党建工作，推进"两学一做"学习教育常态化制度化，举行学习中共十九大主题组织生活会；组织党员赴安徽六安金寨红色教育基地参观学习，重温入党誓词，开展党日活动；开展"抓整改促服务、抓项目促落实"大走访大落实活动，大力整改工作中存在的问题。开展培训交流，组织纪检监察干部5人次参加上级纪检监察专题培训班，1人参加教育部第二期巡视干部培训班；多次组织二级单位党组织纪检委员开展纪检工作交流活动，建立纪检委员微信群，开展日常工作交流，推动监督责任向二级单位延伸。开展理论研究，参与教育部直属高校和省部共建高校纪委第六片组的专题研究，提交《构建高校良好政治生态的路径与措施》研究报告；参与江苏省教育纪检监察学会研究活动，组织开展课题研究，结题6项，在研13项。

【召开党风廉政建设工作会议】3月15日，南京农业大学党风廉政建设工作会议在学校会议中心召开。会议主题为深入学习贯彻习近平总书记在中央纪委七次全会上的重要讲话精神，传达中央纪委全会、江苏省纪委全会和教育部党组党风廉政建设工作会议精神，部署学校党风廉政建设和反腐败工作。校党委书记左惟出席会议并讲话。校长周光宏主持会议。校党委副书记、纪委书记盛邦跃作工作报告。全体在校校领导、中层干部、校办企业负责人等160人参加会议。左惟强调，当前要驰而不息打好作风建设攻坚战、持久战，继续扎紧制度的笼子、严格执行制度。盛邦跃总结了2016年学校党风廉政建设和反腐败工作，指出存在的问题，并对本年度工作进行部署。盛邦跃强调，要加强党的纪律建设，有效运用监督执纪"四种形态"，加大谈话提醒力度，切实抓早抓小；加大执纪审查力度，严肃查处违纪行为；加大问责力度，实行"一案双查"。会上，园艺学院党委书记陈劲枫、研究生工作部副部长姚志友分别汇报交流所在单位和部门党风廉政建设工作。

【开展党风廉政建设责任制考核】9～12 月，学校纪委协助党委组织开展对校内部分单位和部门落实党风廉政建设责任制情况专门考核。考核对象为农学院、资源与环境科学学院、动物科技学院、公共管理学院、理学院、外国语学院、校区发展与基本建设处（含直属党支部所辖白马教学科研基地建设办公室）、资产经营公司等单位和部门党政领导班子和处级（含副处）领导干部。考核工作以中共十八大和十八届三中、四中、五中、六中全会精神为指导，以《南京农业大学党风廉政建设责任制实施办法》为依据，结合《中共南京农业大学委员会关于贯彻落实监督执纪四种形态的实施办法》等有关制度要求，全面考核 2015 年 9 月至 2017 年 9 月期间被考核单位领导班子和领导干部落实党风廉政建设责任制情况，包括党政重视、领导班子成员履行责任、强化权力制约和监督、支持纪检监察工作、廉政教育与廉政文化建设等情况。学校纪委事先经广泛征求意见，制订《二级单位落实党风廉政建设责任制情况考核指标体系》（以下简称《考核指标体系》）。考核分两个阶段进行：一是自查自评阶段，被考核单位按照《考核指标体系》的内容，认真组织自查自评，形成单位落实党风廉政建设责任制情况的自查自评报告；同时准备支撑材料，以备考核组查阅。二是现场检查与反馈阶段，考核组走访被考核单位，现场查阅支撑材料、听取情况汇报，按照《考核指标体系》的内容，对单位落实党风廉政建设责任制情况进行打分；考核组在自查自评和现场检查的基础上，对被考核单位落实党风廉政建设责任制情况进行汇总、分析，形成考核意见，向被考核单位反馈，总结推广经验，指出存在问题，督促改进工作。

（撰稿：章法洪　审稿：尤树林　审核：张丽霞）

宣传思想与文化建设

【概况】学校宣传思想文化工作以深入学习宣传贯彻中共十九大精神、全国高校思想政治工作会议和习近平同志关于宣传思想文化工作重要论述为主线，紧密围绕学校中心工作和综合改革的推进，积极营造健康向上的校园主流思想舆论，为学校坚定实施"1235"发展战略、推进学校"双一流"建设以及进一步提升学校核心竞争力和国际影响力提供强有力的思想保证、精神动力、舆论支持和文化条件。

思想政治建设。结合中共十九大会议精神、全国"两会"会议精神、"两学一做"教育等专题，加强对中心组理论学习的内容设计和形式创新。通过校报、橱窗、微信和编印中共十九大精神学习材料，持续深入地学习贯彻中共十九大会议精神和习近平新时代中国特色社会主义思想。通过印发意识形态工作责任制任务分解方案，签订《南京农业大学院级党组织意识形态工作责任书》以及开展意识形态工作责任制自查工作，推动意识形态责任制的深入落实。开展 2017 年党建与思想政治教育课题立项研究，推动全校思想政治工作理论研究创新发展。针对校园热点，通过主动设置讨论话题，传递南农主旋律，引领校园正能量。

文化建设。不断丰富优秀网络文化产品供给，提升宣传亲和力。设计"楠小秾"系列体育形象和传统节日形象，制作《楠小秾拜大年》《楠小秾的选择：我的大学在这里》等动画视频。完成"楠小秾"商标注册申请工作。打造 NaU 文创设计工作室，创新"大师·记忆"

栏目建设方式，不断提升学校品牌形象建设。开展校园文化精品项目立项建设工作，资助经费60万元。启动南京农业大学大师名家口述史工作，完成第一批8名老教授的采访、编撰工作。115周年校庆日之际举办《抗战中南农人的"长征"故事》专题讲座，开展校训主题公益广告设计大赛。

对外宣传。结合党和国家政策导向以及中央级主流媒体的报道需求，构建选题库，变单篇宣传为系列主题宣传，变"碎片化"传播为"矩阵式"传播。围绕精准扶贫，聚焦创新举措、深挖典型人物，多篇专题通讯报道在《人民日报》《半月谈》《新华日报》等主流媒体重要版面发表，形成矩阵传播效应。其中，以优势学科与当地特色产业精准对接的3个故事，生动展现学校近年来利用科技帮扶、产业帮扶的特色和成效，专题通讯《把科技"嫁"到贫困村——南京农业大学为脱贫产业开"药方"》刊载于8月13日《人民日报》。《人民日报》当天配发评论《攻坚战更不能麻了爪》，对学校的精准扶贫工作的示范意义给予高度肯定。瞄准更高层次的媒体平台，更加精准地"定位"受众，构筑世界级传播矩阵，提升学校重大事件的海外传播力和影响力。2017第五届世界农业奖，与新华社合作，以6种语言在亚太、欧美地区9个国家同时发布，美联社、BBC、朝日新闻等全球知名通讯社予以转载，外文通稿覆盖380家海外网站。奖项揭晓不到2小时，《2017世界农业奖颁奖典礼在南京农业大学举行》的消息浏览量就达10万＋。截至2017年底，专题网页浏览量突破160万次，主消息单篇浏览量突破80万。2017年，学校海外网络传播力位居全国高校13名。

对内宣传。校报工作在办报风格上不断寻求创新与突破，分析校报受众需求，找准自身定位，不断凸显党报的性质与特点。自2015年下半年改版两年多来，校报从图片聚焦、栏目建设、深度报道及版面策划角度全面实现改革创新，在坚持原有的"导向、高度"原则基础上再次创新"深度、温度、态度并重"的指导原则。改版后的《南京农业大学报》重新规划重组"要闻""深度""文化""综合/专版"四大版面。其中，一版着力打造"图说新闻"栏目，重点提前策划每期具有新闻性主题的图片新闻，形成头版的强烈视觉冲击，并引领整期校报主题。二版、三版以栏目建设为抓手，开设"名师谈""醉爱一课""学子秀""南农的植物王国""楠小秋的科普时间"等一系列栏目，探索访谈及纪实栏目建设。同时，深度访谈报道紧跟学校政策形势，加强舆论引导，注意重大事件的前瞻性报道，深入挖掘"新闻背后的新闻"，讲好"南农故事"，并从新闻传播规律入手，尝试从"事后报道新闻"到"事前营造氛围"。四版进行系列专题版面图片策划，增强校报的可读性。在整体版面的编辑设计环节，也重点加强艺术性的思考，加强留白和专业设计，让版面更具有可读性和观赏性。在新媒体激烈竞争发展的大环境下，学校校报的影响力不但没有被削弱，反而每期发行量由8 300份提高到10 600份，一大批优秀校报作品应运而生。2017年，学校作品斩获中国高校校报好新闻奖4项一等奖。校园主流媒体的地位逐渐得到巩固和稳定。

宣传工作队伍建设。加强全媒体中心团队建设以及各单位宣传联络员队伍综合素养与能力建设，创新形式，务求全方位、全过程地培养综合素质更加全面的宣传思想工作者，通过多期宣传专业素养与技能培训课程，邀请包括高校教授、媒体记者、报刊编辑等校内外宣传领域大咖讲座交流，加强对全媒体中心成员和宣传联络员的业务培育，在全校建立起立体化、全覆盖的意识形态与宣传思想工作队伍。

（撰稿：朱　鹏　审核：全思懋　审核：张丽霞）

[附录]

新闻媒体看南农

南京农业大学 2017 年对外宣传报道统计表

序号	时间	标题	媒体	版面	作者	类型	级别
1	1-3	昆虫：被低估的全球"移民"潮	中国科学报	第6版	王 方 通讯员 许天颖	报纸	国家级
2	1-4	"金"菊花牵起学科产业链	中国教育报	第3版	万玉凤 通讯员 许天颖	报纸	国家级
3	1-9	社会中国之惠：青春躬行者的担当	中青在线		李 拓	网站	国家级
4	1-12	"植物大战霉菌"也搞"军备竞赛"	科技日报		张 晔 通讯员 许天颖	报纸	国家级
5	1-13	中国科学家发现病原菌"攻击"植物全套"战术"	新华社		董 峻	网站	国家级
6	1-14	一个月内连续2篇！南京农业大学再发 Science！	青塔		许天颖	网站	国家级
7	1-15	我国科学家发现病原菌全新致病机制	新华社		董 峻	网站	国家级
8	1-16	南农大发现病原菌全新致病机制"诱饵模式"	江苏科技报		夏文燕 通讯员 许天颖	报纸	省级
9	1-19	南农大在启东 建新农村服务基地	中国江苏网			网站	省级
10	1-21	病原菌攻击植物时会使出"诱饵模式"	科技日报	头版	张 晔 通讯员 许天颖	报纸	国家级
11	2-8	优势资源对接脱贫需求（协商之路·政协扶贫怎么扶⑤）	人民日报			报纸	国家级
12	2-10	南农专家谈农业供给侧改革：牵住发展"牛鼻子"	新华日报	第5版		报纸	国家级
13	2-20	坚持理论研究和翻译实践紧密结合	中国社会科学报		王广禄	报纸	国家级
14	2-21	江苏首次设立"专利发明人奖"彰显人才地位 激发创新热情	江苏卫视			电视台	省级
15	2-27	南农大"黄教授"入选"国家创新人才推进计划"	中国江苏网			网站	省级
16	2-28	井冈山摘掉"贫困"帽 科学技术帮大忙	科技日报	第3版	李 颖	报纸	国家级
17	2-28	南农大校企合作助推农业科技产业化	中国质量报	第6版	杨明春	报纸	国家级

（续）

序号	时间	标题	媒体	版面	作者	类型	级别
18	3-1	南京农业大学新农村发展研究院纪闻	中国农村科技		柴帆 严瑾 王明峰 王克其 李玉清 牟静	网站	国家级
19	3-1	南农埃格顿大学农业科技合作方兴未艾	国际在线		王新俊	网站	国家级
20	3-1	南农力解"三农"理论困惑与实践疑难——《江苏新农村发展报告2016》撷英	农民日报	第4版	沈建华	报纸	国家级
21	3-2	农业文明：丝绸之路上"行走"的种子	中国社会科学报			报纸	国家级
22	3-2	南京农业大学学生在西昊杯比特工业设计大赛中获奖	消费日报		安兰	网站	国家级
23	3-4	用专业贴心服务让更多人知道历史真相	南京日报	第A4版	记者 许琴 通讯员 金海燕	报纸	市级
24	3-7	中国肯尼亚高校间农业科技合作蓬勃开展	中国国际广播电台			电台	国家级
25	3-7	法国大选陷入混战	法治周末		姜姝	网站	国家级
26	3-6	南京农业大学开展校企合作助推农业科技产业化	中国江苏网		秦倩清	网站	省级
27	3-8	淡水鱼虾类健康养殖有"宝典"——解决水产业可持续发展难题	江苏科技报		夏文燕	报纸	省级
28	3-10	第六届大学素质教育高层论坛在南京召开	新华网		许天颖	网站	国家级
29	3-11	姜平：奉献于国此生无憾	科技文摘报	特刊		报纸	国家级
30	3-11	全国第六届大学生素质教育高层论坛在南农举行	江苏卫视			电视台	省级
31	3-11	近500位专家聚焦"素质教育与一流人才培养"——第六届大学素质教育高层论坛在宁举行	中国社会科学报		吴楠 许天颖 宋菲	报纸	国家级
32	3-11	第六届大学素质教育高层论坛在南京农业大学召开	凤凰网		邬楠 许天颖 宋菲 沈卓珺	网站	国家级
33	3-14	苏淮猪：舌尖上的美味	淮安日报	第B1版	记者 宋莹莹 通讯员 侍农	报纸	市级
34	3-15	吹响"素质教育再出发"的集结号——第六届大学素质教育高层论坛侧记	江苏教育报	头版	记者 李旭 王艳芳 李大林 任素梅 通讯员 许天颖 宋菲	报纸	省级
35	3-17	中国农业部率百家企业南农大招贤"猎英"	中国新闻网		记者 泱波	网站	国家级

（续）

序号	时间	标题	媒体	版面	作者	类型	级别
36	3-17	百家农业走出去企业携4 000个岗位来宁揽人才	新华网		许天颖	网站	国家级
37	3-17	农业人才如何"走出去" 南农大专场招聘"解题"：专业人才需具备多种能力	中国江苏网		记者 郭蓓 实习生 张 袁 通讯员 许天颖	网站	省级
38	3-17	中国农业部率百家企业南京招贤"猎英"	中国新闻网		记者 泱 波	网站	国家级
39	3-18	南农大一项最新研究成果揭示 野生动物是狂犬病毒"藏身之地"	中国江苏网		王晶卉	网站	省级
40	3-18	百余涉外农企来宁招聘大学生——到国外当农民，年薪过10万元	南京日报	第A2版	通讯员 许天颖 记者 谈 洁 实习生 石逸轩	报纸	市级
41	3-18	南农大专场招聘：百家农业走出去企业携4 000个岗位揽才	国际在线		马 灵 通讯员 许天颖	网站	国家级
42	3-18	农业部率百家涉农企业来宁办人才"大集"	江苏卫视			电视台	省级
43	3-18	南农大最新研究成果揭示：狂犬病毒可能"藏身"野生动物	金陵晚报	第A10版	记者 李 晨 通讯员 许天颖	报纸	市级
44	3-18	南农大一项最新研究成果揭示——南农大最新研究成果揭示野生动物是狂犬病毒"藏身之地"	南京晨报	第A16版	记者 王晶卉 通讯员 许天颖	报纸	市级
45	3-19	南农大专家：H7N9不是禽流感，而是流感病毒	南京晨报	第A05版	记者 王晶卉 通讯员 许天颖	报纸	市级
46	3-20	年薪二十万，远方在召唤	新华日报		杨频萍 宋晓华	报纸	国家级
47	3-20	2017年校园招聘启动 国际化渐成趋势	南京电视台			电视台	市级
48	3-20	百余家企业四千余岗位万名毕业生"走出去"让农企与人才更好的对接	农民日报		记者 李文博	报纸	国家级
49	3-20	植物防御机制的"闸门"被找到——南农大团队最新研究改变传统病害防控思维	江苏科技报		记者 夏文燕 通讯员 许天颖	报纸	省级
50	3-20	20万年薪难觅复合型农业人才南农：把实习基地建到海外	江苏教育频道			电视台	省级
51	3-21	"猎英行动计划"校园招聘活动在南京农业大学举办	农业部			网站	国家级
52	3-21	农业部"猎英行动计划"落地南农	中国日报			网站	国家级
53	3-23	"走出去"让农企与人才更好对接	农民日报	第2版	记者 李文博	报纸	国家级

（续）

序号	时间	标题	媒体	版面	作者	类型	级别
54	3-24	南京农业大学与苏淮高新区签订产学研合作协议	淮安市人民政府		刘华龙	网站	市级
55	3-27	植物防御机制"闸门"找到	科技日报	头版	记者 张晖 通讯员 许天颖	报纸	国家级
56	3-29	植物为何不再对茉莉酸敏感	中国科学报		记者 王方 通讯员 许天颖	报纸	国家级
57	3-29	"亲子鉴定"为原产地茶"验明正身"	江苏科技报		记者 夏文燕 实习生 杨思源	报纸	省级
58	4-6	高数老师"环哥"火了：他用京剧解释高数	金陵晚报	B版	李晨 通讯员 李晶 谷雨	报纸	市级
59	4-11	"见字如面 手写家书"南农大学子寄200张明信片慰乡愁	龙虎网		朱晶晶 通讯员 杨海峰 许天颖 张文昭	网站	省级
60	4-12	给仙人掌、绿萝把脉 南农大志愿者在社区开植物医院	南京晨报	第A06版		报纸	市级
61	4-12	手写家书见字如面 南农学子重新找回"书信文化"	中国江苏网		郭蓓 通讯员 杨海峰 许天颖 张文昭	网站	省级
62	4-12	"爸、妈，我很好，请勿念！"南农大征集400余封感人的家书	扬子晚报网		蔡蕴琦 通讯员 杨海峰 许天颖 张文昭	网站	省级
63	4-13	南农寄出300余封学生家书	南京日报		谈洁 实习生 潘天星	报纸	市级
64	4-15	孙颔教育基金在南京农业大学设立	中青在线		李润文 黄欢	网站	国家级
65	4-16	孙颔教育基金在南京农业大学设立	新华网		刘国超 许天颖	网站	国家级
66	4-16	孙颔教育基金在南京农业大学设立	新华日报	第2版	许天颖 杨频萍	报纸	省级
67	4-16	孙颔教育基金在南京农业大学设立	中国江苏网		郭蓓 通讯员 许天颖	网站	省级
68	4-16	南京农业大学孙颔教育基金捐赠仪式在宁举行	江苏卫视			电视台	省级
69	4-18	梧桐飞"毛毛"的季节 你有被扰到吗？	江苏新闻广播			电视台	省级
70	4-19	南农大牵手顶尖科研机构联合培养"未来生物学家"	中国江苏网		郭蓓 实习生 张袁	网站	省级
71	4-19	土耳其公投撼动百年立国根基	法治周末		姜姝	报纸	国家级
72	4-20	南农启动"未来生物学家计划"可跟美国院士做课题	南报网		谈洁 通讯员 许天颖	网站	市级

（续）

序号	时间	标题	媒体	版面	作者	类型	级别
73	4-20	本科生可跟院士做课题	新华日报	第6版	杨频萍 许天颖	报纸	省级
74	4-20	南农"三走"活动开幕 综艺节目搬上操场	腾讯网			网站	国家级
75	4-20	南京农业大学启动"三走嘉年华"	南报网			报纸	市级
76	4-20	外国人来华留学不再只学中国话 技能学习与实习需求激增	中新网		杨颜慈	网站	国家级
77	4-20	大学生"三走"感受运动快乐	南京日报	第A4版	徐 琦 通讯员 许天颖	报纸	市级
78	4-24	世界读书日 南京千余名师生共诵经典	新华网			网站	国家级
79	4-25	世界读书日 南京千余名师生共诵经典	江苏新闻广播			电视台	省级
80	4-26	"农"字号创业项目领跑南农大科技创业训练营	新华网			网站	国家级
81	5-2	南农成功培育并转让低谷蛋白稻米适合肾脏病人食用	龙虎网		朱晶晶 通讯员 许天颖	网站	省级
82	5-3	委内瑞拉欲启动制宪大会重修宪法	法治周末		姜 姝	报纸	国家级
83	5-3	低谷蛋白稻米在南农成功转让	新华日报	第7版		报纸	国家级
84	5-5	南京大学生开展"二十四节气"主题活动弘扬中国节气和农耕文化	中国新闻网			网站	国家级
85	5-5	南农低谷蛋白稻米技术成功转让 肾病患者专用米最快下半年上市	南京日报	第A5版	谈 洁 通讯员 许天颖	报纸	市级
86	5-5	科技部农村中心赴南京农业大学调研重点研发计划"一体化实施"管理情况	科学技术部			网站	国家级
87	5-6	南农大学生展演节气文化	金陵晚报	第B04版	段仁虎	报纸	市级
88	5-6	南农学子披蓑衣感受农耕文化	金陵晚报		仲开泰	报纸	市级
89	5-8	南京农业大学举办泡泡跑 千余大学生参加乐翻天	中新网			网站	国家级
90	5-8	南农成功转让低谷蛋白稻米 平均谷蛋白含量为普通品种一半	江苏科技报		夏文燕 通讯员 许天颖	报纸	省级
91	5-9	开展大学生资助诚信教育	南京日报	第A6版	徐 琦	报纸	市级
92	5-9	创新思路提升思政教育工作水平	中国社会科学网		王广禄	网站	国家级
93	5-11	南农大成果入选自然集团2016年度论文榜单	中青在线		王梦璐 李润文 许天颖	网站	国家级
94	5-16	南农大公管院举办知行学术研讨会聚焦区域发展	新华网		彭紫新	网站	国家级

（续）

序号	时间	标题	媒体	版面	作者	类型	级别
95	5-16	南京农业大学 2 个学科进入 ESI 全球排名前 1‰	龙虎网		朱晶晶 通讯员 许天颖	网站	省级
96	5-17	千亿欧元"分手费"如何收场	法治周末		姜姝	报纸	国家级
97	5-17	"立德树人 慎思笃行"南农大党建舞台剧 16 日落幕	龙虎网		朱晶晶 通讯员 汪 晖 信莹莹 摄影 应 聪 王宇茜	网站	省级
98	5-17	南农大成果入选 改变世界成果榜单	江苏科技报	头版	夏文燕 通讯员 王梦璐 许天颖	报纸	省级
99	5-17	"一带一路"农业科技结硕果	中国科学报		王 方	报纸	国家级
100	5-17	南京农业大学 2 个学科进入 ESI 全球排名前 1‰	江苏新闻广播			电视台	省级
101	5-17	南京农业大学 2 个学科进入 ESI 全球排名前 1‰	凤凰网			网站	国家级
102	5-17	南京农业大学 2 个学科进入 ESI 全球排名前 1‰	中国江苏网		郭 蓓 通讯员 许天颖	网站	省级
103	5-17	南农公共管理学院分党校第十四届党建舞台剧圆满落幕	腾讯大苏网			网站	省级
104	5-18	南京农业大学 2 个学科进入 ESI 全球排名前 1‰	新华网		刘国超 许天颖	网站	国家级
105	5-18	南农大推素食主义"金字塔"专家教你如何"吃素"	龙虎网		朱晶晶 通讯员 杨 博 房恬靓	网站	国家级
106	5-18	南农大举行国际植物日活动，详解素食主义的利与弊	凤凰网			网站	国家级
107	5-18	大学生公益创业，最高资助 30 万元	南京日报	第 A7 版	马道军 通讯员 王 琛	报纸	市级
108	5-19	茶席上的"一带一路"：世界青年心，传承丝路精神	凤凰网			网站	国家级
109	5-19	南农大组织"一带一路"沿线国家留学生体验传统文化	网易			网站	国家级
110	5-20	端午，安康	东方卫报	第 A16 版	丁 亮 章 庆	报纸	省级
111	5-20	高校端午文化节 大力弘扬传统文化	新华报业网		陈 俨 万程鹏	网站	省级
112	5-22	留住文化的根脉 中国传统村落保护论坛会议南农召开	凤凰网			网站	国家级
113	5-22	中国传统村落保护论坛在南农大召开	中国社会科学网			网站	国家级

（续）

序号	时间	标题	媒体	版面	作者	类型	级别
114	5-24	南农专家推荐"最佳素食"	南京晨报	第A08版		报纸	市级
115	5-24	有一种植物，吃了它相当于喝脱脂牛奶	现代快报			报纸	市级
116	5-24	引领传统村落可持续发展　在保护中发展　在发展中保护	中国社会科学网			网站	国家级
117	5-24	素食者担心营养不够? 吃点藜麦吧	江苏科技报	第A13版		报纸	省级
118	5-26	南京大学生包粽子挂香囊迎接端午佳节传承传统文化	中新网		泱 波	网站	国家级
119	5-27	专家署名文章：加强土地整治　助力农村发展	新华日报	第17版	刘友兆　郑华伟	网站	省级
120	5-28	江苏科技创新先锋：黄明，一个大学教授的卤菜梦	凤凰网			网站	国家级
121	5-28	妙手治虫害　旱时送"甘霖"南京农业大学科技援外为肯尼亚播撒希望	中国教育报	第3版		报纸	国家级
122	5-28	端午特别节目《我拿什么奉献给你》	央视新闻频道			电视台	国家级
123	5-29	G7峰会面临"国际与国家"的两难	法治周末		姜 姝	报纸	国家级
124	6-5	Genome Biology 南京农业大学绘制棉花"甲基化基因图谱"	搜狐			网站	国家级
125	6-6	棉花"甲基化基因图谱"首次绘成	科技日报	头版	聂翠蓉	报纸	国家级
126	6-6	南农大教授芒种话青梅：调肠胃促消化　柠檬酸含量达柠檬八倍	中国江苏网		郭 蓓　通讯员　许天颖	网站	省级
127	6-7	农业科学、植物与动物学跻身世界顶尖学科行列	新华网			网站	省级
128	6-7	王源超：从冷门项目入手带出热点团队	中青报	第3版	李润文　许天颖	报纸	国家级
129	6-8	南农张天真组连续发表高质量成果聚焦棉花遗传与表观遗传 BioArt 聚焦	搜狐			网站	国家级
130	6-8	厉害了! 南农博物馆里藏了这么多宝	南京日报	第A10版	谈 洁　实习生　张 璐	报纸	市级
131	6-11	毕业季感念师恩　南农大学子在朗读亭对老师吐露心声	龙虎网		朱晶晶　通讯员　陈 洁　李长钦　许天颖　王 润	网站	省级
132	6-11	别样毕业季，南农大毕业生朗读颂师恩	凤凰网		邬 楠　陈 洁　李长钦　许天颖　张一帆	网站	国家级
133	6-11	想把我说给你听　南农大毕业生朗读颂师恩谢师情	中国江苏网		郭 蓓　通讯员　许天颖	网站	省级

（续）

序号	时间	标题	媒体	版面	作者	类型	级别
134	6-11	别样毕业季——南农大毕业生朗读颂师恩	南报网		记者 谈洁 实习生 张璐 通讯员 许天颖	网站	市级
135	6-11	南农毕业生为老师送上特殊礼物 美好回忆朗读给你听	腾讯			网站	国家级
136	6-11	走进朗读亭 南京高校毕业生"放声"颂师恩	交汇点		万程鹏 实习生 陈俨	网站	省级
137	6-12	别样毕业季 南农大毕业生校园朗读亭颂师恩	网易		通讯员 王润 许天颖 陈洁 李长钦	网站	国家级
138	6-12	南京高校毕业生走进朗读亭"放声"颂师恩	中新网		泱波	网站	国家级
139	6-12	毕业季，颂师恩	新华日报	第6版	万程鹏	报纸	省级
140	6-12	南农大学生朗读颂师恩	南京日报	第A6版	记者 徐琦 通讯员 许天颖	报纸	市级
141	6-12	南农大毕业生走进朗读亭"放声"颂师恩	江苏卫视			电视台	省级
142	6-12	南农大学霸双胞胎携手考入美国高等学府	中国江苏网		记者 郭蓓 通讯员 孙笑逸 李柯 许天颖	网站	省级
143	6-12	"有颜值非要靠才华"南农大学霸姐妹花双双考入美高校	龙虎网		朱晶晶 通讯员 许天颖	网站	省级
144	6-12	南农大学霸双胞胎拿到哈佛、芝加哥艺术学院录取通知书	荔枝网			网站	省级
145	6-12	从南农大到哈佛，学霸姐妹花双双进入美国名校终圆梦	凤凰网			网站	国家级
146	6-13	南农大学霸双胞胎获美国名校青睐生活学习两不误	网易		许佳昀 谢琦 通讯员 孙笑逸 李柯 许天颖	网站	国家级
147	6-13	南京农业大学金牌学科对接特色产业 让扶贫精准落地	江苏卫视			电视台	省级
148	6-13	在新媒体中提升国家形象	中国社会科学网		路璐	网站	国家级
149	6-13	南农大举办毕业季感谢师恩活动	新华社		张一帆	报纸	国家级
150	6-14	南农大学霸姐妹花携手考入美国名校 透露成功秘诀	腾讯大苏网			网站	省级
151	6-14	我国水稻好"先进" 不仅增产还减排	科技日报	第3版	记者 张晔 通讯员 许天颖	报纸	国家级

（续）

序号	时间	标题	媒体	版面	作者	类型	级别
152	6-14	南京农业大学"妙手"循环利用废弃物 病死畜禽变有机肥 秸秆转化为可燃气	新华日报	第3版	记者 杨频萍 通讯员 许天颖	报纸	省级
153	6-16	首届江苏大学生涉农创业创富大赛举行颁奖典礼	中国报道网			报纸	省级
154	6-16	江苏大学生涉农创业联盟成立启动"新农菁英计划"	中新网		记者 泱波 通讯员 许天颖	网站	国家级
155	6-16	首届江苏大学生涉农创业创富大赛决出4项金奖	中青在线		李润文	网站	省级
156	6-16	首届江苏省大学生涉农创业创富大赛结出硕果	交汇点			网站	省级
157	6-16	"江苏省大学生涉农创业联盟"在宁成立 汇资源搭平台助好项目落地	中国江苏网			网站	省级
158	6-16	承包千亩农田打造现代农场	南京日报	第A4版	记者 谈洁 通讯员 许天颖	报纸	市级
159	6-16	首届江苏大学生涉农创业创富大赛举行颁奖典礼	南京晨报	第A22版		报纸	市级
160	6-16	江苏省大学生涉农创业创富大赛颁奖礼在宁举行	新华网		刘国超 许天颖 摄影 李长钦	网站	国家级
161	6-16	江苏成立大学生涉农创业联盟	新华日报	第3版		报纸	省级
162	6-16	江苏成立大学生涉农创业联盟	江苏经济报	第A8版		报纸	省级
163	6-16	南农大三学生承包千亩农田打造现代农场获金奖	南报网		记者 谈洁 通讯员 许天颖	网站	市级
164	6-19	又是一年毕业季	东方卫报	第A11版		报纸	省级
165	6-20	感恩鲜花献给宿管阿姨	新华日报	第7版	蒋廷玉 葛灵丹 王拓	报纸	省级
166	6-27	一对学霸双胞胎的美国高等学府之路	中国科学报	第8版	见习记者 王之康 通讯员 孙笑逸 李柯 许天颖	报纸	国家级
167	6-28	南农大黄蕊蕊 终圆耶鲁博士梦	中国报道网		李磊 窦靓 许天颖	网站	国家级
168	6-29	老百姓"餐桌需求"是创新源头	新华日报	第2版	杨频萍	报纸	省级
169	6-30	食品科学、园艺、农学、动物医学，火爆程度超出你想象	现代快报			报纸	市级
170	6-30	卵子成熟的"预警开关"被找到	科技日报		记者 张晔 通讯员 许天颖	报纸	国家级
171	7-2	南农双胞胎姐妹花携手进美国名校	江苏教育新闻			电视台	省级
172	7-2	小龙虾喜欢污水环境是真的吗？	CCTV7			电视台	国家级

（续）

序号	时间	标题	媒体	版面	作者	类型	级别
173	7-5	"互联网＋"能否抵制贸易保护主义	法治周末		姜 姝	报纸	国家级
174	7-5	王思明/刘启振：中华农业文明的融合与再生	中国社会科学报		王思明/刘启振	报纸	国家级
175	7-5	南农科研成果发表在国际知名学术期刊上	南京日报		记者 谈洁 通讯员 许天颖	报纸	市级
176	7-7	紫金山上听风吟 南农大里吃宵夜	金陵晚报	第A09版		报纸	市级
177	7-8	南农大武术团队紧张备战全国学生运动会	江苏教育频道			电视台	省级
178	7-9	"进了灌南门，就是灌南人"	新华日报	第3版	张亮亮	报纸	国家级
179	7-11	南农大动医学生为居民宠物义诊	江苏教育新闻		蒋海涛	电视台	省级
180	7-11	南农大师生为动物义诊 来了好几只"小胖胖"	扬子晚报		记者 蔡蕴琦 通讯员 金洁南	报纸	省级
181	7-11	南农大团队进社区为宠物义诊 夏季宠物谨防蚊虫	腾讯大苏网			网站	省级
182	7-11	灌南百禄镇大学生"村官"和南农大学生结友谊共话村发展	中国江苏网		通讯员 杨敏玉	网站	省级
183	7-11	南京高校师生义诊宠物开展科普	中国新闻网		泱波	网站	国家级
184	7-11	南农动物医学院师生走进社区 普及狂犬病防控知识	凤凰网		郑娇	网站	国家级
185	7-11	南农师生进社区为宠物义诊	南报网		记者 谈洁 通讯员 金洁南	网站	市级
186	7-12	汪星人、喵星人怎样安然度夏？高级兽医师这样支招	东方卫报	第A04版	记者 耿春晓 摄影 丁亮	报纸	市级
187	7-14	择一事，终一生 院士盖钧镒和他的大豆情缘	江苏科技报		记者 秦婷 通讯员 许天颖	报纸	省级
188	7-14	诗歌快闪唱响新街口 南农学子宣扬八一精神	凤凰网		聂茹欣 摄影 聂茹欣	网站	国家级
189	7-14	南农师生开展"物以类聚"暑期实践活动	江苏教育频道			电视台	省级
190	7-14	动物医学相关人才缺口大	新华日报	第9版	杨频萍	报纸	国家级
191	7-17	听外国声音，讲中国故事 南农学子展开主题暑期实践	凤凰网		郑娇	网站	国家级
192	7-18	南农学生暑期实践科普食品安全知识	新华日报	第3版	陈俨 万程鹏 摄影	报纸	国家级
193	7-18	南京农业大学开展"两学一做"党日活动	新华网		严瑾 许天颖	网站	国家级

（续）

序号	时间	标题	媒体	版面	作者	类型	级别
194	7-20	"撸起袖子更要帮出样子"——记百禄镇高湖村第一书记张亮亮	灌南日报	第2版	孙 苏	报纸	市级
195	7-20	贵州麻江：南农大赴贤昌镇为留守儿童举办夏令营活动	中国报道网		许天颖	网站	省级
196	7-21	南农科普团关注舌尖上的安全	江苏科技报		夏文燕	报纸	省级
197	7-21	南农大暑期活动 让山区孩子健康成长	麻江新闻			电视台	市级
198	7-21	草知人意 缘系牧情	呼和浩特日报	第6版	记者 刘 军 通讯员 储 晨	报纸	省级
199	7-21	南农大挂钩帮扶高湖村 投入200多万元实施7个帮扶项目	灌南电视台			电视台	市级
200	7-24	南京农业大学暑期科技支农	呼和浩特日报	第2版	储 晨 夏 菲	报纸	市级
201	7-25	农民家底厚，田头坐教授	半月谈		陈 洁 许天颖	杂志	国家级
202	7-25	英国与欧盟"脱欧战"僵持不下	法治周末		姜 姝	报纸	国家级
203	7-26	农业部"猎英行动计划" 助力农业人才"走出去"累计提供就业岗位7 000多个	中国一带一路网			网站	国家级
204	7-26	变废为宝! 病死畜禽处理实现零污染	科技日报	第7版	记者 张 晔 通讯员 许天颖	报纸	国家级
205	7-26	变废为肥，硫酸水解法"一举两得"	中国科学报	第6版	记者 王 方 通讯员 许天颖	报纸	国家级
206	7-31	中山陵、梧桐树、古城墙……这些才是老外最爱的南京	南京晨报	第A08版	记者 胡 亮 通讯员 卜芷芸	报纸	市级
207	8-1	全国梨产业协作组在南京成立	科技日报	第7版	张 晔	报纸	国家级
208	8-2	心系扶贫南农人	中国科学报	第8版	王 方	报纸	国家级
209	8-10	"魔法教授"让土壤"活"起来——南京农业大学沈其荣教授团队创新进取纪闻	农民日报	第5版	全思懋 沈建华	报纸	国家级
210	8-13	攻坚战更不能麻了爪（编后）	人民日报	第10版	高云才	报纸	国家级
211	8-13	把科技"嫁"到贫困村	人民日报	第10版	高云才	报纸	国家级
212	8-15	南农学子制作精美蝴蝶标本，栩栩如生广受好评	金陵晚报		记者 江勤缘 通讯员 许天颖	报纸	市级
213	8-15	南农大学生自制蝴蝶标本并成功售出近600只	国际在线		许天颖 编辑 顾红艳	网站	国家级
214	8-15	南农学子自制蝴蝶标本公益创业	中国报道网		通讯员 许天颖	网站	国家级
215	8-15	200多名留守儿童获关爱	南京日报	第A7版	记者 马道军	报纸	市级

（续）

序号	时间	标题	媒体	版面	作者	类型	级别
216	8-15	全国梨产业协作组在南京成立	中国科学报	第6版	方舍	报纸	国家级
217	8-16	南农暑期实践团队 为中华虎凤蝶觅家园	江苏科技报		记者 夏文燕 通讯员 许天颖	报纸	省级
218	8-21	南农大作物疫病团队获国家基金委项目资助	新华网		许天颖	网站	国家级
219	8-22	恐怖主义为何在西班牙卷土重来	法治周末		姜姝	报纸	国家级
220	8-23	南农大获国家基金委创新研究群体项目资助	中青在线		许天颖 记者 李润文	网站	国家级
221	8-23	南京农大团队获基金委创新研究群体项目资助	中国科学报		方舍	报纸	国家级
222	8-30	Pet boom raises demand for veterinarians	CHINA DAILY			报纸	国家级
223	9-1	VR地图、现场检索 南农大建立国内首个VR教学微信服务号	金陵晚报		江勤缘	报纸	市级
224	9-1	国内首个虚拟仿真教学微信公众服务号上线	中国报道		许天颖	网站	国家级
225	9-3	南农发布国内首个虚拟仿真教学微信公众服务号	国际在线		许天颖	网站	国家级
226	9-5	南京农业大学无锡渔业学院举行2017—2018学年开学典礼	中国水产养殖网			网站	国家级
227	9-5	国内首款虚拟仿真教学系统上线	江苏科技报		记者 夏文燕 通讯员 许天颖	报纸	省级
228	9-8	炫美！南农大星空主题迎新	凤凰网			网站	国家级
229	9-8	大学打造"星空"迎新生 吸引学生拍照	腾讯网			网站	国家级
230	9-8	南京农业大学校园开派对欢乐迎新生	中新网			网站	国家级
231	9-8	南京农业大学欢乐迎新生	南报网		记者 徐琦 通讯员 许天颖	网站	市级
232	9-9	李强书记：向老师致敬、为老师点赞	荔枝网		记者 周明 高彦 编辑 秦玉婷 黄磊 设计 吴倩	网站	省级
233	9-10	蝴蝶标本、手绘环保袋、爱心礼包……高校报到日 奇招百出迎新生	紫金山新闻		记者 江勤缘 实习记者 朱婧琦 通讯员 许天颖 张伊杰 方向 陈思宇 张文莉 谢新潭	网站	省级

（续）

序号	时间	标题	媒体	版面	作者	类型	级别
234	9-10	南农大用身边故事送新生别样"见面礼"	凤凰网		记者 邬楠 通讯员 许天颖	网站	国家级
235	9-10	教师节开学第一课:感恩老师	腾讯网			网站	国家级
236	9-10	办好人民满意教育 培养更多优秀人才	扬子晚报		耿联	报纸	省级
237	9-10	南农大校长寄语新生要有"三条命"	江苏教育频道			电视台	省级
238	9-10	李强在南京看望慰问教师	江苏卫视			电视台	省级
239	9-10	增强教师获得感和荣誉感!李强在宁看望慰问教育工作者	交汇点			网站	省级
240	9-10	大一新生开学 高校"见面礼"拼创意	南京晨报		记者 王晶卉 通讯员 许天颖 陶赋雯 饶雨夏 方向	报纸	市级
241	9-11	扫下二维码宿舍号学号全知道 南农大迎新用上"大数据"	龙虎网		记者 陶禹歌 通讯员 许天颖 朱鹏 郭嘉宁 杨沁恬 朱郡怡	网站	省级
242	9-11	这里有一位新疆小姑娘 跨越4 888公里到南农报到	现代快报		记者 金凤 摄影 吉星 通讯员 许天颖 张伊杰	报纸	市级
243	9-11	教师节开学第一课:感恩老师!	交汇点			网站	省级
244	9-11	南京农业大学校长周光宏寄语新生:谱写青春最美丽的篇章	中国报道		记者 梁成金 通讯员 许天颖	网站	国家级
245	9-11	南农大用身边故事送新生别样"见面礼"	新华网		刘国超 许天颖	网站	国家级
246	9-11	跨越4 888公里 新疆女生情系南京农业大学	中国报道		通讯员 许天颖 张伊杰	网站	国家级
247	9-11	大数据迎新 一站式报到 南农大迎新彰显"速度"与"温情"	中国报道		通讯员 许天颖	网站	国家级
248	9-11	南京农业大学迎新:师生党员统一佩戴党徽 少数民族新生党员备受鼓舞	中国报道		通讯员 许天颖	网站	国家级
249	9-11	敬礼教师节	新华日报		万程鹏	报纸	省级
250	9-11	学生"空手"报到 行李全发快递	南京日报		记者 徐琦 通讯员 许天颖	报纸	市级
251	9-11	大学萌新们真会玩儿	东方卫报			报纸	市级
252	9-11	南农大"学术大牛"给新生上第一课:论文写在大地上	凤凰网		记者 邬楠 摄影 王爽 通讯员 许天颖	网站	国家级

（续）

序号	时间	标题	媒体	版面	作者	类型	级别
253	9-11	南京农业大学用身边故事送新生别样"见面礼"	中新网		许天颖	网站	国家级
254	9-11	萌新大学生，将励志装入行囊	新华日报		蒋廷玉 杨频萍	报纸	省级
255	9-11	报到日，书记校长送上"生日大礼包"	扬子晚报		记者 蔡蕴琦 通讯员 张文莉	报纸	市级
256	9-11	4天5种交通工具行程4 888公里 维族"宅女"南农报到	中国江苏网		记者 郭蓓 通讯员 许天颖 伊杰	网站	省级
257	9-13	"让每个孩子从小都有一个健康的体魄"——记江苏代表队武术双冠王张丹妮的"体育梦"	江苏教育新闻网			网站	省级
258	9-13	我省大学武术队圆满完成比赛任务（图）	江苏教育新闻网			网站	省级
259	9-13	南农大举行开学典礼	江苏教育新闻网			网站	省级
260	9-14	"开心麻花"马丽与艾伦走进南京高校乐翻校园	中新网		泱波	网站	国家级
261	9-14	新生第一课，到底讲了啥	南京日报		记者 谈洁 实习生 朱金东 通讯员 姜晨 许天颖 陈思宇	报纸	市级
262	9-15	南农女生拿下全国学生运动会双冠军 被队友戏称"江苏大哥"	紫金山新闻		江勤缘	网站	市级
263	9-17	15份作品"杀入"大学生农业线路创意设计决赛圈	扬子晚报		薄云峰	报纸	省级
264	9-17	首届江苏省创意休闲农业设计大赛在宁举行	江苏公共频道			电视台	省级
265	9-18	南农大探索全产业链科技推广新模式	新华网		王克其	网站	国家级
266	9-21	牢记使命，当好学生的引路人	江苏教育新闻网		记者 吕玉婷 潘玉娇 李大林 特约通讯员 谢伟	网站	省级
267	9-21	第一届江苏省大学生休闲农业线路创意设计竞赛亮点纷呈	爱农易		沈昊	网站	国家级
268	9-22	2017南京农业大学"遇见南农"迎新晚会	腾讯网			网站	国家级
269	9-23	南京农业大学教师变身"女神"上演唯美时装秀	中新网		李长青	网站	国家级
270	9-27	南农大原创话剧《北大荒七君子》公演，7位青年学子主动请缨拓荒北国	扬子晚报		记者 蔡蕴琦 摄影 卢烨 通讯员 许天颖 聂欣	报纸	省级

（续）

序号	时间	标题	媒体	版面	作者	类型	级别
271	9-27	陶建敏：让南方种出好葡萄	中国科学报	第6版	王 方	报纸	国家级
272	9-28	教授田间"问诊"，支招水稻增效	南京日报	第A16版	记者 姜 静 王 聪 通讯员 习楚涵	报纸	市级
273	9-28	拓荒北国 用青春填满粮仓	新华日报	第18版	陈 俨 万程鹏	报纸	国家级
274	9-28	情定北国 南农原创话剧《北大荒七君子》公演	腾讯网		摄影 卢 烨 通讯员 许天颖 聂 欣	网站	国家级
275	9-28	南京农业大学《北大荒七君子》公演 传承时代精神	中新社		许天颖 聂 欣	网站	国家级
276	9-28	南农大原创话剧《北大荒七君子》公演	中青在线		许天颖 聂 欣 李润文	网站	国家级
277	9-28	南农大话剧《北大荒七君子》公演，传承时代变迁中不变的奉献精神	金陵晚报		江勤缘 通讯员 许天颖 聂 欣 李长钦	报纸	市级
278	9-28	南农大原创话剧《北大荒七君子》公演 传递世纪家国情怀	交汇点		通讯员 许天颖 聂 欣	网站	省级
279	9-28	南农大原创话剧《北大荒七君子》公演 传递家国情	新华网		通讯员 许天颖 聂 欣	网站	国家级
280	9-29	"到祖国最需要的地方去"	南京日报	第A12版	记者 谈 洁 通讯员 许天颖 聂 欣	报纸	市级
281	9-29	"粮食丰产增效科技创新"观摩会在兴化举行	新华网		董 艳	网站	国家级
282	10-2	稻花香里说丰年宁粳7号	中国种子			网站	国家级
283	10-5	评论《北大荒七君子》用青春碰撞使命梦想	凤凰网		邬 楠 陈 洁 卢 烨	网站	国家级
284	10-5	南农大原创话剧《北大荒七君子》传递世纪家国情怀	凤凰网		邬 楠 陈 洁 卢 烨	网站	国家级
285	10-12	"博爱青春"项目展示在宁举行	新华日报	第13版	沈峥嵘	报纸	国家级
286	10-12	南农大开设"减脂课"：掉肉还能拿学分	江苏卫视			电视台	省级
287	10-13	南京农业大学获评教育部精准扶贫精准脱贫典型项目	龙虎网		记者 杭 程 通讯员 王明峰	网站	省级
288	10-13	教育部评选十大"精准扶贫"典型：南京农业大学榜上有名	江苏卫视			电视台	省级
289	10-13	南京农业大学"四位一体"助力定点扶贫"精准"落地	凤凰网		华贤东 王明峰	网站	国家级
290	10-14	别人家的学校！这所大学开设"减脂课"，掉肉还能拿学分	澎湃新闻			网站	国家级

（续）

序号	时间	标题	媒体	版面	作者	类型	级别
291	10 - 14	南京农业大学获评教育部精准扶贫精准脱贫典型项目	中新网		许天颖 王明峰	网站	国家级
292	10 - 17	部属高校精准扶贫十大典型项目扫描	中国教育报			报纸	国家级
293	10 - 18	不忘初心牢记使命，南京高校师生热议十九大开幕盛会	凤凰网			网站	国家级
294	10 - 19	南京农业大学青年教师热议十九大	中国报道网		记者 梁成金 通讯员 许天颖	网站	国家级
295	10 - 19	不忘初心 牢记使命 南京农业大学学生热议十九大	中国报道网		通讯员 聂 欣 许天颖	网站	国家级
296	10 - 19	以十九大精神为引领 开启江苏"强富美高"新征程	扬子晚报	第A11版	王晓映	报纸	省级
297	10 - 19	南京农业大学水稻栽培施肥技术领域有新突破	中国报道网		记者 梁成金 通讯员 许天颖	网站	国家级
298	10 - 19	南农科研团队找到调控棉纤维发育起始"开关"	龙虎网		记者 陶禹歌 通讯员 许天颖 胡艳	网站	省级
299	10 - 19	南农大专家找到了调控棉纤维发育的起始"开关"	扬子晚报		记者 蔡蕴琦 通讯员 许天颖 胡艳	报纸	省级
300	10 - 20	"盛会说新"之青年人说"中国梦"	中国江苏网			网站	省级
301	10 - 20	南京农业大学学生"快闪"为母校庆生	中新网		聂 欣	网站	国家级
302	10 - 20	当校庆遇上十九大 南农大学生"快闪"献祝福	龙虎网		记者 陶禹歌 通讯员 聂 欣	网站	省级
303	10 - 21	南京农大研制出机插水稻缓混肥一次施用技术	中国科学报		王 方 许天颖	报纸	国家级
304	10 - 22	我省成立特色田园乡村协同创新研究基地	中国江苏网		王佩杰	网站	省级
305	10 - 22	乡村振兴，展现城乡共存共荣新图景	新华日报		汪晓霞 杨 丽	报纸	省级
306	10 - 24	贵州麻江："以花为媒"助脱贫	新华社		李黔渝	网站	国家级
307	10 - 24	黄瑞华：让苏淮猪在淮安落地生根	中国畜牧兽医报		赵烨烨 方玉涵	网站	国家级
308	10 - 25	西班牙高举宪法强硬维统一	法治周末		姜 姝	报纸	国家级
309	10 - 25	红蒜重又红 菊花满坝香	新华日报	第15版	许天颖	报纸	省级
310	10 - 25	南京农大研究生国际学术会议在南京举行	中国社会科学报		王广禄	报纸	国家级
311	10 - 27	把科技"嫁"到贫困村	江苏科技报	第A6版	夏文燕 通讯员 许天颖 全思懋	报纸	省级

（续）

序号	时间	标题	媒体	版面	作者	类型	级别
312	10-27	调控棉纤维发育的起始"开关"找到	江苏科技报		记者 夏文燕 通讯员 许天颖 胡艳	报纸	省级
313	10-27	南农团队研发 水稻精准施肥新技术	江苏科技报		李刚华	报纸	省级
314	10-28	全国最大的菊花基因库对公众开放	新华社		林 凯	网站	国家级
315	10-28	比利时植物学家德克·英泽获2017年GCHERA世界农业奖	中新社			网站	国家级
316	10-28	全国最大菊花基因库在重阳节对公众开放	新华社		陈席元	网站	国家级
317	10-28	2017GCHERA世界农业奖颁奖典礼在南京农业大学举行	新华社			网站	国家级
318	10-29	世界农业奖颁奖典礼在南农举行 植物学家德克·英泽获奖	网易		许天颖	网站	国家级
319	10-29	2017年世界农业奖10月28日在宁揭晓	江苏卫视			电视台	省级
320	10-29	2017年GCHERA世界农业奖颁奖典礼南京农业大学举行	凤凰网		邬 楠 许天颖	网站	国家级
321	10-30	深化精准扶贫的理论与实践学术研讨会在南京召开	中国社会科学网		王广禄	网站	国家级
322	10-31	深化精准扶贫的理论与实践学术研讨会在江苏南京召开	中国扶贫网		党 媚	网站	国家级
323	11-1	南农建国际合作联合实验室——关注动物健康与食品安全	江苏科技报		夏文燕	报纸	省级
324	11-2	吃"红肉"致癌? 猪肉太委屈!	扬子晚报	第A10版	记者 蔡蕴琦 通讯员 许天颖	报纸	省级
325	11-3	农业类2018届毕业生专场招聘会举行	荔枝新闻		蒋海涛	网站	省级
326	11-3	南农双选会 谈招聘时, 用人单位和学生都在谈些什么?	金陵晚报		江勤缘	报纸	市级
327	11-3	江苏"农"字号毕业生"找婆家"全才专才更吃香	中国江苏网		郭 蓓 许天颖	网站	省级
328	11-3	南京农业大学举办2017年世界农业奖颁奖典礼	江苏教育报	第2版	记者 李大林 通讯员 许天颖	报纸	省级
329	11-4	涉农岗位 一才难求	新华日报	第3版	杨频萍	报纸	国家级
330	11-5	贵州麻江: 秋菊开 引客来	中国政府网		杨文斌	网站	国家级

（续）

序号	时间	标题	媒体	版面	作者	类型	级别
331	11-6	南农大长江学者特聘教授陈发棣：科研"菊花梦" 结出"富民果"	新华日报	第2版	记者 杨频萍 通讯员 许天颖	报纸	国家级
332	11-6	"农业白领"正走俏	南京日报	第A5版	记者 谈洁 实习生 戴梅梅 通讯员 许天颖	报纸	市级
333	11-6	来南农，听听学术大咖和你聊"校花"	金陵晚报		江勤缘	报纸	市级
334	11-6	贵州麻江：秋菊开 引客来	人民网		杨文斌	网站	国家级
335	11-6	贵州麻江：秋菊开 引客来	新华社		杨文斌	网站	国家级
336	11-7	全国植物生物学女科学家科普与学术校园行在南京农业大学举行	中国报道		王 爽 康美玲 季 为	网站	国家级
337	11-8	少数民族文化风情展示亮相南京农业大学	中新社		泱 波	网站	国家级
338	11-8	精彩纷呈！南京一高校举行民族文化风情展	交汇点		万程鹏	网站	省级
339	11-13	科普网红"博物君"亮相南京 教读者认识海洋生物	新华网			网站	国家级
340	11-14	南农建成全国最大菊花基因库	南京日报	第A2版	记者 徐琦 通讯员 王爽 卢烨	报纸	市级
341	11-15	走进南农大奇妙的生物标本馆	南京晨报	第Λ12版	刘静	报纸	市级
342	11-15	南农建成全国最大菊花基因库	南京日报	第A2版	记者 徐琦 通讯员 王爽 卢烨	报纸	市级
343	11-15	走进南农大奇妙的生物标本馆	南京晨报	第A12版	刘静	报纸	市级
344	11-15	科普网红"博物君"亮相南京 教读者认识海洋生物	新华网		刘国超	网站	国家级
345	11-16	王珮瑜南京高校巡讲火爆 座位不够学生坐过道	交汇点			网站	省级
346	11-16	南农校花云集 金菊傲对书香	东方卫报	第A04版	记者 耿春晓 摄影 丁亮	报纸	市级
347	11-21	校园菊花展	南京日报	第A3版	记者 徐琦 通讯员 许天颖	报纸	市级
348	11-21	南京农业大学举办首届校园菊展	南京日报		记者 徐琦 通讯员 许天颖	报纸	市级
349	11-23	论南京高校"铲屎官"的自我修养	东方卫报	第A04版	记者 耿春晓 实习生 张韵卓	报纸	市级
350	11-23	菊花梦开天地广	中国科学报		王 方 许天颖	报纸	国家级

（续）

序号	时间	标题	媒体	版面	作者	类型	级别
351	11-24	西班牙引渡"加独"让比利时为难	法治周末		姜姝	报纸	国家级
352	11-24	省委宣讲团在各地宣讲十九大精神	江苏卫视			电视台	省级
353	11-24	江苏省委宣讲团在南农宣讲十九大精神	江苏卫视			电视台	省级
354	11-24	江苏省委宣讲团：在"学懂弄通做实"上下大功夫	新华日报	第2版	记者 郁 芬 月 飞 小 燕 频 萍 秀 霞 凤 竹 李 源 明 泽 张 晨	报纸	省级
355	11-27	王银泉：做好政治话语翻译 提升国际话语权	学习时报	第4版	王银泉	报纸	国家级
356	11-28	南农大"相思豆"今年没结 让同学们拿啥表白呢	现代快报	封8	记者 余 乐 见习记者 王舒窈	报纸	省级
357	11-30	江苏青年智库学者聚焦乡村振兴	新华日报	第10版	颜云霞	报纸	省级
358	12-2	中科大，南京农大最新 Science：基因组稳定性调控最核心激酶 ATR 的激活机制	生物通			网站	
359	12-2	中国科研人员揭开"癌细胞杀手"的结构奥秘	新华社		陈席元	报纸	国家级
360	12-5	炭化还田技术有望破解数亿吨秸秆利用难"魔咒"	新华网		曾佳慧	网站	国家级
361	12-5	张家港市农委举办果品产业新型农业经营主体联盟成立大会	江苏公众科技网			网站	省级
362	12-8	色香味俱全！高校美食文化节打造"舌尖上的食堂"	交汇点		陈 俨 万程鹏	网站	省级
363	12-8	舞蹈声乐全能演绎 南农表演系学子上演多台经典音乐剧	龙虎网		陶禹歌	网站	省级
364	12-8	南京农业大学上演音乐剧"炒"活教与学	中新社		泱 波	报纸	国家级
365	12-8	致敬经典！南京一高校改编音乐剧搬上舞台	交汇点		万程鹏	网站	省级
366	12-8	南京农业大学将音乐剧搬上校园舞台	新华日报		陈 俨 万程鹏	网站	省级
367	12-8	盖钧镒院士获世界大豆研究大会奖终身成就奖	新华网		刘国超 许天颖	网站	省级
368	12-8	南农大创业第一人搭建新型研发机构 10多位教授技术实现集中产业化	南京日报	头版	毛 庆	报纸	市级

（续）

序号	时间	标题	媒体	版面	作者	类型	级别
369	12-8	基因之后，农作物"外表"成研究新热点	科技日报			报纸	国家级
370	12-8	南农大盖钧镒院士获世界大豆研究大会终身成就奖	凤凰网			网站	国家级
371	12-8	演绎音乐剧经典　南农大艺术系举行汇报表演	凤凰网			网站	国家级
372	12-10	国家公祭日将至　大学生烛光拼出"南京1213"铭记1937	交汇点		陈俨　记者　万程鹏	网站	省级
373	12-10	南京高校举行烛光祭　悼念南京大屠杀遇难同胞	腾讯网			网站	国家级
374	12-11	高校举办美食文化节	南京日报	第A4版	许天颖　徐琦	报纸	市级
375	12-11	中肯两国大学将联合培养90名非洲农业人才	新华社		王小鹏	报纸	国家级
376	12-12	师生无感知怪圈　南农大花30天蹚出了一条新路	中国江苏网			网站	省级
377	12-12	南京农业大学举行2017校园信息化宣传月总结暨表彰大会	中国江苏网			网站	省级
378	12-12	大学生音乐剧汇报演出	南京日报		记者　徐琦　通讯员　许天颖	报纸	市级
379	12-12	我校师生参加2017江苏省大学生创新创业优秀成果交流展示会	江苏教育频道			电视台	省级
380	12/13	南农教授协助中美联合南京大屠杀题材纪录片海外播出	金陵晚报		朱婧琦　通讯员　蔡漪铃　王润	报纸	市级
381	12-13	五颜六色的菊花海，你见过吗？	CCTV7			电视台	国家级
382	12-13	南京农业大学学子诵读革命烈士家书　悼念遇难同胞	江苏卫视		糜梦逸	电视台	省级
383	12-14	多彩菊花带来的财富	CCTV7			电视台	国家级
384	12-14	南农大教授助纪录片《南京之殇》海外播出	中国江苏网		记者　蔡蕴琦　通讯员　蔡漪铃　王润	网站	省级
385	12-14	《南京之殇》海外播出　南农教授担任翻译	金陵晚报		记者　朱婧琦　通讯员　蔡漪铃　王润	报纸	市级
386	12-15	作物最终的模样和环境有啥关系？	南京日报	第A18版	记者　谈洁　通讯员　许天颖	报纸	市级

（续）

序号	时间	标题	媒体	版面	作者	类型	级别
387	12-19	南京农业大学瞄准国家战略立足农业服务地方发展——"顶天立地"推进一流学科建设	中国教育报	第3版	记者 董鲁皖龙 通讯员 许天颖	报纸	国家级
388	12-20	南京农业大学：彩色菊花打出富民牌	凤凰网			网站	国家级
389	12-21	无人机将成田间地头标配	交汇点		王拓	网站	省级
390	12-22	Translator makes Nanjing Massacre a global memory	Jschina			网站	省级
391	12-24	南农学子获得江苏省第六届大学生安全知识竞赛一等奖	江苏教育频道			电视台	省级
392	12-26	国家"十三五"规划重点出版项目《中华茶通典》南京农业大学编撰工作会议成功召开	茶社会			网站	国家级
393	12-26	大型工具书《中华茶通典》编撰工作进展顺利	江苏卫视			电视台	省级
394	12-26	南农科研团队发现病原菌全新致病机制"诱饵模式"	龙虎网		记者 陶禹歌 通讯员 叶文武	网站	省级
395	12-26	对"植物瘟疫"说NO! 南农团队入选全国高校十大科技进展	现代快报		记者 仲茜 通讯员 许天颖	报纸	省级
396	12-26	南农大一项科研成果入选2017高校十大科技进展	新华网		许天颖	网站	国家级
397	12-27	一种全新病原菌致病机制被发现 南农大一项科研成果入选高校十大科技进展	新华日报	第9版	许天颖 杨频萍	报纸	国家级
398	12-27	南京农业大学一项科研成果入选2017高校十大科技进展	网易			网站	国家级
399	12-27	南京农业大学一项科研成果入选2017高校十大科技进展	中国报道		记者 梁成金 通讯员 许天颖	网站	国家级
400	12-27	《中华茶通典》首创八门八典 预计2020年完成编撰	新华社		鞠审时 何红中	网站	国家级
401	12-28	全国513所高校完成学科"体检"官方认证，江苏这些学科最"王牌"	交汇点		杨频萍 王拓 蒋廷玉	网站	省级

统　　战

【概况】南京农业大学党委高度重视统一战线工作，深入贯彻落实中共十九大会议精神，认真学习习近平新时代中国特色社会主义思想，积极落实中央统战工作会议、全省高校统战工作会议和《中国共产党统一战线工作条例（试行）》精神，进一步加强民主党派班子建设、制度建设，充分发挥民主党派和无党派人士的智力优势，团结凝聚统一战线成员，在服务经济社会发展和学校建设中作出积极贡献。

民主党派组织建设不断加强。坚持政治标准，严格发展程序，把好入门关口，为统一战线参政议政储备人才，不断优化各党派的成员结构。加强与省委统战部的联系，做好各级人大代表、政协委员候选人推荐工作，共推荐全国人大代表候选人 1 人、江苏省人大代表候选人 1 人、江苏省政协委员候选人 6 人、南京市政协委员候选人 1 人。协助校九三、民盟完成换届工作；全年共发展民主党派成员 15 人，其中九三 10 人，民盟 4 人，民进 1 人。陈发棣教授当选九三江苏省委副主委；朱晶教授当选民盟第十二届中央委员会委员；严火其教授当选民盟江苏省委常委。

党外代表人士的教育和培养不断深入。推荐 2 名优秀党外人士参加江苏省第 28 期高校中青年高级知识分子理论培训班和江苏省第 17 期无党派人士培训班；校领导为民主党派人士作十九大专题学习报告。

服务保障工作持续完善。通过下拨经费、指导活动、参加会议等多种形式，为民主党派和党外人士服务社会、参政议政提供保障。为有效提高统战工作的科学化和信息化水平，完成高校统战管理信息系统立项与前期建设，计划 2018 年投入使用。

民主党派参政议政和社会服务作用进一步发挥。充分发挥民主党派组织和党外人士在学校建设发展中的重要作用，邀请各民主党派代表人士列席新学期工作会议、教职工代表大会、年度考核、干部推荐等重要会议，及时通报学校重要工作，听取意见和建议，充分发挥民主党派和党外人士在学校建设发展中的重要作用。全年，各民主党派向各级人大、政协、民主党派省委提交议案、建议和社情民意 28 项，承担上级组织调研项目 6 项，组织参与大型社会服务活动 21 次。

各民主党派工作成绩喜人。校民盟被评为"2017 年度省民盟优秀基层组织"，九三被评为"省九三第七届委员会组织建设优秀基层组织"，民进被民进省直工委评为"先进基层组织"，致公党被评为"致公党江苏省委 2012—2017 年度先进集体"。林乐芬被评为"九三学社中央坚持和发展中国特色社会主义学习实践活动先进个人"和"九三学社中央 2013—2017 年参政议政工作先进个人"。全年 20 余名民主党派成员获得省级以上表彰。

（撰稿：文习成　审稿：庄　森　审核：张丽霞）

安 全 稳 定

【概况】 保卫处（政保部）坚持"预防为主、防治结合、加强教育、群防群治"的原则，积极落实各项安保措施，确保校园的安全稳定，全年未发生一起有影响的重特大事件。

加强校园维稳与信息管控。本年度南京农业大学安全稳定工作主要是围绕"两会"、中共十九大等国内、校内重大活动、"6·4"、"12·13"等敏感节点以及突发事件来开展工作。一是重点关注民族学生动态，创新民族生管理方式，加大与省厅、市局联系，及时统计、尽快掌握民族学生信息，做到心中有底、心里有数；二是学习、探索新思路、新方法，学习尝试利用互联网、大数据等新兴科技新手段以及门禁进出记录、校园监控等技防传统手段研究分析特殊人群活动规律；三是加强情报信息收集、甄别、处理和上报工作，全年上报《信息快报》20份。

开展安全宣传教育。一是紧抓军训新生集中期，密集开展实用性强的安全、急救知识和技能。2017年军训期间，对所有大一新生开展集中式安全知识讲座、消防灭火演练和应急救护培训等一系列教育活动，首次实现所有大一新生全员参与，所有新生手持灭火器逐一进行灭火演练，将最基本、最实用的消防知识、技能传递给每位新生。二是安全微课效果显著。2016年在部分学院试点安全微课教育，取得一定成效，今年继续引进安全微课教育，并将教育前置，将教育课程随录取通知书一起推送给全体大一新生，学校所有大一新生全部装上安全微课APP，在入学之前通过手机网络在线学习，两个校区新生学习率达到91.7%。重点打造5月的"安全宣传月"和11月的"消防宣传月"活动，以创新的方式、方法将安全知识和技能传递给广大师生员工，同时利用省保卫学会的安全知识竞赛作为普及安全知识契机，要求全体新生参与竞赛考试，2017年学校首次实现全体大一全部进机房完成上机考试，参考率达到99%以上，进一步普及安全知识，并从全体参赛学生中，挑选3位学生组成安全知识竞赛团队。在今年第六届江苏省大学生安全知识竞赛中，学校3名选手从150所高校中脱颖而出，以前6名的成绩闯入电视总决赛。

专项整治校园治安案件。开展校警联动、校校联动、打击与宣传相结合等系列专项整治活动，密切联系孝陵卫派出所和下马坊警务服务工作站，加强警校联动，民警深入校园开展巡逻、处置突发事件、保障重大活动，充分发挥警力进校园优势最大化。7～9月，学生发生流氓滋扰等案件高潮期，但经与公安机关通力配合，查破7～9月系列流氓滋扰案件抓获并处理作案人员1人后，案发势头得到根本性的遏制。9月中旬起，下马坊警务站在学校和南京理工大学开展蹲点守候行动，抓获1名在多个高校流窜作案的嫌疑人，操场拎包案件发案率得到根本性的遏制。2017年开展警校联动以来，学校公共场所拎包案件同比下降50%，扒窃案件同比下降20%。

加强消防安全管理。学校消防安全管理工作以坚决杜绝火灾事故，全力推进隐患整改为工作重心，加强安全警示教育，在学校牢牢树立"隐患等同事故"的理念，深入开展消防管理工作。一是深入开展火灾隐患排查和整改，对重点楼宇和隐患集中区域加大排查和整改力度；二是借助"消防进军训、119消防宣传月"向全校师生员工普及安全知识和技能；三是借助消防局力量，撬动长期存在和整改不力的安全隐患；四是加强沟通合作，与兄弟部门和维保单位以例会制形式，推动校园消防维保、维修工作；五是建设消防信息管理系统，通过信息管理系统运行，推进对各二级单位消防管理的监督和了解；六是加大消防隐患和事故的通报力度。

加强校园秩序管理。强化教学区校门管控，推动教学区自行车下车推行、电动车减速慢行规定，在五号门增设减速带和陡坡慢行交通标识。重大活动、敏感日期间，加强门卫对汽油桶等可疑物盘查。校内重大建设、维修、改造等重大工程，保卫处密切关注施工进度，主动与相关部门联系，及时掌握具体情况，并安排巡逻队员在重点路段执勤，主动引导。校内重大活动时，提前制订交通管制预案，及时发布管控信息，及时掌握车辆进出、停放动态，主动联系交管部门，科学合理疏通，确保校内交通通畅有序。

（撰稿：洪海涛　审稿：刘玉宝　审核：张丽霞）

人　武

【概况】人武部以习近平新时代中国特色社会主义思想和强军思想为指导，紧紧围绕强军目标和学校实际，真抓实干，开拓进取，开展人武工作。结合国际国内形势，认真落实国防教育活动。加强军校共建，全面做好双拥工作。深入推进大学生应征入伍工作，精心组织实施大学生军事技能训练等。

组织学生应征入伍。3月1日，在校园网发布《关于开展2017年应征报名和兵役登记的通知》，在校园内悬挂张贴征兵宣传横幅和南京市夏季征兵优惠政策，宣传国家相关政策规定及大学生应征条件、程序。同时，设立征兵工作站和咨询台，持续在校内举办大学生征兵政策现场咨询活动，现场解说报名入伍、国家资助的具体流程，解读大学生入伍的各项优惠政策，并进行现场登记。5月3日，组织召开还在学校就读的退役大学生士兵座谈会，让退役大学生士兵畅谈在部队当兵的切身感受、在学校复学后的学习困难以及在征兵工作中还存在的问题等，做到知彼知己，从而不断改进征兵服务和工作措施，有针对性地在大学生中开展征兵宣传和各项服务保障工作。3月初至9月底特别是暑假期间组织完成学校大学生征兵工作，宋文文等4名毕业生和刘怀成等20名在校生共24人光荣入伍。2017年，学校被评为南京市征兵工作先进单位。

组织学生军事技能训练。9月10～25日，组织开展学生军训。9月12日上午，军训工作领导小组组长、校党委副书记盛邦跃参加军训动员大会，对全体参训学生提出殷切的希望。军训期间开展内容丰富、形式多样的活动，如编制印发《军训快报》3期，在全校师生中开展以"爱我国防，青春报国"为主题的征文、摄影及板报比赛活动，还有网上国防和兵役知识竞赛、"军训之星"评比活动以及新生安全教育讲座、消防演习、应急疏散演练和应急救护演练等，收到良好效果。此次军训，学校共4 264余名本科新生参加，卫岗校区和浦口工学院同时进行。南京战区临汾旅66名官兵担任教官，各院系辅导员担任政治指导员，通过严密的组织，顺利完成大纲规定的军训内容，达成军事训练的目标。

组织学校国防教育活动。为纪念中国人民解放军建军 90 周年，学校各级广泛开展各种宣传教育活动，歌颂人民军队。学校关工委在学校各学院各班级开展"红星闪闪照我心""我的军人梦，我的中国梦"主题征文比赛活动。3 月 22 日和 5 月 9 日，动物医学院和军事理论教研室分别邀请海军指挥学院军事战略学教授、博士生导师张晓林和河海大学军事理论教研室王建中副教授，在大学生活动中心和图书馆报告厅作题为《萨德入韩与朝核危机》《周边安全问题焦点：东北亚局势》报告。7 月 14 日，学校园艺学院大学生志愿者暑期"三下乡"社会实践团成员在新街口举行"八一精神"音乐诗歌朗诵快闪活动，深情讴歌人民军队的光辉历程。另外，南农学子们还通过开展老兵座谈会、走访老共产党员和"八一精神"进社区活动等来庆贺建军 90 周年，传承"八一精神"。

学生分别获得江苏省大学生军训摄影比赛一等奖、二等奖、三等奖和优秀奖，征文比赛一等奖以及摄影比赛优秀组织奖、征文比赛优秀组织奖和江苏省大学生"军训之星"三等奖各 1 个。

（撰稿：洪海涛　审稿：刘玉宝　审核：张丽霞）

工 会 与 教 代 会

【概况】校工会紧紧围绕学校发展目标和中心工作，认真学习和贯彻中共十九大文件中关于群团工作的新精神，坚持服务中心工作、密切联系和服务全校教职工，努力履行工会职能。成功召开第五届教职工代表大会第 11 次会议。组织工会党支部成员认真学习习近平《在中国共产党第十九次全国代表大会上的报告》等重要文献，深入思考、充分交流，并结合工会工作特点深入研讨，对照自身工作寻找问题，追溯思想根源，从源头上改进工作作风，端正工作态度，重点突出实效性。

加强女教职工工作，关注女教职工的权益。学校经济管理学院朱晶教授荣获省城镇妇女"巾帼建功"活动领导小组、省妇女"双学双比"竞赛活动领导小组授予的"江苏省巾帼建功标兵"称号。结合工会工作特点，在全校教职工中开展各类文体活动，通过举办运动会、女教职工登山、女教职工跳绳比赛、龙舟赛、羽毛球混合团体比赛、乒乓球赛、钓鱼比赛、扑克牌比赛、全校职工绿道健身行等群众性文体运动，增强学校的凝聚力和工会工作活力，活跃校园氛围。积极组织学校教职工参加全国农林高校羽毛球赛、在宁高校羽毛球赛，在宁高校教职工书画、摄影展，篮球、足球、羽毛球、棋牌等各协会积极开展各级各类比赛，并在羽毛球比赛中荣获第八名。

坚持做好送温暖工程。全年慰问 30 多人次，发放慰问金 3 万余元。认真做好走访慰问困难教职工和送温暖工作，受理 97 名 2016 年度因病住院会员的补助申请。经核定，有 68 名会员得到补助，共发放补助金 40 万元。

深入推进校企联盟建设，圆满完成"百名专家教授企业行"活动。承办华东地区农林水院校工会协作研究会第 17 届年会。11 月，华东地区 17 所农林水院校工会工作代表齐聚学校，认真学习中共十九大精神，探讨新形势下高校工会工作理念创新、交流"互联网＋工会"工作的创新举措、探讨各校在新常态下工会工作理念创新方面的亮点。

【第五届教职工代表大会第 11 次会议】 4 月 19 日，在金陵研究院三楼会议室举行，大会听取校长周光宏作的《学校工作报告》、副校长戴建君所作的《学校财务工作报告》、钟甫宁教授所作的《学校学术委员会工作报告》和校党委办公室主任胡正平所作的《教代会提案工作报告》。与会代表分为 9 个代表团围绕《学校工作报告》《学校财务工作报告》《学校学术委员会工作报告》进行分组讨论，对学校改革发展提出积极的意见和建议。

此次会议共收到 40 份提案，收回 40 份，内容涉及学校教学、科研、管理、服务等方面。提案经各分管领导批阅后及时交办相关部门承办，做好组织协调、督办和对答复提案的及时反馈工作。其中，35 名提案人对提案的处理意见表示满意，5 名提案人对提案的处理意见表示基本满意，满意率为 87.5%。

（撰稿：童　菲　审稿：欧名豪　审核：张丽霞）

共　青　团

【概况】 学校共青团全面推进共青团改革，深入学习贯彻习近平总书记系列重要讲话精神和中共十九大会议精神，强化思想政治引领，以"立德树人、勤学敦行"为指导，以培养"中国情怀、世界眼光、南农特色"的大学生为目标，以"一建设、两支撑、三育人"为主线，构建以青春引领、e 路导航、双创培育等工程，充分发挥第二课堂育人作用，实现学生全面发展需求，着力提升服务学校大局和服务青年成长的能力与水平。学校获评全国暑期社会实践活动"先进单位"、全国"镜头下的三下乡"实践活动"优秀单位"、第四届中国青年志愿服务项目大赛示范项目创建提名奖、"国际基因工程机械设计大赛"（IGEM）全球金奖、"国际食品与农业企业管理协会案例竞赛"（IFAMA）亚军、"美国大学生数学建模竞赛"（MCM/ICM）一等奖、江苏省青年创益项目大赛金奖、"全国学校共青团优秀新媒体专业工作室"等。

加强基层团支部"活力提升工程"建设和团干部队伍建设。继续推进实施"新生班级团务助理工程"，遴选 144 个优秀学生骨干担任团务助理，开设"新生十课"，指导新生团支部加强自身建设。推进班团一体化运行机制，选取 6 个学院 37 个新生班级进行试点，引导大一新生团支部理顺班团关系，发挥团支部的政治核心作用。继续深化"先锋支部培育工程"，创新项目特色和载体。学校团委获得江苏省"五四红旗团委"，1 个团支部获评江苏省"五四红旗团支部"。健全团干部各级各类培训体系，注重多领域多岗位培养锻炼团干部。加强内部制度建设，扎实建立"1＋100"团干部直接联系青年制度、团委团干部直接联系学院制度、学生团委副书记联席会制度，切实转变团干部工作作风。加强学生骨干思想、能力、作风建设，举办 2017 年大学生骨干培训班、新生团务助理培训班、新生团干部培训班等，学校各级团学骨干 700 余人次参与培训学习。2 人获评江苏省"优秀共青团员"。

健全第二课堂成绩单育人体系。制订发布《第二课堂校园文化活动参与类加分细则》，明确教育活动学时认定标准。成立全校 PU 平台服务运营中心，在学院建立二级中心，构成

第二课堂的工作条线，为制度实施提供完整的队伍保障。注重工作成效，开展大数据分析，面向学校、学院、学生3个层面抓取重要数据点，反映学校第二课堂教育的总体情况和具体特点，提升工作参与度。

【出台《共青团南京农业大学委员会改革实施方案》】 为深入贯彻落实中央党的群团工作会议、全国高校思想政治工作会议和《共青团中央改革方案》精神，切实加强和改进全校共青团工作，进一步发挥学校团组织在建设世界一流农业大学进程中的积极作用，依据《高校共青团改革实施方案》（中青联发〔2016〕18号）、《关于印发〈江苏高校共青团改革实施方案〉的通知》（团苏委联〔2017〕12号），学校制订《共青团南京农业大学委员会改革实施方案》，方案经学校党委常委会议通过。

【制订《南京农业大学学生申诉处理办法》】 为促进依法治校，规范办学行为，确保学校处理行为的客观、公正，保障学生的合法权益，创建和谐的校园环境，结合学校实际情况，学校制订《南京农业大学学生申诉处理办法》，成立南京农业大学学生申诉处理委员会。

【公映原创话剧《北大荒七君子》】 9月27日，由学校创作的话剧《北大荒七君子》在前线大剧院公映，该剧讲述了1957年，为响应党的号召"到祖国最需要的地方去"，南京农学院（今南京农业大学）的34名毕业生主动请缨，要求到北大荒拓荒，最终7人获选奔赴东北，用所学的农业知识拓荒北大荒的真人真事。该剧导演由南京市戏剧家协会副秘书长、江苏省戏剧家协会会员许耀华担任，演员全部为南京农业大学在校学生，面向全校师生连续演出4场。

【荣获"全国青年志愿服务示范项目创建提名奖"】 12月2日，第四届中国青年志愿服务项目大赛暨志愿服务交流会在成都举办。植物保护学院"护佑生命 斑斓梦想"保护中华虎凤蝶项目从1500余个金银奖项目中脱颖而出，入围全国188个示范创建参赛项目，并最终获评示范项目创建提名奖，全国仅120项。该项目是学校植物保护学院青年志愿者团队自2009年起依托学科优势开展的特色志愿服务项目。项目以专业护蝶为核心，以科普环保为助力，联动高校、政府、公益机构，打造"进社区、进校园、进景区"的立体宣传网络，宣扬护蝶环保理念。

（撰稿：翟元海　审稿：谭智赟　审核：张丽霞）

学　生　会

【概况】 学生会在学校党委、江苏省学生联合会领导和学校团委指导下，以"全心全意为同学服务"为宗旨，坚持自我教育、自我管理、自我服务、自我监督的方针，围绕学校党政中心，做好学校联系学生的桥梁和纽带，以引领大学生思想、维护学生权益、繁荣校园文化、提高学生综合能力、管理和服务学生社团为重点开展各项工作。

4月，学生会开展"三走"嘉年华活动，鼓励学生"走下网络，走出宿舍，走向操场"，倡导健康生活习惯，丰富校园文化体育生活，2000余名学生参与其中。9月，积极参与承办"遇见南农"迎新晚会，为刚踏入大学校园的新生上演了一场印象深刻、意义深远的青春演出。10月，顺利举办保研交流会，4位成功保研的学长、学姐与大家分享保研经验，为保研路上的同学指点迷津，指明方向。12月，发起纪念"一二•九"运动火炬接力活动，弘扬爱国主义精神，展现当代青年风貌；举办"三方会谈之走进校医院"活动，组织学生代表与学校医院负责人面对面交流，深入讨论、研究学生们较为关心的医疗流程、药品管理、医疗设备更新等问题，为学生与学校医院之间搭建沟通桥梁。

【"悦动新声"校园十佳歌手大赛】3月，"悦动新声"校园十佳歌手大赛正式启动。赛事"以梦想，ZAO起来！"为主题，吸引众多校园音乐爱好者参与。决赛期间，有近4 000名师生前来观看，晚会效果与制作水平得到嘉宾和观众的一致好评。

【巩固完善"一心双环"团学组织格局】5月，学生会与学生社团联合会合并，进一步巩固和完善学校党委领导下的"一心双环"团学组织格局，形成以学校团委为核心和枢纽，以学生会为学生自我服务、自我管理、自我教育、自我监督的主体组织，以学生社团及相关学生组织为外延手臂的工作格局。学生会配合团组织加强对学生社团的引导、管理和服务。

【走进后勤】5月24～26日，举办"走进后勤•岗位体验"活动，通过"体验式"参与让广大同学体会到后勤工作的辛苦，也将权益维护工作从另一个角度向全校同学展示。

（撰稿：徐皓榕　翟元海　审稿：谭智赟　审核：张丽霞）

六、发展规划与学科建设

发 展 规 划

【概况】 发展规划与学科建设处持续推进综合改革相关工作,针对学校综合改革方案中的八大改革任务和 39 个改革项目进行自查自评,总结出"坚定实施'1235'发展战略""坚持综改与发展规划相结合""注重精细化落实改革方案"等经验,肯定了"学术委员会章程""创新创业教育改革实施方案""人事制度改革实施意见"等制度成果。同时,也明确了在校区建设、大学制度、人才培养保障机制、岗位聘任考核制度、学校发展资金等方面存在的突出问题,提出针对性具体措施,并制订详细的任务推进表。

根据《教育部等五部门关于深化高等教育领域简政放权放管结合优化服务改革的若干意见》(教政法〔2017〕7 号)等文件精神,结合学校实际情况,形成《南京农业大学落实〈教育部等五部门关于深化高等教育领域简政放权放管结合优化服务改革的若干意见〉的实施细则》(校发〔2017〕488 号)。

收集整理学校运行数据,提交各大排行榜。本年度学校在各大排行榜均取得较好成绩,其中在《美国新闻与世界报道》(U. S. News & World Report,简称 U. S. News)2018 年"全球最佳农业科学大学"(Best Global Universities for Agricultural Sciences)排名中位居第九位,首次进入全球前 10。

发挥参谋职能作用,撰写了"双一流"建设相关报告和教育综合改革典型案例等,编写《高教信息动态》共 7 期。对学校本科生、硕士、博士、教师规模数据、科研平台现状等情况进行摸底,对各个学院、专业的数据进行分析处理,并在多年数据的基础上利用统计模型对 2020 年和 2030 年进行预测,为新校区规划做准备。配合教育部教育成就展,面向全校征集了覆盖"立德树人""教育公平"等六大项、"'世界最大笑脸'祝福学校 110 周年华诞"等 25 项能够展现学校办学特色和成果的素材,并以视频、图片、实物等多种形式报送。

【完成"放管服"编制与报送】 会同 13 个职能部门细化学科专业、人事财务、内部治理、监管服务等工作的落实办法,形成《南京农业大学落实〈教育部等五部门关于深化高等教育领域简政放权放管结合优化服务改革的若干意见〉的实施细则》。做好相关制度统计,对照文件要求梳理 73 条制度(办法),形成《南京农业大学"放管服"实施细则系列配套制度(管理办法)统计表》,其中 58 条正常使用、9 条拟制定、4 条拟修订、2 条拟实施。收集成功经验和典型做法,上报人才平台、政府采购、财务内控、研究生学位授权流程控制 4 个方面的主要做法。

【全面启动规章制度清理工作】根据《教育部关于印发〈依法治教实施纲要（2016—2020年）〉的通知》（教政法〔2016〕1号）文件精神，经过前期调研、多次修改，并与相关职能部门研讨，最终制订并出台了《南京农业大学规章制度管理办法》（校发〔2017〕491号），制订并发布《南京农业大学规章制度清理工作方案》（校发〔2017〕496号），并于10月全面启动规章制度的清理工作。发展规划与学科建设处审查各部门报送文件，提出审查意见；共收到32个部门和直属单位的文件共677份，其中保留文件247份，废止文件233份，修订文件158份，拟制订文件39份。

（撰稿：辛　闻　审稿：周应堂　审核：张丽霞）

学　科　建　设

【概况】学校的各项学科排名均取得佳绩，作物学、农业资源与环境2个学科成功入选国家一流建设学科。第四轮一级学科评估取得优异成绩，4个学科获评A＋，7个学科进入A类，A＋学科数位列全国高校第11位，超过大部分原"985"高校和目前的世界一流大学建设高校。植物与动物科学成为第二个ESI前1‰学科，ESI前1‰学科数在江苏高校排名第一，南农首次进入U.S.News"全球最佳农业科学大学"前10名，名列第九。编制完成南京农业大学一流学科建设方案。制订《南京农业大学"双一流"建设实施办法（暂行）》，开展中央预算内投资支持"双一流"建设项目储备申报工作。完成2018年中央高校建设世界一流大学（学科）和特色发展引导专项资金项目申报，并获批2018年度中央高校"双一流"建设经费8500万元。推进8个省优势学科建设，做好二期项目建设验收准备。完成7个"十三五"省重点学科建设任务书编制工作。

【"双一流"建设方案编制与报送】根据教育部、财政部、国家发展和改革委员会印发的《统筹推进世界一流大学和一流学科建设实施办法（暂行）》，修订完善学校"双一流"建设校内实施方案，并组织召开各相关学院学科意见征求会。3月，组织各相关学院学科开展"双一流"建设项目校内申报工作，完成校内各相关学院"双一流"建设项目任务书的申报形式审查工作；6月1日，根据教育部办公厅通知文件要求，组织相关部门、学院围绕国家认定的拟建设学科编制《南京农业大学一流学科建设方案》；7月3～6日，学校组织校内外专家对学校一流学科建设方案进行论证；7月10日，完成学校建设方案及相关资料的上报；8月2～13日，根据教育部办公厅关于修改完善"双一流"拟建设高校建设方案的通知，组织相关职能部门、学院学科按照通知要求修改完善学校的一流学科建设高校建设方案，并报送教育部；11月16日，根据教育部学位管理与研究生教育司《关于做好"双一流"建设方案公布工作的通知》精神，按照中共十九大报告提出的新目标新任务新要求，对方案再次进行了修改完善，并按要求做好方案的上报及公布工作。

【第四轮学科评估异议数据反馈】2016年，完成第四轮学科评估数据报送后，教育部学位中心对各单位报送的材料进行全面核查，分别于2017年1月5～20日、5月10～28日、11月4～6日进行了3次异议数据反馈，要求学校进行确认或提供相关佐证材料。1月5日，根据教育部学位中心要求，对学校被反馈的 436 条异议数据进行核查，并分别进行处理，完成第一次数据异议反馈工作；5 月 10 日，教育部学位中心要求学校进行第二次异议数据处理；5 月 28 日，完成学校第四轮学科评估二次数据异议反馈的相关问题及材料报送工作；11 月 4～6 日，完成学校第四轮学科评估第三次数据异议反馈的相关问题及材料报送工作。

（撰稿：潘宏志　审稿：周应堂　审核：张丽霞）

[附录]

2017 年南京农业大学各类重点学科名单

一级学科 国家重点学科	二级学科 国家重点学科	江苏高校优势学科建设工程 立项学科	"十三五" 江苏省重点学科	所属学院或 牵头学院
作物学		作物学		农学院
		▲农业信息学		农学院
植物保护		植物保护		植物保护学院
农业资源与环境		农业资源与环境		资源与环境科学学院
			生态学	
	蔬菜学			园艺学院
		▲现代园艺科学		
			畜牧学	动物科技学院
			草学	草业学院
	农林经济管理	农林经济管理		经济管理学院
兽医学		兽医学		动物医学院
	食品科学（培育）	食品科学与工程		食品科技学院
	土地资源管理		公共管理	公共管理学院
			科学技术史	人文与社会发展学院
			机械工程（培育）	工学院
			化学（培育）	理学院

注："▲"为交叉学科。

七、师资队伍建设与人事

【概况】人事处（人才工作领导小组办公室）按照学校党委和行政的统一部署，积极推进人事制度改革，以人才和高水平师资队伍建设为主线，不忘初心，创新进取，切实提高人事人才工作服务和管理的水平，各项工作取得可喜成绩，为学校世界一流农业大学的建设提供高水平的人才和智力保障。

主动出击全球引才。实现新一轮的跨越式发展，打造国际化、高水平、创新型的师资队伍，人才工作领导小组办公室赴美国密歇根州立大学、得克萨斯州大学奥斯汀分校、得克萨斯州农工大学分别举办3场招聘宣讲会，本次宣讲活动委托学校海外千人专家进行前期工作准备，结合高水平专家报告，共吸引60多名优秀海外访问学者、博士后、博士到场交流，起到很好的宣传效果。

引进培育硕果累累。新引进2名"千人计划"专家。国家正式启动"双一流"建设后，学校主动对接国家需求，加强"精准引才"，开启新一轮的招贤纳士工作。学校新引进张舒群、齐家国2位"千人计划"专家，促进学校农学和植保相关学科的发展，加强学校在农业科学领域内的优势地位。

培育新增13名国家级人才。在国家级人才项目申报中，朱艳、吴俊2位教授获国家杰出青年科学基金项目资助，张正光教授通过"长江学者奖励计划"特聘教授的答辩，王恬教授获国家"万人计划"教学名师，陈发棣教授获国家"百千万人才工程"，张正光、姜平、应瑞瑶3位教授获国务院政府特殊津贴，刘蓉教授入选中组部青年"千人计划"，宣伟、徐志刚（经济管理学院）2位教授通过"青年长江学者"答辩，刘裕强、易福金2位教授获国家"青年拔尖人才"。另外，新增各类省级人才项目23人次。

博士后工作进展加快。"十三五"期间，学校加快专职科研队伍的建设，重点加强师资博士后的建设力度，目前入站的师资博士后已经超过100人。已经有两批通过考核，其中11人考核优秀正式入编，5人延长1年培养期，2人按期出站，初步形成非升即走的进人局面。入站博士后43人，师资博士后33人；获得国家博士后科学基金特别资助7人，面上资助46人，国际派出和交流3人。

注重青年教师的能力提升。通过"钟山学术论坛"、青年教师学术成长论坛等载体，重点加强青年教师的培养力度。6月，由学校、常熟市委组织部等单位共同举办的"钟山学术论坛"在常熟市召开。高层次人才、"钟山学者"学术新秀、常熟新农村发展研究院技术人员以及常熟市农委业务骨干等共90多人参与活动。11月，首届青年教师学术成长论坛在淮安召开，60位青年教师参加学习培训，通过专家点评、青年教师间交流、实地参访等获得，创造机会让青年教师面对学术大师、接触生产实际，使青年教师逐步建立起既能解决科学问题、又能面向社会需求的格局。

推进教师国际化工作。综合国家留学基金管理委员会（简称 CSC）面上项目、CSC 青骨项目、江苏省境外研修项目三类资助渠道的教学、科研和行政管理进修项目，积极选拔、推荐学校青年骨干教师出国研修。全年录取出国研修的访问学者及博士后 49 人次，年度派出访学人员 54 人，年度回国 47 人。教师在外研修期间累计发表 SCI 论文 17 篇，其中发表 SCIENCE、PNAS 等高水平论文 3 篇。

严格职称评审工作。严格执行《南京农业大学学术委员会六届三次全会公报（2013 年第 2 号）》和《南京农业大学学术委员会公报（2014 年第 1 号）》相关标准，最终评审通过 107 人，其中正高 34 人，副高 61 人，中级 12 人。同时，认真做好专业技术职务的初评工作，147 人符合条件，发文予以聘任。

薪酬待遇提升显著。显著增强学校人力资源的竞争优势和教职工幸福感。学校先后调整校内岗位绩效标准、退休人员基本养老金、职工公积金和住房补贴、上下班交通费标准，年增资总额超过 1.04 亿元。其中，增加在职人员的校内奖励性津贴 30%，年增资总额为 4 755 万元/年；调整退休职工基本养老金，年增资约 528 万元；调整老职工租金补贴发放比例（由 15% 提高到 20%），年增资总额约 807 万元；调整在职职工公积金基数，年增资 616 万元；调整新职工的住房补贴基数和发放比例（由 22% 提高到 24%），年增加支出 671 万元；调整在职职工上下班交通费补贴标准，年增资 655 万元；补发 2014—2016 年第 13 个月工资，累计支出 2 400 万元。

教职工养老保险改革。加快推进教职工社会保障改革步伐。核算全校 2 525 位在职教职工的养老保险和职业年金缴费基数，核算 1 527 位退休人员养老保险缴费基数，将全部数据录入社会保险系统内，全面完成学校 4 052 位教职工养老保险、职业年金社会化工作的全部准备工作，为实现教职工养老保险的社会化改革打下坚实基础。

科级及以下岗位人员聘任。强化年龄和任期年限的要求，有效推进管理队伍的交流和年龄结构的优化。按照公正、公平、公开的原则，规范聘任程序，严格聘任条件，顺利完成 2017 年科级及以下管理岗位和其他非教学科研岗位人员聘任工作。完成科级岗位人员 345 人次，聘任 215 人至科级岗位，其中科级正职 153 人，科级副职 62 人。应聘科级以下管理岗位和其他非教学科研岗位人员 477 人次，聘任上岗 426 人。聘任 112 名系（副）主任、19 名实验教学中心（副）主任。

开展职员评聘工作。完成 2017 年职员评聘工作。经个人申请、单位审核、人事处汇总，全校共有 193 位同志获得职员职级晋级，其中五级职员 11 人、六级职员 43 人、七级职员 77 人、八级职员 62 人。

党风廉政建设。组织全体党员认真学习中共十九大会议精神，加强学习和宣传，推进工作作风和党风廉政建设。完善重大事项的民主决策制度，坚持处内的民主决策，积极推进公开透明的工作程序的完善和执行。

党支部组织 2 次外出的主题党日活动。分别赴湖北麻城革命基地、山东临沂孟良崮纪念馆与红嫂基地等参观学习，开展瞻仰烈士陵园、参观烈士先进事迹展、敬献花篮、重温入党誓词等教育活动，让党员纯净思想，鼓足干劲，党支部的凝聚力、战斗力得到提升。

老龄工作。筹措资金，对校本部原来的两块门球场进行改造，改善老同志活动场地的配套设施。积极参加江苏省、南京市老年活动，认真组织校内老年文体活动。举办第 14 届老年人健身运动会、2017年老同志祝寿会和2018年元旦联欢会等丰富多彩的活动，充分展示学校退休人员"老有所学、老有所为、老有所乐"良好精神状况。

【32名教师获国家公派留学项目资助】 6月2日，经个人申请、单位推荐、国家留学基金管理委员会（简称CSC）专家评审，本年度国家公派留学项目全额项目、青骨项目结果陆续公布。学校共32位教师获得资助。其中，国家公派高级研究学者及访问学者（含博士后）项目录取18人（CSC全额资助），青年骨干教师出国研修项目录取11人（CSC和学校1∶1配套资助），高等教育教学法出国研修项目录取3人（CSC和学校1∶1配套资助）。以上项目学校共42人申请，32人获得资助，录取率达76％，创近年学校CSC项目录取率新高。

【举办2017年"钟山学术论坛"】 6月8～10日，南京农业大学"钟山学术论坛"在宿迁市举行。副校长丁艳锋、陈发棣，宿迁市副市长曹秀明出席开幕式并分别致辞。开幕式由人事处（人才工作领导小组办公室）处长包平主持。学校近几年引进的高层次人才、"钟山学者"学术新秀、宿迁设施园艺研究院技术人员以及宿迁市企业业务骨干等120余人参加活动。

【新一轮人事制度改革开始试点】 在学校《南京农业大学人事制度改革指导意见》（以下简称《意见》）框架内，相关职能部门通力协作，充分研讨、反复论证，起草完成教师教学、科研、公共服务和推广服务等工作量考核办法，作为《意见》的配套性文件和实施细则，指导学院进一步研制相应的考核办法。学校选取园艺学院、公共管理学院和理学院先行试点，为改革的全面铺开进行有益探索。

10月24日上午，学校召开人事制度改革试点工作布置会，副校长陈发棣出席并主持会议，试点学院党委书记、院长及人事处、教务处、科学研究院、人文社科处、新农村发展研究院办公室、研究生院、工会、信息中心等部门主要领导参会。会议布置试点工作安排和整体推进方案，并对相关问题进行讨论。自此，历时3年酝酿，学校新一轮人事制度改革正式拉开帷幕。

【举办首届青年教师学术成长论坛】 11月10～11日，南京农业大学首届青年教师学术成长论坛在淮安举行。校学术委员会主任沈其荣，副校长陈发棣，人事处处长包平、副处长刘泽文，淮安新农村发展研究院院长黄瑞华，淮安经济技术开发区管理委员会副主任苗广文及学校新进青年教师等70余人参加本次论坛。论坛由学校人事处主办，淮安新农村发展研究院协办。

【人事处举办"南京农业大学第一届博士后学术沙龙"暨博士后羽毛球友谊赛】 11月15日，学校人事处、人才工作领导小组办公室举办"南京农业大学第一届博士学术沙龙"，来自各学院的90多名博士后研究人员参加活动。学校人事处、人才工作领导小组办公室包平教授和刘泽文教授出席本次学术沙龙并就博士后关注的问题作交流解答。学校"青年长江"、"国家优青"获得者刘裕强教授，"青年千人"刘蓉教授，优秀博士后季跃飞和饶芳萍先后作学术报告和交流互动。会后来自各学院9支球队，近60名博士后羽毛球爱好者齐聚校体育馆进行友谊比赛。

（撰稿：袁家明　审稿：包　平　审核：张丽霞）

［附录］

附录 1　博士后科研流动站

序号	博士后流动站站名
1	作物学博士后流动站
2	植物保护博士后流动站
3	农业资源利用博士后流动站
4	园艺学博士后流动站
5	农林经济管理博士后流动站
6	兽医学博士后流动站
7	食品科学与工程博士后流动站
8	公共管理博士后流动站
9	科学技术史博士后流动站
10	水产博士后流动站
11	生物学博士后流动站
12	农业工程博士后流动站
13	畜牧学博士后流动站
14	生态学博士后流动站
15	草学博士后流动站

附录 2　专任教师基本情况

表 1　职称结构

职务	正高	副高	中级	初级	合计
人数（人）	455	559	604	43	1 661
比例（%）	27.39	33.65	36.36	2.40	100.00

表 2　学历结构

学历	博士	硕士	学士	合计
人数（人）	1 230	276	155	1 661
比例（%）	74.05	16.62	9.33	100.00

表 3　年龄结构

年龄（岁）	30及以下	31～35	36～40	41～45	46～50	51～55	56～60	61及以上	合计
人数（人）	176	378	345	236	196	233	89	8	1 661
比例（%）	10.60	22.75	20.77	14.21	11.80	14.03	5.36	0.48	100.00

附录 3　引进高层次人才

一、农学院

周时荣　刘　兵　张大勇

二、植物保护学院

张　峰　张舒群　金　琳

三、园艺学院

陈　峰

四、动物医学院

薛　峰

五、食品科技学院

Ahmed M. Senan（塞南）

六、工学院

舒　磊

七、理学院

邓　超

附录 4　新增人才项目

一、国家级

（一）国家百千万人才工程

陈发棣

（二）"长江学者奖励计划"特聘教授

张正光

（三）青年"长江学者奖励计划"

    徐志刚　宣　伟

（四）"千人计划"青年项目

    黄新元

（五）有突出贡献中青年专家

    陈发棣

（六）国家"万人计划"

1. 科技创新领军人才

    王源超　张正光　陈发棣　柳李旺　郭旺珍　窦道龙

2. 科技创业领军人才

    黄　明　曹　林

3. 哲学社会科学领军人才

    朱　晶

4. 教学名师

    王　恬

5. 青年拔尖人才

    刘裕强　易福金

二、江苏省级

（一）江苏特聘教授

    窦道龙

（二）"双创"个人

    刘　蓉

（三）"双创"博士

    谢　全　于　娜　张　威

（四）"六大人才高峰"

    窦道龙　赵立艳　李春梅　柳李旺　辛志宏　赵志刚　陈会广　刘　斐　刘　蓉

（五）"青蓝工程"

1. 创新团队

    王源超

2. 优秀学术带头人

    房婉萍　刘永杰　易福金

3. 优秀青年骨干教师

    徐　彬　牛冬冬　胡　冰　王东波

附录 5　新增人员名单

一、农学院

    刘　兵　马丽娟　齐家国　王　帅　张大勇　周时荣

二、植物保护学院

费明慧　金　琳　景茂峰　田艳丽　张　峰　张舒群　夏木夏提·阿曼秦

三、资源与环境科学学院

卞荣军　季跃飞　聂　欣　唐　珠　俞道远

四、园艺学院

陈　峰　鲁　月　宋爱萍　王　鹏　王欣歆　王　玉　芮伟康

五、动物科技学院

王坤坤　迟　骋　刘军花　李书杰

六、动物医学院

沈金阳　徐　刚　薛　峰

七、食品科技学院

塞　南　唐长波　周凌蕾

八、经济管理学院

李　扬　郑琼婷

九、公共管理学院

信莹莹

十、理学院

邓　超　杜　超　刘　吉　张红林　张曙光　朱钟湖

十一、人文与社会发展学院

倪海龙　王誉茜　赵李娜

十二、外国语学院

霍雨佳　李　平

十三、生命科学学院

石乔梓

十四、金融学院

彭　澎

十五、科学研究院

吴 劼 周 济

十六、工学院

孔 晓 舒 磊 徐禄江 易雪芳 沈洁漪 何 旭 彭英博 陈晓恋 梅梦怡

十七、马克思主义学院（政治学院）

刘战雄

十八、宣传部

王亦凡

十九、实验室与设备管理处/实验室管理科

陈 哲

二十、医院

刘丹丹

二十一、后勤集团公司/饮食服务中心

王累累

附录 6　专业技术职务聘任

一、专业技术职务评审

（一）正高级专业技术职务

1. 教授

（1）正常晋升人员

农 学 院：周 琴 倪 军 鲍永美

工 学 院：孔繁霞 李 骅 董井成

植物保护学院：张海峰 钱国良

资源与环境科学学院：朱雪竹 陈爱群 梁明祥

动物科技学院：李惠侠 韩兆玉

动物医学院：李玉峰 宋小凯 苗晋锋

食品科技学院：金 鹏 潘磊庆

经济管理学院：刘 华 周 力

公共管理学院：吴 未 谢 勇

人文与社会发展学院：季中扬 唐圣菊 路 璐

生命科学学院：王心宇 闫 新

理 学 院：董长勋

金融学院：王翌秋　黄惠春

人文社科处：卢　勇

（2）破格晋升人员

植物保护学院：胡　高

2. 研究员（教育管理研究系列）

后勤集团：姜　岩

计 财 处：许　泉

（二）副高级专业技术职务

1. 副教授

（1）正常晋升人员

农 学 院：丁承强　肖　进　郭　娜

工 学 院：邱　威　葛艳艳　戴存礼

植物保护学院：牛冬冬　叶文武　张懿熙

资源与环境科学学院：丁大虎　王　敏　李　真　姜灿烂　顾　冕　康福星

园艺学院：王彦杰　王海滨　王　燕　汪　涛　金奇江　贾海锋　徐志胜　徐　良　韩凝玉

动物科技学院：李平华　李　莲　蒋广震

动物医学院：刘广锦　许媛媛　武　毅　贺　斌　贾逸敏

食品科技学院：王虎虎　叶可萍　芮　昕　严文静　曹明明

经济管理学院：吉小燕

公共管理学院：刘　晶　陆万军　彭建超

生命科学学院：朱昌华　任　昂　刘　峰

理 学 院：汪快兵　崔海燕

外国语学院：卢冬丽

金融学院：王　睿　张　宁　桑秀芝

草业学院：陈　煜　原现军

体 育 部：陆东东

（2）破格晋升人员

理 学 院：张明智

2. 副研究员（教育管理研究系列）

工 学 院：傅雷鸣

3. 高级实验师

园艺学院：马月花

生命科学学院：杨　娜

理 学 院：王筱霏

4. 副编审

人文社科处：李二斌

（三）中级专业技术职务

1. 讲师

人文与社会发展学院：王　菲

体 育 部：赵　朦

2. 助理研究员（教育管理研究系列）

宣 传 部：黄文昕

计 财 处：梁慧珠

教 务 处：杨绕宝

科学研究院：李爱玫

学 工 处：蹇　鄂

3. 其他系列

（1）实验师

动物科技学院：时晓丽

科学研究院：孙　月

（2）工程师

审 计 处：周　丽

（3）主治医师

医　　院：朱　华

（4）馆员

工 学 院：李　烨

二、专业技术职务初聘和同级转聘

（一）专业技术职务初聘

1. 讲师

（1）教师系列

丁大虎　于阳露　王兴盛　王胜红　王海青　王　燕（植保）　叶文雪
史雅凝　李　泊　李　信　李舒清　杨高文　肖　栋　伽红凯　汪　涛
迟英俊　张兵兵　张明智　张雅玮　张　裕　张懿熙　陈荣顺　陈　琳（农学）
陈　煜　邵玮楠　金　冰　施海帆　姜灿烂　祝　洁　顾　沁　徐希辉
徐　磊　程金平　王未未　刘素惠　陈　智　林　建　金奇江　赵育卉
贾逸敏　贺　斌

（2）学生思想政治教育系列

朱　鹏　邵星源

2. 助理研究员（教育管理研究系列）

方　淦　陈　新　孙冬丽　陈荣荣　李伟锋　吴　睿　张　洛　贾晴雯
徐晓丽　贾　雯　章　棋　刘　方　杜　静　张　晶

3. 实验师

陈　洁（园艺学院）　李龙娜　汪　薇　张雯雯　金　梅　徐晓红　王小文
王筱霏　刘恒霞　刘晓雪　周永音　赵道远

4. 助教（学生思想政治教育系列）

丁　群　许　娜　孙国成　束浩渊　肖伟华　汪　越　侯佳彤　姚敏磊
夏　丽　徐冰慧　黄校迪　阙立刚　金洁南　魏威岗

5. 助理实验师

田瑞平　邢　刚　范　霞　孙海凤

6. 研究实习员（教育管理研究系列）

王红梅　王　聪　刘　锦　刘　璐　闫　倩　陆　玲　桂雨薇　雷　云
陈　菊　宋　野　郑艳妮　周建鹏　赵文婷　高　婵　徐敏轮

7. 馆员

沈耕宇

8. 助理馆员

谭敏敏

9. 工程师

鲁　杨

（二）专业技术职务同级转聘

1. 副研究员（自然科学研究系列）

韩敏义

2. 讲师

顾金燕

3. 实验师

刘为浒　鲜洁宇

4. 助理研究员（教育管理研究系列）

郭　盈　陶金才　潘宏志

5. 实习研究员（教育管理研究系列）

梁慧珠　蒋卫红

附录7　退休人员名单

洪幼平　黄保健　胡春林　许家荣　卞新民　刘国平　王美蓉　刘　仪
陶丁祥　施玉萍　徐颖洁　徐秀静　杨　娟　梁慧珠　蒋毅蓉　苏晓红
李　石　吕春苗　姜建良　刘智元　朱力华　梁海霞　严　洁　赵石明
龚富成　罗金柱　郭量生　杨孝林　任银贵　杜长宝　樊荣富　冯雪梅
李妙贤　肖　艳　刘玉浦　王国平　夏金华　王　强　钱志华　华银龙
陈海宁　凌永明　李玉霞　王和平　陈世亮　郑爱军　方仁霞　杨　静
刘　耘　王红英　卞长义　王兰香　马德元　文秀兰　冯秀珍　何　健
杨植健

附录8　去世人员名单

曹为祖（后勤集团，高级工）

陈　平（江浦农场，助理畜牧师）

陈志渊（理学院，教授）

丁安镇（江浦农场，高级工）

侯丕正（后勤集团，高级工）

胡贤禹（理学院，副教授）

胡秀兰（实验牧场，中级工）

金端阳（党委办公室、统战部，副研究员）

李良海（理学院，副教授）

秦爱霞（动物医学院，工程师）

秦志清（工会，高级兽医师）

沈桂华（图书馆，馆员）

施善清（动物医学院，副教授）

宋木兰（资源与环境科学学院，教授）

唐啟仁（江浦农场，副高）

吴跃良（实验牧场，高级工）

薛家骅（理学院，教授）

薛礼刚（动物医学院，高级兽医师）

杨洪德（实验牧场，高级工）

业治钊（动物科技学院，副教授）

张宝成（后勤集团，高级工）

张道勇（资源与环境科学学院，副教授）

朱　唐（经济管理学院，教授）

佘春华（科学研究院，副教授）

褚德保（继续教育学院，中级工）

马爱琴（工学院，讲师）

杨培銮（工学院，正科级）

查忠秀（工学院，高级讲师）

孙立金（工学院，高级工）

附录9　学校教师出国情况一览表（3个月以上）

序号	单位职务	姓名	性别	职称	派往国别学校	出国时间
1	农学院	赵文青	女	副教授	澳大利亚西澳大学	20170208－20180208
2	农学院	姚霞	女	教授	美国	20161230－20171230
3	园艺学院	武涛	男	讲师	美国康涅狄格大学	20170104－20210801
4	公共管理学院	杨建国	男	副教授	美国杜克大学	20161215－20171214
5	农学院	蔡彩平	女	副教授	美国东卡罗来纳大学	20170223－20180222
6	动物医学院	郭大伟	男	副教授	美国内布拉斯加大学	20170228－20180227
7	食品科技学院	王昱沣	男	副教授	美国马萨诸塞大学阿姆赫斯特分校	20170303－20180302
8	工学院	高新南	女	讲师	加利福尼亚大学伯克利分校	20170130－20180129
9	公共管理学院	张新文	男	教授	美国南卡罗来纳大学	20170427－20180426
10	资源与环境科学学院	张亚丽	女	教授	美国加利福尼亚大学圣地亚哥分校	20170427－20180426
11	食品科技学院	姜丽	女	副教授	美国农业部 ARS 中心（西弗吉尼亚州）	20170501－20180501

（续）

序号	单位职务	姓名	性别	职称	派往国别学校	出国时间
12	园艺学院	蒋芳玲	女	副教授	美国威斯康星大学麦迪逊分校	20170901－20171231
13	生命科学学院	严秀文	女	副教授	美国贝勒医学院	20170226－20180228
14	食品科技学院	胡冰	男	副教授	瑞士苏黎世联邦理工学院	20161230－20180103
15	园艺学院	安玉艳	女	讲师	美国加利福尼亚大学戴维斯分校	20170624－20180623
16	理学院	吴梅笙	女	副教授	日本东京工业大学	20170809－20180808
17	理学院	张帆	女	副教授	美国加利福尼亚大学圣芭芭拉分校	20170908－20180906
18	资源与环境科学学院	方迪	男	副教授	美国密歇根州立大学	20160716－20170715
19	草业学院	徐彬	男	副教授	诺贝研究所	20170815－20180814
20	公共管理学院	瞿忠琼	女	副教授	美国弗吉尼亚大学建筑学院	20170829－20180828
21	植物保护学院	吴顺凡	男	讲师	美国杜克大学	20170902－20180901
22	草业学院	庄黎丽	女	讲师	美国新泽西罗格斯大学	20170906－20180905
23	工学院	刘平	男	讲师	英国南安普顿大学	20170901－20180831
24	资源与环境科学学院	邹山梅	女	讲师	美国加利福尼亚大学伯克利分校	20170906－20180905
25	资源与环境科学学院	郭辉	男	副教授	美国加利福尼亚大学河滨分校	20170911－20180910
26	农学院	郭娜	女	副教授	美国伊利诺伊州立大学	20170918－20180917
27	动物医学院	冯秀丽	女	副教授	美国加利福尼亚大学戴维斯分校	20170920－20180919
28	生命科学学院	林建	男	讲师	澳大利亚墨尔本大学圣文森特医学研究院	20171012－20181011
29	草业学院	杨高文	男	讲师	德国柏林自由大学	201709－201809
30	植物保护学院	段亚冰	男	副教授	英国洛桑试验站	20171004－20181003
31	植物保护学院	张峰	男	副教授	德国哥廷根大学	20171108－20181107
32	人文与社会发展学院	王小璐	女	副教授	美国北卡罗来纳大学教堂山分校	20171021－20181020
33	资源与环境科学学院	李荣	男	副教授/副院长	荷兰乌得勒支大学	20171101－20181031
34	园艺学院	韩凝玉	女	副教授	日本千叶大学	20171114－20181113
35	信息科技学院	沈毅	男	副教授	美国威斯康星大学麦迪逊分校	20171108－20181118
36	农学院	杨海水	男	副教授	美国俄克拉荷马州立大学	20171115－20181115
37	人文与社会发展学院	朱冰莹	女	讲师	美国俄克拉荷马州立大学	20171115－20181115
38	理学院	石磊	女	副教授	澳大利亚莫纳什大学	20171231－20181230
39	动物医学院	马喆	男	副教授	美国哈佛医学院	20171119－20171118
40	工学院	刘杨	男	副教授	美国	20171129－20181128
41	资源与环境科学学院	罗朝晖	女	副教授	美国佛罗里达大学	20171212－20181213
42	资源与环境科学学院	陆隽鹤	男	教授	美国佐治亚大学	20171219－20181218
43	金融学院	吴承尧	女	讲师	美国华威大学	20171206－20181205
44	农学院	王海燕	女	副教授	美国密歇根州立大学	20171201－20181131

（续）

序号	单位职务	姓名	性别	职称	派往国别学校	出国时间
45	动物科技学院	张定东	男	副教授	美国范德堡大学	20171216 - 20181215
46	动物科技学院	余凯凡	男	讲师	美国贝勒医学院	20171216 - 20181215
47	动物科技学院	钟　翔	男	副教授	美国芝加哥大学	20171215 - 20181214
48	农学院	刘晓英	女	副教授	美国康奈尔大学	20171226 - 20181225
49	植物保护学院	张　峰	男	教　授	美国 Van Andel Institute	20171021 - 20180420
50	经济管理学院	刘爱军	男	副教授	美国康奈尔大学	20171219 - 20181219
51	动物科技学院	李延森	男	副教授	美国普渡大学	20171229 - 20181228
52	经济管理学院	王学君	男	副教授	美国康奈尔大学	20180124 - 20190123
53	食品科技学院	曹明明	男	副教授	美国斯克里普斯研究所	20171230 - 20191230

八、人才培养

大学生思想政治教育与素质教育

【概况】学校深入贯彻落实高校思想政治工作会议精神，深化大学生思想政治教育工作体制机制改革，推进"全员育人、全过程育人、全方位育人"工作格局构建，完善学生教育管理服务体系，扎实开展大学生思想政治教育、心理健康教育、素质教育与创新创业教育、科技竞赛、社团建设、志愿服务、社会实践、军事教育与军训等各项工作。

思想政治教育。完善学校大学生思想政治理论课程体系，开设思想道德修养与法律基础、中国近现代史纲要、毛泽东思想和中国特色社会主义理论体系概论以及马克思主义基本原理4门思想政治理论公共必修课，覆盖全校一、二年级本科生。开设伦理学、科学思想史、世界经济与政治和当代台湾问题研究等公共选修课程，帮助大学生树立正确的政治理想和信念。

做好全校大学生形势与政策课教学管理工作，组织各学院以政策报告会、社会参观与考察、大学生社会实践、教学视频赏析、课外学习辅导等多种形式开展形势与政策课教学工作。集中举办"形势与政策"专题报告会2场，举办"第七届思·正杯'纪念中国改革开放总设计师邓小平'历史知识演讲比赛"和"聚焦十九大，共筑富强梦——第五届'中国梦·富强梦'主题演讲比赛"。

引导青年坚定理想信念。开展主题团日教育、学习交流、报告分享、实践寻访等活动。举办"十杰百优"表彰评选、梦想公开课、"FACE TO FACE：与优秀的人在一起"、保研出国交流会、"与信仰对话：名家报告进校园"、"对话南农"等品牌活动。举办全校规模的入学典礼、入学教育、毕业典礼、学位授予仪式等活动，发挥"第一课"和"最后一课"的重要教育作用。线上线下合力打造"钟山讲堂""一平四微""正青春·好学习""致·匠心""青年思享汇"等大学生思想政治教育品牌载体，荣获江苏省高等学校学生教育管理创新奖二等奖2项。

心理健康教育。继续开展"3·20"心理健康教育宣传周、"5·25"心理健康教育宣传月主题教育活动。完成全校新生心理健康普查并建档，累计开展个体咨询服务1 000余人次。以班级心理委员为渠道，使团体辅导深入班级，完善学校以团体辅导为特色的心理健康教育工作体系，全年团体辅导受益人数累计达2 000余人次。邀请校内外专家开展讲座、督导和工作坊，对学工干部、学生心理社团、学生心理委员及社区楼长层长培训。以必修课为载体对2017级新生进行了全面系统的心理健康知识及适应教育。

素质教育。学校精心遴选《校史馆的思索》等31项具有南农风采的优秀作品参加江苏省第五届大学生艺术展演活动,获得特等奖7项,一等奖8项,二等奖5项,三等奖11项,优秀创作奖5项,13名教师获优秀指导教师奖,学校获评"江苏省第五届大学生艺术展演优秀组织奖"。由学校师生创作的话剧《北大荒七君子》在前线大剧院上演,生动诠释"诚朴勤仁"的南农精神。举办"校园闪诵经典""读书日·晚自习·千人诵经典"等活动,推动中华优秀传统文化及爱国主义精神的传承。采用线上线下相结合的授课形式,开设包括艺术导论、音乐鉴赏、美术鉴赏、影视鉴赏、戏剧鉴赏、舞蹈鉴赏、书法鉴赏、戏曲鉴赏等在内的20余门公共艺术选修课以及江苏省精品在线课程美在民间。

创新创业教育。继续推进涉农创业培育工作。与继续教育学院合作,完成对校内2 572名学生的"新农菁英"江苏省大学生涉农创业训练营培训工作。打造"创意·创新·创业"科技文化节,吸引全校近5 000余名学生参与。牵头成立江苏省大学生涉农创业"群英汇"联盟,组织"新农菁英"首届江苏省大学生涉农创业创富大赛,与常州市现代农业科学院、江苏省栖霞区现代农业产业园等单位共建大学生创业园。建设完成"农创集市""智造工坊"大学生创业展厅并启动运营。5月,学校批准"国家大学生创新创业训练计划"立项项目102个、"江苏省大学生创新训练计划项目"立项项目51个、"江苏省大学生创业训练和创业实践计划"立项项目19个、"校级大学生创新训练计划"立项项目441个、"实验教学示范中心开放项目"立项项目20个、"校级大学生创业计划"立项项目3个。将创新创业教育专项经费纳入学校预算,为学生创新创业项目的顺利进行提供基础的资金保证。与神州泰岳合作,完成南京农业大学双创实训基地建设。设立大学生创业种子基金,出台《南京农业大学大学生创业种子基金管理办法(试行)》,全年累计发放20万元。开展"三创学堂"活动,吸引1 300余名学生参加。创客空间全年新遴选18个创业团队入驻,新增注册公司10家,各创业团队累计获得奖项21项,总利润386万元。10月,学校获评"2017—2020年度江苏省大学生创新创业示范基地"。

志愿服务。继续各类志愿服务工作品牌项目,全年累计参与志愿服务人数1.5万人次、服务时长18万小时。举办"南京农业大学首届志愿服务项目展示交流会暨第二届志愿服务项目大赛",邀请专家对各团队项目进行综合评估并给予优秀团队立项资助,对学校志愿服务团队进行专业指导。依托西部计划、苏北计划、研究生支教团项目,学校选派22名学生赴西藏、贵州、四川、新疆等地开展服务,荣获"江苏省大学生志愿服务苏北计划优秀组织奖"。开展无偿献血活动,1 090名师生参与献血活动,累计献血量332 510毫升,获江苏省无偿献血先进单位。参加由共青团中央等部委组织的第四届中国青年志愿服务项目大赛,"护佑生命、斑斓梦想"保护中华虎凤蝶项目获全国青年志愿服务示范项目创建提名奖。100名"小流苏"志愿者参与首届江苏发展大会志愿服务工作。

社会实践。围绕脱贫攻坚、科技支农、环保科普、公益帮扶、创新创业、政策宣讲等内容,组织全校5 000名师生、180支重点服务团,深入农村基层开展"智农惠民助力脱贫攻坚行动""科教兴村青年接力计划"等五大品牌活动。新建社会实践基地7家,累计服务村镇488个,走访农户3 285户,采访群众10 860余人,组织开展报告讲座活动96场,发放资料手册、活动用品21 679份(件),累计投入资金达100万元。《中国青年报》、共青团中央学校部官方微信、《新华日报》等省市级以上媒体报道104次。学校获评全国暑期社会实践活动"先进单位"、全国"镜头下的三下乡"实践活动"优秀单位"、全省暑期社会实践活动"先进单位"、"十佳团队"等省级以上表彰19项。

社团建设。学校登记注册校级社团58个，其中文化艺术类社团14个，体育竞技类社团13个，学术科技类社团14个，公益实践类社团17个。学院登记注册院级社团58个。南京农业大学手语协会获2016—2017年度"江苏省大中专学校百优社团"称号。南京农业大学绿源环保协会在2017年度江苏省十佳高校环保公益社团评选中荣获"优秀社团"称号。南京农业大学企业管理与商务策划联盟在娃哈哈苏南市场2017年度营销教育实践基地活动之第十届娃哈哈全国大学生职场营销实践大赛中荣获"苏南市场省赛最佳高校组织奖"。大学生艺术团在江苏省第五届大学生艺术展演中，获甲组特等奖4项，甲组一等奖3项，甲组三等奖1项，优秀创作奖3项。

国防教育与国家安全教育、军事技能训练。开展军事理论精品在线开放课程建设，校内点击量超400万人次。受邀制作的《军事与传媒》在学堂在线、传学网上线。开设现代战争与谋略选修课程。主编《大学军事理论教程》，获批为"农业部'十三五'规划教材"。与东部战区、浙江海洋大学等单位合编《海洋安全教育概论》（副主编单位）。主持南京农业大学"卓越课堂"项目——"军事理论翻转课堂建设研究"。主持南京农业大学教改项目"农林类院校海洋教育课程体系构建"。与外单位合作承担国家海洋局项目6项。获第三届江苏省军事教师微课竞赛一等奖、首届全国"超星杯"慕课及移动教学大赛三等奖、首届中国国防教育学论坛论文一等奖。成为全国国防教育与学生军训协同创新联盟常务理事单位。

组织开展2017级学生军训，4 264名新生参加，南京战区临汾旅66名官兵担任教官，各院系辅导员担任政治指导员，编制印发军训快报3期，开展以"爱我国防，青春报国"为主题的征文、摄影及板报比赛活动，举办网上国防和兵役知识竞赛、"军训之星"评比活动以及新生安全教育讲座、消防演习、应急疏散演练和应急救护演练等。获得江苏省大学生军训摄影比赛一等奖、二等奖、三等奖、优秀奖，征文比赛一等奖以及摄影比赛优秀组织奖、征文比赛优秀组织奖和江苏省大学生"军训之星"三等奖各一项。

【承办"中国高等教育学会大学素质教育研究分会2017年年会暨第六届大学素质教育高层论坛"】 3月9～11日，中国高等教育学会大学素质教育研究分会2017年年会暨第六届大学素质教育高层论坛在南京农业大学隆重召开，来自160余所高校的近500余名代表参加了论坛，论坛宗旨在于推动素质教育理论研究与实践探索。

【科技竞赛】 围绕"挑战杯"大学生课外学术科技作品竞赛、"创青春"大学生创业大赛及"互联网＋"大学生创新创业大赛，开展科技竞赛实务培训和竞赛实践训练，立项支持27个本科生学科专业竞赛项目。获2017年"国际基因工程机械设计大赛"（IGEM）全球金奖1项，"国际食品与农业企业管理协会案例竞赛"（IFAMA）亚军1项，"美国大学生数学建模竞赛"（MCM/ICM）一等奖2项、二等奖2项。获"挑战杯"全国大学生课外学术科技作品竞赛三等奖1项，"挑战杯"江苏省大学生课外学术科技作品竞赛一等奖1项、二等奖4项、三等奖2项。获第三届江苏省"互联网＋"大学生创新创业大赛三等奖4项。获"新农菁英"首届江苏省大学生涉农创业创富大赛创业计划赛金奖1项、银奖1项、铜奖2项。

[附录]

附录1　百场素质报告会一览表

序号	讲座主题	主讲人及简介
1	The impact of Chinese imports of soybean on port infrastructure in Brazil：a study based on the concept of the "Bullwhip Effect"	Antonio Domingos Padula　巴西南里奥格兰德联邦大学 UFRGS 教授
2	FDI，export and skilled‐unskilled wage inequality：Evidence from China	孙思忠　博士，James Cook University、澳大利亚中澳经济学会 CESA 主席
3	党的十八大以来中国经济发展的新成就	汪海波　教授，中国社会科学院荣誉学部委员、研究生院原副院长
4	The Potentials of Thai Natural Rubber in the World Market	Aat Pisanwanich　副教授，泰国商会大学国际贸易研究中心主任
5	FAPRI agricultural market analysis：Context methods and results	William Meyers　美国密苏里大学农业和应用经济学霍华德考登教授；密苏里大学农业、食品及自然资源学院国际项目主任，密苏里大学粮食和农业政策研究所联合创始人
6	Structural Change and Regional Planning：Experience from Germany and Relevance for China	Siegfried Bauer　德国吉森大学教授
7	Renewable Fuel Standard and Biofuel Development in the United States	T. Edward Yu　美国田纳西大学农业与资源经济学系副教授
8	中国的经济发展与农业——基于速水佑次郎农业发展理论	严善平　日本同志社大学教授
9	市场经济条件下公共政策的目标——实证研究的逻辑	钟甫宁　南京农业大学教授
10	对外开放与食品安全	Doo Bong Han　韩国高丽大学食品与资源经济系教授
11	The Impact of Firm Heterogeneity on Agricultural Trade	谢超平　美国弗吉尼亚理工大学博士
12	RCEP 对江苏的影响研究	陈淑梅　东南大学教授
13	21 世纪的贸易投资规则：自由还是公平	韩剑　南京大学教授
14	融资约束与成本加成	谢建国　南京大学教授
15	The Decline of U. S. Export Competitiveness in the Chinese Meat Import Market	Mary Marchant　美国弗吉尼亚理工大学教授
16	Global Agricultural Trade：United States，China and Emerging Markets	Jim Hansen　美国农业部博士
17	Matching Food with Mouths：A Statistical Explanation for the Abnormal Decline of Per Capita Food Consumption in Rural China	David Abler　美国宾夕法尼亚州立大学教授

（续）

序号	讲座主题	主讲人及简介
18	Food and Agricultural Trade Policies	David Abler　美国宾夕法尼亚州立大学教授
19	Food Loss and Wastes Management for Sustainable Development and Food Security	Doo Bong Han　韩国高丽大学食品与资源经济系教授
20	Climate Change, Agricultural Bioenergy and Population Growth	Bruce A. McCarl　得克萨斯农工大学特聘教授
21	Rules and Standards as Elements of Market Competition. China's Agro-industries and International Trade	Louis Augustin-Jean　巴黎第十三大学经济学研究中心高级研究员
22	农业农村发展不平衡不充分问题与新旧动能转换方向	彭超　农业部农村经济研究中心博士
23	立足区域特色，以科学研究促进人才培养	坎杂　石河子大学机械电气工程学院副院长
24	Review on the Tractor Engineering Techonology	杨为民　教授级高级工程师，雷沃重工股份有限公司副总裁
25	畜禽类空气污染引论以及美国普渡大学的研究研究工作介绍	倪既勤　美国普渡大学农业与生物工程系副教授
26	粮食和农业废物转化与利用	张瑞红　美国加利福尼亚大学戴维斯分校生物与农业工程系终身教授、中国"千人计划"专家和"长江学者"
27	Robotic Plant Phenotyping	Lie Tang　2002 年获得美国伊利诺伊大学厄巴纳-尚佩恩分校博士学位
28	Digital and Intelligent Agriculture in US	向海涛　博士，中国科学院南京土壤研究所研究员
29	High throughput plant phenotyping	葛玉峰　美国德克萨斯农工大学生物与农业工程博士，现为美国内布拉斯加林肯大学生物系统工程系的副教授
30	家畜智能装备、数据平台与动物营养协同研究进展	熊本海　研究员，农学博士，博士生导师，中国农业科学院北京畜牧兽医研究所畜牧信息中心主任、农业部"中国饲料数据库情报网中心"主任
31	Wireless Communication on Unlicensed Band	邓德隽　台湾彰化师范大学资讯工程系特聘教授
32	未来移动：云背景下的汽车决策系统	Zhao jian Li　博士，密歇根州立大学机械工程系助理教授、博师生导师
33	中国农机百年回顾与展望	罗锡文　博士生导师，中国工程院院士，现任华南农业大学教授
34	面对旋转机械设备的智能故障监测与诊断	霍志强　英国林肯大学（英国）工程学院博士在读
35	Precision Livestock Farming：Monitoring and Managing living organisms（精密畜牧业：农场动物生长的有机监控）	Daniel Berckmans　比利时荷语鲁汶大学生物科学工程专业博士，现为鲁汶大学教授

（续）

序号	讲座主题	主讲人及简介
36	农业场景革命与智能化	于帅　《农业机械》杂志社社长、中国农业机械学会普及工作委员会秘书长、中国农业机械工业协会产品宣传委员会副秘书长
37	美国的研究生教育	王新雷　美国伊利诺伊大学香槟分校（UIUC）农业与生物工程系与工程学院教授
38	生物质微波热裂解技术	李旭辉　南京农业大学工学院博士
39	化肥、水泥自动装车机器人系统开发与测试	王凯　南京农业大学工学院博士
40	农业机器人的应用与发展	陶镛汀　南京农业大学工学院博士、宁夏鸿景农机科技有限公司农机创新项目负责人
41	基于深度学习的目标检测	于平　南京理工大学 2016 级计算机硕士
42	无线传感器网络	李强懿　南京航空航天大学博士
43	基于多通道高光谱成像系统的空间分辨光谱技术的研究及应用	黄玉萍　南京农业大学工学院博士
44	Non – destructive technologies for defect detection of apples，with new structured illumination reflectance imaging（SIRI）	陆宇振　中国科学院南京土壤研究所硕士
45	畜禽舍氨气和温室气体排放的监测、误差和挑战	Dr. JiQin Ni　博士、副教授，美国普渡大学农业与生物工程系畜禽环境工程专家、美国国家气体排放检测项目主要负责人之一
46	元数据系列讲座之 XML 基础	余显强　台湾世新大学信息传播学系教授，曾任世新大学图书馆馆长
47	出版电商巨观与分而治之的研究分享	余显强　台湾世新大学信息传播学系教授，曾任世新大学图书馆馆长
48	元数据系列讲座之初探 metadata	余显强　台湾世新大学信息传播学系教授，曾任世新大学图书馆馆长
49	元数据系列讲座之应用标准与案例	余显强　台湾世新大学信息传播学系教授，曾任世新大学图书馆馆长
50	元数据系列讲座之 OAI – PMH 与元数据格式设计	余显强　台湾世新大学信息传播学系教授，曾任世新大学图书馆馆长
51	元数据系列讲座之数据库的设计应用	余显强　台湾世新大学信息传播学系教授，曾任世新大学图书馆馆长
52	我与馆长面对面系列活动之走进南农图书馆	倪峰　南京农业大学图书馆馆长、校网络信息中心主任
53	图书情报发展前沿和关注热点	黄水清教授　南农大人文社科处处长，常年从事文本信息处理与检索、文本挖掘、数字图书馆、信息计量等方面研究

（续）

序号	讲座主题	主讲人及简介
54	图书情报领域需要的核心能力	张小兵教授　南京理工大学图书馆馆长，南京理工大学能源与动力工程学院教授、博士生导师
55	Measuring cognitive distance between scientists	Ronald Rousseau（罗纳德·鲁索）　国际著名信息计量学专家
56	农业信息化发展前沿和关注热点	徐焕良　教授，南京农业大学信息科学技术学院副院长
57	机器智能时代的信息组织	刘炜　上海图书馆上海科学技术情报研究所副馆所长、研究员，兼任上海市图书馆学会副理事长、上海市科技情报学会副理事长
58	整体模式识别方法基础、理论及应用	黄开竹　西交利物浦大学电气与电子工程系教授、系主任，英国利物浦大学博士生导师，电子科技大学协议教授，英国斯特林大学客座教授
59	Technological Trends For Greenhouse Horticulture	Prof.（Sjaak）Bakker　Manager of the business unit greenhouse horticulture of Wageningen University，Member of the Plant Science Group Management Team of Wageningen University
60	Enhanced target discri - mination in machine vision using spectral feature	Peter Yuen　物理学家，1982 年获得伦敦大学一等荣誉物理学学士，1987 年获得帝国理工大学半导体物理学博士
61	高通量植物表型技术及应用实例讲座	韩冀皖　于 2010 年在英国 University of Hertfordshire 获得计算机博士学位
62	知识图谱与智慧农业讲座	漆桂林　东南大学教授、博士生导师，中国中文信息学会语言与知识计算专业委员会副主任，中国科学技术情报学会知识组织专业委员会副主任
63	高校图书馆理论与实践的发展思考	赵乃瑄　南京工业图书馆馆长、江苏省高校数字图书馆工程建设管理中心副主任，江苏省情报学会常务理事
64	The effects of preference for information on consumers online health information search behavior	Zhang Yan　北卡罗来纳大学教堂山分校信息科学系教授
65	Use of the photovoice method in information studies	杜佳　南澳大学信息技术数学学院博士、博士生导师，澳大利亚国家研究院杰出青年基金项目获得者（Australian Research Council DECRA Fellow）
66	第十期"青年学术论坛"	孙钦伟　青年教师
67	第十二期"青年学术论坛"	吕英军　副教授 马家乐　博士
68	五大学部前沿学术报告	马喆　兽医微生物学及免疫学方向
69	荧光素酶报告基因技术/q PCR 技术论坛	吴金炜　Promega 华东技术支持
70	第四届第一期"青年学术论坛"	贾慧　博士研究生 李权　预防兽医学博士研究生

（续）

序号	讲座主题	主讲人及简介
71	科技论文写作讲座	顾飞荣　南京农业大学外国语学院教授
72	"钟山学者新秀"访谈	杨晓静　教授，博士生导师 张炜　预防兽医学教授，博士生导师
73	第四届第二期"青年学术论坛"	黄燕平　博士研究生
74	罗清生大讲坛	Lorne Babiuk　教授，加拿大阿尔伯塔大学科研副校长 Suresh Tikoo　萨斯喀彻温大学公共卫生系教授
75	第四届第三期"青年学术论坛"	单衍　博士研究生
76	第四届第四期"青年学术论坛"	张乔亚　博士研究生
77	研究生国际学术会议分会场会议一	张乔亚　博士研究生 Evelyn Bulkeley　加利福尼亚大学博士研究生
78	研究生国际学术会议分会场会议二	杨阳　博士研究生
79	第四届第五期"青年学术论坛"	熊文　博士研究生
80	第四届第六期"青年学术论坛"	孙海伟　博士研究生
81	第四届第七期"青年学术论坛"	潘子豪　青年教师
82	第四届第八期"青年学术论坛"	闫丽萍　青年教师
83	蒺藜苜蓿与固氮菌共生机制	潘怀荣　博士，马萨诸塞大学阿默斯特分校
84	高羊茅地下茎形成及其抗旱和旱后恢复的分子机制	马西青　博士后，美国罗格斯大学访问学者
85	郭总和你谈职业生涯	郭建梅　蒙草集团北京蒙草节水园林科技有限公司总经理
86	罗格斯大学交流访学项目说明会	Megan Francis　美国罗格斯大学环境与生物科学学院院长助理 Angela Bublitz　项目负责人 Wendy Tan　中国办公室行政助理
87	Molecular breeding for improvement of ryegrasses	John Forster　教授，澳大利亚农业生物科学中心、维多利亚农业大学和拉特罗贝大学分子遗传学系的研究带头人和主要研究科学家
88	Concept of mutation breeding	Dr. Hitoshi NAKAGAWA　1993年毕业于东京大学，在暖季型草下细胞生物学和诱变育种做出突出成绩，曾任 National Agriculture and Food Research Organization（NARO）主任
89	湖北省草种质资源创新与利用	刘洋　研究员，湖北省农业科学院畜牧兽医研究所草牧业研究室主任，第七届国家草品种审定委员会委员，中国草学会常务理事，中国草学会牧草遗传资源委员会常务理事
90	Challenge of Inducing Unique Mutants for New Cultivars and Molecular Research	Dr. Hitoshi Nakagawa　早年毕业于日本东京大学，长期从事于牧草种质资源收集和牧草遗传育种的研究与管理工作，在饲草育种领域声望很高

（续）

序号	讲座主题	主讲人及简介
91	豆科植物与微生物互作及营养吸收机制	Wang Dong Assistant Professor, University of Massachusettes，Amherst
92	蒺藜苜蓿——研究豆科植物生长发育机理的遗传模式植物	陈汝进 博士，1984 年在兰州大学生物系获学士学位
93	关于微生物和食品健康的研究工作介绍	Dr. Jorge Rodriguesa professor in the Department of Land，Air and Water Resources
94	草业发展新形势及十大草产业概述	杨富裕 中国农业大学动物科技学院教授，博士生导师
95	Generation and application of genetic resources in Medicago truncatula	成小飞 Noble Research Institute 博士
96	Legume Crops & Sustainable Agriculture	柴茂峰 博士，现任职于美国 Noble Research Institute 牧草改良中心
97	乡村振兴与南京农业嘉年华实践	孟桂 江苏省栖霞现代农业产业园区管理委员会副主任
98	大学生礼赢职场	顾薇薇 中国香港国际礼仪研究院高级研究员
99	人文社科外文文献检索技巧与获取途径	张彬 南京农业大学图书馆老师
100	如何利用检索工具助力人文社科开题？	陈蓉蓉 南京农业大学图书馆老师
101	可以通约的世界史——多学科的学术探索	潘晟 北京大学历史地理学博士、美国加利福尼亚伯克利分校历史系访问学者、首届"江苏青年社科英才"、南京师范大学"百人计划"入选者、南京师范大学社会发展学院教授
102	文学语境下的若干法律问题	周东生 江苏斐多律师事务所主任
103	我国脱贫攻坚的理论创新和实践创新	黄承伟 国务院扶贫开发领导小组办公室全国扶贫宣传教育中心主任
104	贫困治理：理论，实践与转型	王晓毅 中国社会科学院社会学研究所农村环境与社会研究中心主任
105	法学的基本功能与基本立场	张翔 中国人民大学教授
106	The major issues regarding food and agriculture over the next generation	Peter A. Coclains 原美国农业历史学会主席、北卡罗来纳大学全球研究员主任、Albert Ray Newsome 特聘教授
107	中华传统民俗蕴含的神韵与智慧	陈勤建 华东师范大学中国非物质文化遗产研究中心主任
108	1958 年新民歌运动及其当下意义	毛巧晖 中国社会科学院研究员
109	江南"寺镇关系"与市民生活的公共空间	唐忠毛 华东师范大学社会发展学院教授
110	论大国工匠与工匠精神——基于我国传统考工记之形制	彭兆荣 厦门大学人类学研究所所长
111	"新在野之学"时代下民俗学者的职责	菅丰 日本东京大学东洋文化研究所教授
112	何谓民俗学	岛村恭则 日本关西学院大学教授
113	中国时间与中国文化	刘晓峰 清华大学历史系教授

（续）

序号	讲座主题	主讲人及简介
114	茶艺美学的传承与发展	朱世桂　教授，南京农业大学人文与社会发展学院党委书记
115	民间审美文化理论的若干基础性问题	徐国源　苏州大学教授
116	记忆理论与民俗学	王晓葵　华东师范大学社会发展学院民俗学研究所所长
117	从文化遗产到非物质文化遗产	叶涛　中国民俗学会副会长兼秘书长、中国社会科学院研究员
118	预防校园欺凌的社会工作	杨灿君　南京农业大学人文与社会发展学院社会学系老师
119	农业特色小镇：如何定位与怎样建设	王思明　南京农业大学中华农业文明研究院院长
120	新乡村主义与特色小镇建设	周武忠　上海交通大学教授
121	建构农业特色小镇新思维	廖树宏　台湾神农科技发展协会理事长
122	回归灾害本位与历史问题的灾害史研究	闵祥鹏　河南大学教育部人文社科基地"黄河文明与可持续发展研究中心"研究员
123	2017 分子研究创新吧	吴欣欣　南京农业大学园艺学院果树学果树分子生物学研究方向 2015 级博士
124	2017 园艺学院"卓越园艺"学术论坛之青年教师论坛	黄小三　副教授，硕士生导师
125	2017 园艺学院"卓越园艺"学术论坛	滕年军　教授，博士生导师，主要研究领域为花卉有性生殖与遗传育种
126	2017 五大学部前沿学术论坛	李英　南京农业大学园艺学院教授，教育部"新世纪人才支持计划"获得者 丁承强　南京农业大学农学院讲师
127	2017 生态智慧与城乡生态实践研讨会	象伟宁　美国北卡罗来纳大学夏洛特分校教授，同济大学国家"千人计划"特聘教授，同济大学城乡规划学客座教授
128	2017 分子生物学基础知识讲座	孟文举　翊圣生物公司产品研发经理
129	2017 年园艺学院研究生团学骨干培训	杨海峰　南京农业大学研究生团工委书记
130	园艺学院 2016—2017 年研究生国家奖学金获得者经验交流会	吴鹏　2015 级蔬菜学博士研究生 邢才华　2015 级果树学硕士 李磊　2015 级茶学硕士
131	2017 全国高校园艺专业建设与卓越人才培养研讨会	房经贵　南京农业大学园艺学院副院长
132	园艺学院"研究生就业创业勇新班"学术沙龙开班讲座	窦靓　南京农业大学园艺学院研究生辅导员 芮伟康　南京农业大学园艺学院研究生辅导员
133	园艺学院 2017 年研究生科学道德与学风建设教育会	窦靓　南京农业大学园艺学院研究生辅导员 芮伟康　南京农业大学园艺学院研究生辅导员

（续）

序号	讲座主题	主讲人及简介
134	2018 园艺学院出国访学交流——因公出国（境）专场培训会	苏怡　南京农业大学国际合作与交流处老师
135	2018 分子克隆与生物技术讲座	檀林萍　翊圣生物公司产品经理
136	2017 我与博士面对面	王武　南京农业大学园艺学院果树学博士，研究方向为葡萄的香气物质形成与代谢 王永鑫　南京农业大学园艺学院茶学博士，研究方向为茶树木质素代谢相关基因功能分析
137	园艺学院"研究生就业创业勇新班"学术沙龙之创业交流会	罗承栋　南京农业大学园艺学院园艺专业 2011 级本科生，农业推广 2015 级硕士，南京麦叶教育科技有限公司 CEO
138	园艺学院"研究生就业创业勇新班"学术沙龙之公务员省考面试技能培训	张海江　江苏省中公教育研究院面试院院长
139	2018 分子研究创新吧第一期	李甲明　南京农业大学果树学博士，现任国家梨产业技术研发中心师资博士后
140	2018 分子研究创新吧第二期	虞夏清　博士，主要从事甜瓜属异源多倍体化引起的表型变异研究
141	第十四届研究生神农科技文化节之五大学部前沿学术论坛·植物科学学部	蒋甲福　南京农业大学园艺学院教授，研究领域为观赏植物遗传育种与分子生物学 汪良驹　理学博士，南京农业大学园艺学院教授，果树学博士生导师
142	2018 园艺学院"卓越园艺"学术论坛之优秀博士毕业生分享交流会	纠松涛　南京农业大学园艺学院果树学博士三年级
143	2018 园艺学院"卓越园艺"学术论坛	房婉萍　教授，博士生导师，茶学学科点负责人，南京农业大学茶叶科学研究所所长
144	"新农药创制"专题讲座	顾玉诚　博士，先正达公司研发总监兼首席科学家
145	New forms of dissolved organic nitrogen identified by multibond two - dimensional nuclear magnetic resonance spectroscopy coupled with isotopic label	毛敬东　美国奥多明尼昂大学博士
146	从碳基纳米管到碳基纳米笼：材料设计及能源应用	胡征　教授，南京大学博士生导师，国家杰出青年科学基金获得者
147	法律意识，风险防控和崇廉尚检——由"校园贷"说起	梁立宽　校监察处法制科科长
148	微波能量传输及在生物电磁学中的应用	王身云　南京信息工程大学博士、副教授
149	木质纤维素生物炼制生产燃料乙醇	金明杰　国家"青年千人计划"入选者、南京理工大学环境与生物工程学院教授
150	蛋白质动力学研究	王炜　教授，南京大学匡亚明学院院长、博士生导师、"长江计划"特聘教授

（续）

序号	讲座主题	主讲人及简介
151	光催化固氮-人工合成氨和太阳能转化的新途径	王文中　中国科学院上海硅酸盐研究所高性能陶瓷和超微结构国家重点实验室研究员
152	可见光诱导的有机合成反应	王磊　教授，淮北师范大学党委书记
153	Cycloaddition Reactions for the Synthesis of Heterocyclic Compounds	Michael P. Doyle　得克萨斯大学圣安东尼奥分校教授
154	Exceptional Reactions and Reactivities of Diazo Compounds Accessed via Gold Catalysis	Michael P. Doyle　得克萨斯大学圣安东尼奥分校教授
155	细胞生化反应的建模、分析与模拟分析	Radek Erban　英国牛津大学教授 Albert Goldbeter　比利时布鲁塞尔自由大学教授 Didier Gonze　比利时皇家科学院院士教授 林支桂　扬州大学教授 杨凌　苏州大学教授 颜洁　苏州大学博士
156	实验中心仪器培训	岛津公司工程师
157	Privileged Structures Directed Organocatalytic Cascade Diversity and Complexity Synthesis	王卫　现任美国新墨西哥大学（University of New Mexico）化学系终身正教授、博士生导师
158	等离子体的新技术应用及展望	万京林　南京林业大学教授
159	Nanozymes：Nanomaterials with Enzyme–like Activities	魏辉　国家"青年千人"特聘专家，南京大学教授
160	多模态分子影像探针应用于活体成像分析研究	叶德举　国家"青年千人"特聘专家，南京大学教授
161	Crop Protection Chemical Innovation with Nature Products as an Example	顾玉诚　博士，先正达公司研发总监兼首席科学家
162	杜邦分析学术沙龙	桂蒙　2016级会计硕士研究生 包罗　2016级会计硕士研究生
163	MPAcc案例大赛经验分享	张泓　第六届IMA校园管理会计案例大赛全国亚军
164	农地经营权抵押贷款	徐霁月　2015级金融学硕士研究生 陈强　2015级金融学硕士研究生
165	"职人面对面"银行就业讲座	盛天翔　南京大学商学院博士，南京农业大学金融学院讲师，研究方向为货币金融、商业银行管理
166	农村金融与支农政策工具	董晓林　南京农业大学金融学院教授、博士生导师
167	师兄师姐带你开题带你飞	桑宇　南京农业大学金融学院博士 许玉韫　南京农业大学金融学院博士 肖龙铎　南京农业大学金融学院博士
168	Wind数据库使用技巧培训	常乐　Wind资讯培训讲师
169	农户行为与农村金融改革探索	肖斌卿　南京大学管理科学与工程（金融工程与金融管理）博士，南京大学工程管理学院金融工程副教授，南京大学青年骨干教师

（续）

序号	讲座主题	主讲人及简介
170	State ownership and stock return volatility：New evidence from China's secondary privatisation	迟晶 梅西大学经济与金融学院金融学副教授、博士生导师，注册金融分析师，梅西大学经济与金融学院国际合作委员会主任
171	"世界那么大，我想去看看！"	王琦 阿尔伯塔大学助理研究员，CFA 三级持有者，获南京农业大学、加拿大阿尔伯塔大学硕士双学位
172	Global housing markets and monetary policy spillovers	马俊 美国波士顿东北大学经济系终身教授，中国留美经济学会现任会长
173	《小额信贷和农村扶贫》即《为小农家庭设计数字化的金融服务——来自津巴布韦、塞内加尔、卢旺达和柬埔寨的经验》	卢嘉成 南京农业大学 2016 级金融学硕士研究生 孙楠 南京农业大学 2016 级金融学硕士研究生
174	金融改革与发展	范从来 南京大学校长助理，国家社会科学基金学科评审组专家，国务院学位委员会学科评议组成员，教育部"长江学者"特聘教授，教育部创新团队带头人，国家级教学名师
175	Unpacking Teacher Professional Development：Evidence from a Randomized Evaluation of China's National Teacher Training Program	刘承芳 北京大学现代农学院筹长聘副教授、博士生导师、研究员
176	金融机构入职前职业技能培训	王炜 万得资讯南京分公司培训部负责人 常乐 万得资讯资深培训讲师 于辉 万得资讯资深培训讲师 詹烨 万得资讯资深培训讲师
177	Foreign Strategic Ownership and Minority Shareholder Protection：Evidence from China	Hamish Anderson 新西兰梅西大学金融学教授
178	《信息化与家庭金融市场参与》与《规模农户产业链融资对生产效率的影响研究》	石晓磊 南京农业大学金融学博士研究生 俞靖 南京农业大学金融学硕士研究生
179	从金融生态和功能视角看"三农"互联网金融创新	冯兴元 德国维滕大学经济学博士，中国社会科学院农村发展研究所研究员、博士生导师，《西方现代思想丛书》主编
180	论学术研究之道，讲留美工作之法	陈思 美国马里兰大学斯密斯商学院运筹学博士，莫瑞州立大学商学院终生副教授，美联储圣路易斯分行顾问大数据科学家
181	学术文章写作与投稿中应注意的问题	潘劲 中国社会科学院农村发展研究所研究员、《中国农村经济》和《中国农村观察》总编辑、副社长兼编辑部主任
182	论文选题与写作规范	李玉勤 中国农业科学院农业经济与发展研究所研究员、《农业经济问题》杂志社社长
183	《政策性农业保险理赔评价及影响因素分析》和《农地产权制度改革与农户信贷获得——来自农村改革试验区准实验的研究》	陈燕 南京农业大学金融学博士研究生 周南 南京农业大学金融学硕士研究生

（续）

序号	讲座主题	主讲人及简介
184	《异质性农业经营主体农地经营权抵押贷款信贷可获性分析》和《新型农业经营主体涉农贷款保证保险创新产品响应意愿及影响因素分析》	顾庆康　南京农业大学金融学博士研究生 何婷　南京农业大学金融学硕士研究生
185	当前宏观经济形势分析	周凯　博士，南京大学博士后，江苏省第四期"333"人才，江苏银行风险管理部总经理，南京大学MBA中心、金融系、经济系和南京农业大学金融学院兼职硕士生导师，江苏省第三批产业教授
186	如何做好公务礼仪	邢鹏　南京农业大学校长办公室老师
187	Wind终端实训操作培训	王伟　Wind资讯培训讲师
188	行业与公司研究Wind数据库培训	方甜　Wind资讯培训讲师
189	《小微企业信贷需求的自我抑制：类型、程度与缓解》和《第三方评级对P2P平台成交规模的影响研究》	张晔　南京农业大学2016级金融学硕士研究生 徐婧　南京农业大学2016级金融学硕士研究生
190	我国农村当前发展概况及若干问题研讨	祝云逸　南京农业大学2017级金融学硕士研究生
191	工作论文报告、实证研究方法、英语论文写作和英文杂志投稿、中国问题研究热点以及问题解疑和师生论文评论	张霆　博士，美国代顿大学工商管理学院经济与金融系副教授
192	中国衍生金融市场沿革和现状	荆冰　华泰证券金融创新部副总经理，中央交易室负责人
193	中国财富管理与个人成长规划	查成伟　博士，中国农业银行私人银行部副总裁
194	新会计准则应用研究	唐国平　管理学会计学博士，中国注册会计师。现任中南财经政法大学环境资源会计研究中心主任、会计学院教授、博士生导师
195	证券分析师关注会抑制真实盈余管理吗？	丁方飞　教授，湖南大学工商管理学院院长助理、会计系主任、博士生导师
196	CRISPR技术在植物中的应用	王荣臣　博士，现任中国农业大学生物学院讲师、副教授
197	CLE小分子多肽激素调控植物维管束发育的机理	刘春明　研究员，中国农业科学院作物科学研究所所长，中国作物学会常务理事，中国细胞学会副监事长
198	计算机视觉技术及其在植物表型学领域的应用	韩冀皖　2010年在英国赫特福德大学获得计算机博士学位
199	From fields to cells – a multilayer crop phenomics approach to explore the dynamics between crop performance	周济　英国约翰·英纳斯中心博士
200	Chromosome – length Haplotype Determination Using Genomic Data of Three Gametes 水平基因转移对陆生植物起源和进化的影响	贾震宇　美国加利福尼亚大学河滨分校植物系数量遗传学教授

（续）

序号	讲座主题	主讲人及简介
201	Epigenetic regulation of genome expression，developmental and environmental interaction	钟雪华　博士，美国威斯康星大学麦迪逊分校助理教授
202	Genetic control of thermomorphogenesis in rice	薛勇彪　博士，研究员，博士生导师
203	减数分裂偶线期的初步认识	程祝宽　博士，研究员，博士生导师
204	作物表型组学论坛	Fred Baret　法国农业科学院教授 杨万能　华中农业大学副教授 韩志国　博士，慧诺瑞德北京科技有限公司 宋青峰　博士，中国科学院计算生物学研究所 刘守阳　法国农业科学院博士 王喜庆　中国农业大学教授
205	Western－Blot实验常见问题分析	曹杰　伯乐公司消耗品产品经理
206	水稻科学梦——从传统到现代的基础研究走向应用	万建民　水稻分子遗传与育种专家。现任中国农业科学院副院长、教授、博士生导师。2015年当选为中国工程院院士
207	Typhoon多功能激光分子成像系统的应用及数据分析	徐海滨　GE公司高级产品专员
208	Rapid 3D reconstruction of plants and the benefit for plant phenotyping and robotics	Rick van de Zedde于2004年加入瓦格宁根大学，目前任职高级研究员
209	大豆基因资源多样性的系统解析与开发利用	邱丽娟　博士，中国农业科学院作物科学研究所研究员、博士生导师，中国农业科学院跨世纪学科带头人和杰出人才，农业部有突出贡献的中青年专家
210	The fist presentation about the cell biology experiment and sample preparation	Alison Felicia Pendle　英国约翰英纳斯中心研究员
211	The second presentation on microscopy consideration and equipment used for cell biology procedures	Ali　研究员，长期从事细胞分子生物学研究
212	Genome－wide association analyses for the determination of floret fertility in wheat	Zifeng Guo　Postdoc.，Leibniz Institute of Plant Genetics and Crop Plant Research（IPK），Germany
213	Node－controlled allocation of mineral elements in Poaceae	马建锋　教授，国际著名的植物营养学家
214	The gene balance hypothesis：How changes in chromosomal dosage affect gene expression, the phenotype and ultimately evolutionary processes	James A. Birchler　美国科学院院士
215	Dissecting genetic structure of crop genomes for breeding improvement	Dr. Frank M. You（游明安）　加拿大农业和农产品现代研究和发展中心
216	Wheat Breeding to Enhance Productivity	Ravi P. Singh　国际玉米和小麦改良中心（CIMMYT）博士

（续）

序号	讲座主题	主讲人及简介
217	Research on FHB and Wheat Blast at CIMMYT	Pawan K. Singh 国际玉米和小麦改良中心（CIMMYT）博士
218	Controlling wheat rusts through complex resistance	蔡夏兰 国际玉米和小麦改良中心（CIMMYT）博士
219	Unlocking nature's diversity for disease resistance in wild relatives of wheat	布兰德 英国约翰尼恩斯中心分子植物病理学家和遗传学家
220	大豆抗大豆孢囊线虫 SCN 基因的克隆与鉴定	刘世名 博士，中国农业科学院植物保护研究所研究员、博士生导师
221	Two novel non – coding RNAs with potential roles in plant development	William Bryan Terzaghi 威尔克斯大学生物系教授
222	荧光定量 PCR 在农业领域的应用，荧光定量 PCR 的技术路线及常见疑难问题解析	付杨 Thermo Fisher 基因分析部技术专家
223	From protein targeting to molecular breeding targets	Henrik Aronsson 教授，瑞典哥德堡大学生物与环境科学系主任
224	美国农业部棉花遗传育种研究概况及纤维品质专题研究	方德秋 博士，美国农业部南方研究中心棉花纤维研究部主任、高级研究员。国际棉花基因组研究协调委员会 ICGI 结构基因工作组主席
225	Food for mutualistic and parasitic fungi	王二涛 中组部"青年千人计划"入围者、国家"优秀青年基金"获得者、科学技术部青年"973"首席科学家、国际非豆科植物生物共生固氮研究联盟成员
226	The Challenges Before and After Building Our Automated Crop Phenotyping Platforms	Frédéric Baret 法国农业科学院教授，UMT – Capte 实验室首席科学家
227	Prototyping of an Integrated Field Phenotyping Platform – The University of Tokyo Field Plant Phenotyping Research Laboratory	郭威 日本东京大学农业与生命科学研究院国际场现象学研究实验室助理教授
228	Image sensing techniques for high throughput field phenotyping	刘守阳 目前在法国开展田间作物表型博士后研究
229	Using 3D crop model high – throughput phenotyping data interpretation	Daniel Reynolds 英国约翰英纳斯研究中心博士
230	Releasing the Crop Phenotyping Bottleneck with Remote Sensing and Internet of Things	周济 英国约翰英纳斯研究中心博士
231	基于 CT 成像的植物根系原位表型检测技术研究进展	周学成 教授，工学博士
232	基因组研究助力玉米遗传改良	严建兵 教授，博士生导师
233	Analysis of antisense transcripts in plant genomes	Dr. Yuriy L. Orlov 俄罗斯科学院高级科学家，俄罗斯新西伯利亚细胞学和遗传学研究所行为神经信息学实验室主任

（续）

序号	讲座主题	主讲人及简介
234	Genes for wheat inflorescence architecture: structure, function and evolution	Dr. Oxana B. Dobrovolskaya 俄罗斯新西伯利亚细胞学和遗传学研究所资深科学家
235	台式植物成像系统 Scanalyzer PL 操作说明，叶绿素荧光成像系统 IMAGING－PAM、MINI－PAM 功能特点及操作应用	朱婉露 技术工程师，上海泽泉科技股份有限公司
236	Improving Cellular Tolerance to Abiotic Stress: Electrophysiological, Molecular, Evolutionary, and Systems Modeling approaches	钟华晨 副教授，悉尼西部大学科学与健康学院国际副院长
237	Regulation of Freezing Tolerance and Salicylic Acid－Mediated Immunity by Arabidopsis CBF and CAMTA Transcription Factors	Michael Thomashow 教授，世界著名的植物生物学家，美国科学院院士
238	Ruminating on ten years of research integrating conventional and genomic approaches to peanut genetic improvement	Charles Y. Chen 美国 Auburn University 教授
239	Soybean Improvement in Tennessee	Vince Pantalone 博士，研究项目强调应用型、面向田野的经典植物育种，以及针对开发改良大豆品种和种质资源的分子遗传学研究
240	植物自噬发生过程中蛋白质的泛素化调控机制	肖仕 中山大学生命科学学院教授、有害生物控制与资源利用国家重点实验室 PI、广东省热带亚热带植物资源重点实验室主任
241	Heterotrimeric G proteins are involved in novel immune signaling pathways in Arabidopsis	李剑峰 中山大学生命科学学院教授，博士生导师
242	探讨小麦抗赤霉病 QTL Qfhb1 的生物功能	Prof. Yang Yen（颜旸） South Dakota State University（南达科他州立大学）生物系教授
243	优质水稻、功能性水稻育种进展	胡培松 中国水稻研究所副所长、国家水稻改良中心优质多抗实验室主任
244	Genetic architecture of downy mildew resistances in cucumber	Yiqun Weng（翁益群） 博士，美国农业部农业研究署 USDA－ARS 研究员，美国威斯康星大学 University of Wisconsin－Madison 园艺系副教授
245	Genome editing and its applications in crop improvement	赵云德 美国加利福尼亚大学圣迭戈分校 UCSD 植物科学教授，华中农业大学"千人计划"专家、"长江学者"
246	植物的"视觉"系统	林荣呈 博士，研究员，中国科学院"百人计划"入选者，国家杰出青年科学基金获得者
247	Adaptive response of Arabidopsis roots to sulfur availability	向成斌 教授，博士生导师。中国科学院"百人计划"、教育部"长江计划"特聘教授

（续）

序号	讲座主题	主讲人及简介
248	Anthocyanin over - accumulation is prevented by many layers of repression	Andrew C. Allan 新西兰植物与食品研究所分子生物学资深科学家、奥克兰大学教授
249	大豆适应性的分子遗传基础	孔凡江 农学博士、中国科学院东北地理与农业生态研究所研究员、博士生导师
250	MAPK 级联在植物中的功能：从抗病到生长发育	张舒群 "千人计划"特聘教授
251	"行测申论备战技巧"的专题讲座	过江宁 华图教育老师
252	"解读两会精神，迎接党的十九大"主题讲座	刘俊 南京农业大学马克思主义学院老师
253	Arie Kuyvenhoven 系列讲座	Arie Kuyvenhoven 教授，荷兰瓦格宁根大学发展经济学系荣誉退休教授
254	"燃烧吧脂肪君"主题讲座	张杰 宝力豪健身中山门店私教部主管、专业健身教练
255	"国际比较视野下的中国监管体制建设"专家讲座	杨大力 教授，毕业于美国普林斯顿大学国际关系与比较政治学专业，现任芝加哥大学保尔森研究所董事会成员、百人会会员、美中关系全国委员会会员
256	"Idea 产生、研究开展及国际期刊论文发表"专家讲座	王贤文 大连理工大学人文学部教授
257	"城市活力与消费设施的时空格局与特征"专家讲座	武文杰 英国赫瑞瓦特大学城市系副教授
258	Wojciech Florkowski 系列讲座	Florkowski 美国佐治亚大学 Griffin Campus Department of Agricultural and Applied Economics 教授
259	"制度变革与乡村现代化"专家讲座	刘守英 中国人民大学经济学院教授、博士生导师，中国人民大学新型城镇化协同创新中心主任
260	"乡村转型与社区参与"南京农业大学博士生学科前沿专题讲座	陈雯 二级研究员，中国科学院南京地理与湖泊研究所流域管理与发展研究室主任、博士生导师
261	迎新系列活动之王万茂教授畅谈人生规划讲座	王万茂 教授，博士生导师
262	《中国人口老龄化的多状态变化预测对社会养老保险制度的顶层设计影响及政策仿真研究（2016—2100）——基于国际比较的视角》专家讲座	米红 浙江大学公共管理学院社会保障与风险管理系教授、社会保障兼人口学兼非传统安全管理专业博士生导师，浙江大学人口与发展研究所执行所长
263	"土地科学与土地科学研究"专家讲座	冯广京 研究员，《中国土地科学》和《土地科学动态》杂志社副主编兼执行主编，中国土地勘测规划院研究员，中国土地学会常务理事和学术工作委员会副主任委员，华中科技大学、华中农业大学等高校兼职教授
264	"新常态下的产业用地政策解读"专家讲座	吴飞 南京大学理学博士、研究员，区域经济学专业硕士生导师、高级工程师、经济师，现任江苏省国土资源厅土地利用管理处副处长
265	"新时代、新篇章——党的十九大精神解读"专题讲座	杜何琪 南京农业大学马克思主义学院老师

（续）

序号	讲座主题	主讲人及简介
266	公共管理学院 PS 技术培训讲座	陈佳　南京农业大学研究生摄影协会会长
267	"教育评价指标中伦理维度的导入和评估体系的构筑"专家讲座	刘庆红（Keikoh RYU）　日本早稻田大学公共管理学博士，现任日本经营伦理学会理事、早稻田大学公共政策研究特聘研究员
268	Assessing the Impact of Transgenic RNAi Plants on Non‐target Organisms：Current Knowledge and Future 学术讲座	周序国　美国肯塔基大学昆虫系副教授（终身教授）。肯塔基大学国际中心，国际咨询委员会委员，农业、食品和环境学院国际合作协调员以及生命科学科普推进会主任
269	铜绿假单胞菌毒力因子的表达调控	梁海华　教授，博士生导师。2014 年起任西北大学生命科学学院教授
270	Plant‐microbe interactions：climate and microbiome influences	辛秀芳　美国密歇根州立大学博士后
271	Exploring plant virus‐host interactions based on yeast model host	Peter D. Nagy　美国肯塔基大学教授
272	MAPK signaling in plants：from defense to growth and development	张舒群　里大学教授、国家"千人计划"入选者、浙江大学生命科学学院教授
273	After Plant Root Microbiome，What Next…	Dr. Niu Ben　2012 年至今在哈佛大学医学院微生物与免疫学系从事博士后研究
274	Overcoming insecticide resistance：Detection and management of insecticide‐resistant human lice	John M. Clark　教授，《农药生物化学和生理学》杂志主编
275	1）The path to scientific publication 2）Career development and job hunting strategies in life sciences	朱坤炎　美国堪萨斯州立大学昆虫系教授，研究领域为基因组信息开发新型生物农药和 RNAi 技术在害虫防治的研究
276	烟草天蛾免疫研究的现状与展望	Prof. Haobo Jiang（蒋浩波），1985 年华东理工大学学士、1994 年堪萨斯大学博士。现任俄克拉荷马州立大学昆虫学和植物病理学系杰出教授
277	Electropenetrography（EPG）as a Novel Tool in Plant Bug Feeding Behavior Study	Prof. Megha N. Parajulee　美国昆虫学会 ESA 副主席、美国西南昆虫学会 ESA‐SSE 副主席等
278	质体介导的 RNAi 抗虫机制与应用	张江　教授，博士研究生导师
279	Dissecting downstream signaling pathways in plant NLR immunity	Jane Parker　德国科隆大学马普研究所教授
280	The Fusarium oxysporum Avr2‐Six5 effector pair alters exclusion selectivity of plasmodesmata and targets PTI signalling	Frank Takken　荷兰阿姆斯特丹大学副教授，从事植物病原真菌与寄主植物间的互作相关研究
281	The Arabidopsis SUMO E3 ligase SIZ1 mediates the temperature dependent trade‐off between plant immunity and growth	Harrold van den Burg　博士，荷兰阿姆斯特丹大学助理教授

（续）

序号	讲座主题	主讲人及简介
282	水果果实与病原真菌的互作及其生物防治	刘嘉　教授，巴渝学者，作为 *Biological Control* 副主编和 *World Journal of Microbiology and Biotechnology* 编委。现任重庆文理学院林学与生命科学学院副院长、经济植物生物技术重庆市重点实验室主任
283	Detection of food contaminants by immunoassay test – methods	Sergei A. Eremin，Lomonosov　俄罗斯莫斯科大学教授

附录2　校园文化艺术活动一览表

类别	项目名称	承办单位	活动时间
竞赛类活动	"厚德杯"中华传统文化知识竞赛	园艺学院	3月
	校园十佳歌手大赛	学生会	4～5月
	环保创意设计大赛	学生会	3～4月
	声韵南农	草业学院	3～4月
	"世界说"辩论赛	经济管理学院	3～4月
	班级合唱比赛	生命科学学院	4月
	茗茶佳人茶艺大赛	园艺学院	9月
	外文配音大赛	外国语学院	10～11月
非竞赛类活动	南京农业大学文化素质教育成果展	团委	3月
	"三走"体育季	学生会	4月
	社团巡礼节	社团联合会	4月
	大学生艺术团"礼·乐"专场	大学生艺术团	4月
	紫金中国传统文化周	人文与社会发展院	5月
	跳蚤市场	学生会	6月
	《羞羞的铁拳》南京路演	学生会	9月
	2017级"遇见南农"迎新晚会	学生会、大学生艺术团	9月
	原创话剧《北大荒七君子》	团委	9月
	传统饮食文化展	食品科技学院	9月
	三方会谈	学生会	11月
	第17届在宁高校戏曲票友会	大学生艺术团	11月
	"一二九"火炬接力	学生会	11月
	2018年南京农业大学迎新年联欢晚会	团委	12月

（撰稿：赵士海　王　敏　翟元海　赵玲玲　徐东波　洪海涛　巩　欢　审稿：吴彦宁　姚志友　谭智赟　张　炜　刘玉宝　倪丹梅　姜　萍　许再银　审核：王俊琴）

本 科 生 教 育

【概况】学校坚持"以人为本、德育为先、能力为重、全面发展"的总要求,加强本科教学工程建设,加强教学改革顶层设计,推进人才培养模式与机制改革。经多次研讨新制、修订了《南京农业大学本科生学分制学籍管理规定》(校教发〔2017〕346号)、《南京农业大学教育教学指导委员会议事规则(试行)》、《南京农业大学2017级本科专业大类设置试点方案》(校教发〔2017〕225号)、《基地班、金善宝实验班、菁英班培养工作总结/建设计划》等制度,完成"第一批卓越农林人才教育培养计划改革试点项目"阶段性工作总结、《2016—2017学年本科教学质量报告》、《本科教学工作年报》、教学计划、教学大纲等一系列文件的编制。制订普通高等学校本科教学工作审核评估专家组反馈意见整改方案,继续推进教育教学改革,大力提升本科教学质量。

全员参与招生宣传,吸引优质生源。研究制订《南京农业大学本科招生工作考核与奖励办法(试行)》,调整聘任206名招生宣传联络专员,加强招生宣传队伍建设。新增中学生科普讲座立项20项,面向全校征集"大学生优秀文化科技作品"50余项,拍摄制作各学院师生访谈宣传视频34个、《专业的秘密》宣传片4个。开展科普讲座进校园、植物身份识别活动进中学、大学生文化科技作品展演、校园开放日等共建活动40余次。高考志愿填报期间,组织468名师生累计参加全国23个省(自治区、直辖市)298所中学宣传、87场高考咨询会,较2016年增长21.84%。利用寒假组织1968名优秀学生回访1100余所高中母校,面向全国1175所生源中学发放考研及奖学金喜报2247份。召开全校2017年本科招生就业工作会议。研究制订各类招生简章及工作方案,顺利完成各项招生录取工作。2017年共录取本科生4274人,生源质量稳步提升,在全国31个省(自治区、直辖市)录取分数线高于一本线的平均值持续增长。20个文科招生省份,13个省录取分数线超一本线40分以上;28个理科招生省份,22个省录取分数线超一本线40分以上。江苏录取分数线再创新高,文科超一本线24分,理科超一本线23分,浙江、上海等高考改革省份录取分数线也取得突破,浙江超一段线(相当于一本线)38分,上海超本科线103分。

正式开展大类招生人才培养方案的制订与实施。配合学校大类招生试点工作,适时完成了大类招生人才培养方案修订工作,确立了"大类招生、按类培养、院内分流、专业培养"的试点机制,实行宽口径培养。

完成农学、植物保护专业教育部专业认证(第三级),参与制定专业认证标准。推进环境工程、食品科学与工程专业的国际认证申请。对学校6个省级品牌专业开展中期考核,全面总结建设成效及后期改进措施,同时开展校级品牌专业建设遴选工作,为后续省品牌专业申报做好储备。

与中国高等教育学会教学研究分会共同创设了江苏省高校"学科课程报告系列论坛",并主办了首届"江苏省创新创业课程教材报告论坛"。与高等教育出版社、中国农业出版社分别签署了数字课程出版与建设应用合作协议,出版数字课程16门。继续推进在线开放课程建设与应用,完成了14门省级在线开放课程的上线和正式开课。

大力组织优秀教材建设与申报，获"十三五"江苏省高等学校重点教材建设申报 13 部、农业部"十三五"规划教材 84 部，获批数量在全国农林高校名列榜首。

继续推进教育部农科教合作人才培养基地建设工作，新建 8 个校级实践教学基地。加快推进白马教学科研基地建设，有序进行校内实践教学基地从江浦实验农场向白马教学科研基地的转移，切实保障实践教学的有效开展。加强毕业论文（设计）管理，提高毕业论文（设计）质量，引进"中国知网"大学生论文查重系统。做好毕业论文抽检与省级本专科优秀毕业论文推荐，获省级本科生优秀毕业论文（设计）二等奖 2 项、三等奖 10 项，团队优秀毕业设计 3 个。

通过政策支持、多方合作、夯实基础、重点突破等措施，进一步推进创新创业教育工作。获批立项建设省级深化创新创业教育改革示范高校。组织召开"互联网＋"大学生创新创业大赛总结座谈会，完成"第三届'互联网＋'创新创业大赛总结及学校创新创业竞赛工作建议"。组织申报并立项建设 102 项"国家大学生创新创业训练计划"项目、19 项"江苏省大学生创业训练和创业实践"项目、51 项"江苏省大学生创新创业训练计划"、441 项"校级 SRT 计划"项目、20 项"国家级实验教学示范中心开放"项目、3 项"校级大学生创业计划"项目。

推进人才培养国际化，选派 18 名优秀本科生参加国家留学基金管理委员会"优秀本科生国际交流项目"，申请获批 2018 年"优本"交流项目 8 项。继续实施"四校联盟"计划，做好新疆农业大学、塔里木大学、西北农林科技大学等国内高校在学校交流学生的教学管理工作。

完善发展型资助育人模式。完善学校"四位一体"发展型资助育人工作模式。全年累计发放各类资助 5 000 余万元，实现在校贫困生全覆盖。完善学生网上办事大厅功能，提升贫困生认定科学化。开展贫困生、少数民族贫困生实地家访工作，切实推动资助工作精准化。注重资助类社团建设与发展，以"项目制"为主要机制，夯实受助学生的励志、诚信及感恩实践教育。获评"江苏省百佳学生资助工作单位典型"荣誉称号，连续第六年获评江苏省高校学生资助绩效评价优秀。

研究制订《南京农业大学新疆、西藏籍少数民族学生学业进步奖励办法（试行）》，召开学业交流会、开展英语辅导班、普通话培训会等，激励和帮助学生提升学习能力。注重学生干部的培养，举办"民族团结一家亲，同心共筑中国梦"第二届民族学生演讲比赛、第二届"华夏中国，乡约南农"民俗风采演艺大赛等文体活动，促进各民族学生融合。

研究制订《南京农业大学关于进一步加强和改进新形势下大学生就业工作的实施意见》，明确工作目标和内容。先后与农业部对外经济合作中心、省招生就业中心联合举办了"'猎英行动计划'——农业'走出去'企业校园招聘会"、"江苏省农业类暨南京农业大学 2018 届毕业生专场招聘会"。全年累计接待进校招聘的用人单位 1 520 家，提供岗位数 30 000 余个。推动职业发展辅导队伍团队化建设，先后选送 30 余人次参加相关培训，在校内举办 GCTF 全球职业生涯指导师培训班。以"'禾苗'生涯发展教育工作室"为平台，常态化个体咨询，开展研究生职业发展团体辅导活动等，继续组织"大学生职业生涯规划季"活动。连续第五年获江苏省大学生职业规划大赛"最佳组织奖""优秀指导老师奖"，2 名学子分获特等奖、一等奖；获江苏省第四届就业创业指导教师教学技能大赛

"最佳组织奖"、2名教师分别荣获三等奖及优胜奖。推进创新创业平台建设，推进分阶段、分层次的创新创业教育。设立大学生创业种子基金，制订《南京农业大学大学生创业种子基金管理办法（试行）》。完善创客空间"一站式"服务内容，聘请"三创"导师，开展训练营、主题讲座、创业见面会、第五届创业文化节暨创业项目成果展等活动，开辟"农创集市""智造工坊"两间创业展厅。学校获批"2017—2020年度江苏省大学生创新创业示范基地"挂牌。1名学生入选南京市高层次创业人才引进计划，1个创业项目获评南京市青年大学生优秀创业项目。2017届毕业生年终就业率达96.04％（本科97.08％、硕士94.97％、博士91.50％）、本科生升学率达38.56％，均为近5年来最高。江苏省委组织部选调生录用学生24人，录用人数为全国高校第一。学校顺利通过"江苏省2017年高校毕业生就业创业工作"督查。

招聘专职本科生辅导员7人、"2+3"模式辅导员6人，兼职辅导员21人，充实专兼职辅导员队伍建设。先后选派20名辅导员参加全国各级辅导员骨干培训，举办"学工干部培训暨学生工作创新论坛"，邀请校内外专家对学工系统开展培训，举办学工系统学习中共十九大精神专题报告会，组织全体学工干部参加国家教育行政学院干部在线培训班，构建分层次、多形式的学工干部培训体系。精心组织第四届辅导员职业能力竞赛、辅导员沙龙、线上辅导员微课堂等，进一步促进辅导员专业化、职业化发展。完善学生工作研究团队建设，开展学院学生工作创新奖评选，加强学生教育管理课题及辅导员工作精品项目立项培育，进一步推进"一院一品、一员一品"建设。学工干部全年累计发表论文21篇，获省级及以上课题立项4项，其中1项课题获江苏省高校哲学社会科学研究基金（思想政治工作专项）立项，3项课题获江苏省高校辅导员工作研究专项课题立项。论文成果荣获省级及以上荣誉4项。1人获第九届全国高校辅导员年度人物入围奖、江苏省辅导员年度人物提名奖，1人获第六届江苏高校辅导员职业能力大赛三等奖。

学校有本科专业62个，专业涵盖农学、理学、管理学、工学、经济学、文学、法学、艺术学8个大学科门类。其中，农学类专业13个、理学类专业8个、管理学类专业14个、工学类专业19个、经济学类专业3个、文学类专业2个、法学类专业2个、艺术学类专业1个。在校生17 199人，2017届应届生4 403人，毕业生4 255人，毕业率96.64％；学位授予4 249人，学位授予率96.50％。

【与农业部对外经济合作中心联合举办"'猎英行动计划'——农业'走出去'企业校园招聘会】 3月17日，农业对外经济合作中心"猎英行动计划"——2016—2017毕业季农业'走出去'企业校园招聘活动在学校体育馆举办。此次招聘活动，来自中央部委直属单位、中央企业、社会团体以及17个省（自治区、直辖市）的100余家企业或相关单位提供了4 000多个岗位，吸引了来自华东、华南、华北等地区20多所高校的近万名毕业生参加。农业部对外经济合作中心副主任李岩、江苏省农业委员会副巡视员唐明珍、南京农业大学党委副书记刘营军、副校长胡锋等领导亲临现场指导。

【专业认证】 4月25~27日，教育部专家组正式对学校的农学、植物保护专业进行专业认证（第三级）现场考察工作。本次专业认证工作，是在学校顺利完成本科教学工作审核评估基础上进行的，既是对学校教育教学工作的深度拓展，促进学校主动找问题、提升本科教学质量，又引领了全国高等农业教育发展方向，为完善新时期高等教育质量保障体系建设、提高国家高等农业教育水平作出了新贡献。

[附录]

附录 1　本科按专业招生情况

序号	专业	人数（人）
1	农学	121
2	种子科学与工程	64
3	植物保护	129
4	环境科学与工程类	183
5	园艺	126
6	园林	31
7	设施农业科学与工程	29
8	中药学	45
9	风景园林	60
10	茶学	34
11	动物科学	115
12	水产养殖学	74
13	国际经济与贸易	60
14	农林经济管理	63
15	工商管理类	91
16	动物医学	122
17	动物药学	32
18	食品科学与工程类	181
19	信息管理与信息系统	60
20	计算机科学与技术	60
21	网络工程	60
22	土地资源管理	76
23	人文地理与城乡规划	30
24	行政管理	29
25	人力资源管理	35
26	劳动与社会保障	30
27	英语	77
28	日语	78
29	社会学类	181
30	表演	40
31	信息与计算科学	45
32	应用化学	60
33	统计学	30

（续）

序号	专业	人数（人）
34	生物科学	52
35	生物技术	50
36	生物学基地班	30
37	生命科学与技术基地班	50
38	草业科学	33
39	金融学	92
40	会计学	86
41	投资学	30
42	机械类	597
43	交通运输	129
44	农业电气化	96
45	自动化	120
46	工业工程	126
47	物流工程	92
48	电子信息科学与技术	120
49	工程管理	120
	合计	4 274

附录 2 本科专业设置

学院	专业名称	专业代码	学制	授予学位	设置时间（年）
生命科学学院	生物技术	071002	四	理学	1994
	生物科学	071001	四	理学	1989
农学院	农学	090101	四	农学	1949
	种子科学与工程	090105	四	农学	2006
植物保护学院	植物保护	090103	四	农学	1952
资源与环境科学学院	生态学	071004	四	理学	2001
	农业资源与环境	090201	四	农学	1952
	环境工程	082502	四	工学	1993
	环境科学	082503	四	理学	2001
园艺学院	园艺	090102	四	农学	1974
	园林	090502	四	农学	1983
	中药学	100801	四	理学	1994
	设施农业科学与工程	090106	四	农学	2004
	风景园林	082803	四	工学	2010
	茶学	090107T	四	农学	2015

（续）

学　院	专业名称	专业代码	学制	授予学位	设置时间（年）
动物科技学院	动物科学	090301	四	农　学	1921
无锡渔业学院	水产养殖学	090601	四	农　学	1986
经济管理学院	农林经济管理	120301	四	管理学	1920
	国际经济与贸易	020401	四	经济学	1983
	市场营销	120202	四	管理学	2002
	电子商务	120801	四	管理学	2002
	工商管理	120201K	四	管理学	1992
动物医学院	动物医学	090401	五	农　学	1952
	动物药学	090402	五	农　学	2004
食品科技学院	食品科学与工程	082701	四	工　学	1985
	食品质量与安全	082702	四	工　学	2003
	生物工程	083001	四	工　学	2000
信息科技学院	信息管理与信息系统	120102	四	管理学	1986
	计算机科学与技术	080901	四	工　学	2000
	网络工程	080903	四	工　学	2007
公共管理学院	土地资源管理	120404	四	管理学	1992
	人文地理与城乡规划	070503	四	管理学	1997
	行政管理	120402	四	管理学	2003
	人力资源管理	120206	四	管理学	2000
	劳动与社会保障	120403	四	管理学	2002
外国语学院	英语	050201	四	文　学	1993
	日语	050207	四	文　学	1995
人文与社会发展学院	旅游管理	120901K	四	管理学	1996
	社会学	030301	四	法　学	1996
	公共事业管理	120401	四	管理学	1998
	农村区域发展	120302	四	管理学	2000
	法学	030101K	四	法　学	2002
	表演	130301	四	艺术学	2008
理学院	信息与计算科学	070102	四	理　学	2002
	统计学	071201	四	理　学	2002
	应用化学	070302	四	理　学	2003
草业学院	草业科学	090701	四	农　学	2000
金融学院	金融学	020301K	四	经济学	1984
	会计学	120203K	四	管理学	2000
	投资学	020304	四	经济学	2014

（续）

学 院	专业名称	专业代码	学制	授予学位	设置时间（年）
工学院	机械设计制造及其自动化	080202	四	工 学	1993
	农业机械化及其自动化	082302	四	工 学	1958
	农业电气化	082303	四	工 学	2000
	自动化	080801	四	工 学	2001
	工业工程	120701	四	工 学	2002
	工业设计	080205	四	工 学	2002
	交通运输	081801	四	工 学	2003
	电子信息科学与技术	080714T	四	工 学	2004
	物流工程	120602	四	工 学	2004
	材料成型及控制工程	080203	四	工 学	2005
	工程管理	120103	四	工 学	2006
	车辆工程	080207	四	工 学	2008

注：专业代码后加"T"为特设专业；专业代码后加"K"为国家控制布点专业。

附录3　本科生在校人数统计表

学院	专业名称	学生数（人）	合计（人）
生命科学学院	生物技术	178	691
	生物技术（国家生命科学与技术基地）	216	
	生物科学	176	
	生物科学（国家生物学理科基地）	121	
农学院	农学	477	825
	农学（金善宝实验班）	120	
	种子科学与工程	228	
植物保护学院	植物保护	447	447
资源与环境科学学院	环境工程	103	768
	环境科学	198	
	农业资源与环境	200	
	生态学	86	
	环境科学与工程类	181	
园艺学院	茶学	78	1 270
	风景园林	260	
	设施农业科学与工程	117	
	园林	144	
	园艺	476	
	中药学	195	

（续）

学院	专业名称	学生数（人）	合计（人）
动物科技学院	动物科学	374	402
	动物科学（卓越班）	28	
渔业学院	水产养殖学	163	163
经济管理学院	电子商务	100	1 041
	工商管理	130	
	工商管理类	89	
	国际经济与贸易	221	
	经济管理类（金善宝实验班）	60	
	农林经济管理	282	
	农林经济管理（金善宝实验班）	36	
	市场营销	98	
	土地资源管理（金善宝实验班）	25	
动物医学院	动物科学（金善宝实验班）	52	860
	动物药学	117	
	动物医学	600	
	动物医学（金善宝实验班）	91	
食品科技学院	生物工程	165	747
	食品科学与工程	174	
	食品科学与工程（卓越班）	47	
	食品质量与安全	181	
	食品科学与工程类	180	
信息科技学院	计算机科学与技术	254	737
	网络工程	238	
	信息管理与信息系统	245	
公共管理学院	行政管理	173	980
	劳动与社会保障	114	
	人力资源管理	221	
	人文地理与城乡规划	127	
	土地资源管理	345	
外国语学院	日语	321	647
	英语	326	
人文与社会发展学院	表演	158	913
	法学	197	
	公共事业管理	81	
	旅游管理	143	
	农村区域发展	75	
	社会学	82	
	社会学类	177	

（续）

学院	专业名称	学生数（人）	合计（人）
理学院	统计学	64	508
	信息与计算科学	214	
	应用化学	230	
草业学院	草业科学	102	160
	草业科学（国际班）	58	
金融学院	会计学	318	878
	金融学	435	
	投资学	125	
工学院	材料成型及控制工程	257	5 162
	车辆工程	345	
	电子信息科学与技术	461	
	工程管理	465	
	工业工程	457	
	工业设计	174	
	机械设计制造及其自动化	539	
	交通运输	406	
	农业电气化	268	
	农业机械化及其自动化	322	
	物流工程	345	
	自动化	542	
	机械类	581	
合计			17 199

注：蜂学专业 200 人，系学校与福建农林大学合办，教务处无此批学生名单，故未统计在学生数中。

附录 4 本科生各类奖、助学金情况统计表

类别	级别	奖项	金额（元/人）	总计	
				总人数（次）	总金额（元）
奖学金	国家级	国家奖学金	8 000	164	1 312 000
		国家励志奖学金	5 000	515	2 575 000
	校级	三好学生一等奖学金	1 000	936	936 000
		三好学生二等奖学金	500	1 741	870 500
		单项奖学金	200	1 518	352 000
		金善宝奖学金	1 500	52	78 000
		亚方奖学金	2 000	14	28 000
		先正达奖学金	5 000	6	30 000
		姜波奖助学金	2 000	50	100 000
		仁孝京博奖学金	2 000	20	40 000
		江苏山水集团奖学金	2 000	12	24 000
		台湾奖学金	7 000/6 000	2	13 000

（续）

类别	级别	奖项	金额（元/人）	总计	
				总人数（次）	总金额（元）
助学金	国家级	国家助学金一等助学金	4 000	1 479	5 916 000
		国家助学金二等助学金	3 000	1 267	3 801 000
		国家助学金三等助学金	2 000	1 479	2 958 000
	校级	学校助学金一等助学金	2 000	1 730	3 460 000
		西藏免费教育专业校助	3 000	70	210 000
		学校助学金二等助学金	400	15 566	6 226 400
		唐仲英德育奖学金＊4	4 000	121	484 000
		香港思源奖助学金＊4	4 000	59	236 000
		伯藜助学金＊4	5 000	230	1 150 000
		大北农励志助学金	3 000	40	120 000
		圆梦助学券	5 000	1	5 000

附录5　2017年CSC优秀本科生国际交流一览

表1　2017年实施选派的国家留学基金管理委员会项目

项目名称	留学国别	留学单位	选派人数（人）
南京农业大学与美国佛罗里达大学本科生交流项目	美国	佛罗里达大学	3
南京农业大学与美国加利福尼亚大学戴维斯分校本科生交流项目	美国	加利福尼亚大学戴维斯分校	5
南京农业大学与澳大利亚西澳大学本科生交流学习项目	澳大利亚	西澳大学	1
南京农业大学与英国雷丁大学本科生交流学习项目	英国	雷丁大学	1
南京农业大学与丹麦奥胡斯大学学生交换项目	丹麦	奥胡斯大学	2
南京农业大学与比利时根特大学学生交流项目	比利时	根特大学	3
南京农业大学与新西兰梅西大学学生交流项目	新西兰	梅西大学	4

表2　2017年申请的优秀本科生国际交流项目（2018年实施）

项目类型	项目名称
新增资助项目	南京农业大学与韩国首尔大学本科生交流学习项目
继续资助项目	南京农业大学与美国佛罗里达大学"本科2＋1＋1学生交流项目"
	南京农业大学与美国加利福尼亚大学戴维斯分校本科生交流项目
	南京农业大学与澳大利亚西澳大学本科生交流学习项目
	南京农业大学与丹麦奥胡斯大学学生交换项目
	南京农业大学与英国雷丁大学本科生交流学习项目
	南京农业大学与比利时根特大学学生交流项目
	南京农业大学与新西兰梅西大学学生交流项目

附录6　学生出国（境）交流名单

表1　长期出国（境）交流名单

序号	学院	学号	姓名	项目类别（交换学习/访学项目）	国别/地区	境外接收单位	境外交流期限（年月日）
1	金融学院	32213131	屠堃泰	访学项目	美国	波士顿大学	1月18日至4月21日
2	金融学院	13415228	葛云杰	访学项目	美国	加利福尼亚大学戴维斯分校	8月7日至12月15日
3	园艺学院	14115215	孙云帆	访学项目	美国	加利福尼亚大学戴维斯分校	9月20日至12月15日
4	经济管理学院	19215104	王喆琳	CSC优本项目	美国	加利福尼亚大学戴维斯分校	9月20日至12月15日
5	经济管理学院	16114207	冯一川	CSC优本项目	美国	加利福尼亚大学戴维斯分校	9月20日至12月15日
6	经济管理学院	16115226	龚泽敏	CSC优本项目	美国	加利福尼亚大学戴维斯分校	9月20日至12月15日
7	经济管理学院	16115130	殷柯涵	CSC优本项目	美国	加利福尼亚大学戴维斯分校	9月20日至12月15日
8	生命科学学院	10115208	朱俊樵	CSC优本项目	美国	加利福尼亚大学戴维斯分校	9月20日至12月15日
9	食品科技学院	18115231	高晓格	CSC优本项目	美国	佛罗里达大学	8月21日至12月15日
10	草业学院	15515117	陈奔新	CSC优本项目	美国	佛罗里达大学	8月21日至2018年5月4日
11	食品科技学院	11314104	王紫涵	CSC优本项目	美国	佛罗里达大学	8月21日至12月15日
12	金融学院	22614119	徐一丹	CSC优本项目	丹麦	奥胡斯大学	8月30日至2018年1月31日
13	金融学院	16314316	罗淇丹	CSC优本项目	丹麦	奥胡斯大学	8月30日至2018年1月31日
14	信息科技学院	19314121	郑逸	CSC优本项目	英国	雷丁大学	9月18日至12月8日
15	经济管理学院	14114419	季辟卿	CSC优本项目	新西兰	梅西大学	7月10日至11月15日
16	草业学院	31315227	郭梓繁	2+2本科联合培养项目	美国	罗格斯大学	9月5日至2020年5月31日
17	草业学院	15115128	梅心怡	2+2本科联合培养项目	美国	罗格斯大学	9月5日至2020年5月31日
18	园艺学院	14114209	李凯淞	访学项目	美国	田纳西大学	8月16日至12月14日
19	园艺学院	14114303	王明珠	访学项目	美国	康涅狄格大学	9月12日至12月20日
20	园艺学院	14114220	周颖	访学项目	美国	康涅狄格大学	9月12日至12月20日
21	食品科技学院	32215208	吕勋圣	本硕联合培养项目	法国	里尔科技大学	9月至2020年7月
22	食品科技学院	18115209	胡宇航	本硕联合培养项目	法国	里尔科技大学	9月至2020年7月
23	资源与环境科学学院	13314108	纪玉菲	交换学习项目	比利时	根特大学	2月1日至7月8日

（续）

序号	学院	学号	姓名	项目类别（交换学习/访学项目）	国别/地区	境外接收单位	境外交流期限（年月日）
24	资源与环境科学学院	15114408	刘姝仪	交换学习项目	比利时	根特大学	2月1日至7月8日
25	外国语学院	21214316	汪子珩	交换学习项目	日本	宫崎大学	4月1日至8月31日
26	外国语学院	21214205	古声洁	交换学习项目	日本	千叶大学	4月1日至8月31日
27	外国语学院	21214202	于曼丽	交换学习项目	日本	千叶大学	4月1日至8月31日
28	外国语学院	21213311	宋紫薇	交换学习项目	日本	鹿儿岛县立短期大学	4月1日至8月31日
29	外国语学院	21214222	郇春晓	交换学习项目	日本	鹿儿岛县立短期大学	4月1日至8月31日
30	外国语学院	21214111	余 蓉	交换学习项目	日本	鹿儿岛县立短期大学	4月1日至2018年2月28日
31	外国语学院	21215214	沈冰颖	访学项目	日本	早稻田大学	3月1日至2018年3月1日
32	外国语学院	21214110	吴 妍	访学项目	日本	早稻田大学	3月12日至2018年2月15日
33	外国语学院	2121313	严紫修	访学项目	日本	早稻田大学	3月13日至2018年3月1日
34	外国语学院	21214108	孙陆迪	访学项目	日本	早稻田大学	3月12日至2018年2月15日
35	外国语学院	21215114	张 丞	访学项目	日本	早稻田大学	3月12日至2018年2月15日
36	外国语学院	21214106	匡宗豪	访学项目	日本	大和语言学校	4月5日至2018年6月30日
37	外国语学院	21214213	李 宇	访学项目	日本	大和语言学校	4月5日至2018年6月30日
38	外国语学院	21213122	晏 音	访学项目	日本	大和语言学校	4月7日至6月30日
39	生命科学学院	11313114	陈 茜	交换学习项目	韩国	首尔大学	3月2日至6月30日
40	工学院	32114116	陆媛媛	交换学习项目	韩国	庆北大学	2月28日至6月21日
41	动物医学院	17114321	赵兴婷	交换学习项目	韩国	庆北大学	2月28日至6月21日
42	经济管理学院	16414110	刘 倩	交换学习项目	韩国	庆北大学	2月28日至6月21日
43	农学院	11214127	喻 珺	交换学习项目	韩国	江原大学	2月26日至6月29日
44	食品科技学院	18114105	邓飘惠	交换学习项目	韩国	江原大学	2月26日至6月29日
45	农学院	11214124	高荣嵘	交换学习项目	台湾地区	台湾大学	2月14日至6月26日
46	工学院	30113427	贾缊发	交换学习项目	台湾地区	台湾大学	2月14日至6月26日
47	经济管理学院	16214133	戴聪艺	交换学习项目	台湾地区	中兴大学	2月13日至6月30日
48	经济管理学院	16214121	赵 冰	交换学习项目	台湾地区	中兴大学	2月13日至6月30日
49	人文与社会发展学院	22614229	薛 源	交换学习项目	台湾地区	中兴大学	2月13日至6月30日
50	工学院	31414120	周 悦	交换学习项目	台湾地区	中兴大学	2月13日至6月30日
51	工学院	32114207	孙嘉晨	交换学习项目	台湾地区	中兴大学	2月13日至6月30日
52	动物医学院	17413111	李 鑫	交换学习项目	台湾地区	嘉义大学	2月15日至6月26日
53	外国语学院	21215107	李佳泽	交换学习项目	日本	千叶大学	10月1日至2018年8月31日

（续）

序号	学院	学号	姓名	项目类别（交换学习/访学项目）	国别/地区	境外接收单位	境外交流期限（年月日）
54	外国语学院	21215107	欧文睿	交换学习项目	日本	千叶大学	10 月 1 日至 2018 年 2 月 28 日
55	外国语学院	21214130	腾 飞	交换学习项目	日本	宫崎大学	10 月 1 日至 2018 年 2 月 28 日
56	外国语学院	21215314	李可君	交换学习项目	日本	宫崎大学	10 月 1 日至 2018 年 2 月 28 日
57	外国语学院	21215206	白 雪	交换学习项目	日本	鹿儿岛县立短期大学	10 月 1 日至 2018 年 2 月 28 日
58	外国语学院	21214105	王名芳	交换学习项目	日本	鹿儿岛县立短期大学	10 月 1 日至 2018 年 2 月 28 日
59	外国语学院	21214320	张慧琳	访学项目	日本	早稻田大学	9 月 15 日至 2018 年 3 月 15 日
60	外国语学院	21215215	张文轩	访学项目	日本	早稻田大学	9 月 15 日至 2018 年 8 月 10 日
61	外国语学院	21215322	徐梦妮	访学项目	日本	早稻田大学	9 月 15 日至 2018 年 8 月 31 日
62	外国语学院	21214330	谭鑫歆	访学项目	日本	早稻田大学	9 月 15 日至 2018 年 3 月 15 日
63	外国语学院	21215207	台 畅	访学项目	日本	早稻田大学	9 月 15 日至 2018 年 3 月 15 日
64	外国语学院	19214224	路 霄	访学项目	日本	早稻田大学	9 月 15 日至 2018 年 8 月 20 日
65	外国语学院	15114328	曾雪婷	访学项目	日本	早稻田大学	9 月 15 日至 2018 年 8 月 31 日
66	外国语学院	15514130	曹 倩	访学项目	日本	早稻田大学	9 月 15 日至 2018 年 8 月 31 日
67	外国语学院	21214124	龚丹青	访学项目	日本	大和语言学校	10 月 4 日至 2018 年 6 月 1 日
68	外国语学院	21214125	韩芷若	访学项目	日本	大和语言学校	10 月 4 日至 2018 年 6 月 1 日
69	外国语学院	22213212	刘宇鎔	访学项目	日本	大和语言学校	10 月 4 日至 2018 年 6 月 1 日
70	植物保护学院	12115415	张立颖	交换学习项目	韩国	首尔大学	9 月 1 日至 2018 年 1 月 1 日
71	经济管理学院	16115210	何佳静	交换学习项目	韩国	首尔大学	9 月 1 日至 2018 年 1 月 1 日
72	人文与社会发展学院	22315121	陈婧妮	交换学习项目	韩国	庆北大学	8 月 28 日至 2018 年 1 月 31 日
73	经济管理学院	16515125	胡倩雯	交换学习项目	韩国	庆北大学	8 月 28 日至 12 月 18 日
74	外国语学院	21115103	孔阿昕	交换学习项目	韩国	江原大学	8 月 28 日至 2018 年 1 月 11 日
75	经济管理学院	14115311	杨敬茹	交换学习项目	韩国	江原大学	8 月 28 日至 2018 年 1 月 11 日
76	金融学院	14115326	黄 涵	交换学习项目	台湾地区	台湾大学	9 月 4 日至 2018 年 1 月 15 日
77	农学院	11214110	李婉钰	交换学习项目	台湾地区	台湾大学	9 月 4 日至 2018 年 1 月 15 日
78	公共管理学院	16915201	马 祥	交换学习项目	台湾地区	中兴大学	9 月 11 日至 2018 年 1 月 31 日
79	工学院	32315425	高竹轩	交换学习项目	台湾地区	中兴大学	9 月 11 日至 2018 年 1 月 31 日
80	公共管理学院	16914208	李子琦	交换学习项目	台湾地区	中兴大学	9 月 11 日至 2018 年 1 月 31 日
81	工学院	31415303	孔誉婷	交换学习项目	台湾地区	中兴大学	9 月 11 日至 2018 年 1 月 31 日
82	经济管理学院	16415123	赵谦诚	交换学习项目	台湾地区	嘉义大学	9 月 13 日至 2018 年 1 月 22 日

表 2　短期出国（境）交流名单

序号	学院	学号	姓名	项目类别/名称	国别（地区）	境外接收单位	出访日期
1	农学院	14814108	刘　艺	学术交流	美国	加利福尼亚大学戴维斯分校	1 月 17 日至 2 月 8 日
2	农学院	14114318	张嘉会	学术交流	美国	加利福尼亚大学戴维斯分校	1 月 17 日至 2 月 8 日
3	农学院	32313130	雷康琦	学术交流	美国	加利福尼亚大学戴维斯分校	1 月 17 日至 2 月 8 日
4	农学院	11113228	徐晨哲	学术交流	美国	加利福尼亚大学戴维斯分校	1 月 17 日至 2 月 8 日
5	农学院	11213127	夏树凤	学术交流	美国	加利福尼亚大学戴维斯分校	1 月 17 日至 2 月 8 日
6	农学院	11215116	侯金凤	学术交流	美国	加利福尼亚大学戴维斯分校	1 月 17 日至 2 月 8 日
7	农学院	19314228	商冠东	学术交流	美国	加利福尼亚大学戴维斯分校	1 月 17 日至 2 月 8 日
8	农学院	11114123	姜智胜	学术交流	美国	加利福尼亚大学戴维斯分校	1 月 17 日至 2 月 8 日
9	农学院	11115427	袁苏凡	学术交流	美国	加利福尼亚大学戴维斯分校	1 月 17 日至 2 月 8 日
10	农学院	11114126	郭世耸	学术交流	美国	加利福尼亚大学戴维斯分校	1 月 17 日至 2 月 8 日
11	农学院	14113118	陈　川	学术交流	美国	加利福尼亚大学戴维斯分校	1 月 17 日至 2 月 8 日
12	农学院	11214208	刘玉龙	学术交流	美国	加利福尼亚大学戴维斯分校	1 月 17 日至 2 月 8 日
13	农学院	12115413	沈小璐	学术交流	美国	加利福尼亚大学戴维斯分校	1 月 17 日至 2 月 8 日
14	农学院	11213105	包秀浩	学术交流	美国	加利福尼亚大学戴维斯分校	1 月 17 日至 2 月 8 日
15	农学院	11114101	丁志锋	学术交流	美国	加利福尼亚大学戴维斯分校	1 月 17 日至 2 月 8 日
16	农学院	33315107	庄宇萌	学术交流	美国	加利福尼亚大学戴维斯分校	1 月 17 日至 2 月 8 日
17	农学院	33115119	张笑凡	学术交流	美国	加利福尼亚大学戴维斯分校	1 月 17 日至 2 月 8 日
18	农学院	11214217	吴赜旭	学术交流	美国	加利福尼亚大学戴维斯分校	1 月 17 日至 2 月 8 日

（续）

序号	学院	学号	姓名	项目类别/名称	国别（地区）	境外接收单位	出访日期
19	农学院	11113303	王睿	学术交流	美国	加利福尼亚大学戴维斯分校	1月17日至2月8日
20	农学院	12114317	郑爽	学术交流	美国	加利福尼亚大学戴维斯分校	1月17日至2月8日
21	农学院	33313225	孟旖	学术交流	美国	加利福尼亚大学戴维斯分校	1月17日至2月8日
22	农学院	11114306	刘昊泽	学术交流	美国	加利福尼亚大学戴维斯分校	1月17日至2月8日
23	农学院	11113301	王佳奇	学术交流	美国	加利福尼亚大学戴维斯分校	1月17日至2月8日
24	农学院	31115129	韩子旭	学术交流	美国	加利福尼亚大学戴维斯分校	1月17日至2月8日
25	农学院	23214107	冯冠华	学术交流	美国	加利福尼亚大学戴维斯分校	1月17日至2月8日
26	动物医学院	13613227	童泽鑫	学术交流	美国	加利福尼亚大学戴维斯分校	1月22日至2月11日
27	动物医学院	17113218	张琰雯	学术交流	美国	加利福尼亚大学戴维斯分校	1月22日至2月11日
28	动物医学院	17413116	张鸿宇	学术交流	美国	加利福尼亚大学戴维斯分校	1月22日至2月11日
29	植物保护学院	12114216	陆雅雯	学术交流	美国	加利福尼亚大学戴维斯分校	1月22日至2月11日
30	植物保护学院	12114210	许洁	学术交流	美国	加利福尼亚大学戴维斯分校	1月22日至2月11日
31	植物保护学院	12114128	湛安然	学术交流	美国	加利福尼亚大学戴维斯分校	1月22日至2月11日
32	植物保护学院	12114201	王冉	学术交流	美国	加利福尼亚大学戴维斯分校	1月22日至2月11日
33	食品科技学院	18214224	钟舒睿	学术交流	美国	加利福尼亚大学戴维斯分校	1月22日至2月11日
34	食品科技学院	33314430	蔡昭贤	学术交流	美国	加利福尼亚大学戴维斯分校	1月22日至2月11日
35	食品科技学院	18214124	徐逸文	学术交流	美国	加利福尼亚大学戴维斯分校	1月22日至2月11日
36	食品科技学院	18114211	李彤	学术交流	美国	加利福尼亚大学戴维斯分校	1月22日至2月11日

（续）

序号	学院	学号	姓名	项目类别/名称	国别（地区）	境外接收单位	出访日期
37	食品科技学院	18414123	施 磊	学术交流	美国	加利福尼亚大学戴维斯分校	1月22日至2月11日
38	园艺学院	14114428	梁冬怡	学术交流	美国	加利福尼亚大学戴维斯分校	1月22日至2月11日
39	园艺学院	14614130	韩 笑	学术交流	美国	加利福尼亚大学戴维斯分校	1月22日至2月11日
40	园艺学院	31114313	张 艺	学术交流	美国	加利福尼亚大学戴维斯分校	1月22日至2月11日
41	园艺学院	14414124	徐 菁	学术交流	美国	加利福尼亚大学戴维斯分校	1月22日至2月11日
42	生命科学学院	10114115	陈 豪	学术交流	美国	加利福尼亚大学戴维斯分校	1月22日至2月11日
43	草业学院	15514132	裴同同	学术交流	美国	加利福尼亚大学戴维斯分校	1月22日至2月11日
44	资源与环境科学学院	13613117	杨可铭	学术交流	美国	加利福尼亚大学戴维斯分校	1月22日至2月11日
45	资源与环境科学学院	13614201	王文姬	学术交流	美国	加利福尼亚大学戴维斯分校	1月22日至2月11日
46	资源与环境科学学院	13613206	王 滢	学术交流	美国	加利福尼亚大学戴维斯分校	1月22日至2月11日
47	资源与环境科学学院	13614211	孙佳音	学术交流	美国	加利福尼亚大学戴维斯分校	1月22日至2月11日
48	资源与环境科学学院	13614121	郑利华	学术交流	美国	加利福尼亚大学戴维斯分校	1月22日至2月11日
49	资源与环境科学学院	13414219	陈丹丹	学术交流	美国	加利福尼亚大学戴维斯分校	1月22日至2月11日
50	资源与环境科学学院	13314122	高 丹	学术交流	美国	加利福尼亚大学戴维斯分校	1月22日至2月11日
51	动物科技学院	15114409	刘梦瑶	学术交流	美国	加利福尼亚大学戴维斯分校	1月22日至2月11日
52	渔业学院	35114223	施文博	学术交流	美国	加利福尼亚大学戴维斯分校	1月22日至2月11日
53	工学院	32214402	王佳妮	短期访学	美国	加利福尼亚大学圣地亚哥分校	2月2日至2月25日
54	工学院	30215320	罗钰淇	短期访学	美国	加利福尼亚大学圣地亚哥分校	2月2日至2月25日

（续）

序号	学院	学号	姓名	项目类别/名称	国别（地区）	境外接收单位	出访日期
55	植物保护学院	12116325	黄曦	短期访学	加拿大	英属哥伦比亚大学	7月15日至8月15日
56	园艺学院	14216111	杨依青	短期访学	加拿大	英属哥伦比亚大学	7月15日至8月15日
57	金融学院	16815217	吴琦	短期访学	加拿大	英属哥伦比亚大学	7月15日至8月15日
58	外国语学院	21216216	胡宇凌	短期访学	加拿大	英属哥伦比亚大学	7月15日至8月15日
59	经济管理学院	19314115	沈彤	短期访学	加拿大	英属哥伦比亚大学	7月15日至8月15日
60	金融学院	16315419	徐清妍	短期访学	加拿大	英属哥伦比亚大学	7月15日至8月15日
61	经济管理学院	19115104	王颖	短期访学	加拿大	英属哥伦比亚大学	7月15日至8月15日
62	食品科技学院	18214206	王潇	短期访学	加拿大	英属哥伦比亚大学	7月15日至8月15日
63	食品科技学院	18215103	王智婷	短期访学	加拿大	英属哥伦比亚大学	7月15日至8月15日
64	公共管理学院	22715124	须畅	短期访学	加拿大	英属哥伦比亚大学	7月15日至8月15日
65	外国语学院	21216314	张诩	短期访学	加拿大	英属哥伦比亚大学	7月15日至8月15日
66	食品科技学院	18215102	王米其	短期访学	加拿大	英属哥伦比亚大学	7月15日至8月15日
67	金融学院	16315417	庞蕾	短期访学	加拿大	英属哥伦比亚大学	7月15日至8月15日
68	公共管理学院	20215211	何彦北	短期访学	加拿大	英属哥伦比亚大学	7月15日至8月15日
69	食品科技学院	18415213	张志飞	短期访学	加拿大	英属哥伦比亚大学	7月15日至8月15日
70	金融学院	27115115	张婧	短期访学	美国	加利福尼亚大学戴维斯分校	8月7日至9月15日
71	动物医学院	30114131	曾梓菡	短期访学	美国	加利福尼亚大学戴维斯分校	8月7日至9月15日
72	经济管理学院	16714105	刘心怡	短期访学	美国	加利福尼亚大学戴维斯分校	8月7日至9月15日
73	经济管理学院	16215116	张雅楠	短期访学	美国	加利福尼亚大学戴维斯分校	8月7日至9月15日
74	经济管理学院	32315324	顾天宇	短期访学	美国	加利福尼亚大学戴维斯分校	8月7日至9月15日
75	动物医学院	31314208	孙晔	短期访学	美国	加利福尼亚大学戴维斯分校	8月7日至9月15日
76	公共管理学院	32114203	史沁怡	短期访学	美国	加利福尼亚大学戴维斯分校	8月7日至9月15日
77	金融学院	16815226	胡昕玥	短期访学	美国	加利福尼亚大学戴维斯分校	8月7日至9月15日
78	工学院	30215308	刘佳琦	短期访学	德国	科隆大学	7月23日至8月11日
79	工学院	30214110	孙唯寅	短期访学	德国	科隆大学	7月23日至8月11日
80	工学院	30315222	贺泽佳	短期访学	德国	科隆大学	7月23日至8月11日
81	工学院	33116212	李丽渝	短期访学	德国	科隆大学	7月23日至8月11日

（续）

序号	学院	学号	姓名	项目类别/名称	国别（地区）	境外接收单位	出访日期
82	工学院	33115317	张天宇	短期访学	德国	科隆大学	7月23日至8月11日
83	工学院	33214205	叶筱卉	短期访学	德国	科隆大学	7月23日至8月11日
84	工学院	31415101	王一楠	短期访学	德国	科隆大学	7月23日至8月11日
85	食品科技学院	18414128	董薇	短期访学	英国	雷丁大学	7月24日至8月4日
86	食品科技学院	18414228	唐婉箫	短期访学	英国	雷丁大学	7月24日至8月4日
87	食品科技学院	12114207	朱颖洁	短期访学	英国	雷丁大学	7月24日至8月4日
88	食品科技学院	32114221	周雅雯	短期访学	英国	雷丁大学	7月24日至8月4日
89	食品科技学院	18114109	孙惠悦	短期访学	英国	雷丁大学	7月24日至8月4日
90	食品科技学院	18115106	厉雪莹	短期访学	英国	雷丁大学	7月24日至8月4日
91	食品科技学院	18115225	范丹君	短期访学	英国	雷丁大学	7月24日至8月4日
92	食品科技学院	18116111	许嘉敏	短期访学	英国	雷丁大学	7月24日至8月4日
93	动物医学院	17113114	纪玉洁	学术交流	美国	加利福尼亚大学戴维斯分校	7月31日至8月18日
94	动物医学院	31114327	隋艺	学术交流	美国	加利福尼亚大学戴维斯分校	7月31日至8月18日
95	动物医学院	17114228	薛洋	学术交流	美国	加利福尼亚大学戴维斯分校	7月31日至8月18日
96	动物医学院	17114222	袁兰馨	学术交流	美国	加利福尼亚大学戴维斯分校	7月31日至8月18日
97	动物医学院	17114306	史嘉雯	学术交流	美国	加利福尼亚大学戴维斯分校	7月31日至8月18日
98	动物医学院	17113433	戴秋颖	学术交流	美国	加利福尼亚大学戴维斯分校	7月31日至8月18日
99	动物医学院	30214107	吕丽蕾	学术交流	美国	加利福尼亚大学戴维斯分校	7月31日至8月18日
100	动物医学院	17114116	袁宸	学术交流	美国	加利福尼亚大学戴维斯分校	7月31日至8月18日
101	动物科技学院	15114324	陶瑞鑫	学术交流	美国	加利福尼亚大学戴维斯分校	7月31日至8月18日
102	动物科技学院	15114420	陈安格	学术交流	美国	加利福尼亚大学戴维斯分校	7月31日至8月18日
103	动物科技学院	15114411	纪虹羽	学术交流	美国	加利福尼亚大学戴维斯分校	7月31日至8月18日
104	动物科技学院	15115125	贾璐	学术交流	美国	加利福尼亚大学戴维斯分校	7月31日至8月18日

（续）

序号	学院	学号	姓名	项目类别/名称	国别（地区）	境外接收单位	出访日期
105	动物科技学院	21115111	沃野千里	学术交流	美国	加利福尼亚大学戴维斯分校	7月31日至8月18日
106	动物科技学院	15115403	方煜萌	学术交流	美国	加利福尼亚大学戴维斯分校	7月31日至8月18日
107	动物科技学院	15115327	潘斌	学术交流	美国	加利福尼亚大学戴维斯分校	7月31日至8月18日
108	经济管理学院	18113112	杨宗耀	学术交流	美国	普渡大学	8月27日至9月9日
109	经济管理学院	20113218	张荻	学术交流	美国	普渡大学	8月27日至9月9日
110	经济管理学院	20113118	张静宇	学术交流	美国	普渡大学	8月27日至9月9日
111	经济管理学院	11113230	彭贝贝	学术交流	美国	普渡大学	8月27日至9月9日
112	经济管理学院	11213103	石颖	学术交流	美国	普渡大学	8月27日至9月9日
113	经济管理学院	16113101	王文钰	学术交流	美国	普渡大学	8月27日至9月9日
114	经济管理学院	31313102	丰家傲	学术交流	美国	普渡大学	8月27日至9月9日
115	经济管理学院	20113221	周梦飞	学术交流	美国	普渡大学	8月27日至9月9日
116	经济管理学院	14113425	章丹	学术交流	美国	普渡大学	8月27日至9月9日
117	经济管理学院	16114114	沈允	学术交流	美国	普渡大学	8月27日至9月9日
118	经济管理学院	19115104	王颖	学术交流	美国	普渡大学	8月27日至9月9日
119	经济管理学院	16115107	包佳怡	学术交流	美国	普渡大学	8月27日至9月9日
120	经济管理学院	11614125	洪甘霖	学术交流	美国	普渡大学	8月27日至9月9日
121	经济管理学院	13615223	金宇	学术交流	美国	普渡大学	8月27日至9月9日
122	经济管理学院	16115215	周天昊	学术交流	美国	普渡大学	8月27日至9月9日
123	经济管理学院	11613130	谢翊澜	学术交流	美国	普渡大学	8月27日至9月9日
124	经济管理学院	12114425	袁婧	学术交流	美国	普渡大学	8月27日至9月9日
125	经济管理学院	14115131	梁靖雯	学术交流	美国	普渡大学	8月27日至9月9日
126	经济管理学院	16115223	袁菱苒	学术交流	美国	普渡大学	8月27日至9月9日
127	经济管理学院	16214117	陈凯诚	学术交流	美国	普渡大学	8月27日至9月9日
128	经济管理学院	30315304	史芳冰	学术交流	美国	普渡大学	8月27日至9月9日
129	经济管理学院	16114120	赵怡文	学术交流	美国	普渡大学	8月27日至9月9日
130	经济管理学院	16114216	张驰	学术交流	美国	普渡大学	8月27日至9月9日
131	经济管理学院	11615106	刘子琦	学分课程	英国	伦敦政经学院	7月31日至8月18日
132	金融学院	21115102	王佳艺	学分课程	英国	伦敦政经学院	7月31日至8月18日
133	金融学院	16314126	高菁	商务英语课程	英国	伦敦政经学院	7月31日至8月18日
134	金融学院	14115330	董雯	学分课程	英国	伦敦政经学院	7月31日至8月18日
135	金融学院	16815123	钟雪婷	学分课程	英国	伦敦政经学院	7月31日至8月18日
136	工学院	31416401	丁宁	语言文化课程	美国	加利福尼亚大学圣地亚哥分校	7月31日至8月25日

（续）

序号	学院	学号	姓名	项目类别/名称	国别（地区）	境外接收单位	出访日期
137	食品科技学院	18214131	温雅迪	语言文化课程	美国	加利福尼亚大学圣地亚哥分校	7月31日至8月25日
138	动物科技学院	15115418	高弋凡	语言文化课程	美国	加利福尼亚大学圣地亚哥分校	7月31日至8月25日
139	工学院	31315325	袁嘉敏	语言文化课程	美国	加利福尼亚大学圣地亚哥分校	7月31日至8月25日
140	工学院	31415423	郭晏希	语言文化课程	美国	加利福尼亚大学圣地亚哥分校	7月31日至8月25日
141	信息科技学院	33315230	蒋睿吟	语言文化课程	美国	加利福尼亚大学圣地亚哥分校	7月31日至8月25日
142	工学院	32215228	梅钧益	短期专业学习课程	美国	波士顿大学	7月17日至8月11日
143	金融学院	30115105	王塑华	语言文化课程	美国	哥伦比亚大学	7月17日至8月11日
144	人文与社会发展学院	22214202	王昭珍	语言文化课程	美国	哥伦比亚大学	7月17日至8月11日
145	生命科学学院	11314213	沈彤	学分课程	美国	宾夕法尼亚大学	6月28日至8月5日
146	人文与社会发展学院	22315103	王安琪	语言文化课程	美国	宾夕法尼亚大学	8月1日至8月25日
147	金融学院	27116107	刘昕仪	语言文化课程	美国	宾夕法尼亚大学	8月1日至8月25日
148	生命科学学院	11315209	李天杨	语言文化课程	美国	宾夕法尼亚大学	8月1日至8月25日
149	工学院	30215412	李章骁	实习项目	香港地区	香港信华教育国际集团	8月6日至8月12日
150	园艺学院	14115429	蒋梦凡	实习项目	香港地区	香港信华教育国际集团	7月16日至7月22日
151	金融学院	16314216	张艺博	实习项目	香港地区	香港信华教育国际集团	7月9日至7月15日
152	经济管理学院	16215109	闫子玉	实习项目	香港地区	香港信华教育国际集团	7月9日至7月15日
153	信息科技学院	32316317	张朕鑫	实习项目	香港地区	香港信华教育国际集团	7月16日至7月22日
154	工学院	30114209	许璐	实习项目	香港地区	香港信华教育国际集团	8月20日至8月26日
155	金融学院	16815109	芮菁	实习项目	香港地区	香港信华教育国际集团	7月23日至7月29日
156	经济管理学院	21214306	尹岱轩	实习项目	香港地区	香港信华教育国际集团	1月15日至1月21日

（续）

序号	学院	学号	姓名	项目类别/名称	国别（地区）	境外接收单位	出访日期
157	经济管理学院	21214328	蔡 倪	实习项目	香港地区	香港信华教育国际集团	1月15日至1月21日
158	人文与社会发展学院	31115306	伍婧芸	实习项目	香港地区	香港信华教育国际集团	2月5日至2月11日
159	园艺学院	14613108	包 菡	寒假语言文化研修	日本	宫崎大学	1月21日至2月4日
160	外国语学院	21214226	徐 冕	寒假语言文化研修	日本	宫崎大学	1月21日至2月4日
161	外国语学院	21114306	刘濛濛	寒假语言文化研修	日本	宫崎大学	1月21日至2月4日
162	外国语学院	21215112	宋虞德懿	暑期语言文化研修	日本	宫崎大学	7月8日至8月2日
163	外国语学院	21216212	张婧楠	暑期语言文化研修	日本	宫崎大学	7月8日至8月2日
164	外国语学院	21215210	孙悦怡	暑期语言文化研修	日本	宫崎大学	7月8日至8月2日
165	外国语学院	21215203	王雪姝	暑期语言文化研修	日本	宫崎大学	7月8日至8月2日
166	外国语学院	21215211	劳琪惠	暑期语言文化研修	日本	宫崎大学	7月8日至8月2日
167	植物保护学院	12115321	邵子恺	短期访学	日本	千叶大学	5月27日至6月5日
168	植物保护学院	12114304	平 川	短期访学	日本	千叶大学	5月27日至6月5日
169	植物保护学院	12115317	张天一	短期访学	日本	千叶大学	5月27日至6月5日
170	植物保护学院	12114229	蔡雅真	短期访学	日本	千叶大学	5月27日至6月5日
171	植物保护学院	12115107	方靖怡	短期访学	日本	千叶大学	5月27日至6月5日
172	植物保护学院	12115316	张子涵	短期访学	日本	千叶大学	5月27日至6月5日
173	植物保护学院	12115216	李 馨	短期访学	日本	千叶大学	5月27日至6月5日
174	植物保护学院	12115315	沈慧雯	短期访学	日本	千叶大学	5月27日至6月5日
175	植物保护学院	12114130	薛 兰	短期访学	日本	千叶大学	5月27日至6月5日
176	植物保护学院	12113128	符 蓉	短期访学	日本	千叶大学	5月27日至6月5日
177	植物保护学院	12113424	唐遥路	短期访学	日本	千叶大学	5月27日至6月5日
178	植物保护学院	12114228	蔡雅洁	短期访学	日本	千叶大学	5月27日至6月5日
179	植物保护学院	12114409	宋吉强	短期访学	日本	千叶大学	5月27日至6月5日
180	植物保护学院	12115213	李诗菡	短期访学	日本	千叶大学	5月27日至6月5日
181	植物保护学院	12115403	吕 柯	短期访学	日本	千叶大学	5月27日至6月5日
182	植物保护学院	12114203	牛跃迪	短期访学	日本	千叶大学	5月27日至6月5日
183	植物保护学院	12115217	杨麦伦	短期访学	日本	千叶大学	5月27日至6月5日
184	植物保护学院	12114308	仲 键	短期访学	日本	千叶大学	5月27日至6月5日
185	植物保护学院	12114414	张 晨	短期访学	日本	千叶大学	5月27日至6月5日
186	植物保护学院	12113329	彭 倩	短期访学	日本	千叶大学	5月27日至6月5日
187	公共管理学院	20214216	胡博文	中新大学生交流计划	新加坡	新加坡国立大学	7月17日至7月31日
188	公共管理学院	20214201	马筠程	中新大学生交流计划	新加坡	新加坡国立大学	7月17日至7月31日

（续）

序号	学院	学号	姓名	项目类别/名称	国别（地区）	境外接收单位	出访日期
189	农学院	14415214	何佳琦	中新大学生交流计划	新加坡	新加坡国立大学	7 月 17 日至 7 月 31 日
190	农学院	11114414	但柯伽	中新大学生交流计划	新加坡	新加坡国立大学	7 月 17 日至 7 月 31 日
191	经济管理学院	21115314	杨明春	中新大学生交流计划	新加坡	新加坡国立大学	7 月 17 日至 7 月 31 日
192	经济管理学院	21115308	许孙旭	中新大学生交流计划	新加坡	新加坡国立大学	7 月 17 日至 7 月 31 日
193	园艺学院	14615216	张祥洋	中新大学生交流计划	新加坡	新加坡国立大学	7 月 17 日至 7 月 31 日
194	园艺学院	14215123	曹妍彦	中新大学生交流计划	新加坡	新加坡国立大学	7 月 17 日至 7 月 31 日
195	植物保护学院	12116327	舒培涵	中新大学生交流计划	新加坡	新加坡国立大学	7 月 17 日至 7 月 31 日
196	资源与环境科学学院	33315220	陈思桥	中新大学生交流计划	新加坡	新加坡国立大学	7 月 17 日至 7 月 31 日
197	资源与环境科学学院	13415113	宋明阳	中新大学生交流计划	新加坡	新加坡国立大学	7 月 17 日至 7 月 31 日
198	信息科学技术学院	19315222	何 艺	暑期学校	韩国	庆北大学	7 月 24 日至 8 月 5 日
199	经济管理学院	16215117	金 香	暑期学校	韩国	庆北大学	7 月 24 日至 8 月 5 日
200	外国语学院	21115126	赖炫坤	暑期学校	韩国	庆北大学	7 月 24 日至 8 月 5 日
201	理学院	35115224	施 展	暑期学校	韩国	庆北大学	7 月 24 日至 8 月 5 日
202	公共管理学院	31115322	周玮群	暑期学校	韩国	庆北大学	7 月 24 日至 8 月 5 日
203	人文与社会发展学院	22615203	叶雅冰	暑期学校	韩国	庆北大学	7 月 24 日至 8 月 5 日
204	金融学院	35115224	郭露秋	暑期学校	韩国	庆北大学	7 月 24 日至 8 月 5 日
205	园艺学院	22615203	涂蓓玉	暑期学校	韩国	庆北大学	7 月 24 日至 8 月 5 日
206	园艺学院	14215105	叶钰珊	暑期学校	韩国	庆北大学	7 月 24 日至 8 月 5 日
207	园艺学院	14615205	闫 瑾	暑期学校	韩国	庆北大学	7 月 24 日至 8 月 5 日
208	园艺学院	31115322	高根红	暑期学校	韩国	庆北大学	7 月 24 日至 8 月 5 日
209	外国语学院	13613208	白 钰	日语·日本文化研修项目	日本	日本石川县厅	7 月 30 日至 8 月 26 日
210	外国语学院	21214312	李书辉	日语·日本文化研修项目	日本	日本石川县厅	7 月 30 日至 8 月 26 日
211	外国语学院	21214215	李梦薇	日语·日本文化研修项目	日本	日本石川县厅	7 月 30 日至 8 月 26 日

（续）

序号	学院	学号	姓名	项目类别/名称	国别（地区）	境外接收单位	出访日期
212	外国语学院	30213106	刘 畅	日语·日本文化研修项目	日本	日本石川县厅	7月30日至8月26日
213	外国语学院	21215111	宋佳丽	日语·日本文化研修项目	日本	日本石川县厅	7月30日至8月26日
214	外国语学院	21214321	陈 凯	日语·日本文化研修项目	日本	日本石川县厅	7月30日至8月26日
215	园艺学院	14114110	杨 晨	短期访学	日本	千叶大学	7月31日至8月6日
216	园艺学院	14114206	孙一锦	短期访学	日本	千叶大学	7月31日至8月6日
217	园艺学院	14115401	马 林	短期访学	日本	千叶大学	7月31日至8月6日
218	园艺学院	14115210	朱奕凡	短期访学	日本	千叶大学	7月31日至8月6日
219	园艺学院	14115415	汪雯珺	短期访学	日本	千叶大学	7月31日至8月6日
220	园艺学院	14116207	朱品清	短期访学	日本	千叶大学	7月31日至8月6日
221	园艺学院	14116225	徐 昇	短期访学	日本	千叶大学	7月31日至8月6日
222	园艺学院	14116226	黄艺清	短期访学	日本	千叶大学	7月31日至8月6日
223	园艺学院	14116315	张颜茹	短期访学	日本	千叶大学	7月31日至8月6日
224	园艺学院	14116327	郭 霖	短期访学	日本	千叶大学	7月31日至8月6日
225	园艺学院	14116330	喻梦潇	短期访学	日本	千叶大学	7月31日至8月6日
226	园艺学院	14215107	严 佳	短期访学	日本	千叶大学	7月31日至8月6日
227	园艺学院	14314122	赵 奕	短期访学	日本	千叶大学	7月31日至8月6日
228	园艺学院	14614219	陆小曼	短期访学	日本	千叶大学	7月31日至8月6日
229	园艺学院	14815118	陈婧朗	短期访学	日本	千叶大学	7月31日至8月6日
230	外国语学院	21115320	周嫣然	短期访学	日本	日本同志社大学	1月14日至1月26日
231	公共管理学院	22714123	徐杨森	短期访学	日本	日本上智大学	2月7日至2月16日
232	公共管理学院	11215201	卫思夷	江苏省政府奖学金项目	美国	宾夕法尼亚大学	2017年暑期
233	金融学院	16914216	张瑞婧	江苏省政府奖学金项目	美国	加利福尼亚大学洛杉矶分校	2017年暑期
234	工学院	31415412	沈思雨	江苏省政府奖学金项目	美国	加利福尼亚大学洛杉矶分校	2017年暑期
235	金融学院	30214416	张艺琳	江苏省政府奖学金项目	美国	伊利诺伊大学香槟分校	2017年暑期
236	经济管理学院	35115204	卢音如	江苏省政府奖学金项目	美国	伊利诺伊大学香槟分校	2017年暑期
237	食品科技学院	18415130	缪 婉	江苏省政府奖学金项目	英国	剑桥大学	2017年暑期

（续）

序号	学院	学号	姓名	项目类别/名称	国别（地区）	境外接收单位	出访日期
238	金融学院	27115101	于佳琪	江苏省政府奖学金项目	英国	剑桥大学	2017年暑期
239	资源与环境科学学院	13415127	黄蓉慧	江苏省政府奖学金项目	英国	伦敦大学国王学院	2017年暑期
240	公共管理学院	20214205	冯沁雅	江苏省政府奖学金项目	英国	伦敦大学国王学院	2017年暑期
241	信息科技学院	19115118	胡昊天	江苏省政府奖学金项目	英国	伦敦大学国王学院	2017年暑期
242	金融学院	27115114	张梓涵	江苏省政府奖学金项目	英国	伦敦大学国王学院	2017年暑期
243	金融学院	22315112	李正文	江苏省政府奖学金项目	英国	伦敦政治经济学院＋曼彻斯特大学	2017年暑期
244	外国语学院	21115216	肖明慧	江苏省政府奖学金项目	澳大利亚	昆士兰科技大学	2017年暑期
245	理学院	23215211	闫天怡	江苏省政府奖学金项目	澳大利亚	昆士兰科技大学	2017年暑期

附录7 学生工作表彰

表1 2017年度优秀辅导员（校级）（按姓氏笔画排序）

序号	姓名	学院
1	丁 群	工学院
2	王晓月	生命科学学院
3	刘素惠	动物科技学院
4	孙国成	资源与环境科学学院
5	李艳丹	植物保护学院
6	汪瑨芃	金融学院
7	张 杨	经济管理学院
8	邵星源	草业学院
9	武昕宇	公共管理学院
10	徐冰慧	金融学院
11	黄 芳	理学院
12	阙立刚	工学院

表 2 2017 年度优秀学生教育管理工作者（校级）（按姓氏笔画排序）

序号	姓名	序号	姓名	序号	姓名
1	万 枫	13	张 宁	25	倪丹梅
2	王 卉	14	张兆同	26	殷昊罡
3	王 彬	15	张秋林	27	黄 芳
4	石木舟	16	陆明洲	28	黄绍华
5	孙国成	17	武昕宇	29	崔 滢
6	李 娜	18	罗远渊	30	彭 菁
7	李圣坤	19	金洁南	31	彭益全
8	杨海峰	20	赵士海	32	韩 键
9	束 胜	21	赵育卉	33	鲁 杨
10	束浩渊	22	夏 丽	34	窦 靓
11	吴六三	23	夏德峰	35	熊迎军
12	汪 越	24	原现军		

表 3 2017 年度学生工作先进单位（校级）

序号	单位
1	工学院
2	植物保护学院
3	园艺学院
4	动物医学院
5	动物科技学院
6	生命科学学院

表 4 2017 年度学生工作创新奖（校级）

序号	单位
1	工学院
2	植物保护学院
3	农学院
4	公共管理学院
5	理学院
6	经济管理学院

附录8　学生工作获奖情况

序号	项目名称	颁奖单位	获奖人
1	第十六次全国高等农业院校学生工作研讨会优秀论文一等奖	全国高等农业院校学生工作研究会	盛馨、赵文婷
2	第十六次全国高等农业院校学生工作研讨会优秀论文三等奖	全国高等农业院校学生工作研究会	王世伟
3	第十七届全国高校青年德育工作者论坛三等奖	中国高等教育学会思想政治教育分会	卢忠菊
4	"第七届全国农林院校研究生思政工作研讨会"优秀案例一等奖	中国学位与研究生教育学会农林学科工作委员会	黄绍华、吴智丹
5	江苏省青年志愿服务事业贡献奖	共青团江苏省委江苏省志愿者协会	黄绍华
6	2017江苏省大中专学生志愿者暑期文化科技卫生"三下乡"社会实践先进工作者	共青团江苏省委	邵星源、汪越、刘昊晰、徐冰慧、王雪飞
7	江苏省优秀青年志愿者	共青团江苏省委	汪浩、魏威岗
8	江苏省"千乡万村"环保科普行优秀指导老师	江苏省环境科学学会	崔春红、孙国成、李颢
9	第二届"心中的感动——记教育系统关心下一代优秀人物征文活动"二等奖	教育部关心下一代工作委员会《心系下一代》杂志社	姚敏磊
10	"保护母亲河——秦淮环保行"获"大学素质教育优秀品牌活动"金牌	中国高等教育学会大学素质教育研究分会	崔春红、王未未、李颢、孙国成
11	"钟山讲堂"获"大学素质教育优秀品牌活动"银牌	中国高等教育学会大学素质教育研究分会	刘亮、李献斌、盛馨、赵文婷
12	首届江苏发展大会志愿者服务优秀指导教师	共青团江苏省委、江苏省学生联合会	李颢、魏威岗、王晓月、汪浩
13	第六届江苏高校辅导员职业能力大赛三等奖	江苏省高校辅导员培训和研究基地（南京师范大学）	李艳丹
14	2016—2017赛季全国大学生外贸从业能力大赛指导老师二等奖	中国国际贸易学会（一级学会）、全国外经贸职业教育教学指导委员会	阙立刚、张鸣
15	2017年全国高等院校企业竞争模拟大赛优秀指导教师	高等学校国家级实验教学示范中心联席会、中国管理现代化研究会决策模拟专业委员会	阙立刚
16	江苏省第五届大学生艺术展演活动"指导教师奖"	江苏省教育厅	何旭
17	江苏省教学成果奖二等奖	江苏省教育厅	崔春红、万小羽
18	江苏省教学成果奖二等奖	江苏省教育厅	韩键

附录 9 2017 届参加就业本科毕业生流向（按单位性质统计）

毕业去向	本　科	
	人数（人）	比例（％）
企业单位	2 306	89.24
机关事业单位	188	7.27
基层项目	29	1.12
部队	3	0.12
自主创业	2	0.08
其他	56	2.17
总计	2 584	100.00

附录 10　2017 届本科毕业生就业流向（按地区统计）

毕业地域流向		合　计	
		人数（人）	比例（％）
派遣	北京市	89	3.44
	天津市	53	2.05
	河北省	35	1.35
	山西省	9	0.35
	内蒙古自治区	10	0.39
	辽宁省	11	0.43
	吉林省	3	0.12
	黑龙江省	4	0.15
	上海市	182	7.04
	江苏省	1 326	51.32
	浙江省	163	6.31
	安徽省	85	3.29
	福建省	35	1.35
	江西省	6	0.23
	山东省	42	1.63
	河南省	46	1.78
	湖北省	23	0.89
	湖南省	34	1.32
	广东省	150	5.80
	广西壮族自治区	21	0.81
	海南省	6	0.23
	重庆市	14	0.54
	四川省	47	1.82
	贵州省	18	0.70
	云南省	21	0.81
	西藏自治区	12	0.46
	陕西省	17	0.66
	甘肃省	13	0.50
	青海省	9	0.35
	宁夏回族自治区	9	0.35
	新疆维吾尔自治区	34	1.32
其他		57	2.21
合计		2 584	100.00

附录 11　2017 届优秀本科毕业生名单

农学院（66 人）

代俊杰	孙淑珍	王金格	杨　敏	王津津	刘显洋	李　丽	陈征宇	刘芳杰
赵慧芳	高　雪	席浩淳	黄建丽	冯建铭	刘　玉	靳雪莹	李培花	杨雪艳
何丽玲	陈同睿	徐晨哲	谢倩雯	王　睿	付树叶	李　强	李婷婷	卓君明
施阳阳	黄　弘	马丽娟	王晓娜	吕增帅	张玉枝	陈志红	陈康明	曹姝琪
董映华	包秀浩	刘馨方	邹　舟	张　玉	张祎旋	陈　晓	林文婷	赵　鹏
夏树凤	任慧文	刘　妍	刘　姝	陈　迪	陈烨芝	顾青青	董　鑫	蔡建玲
李梦雅	李聪敏	陈　川	陆惠民	虞达浪	陈　雪	雷康琦	杨丽洁	马巧梅
刘晓岚	房　庆	努尔古丽·莫明						

植物保护学院（38 人）

张梦婷	赵晨迪	王雨音	付　涛	杨倩文	张雨萌	陆　俭	夏木夏提·阿曼秦	
夏华清	符　蓉	臧彦君	东　洁	冯　梅	刘镔皞	李　钰	杨　睿	骆沛文
贾玉玲	吴慧子	何杨兰	张亚东	张　霞	罗序梅	俞凯丽	彭　倩	王帅帅
王　英	冉启凰	刘聪超	李扩仁	周源琳	赵现馨	施一渊	效雪梅	曹君红
鄢志会	余凯翔	汤钰莹						

资源与环境科学学院（58 人）

孙　丹	梁紫帆	闪安琪	陈　迎	孟士婷	何　娴	邵　捷	殷　娟	张慧玲
荆雪萍	薛佳婧	陈莺燕	王镜谕	杨可铭	杨劲明	陆蕴婷	蒋明里	王静文
张　烨	翁　昕	于嘉欣	芦　馨	张琪惠	潘　晓	孙志荣	陈子武	王　滢
李　优	王祯祎	王甜甜	张　炎	高　旭	何　雪	唐　本	黄旭旦	原　强
花陈玉	邵　帅	高利琼	梁　爽	戴荣波	朱庭硕	李苑禾	张日煜	韩晓冉
潘含岳	薛国艳	孙光稷	陈　睿	韩斯妮	谢韫泽	叶秀红	孙文献	林欣萌
阴　俐	匡雯洁	李昱霄	谢约翰					

园艺学院（97 人）

冯伊瑄	熊昭琳	李永钧	马珍璐	易家宁	王　蓉	毛怡宁	刘　帆	阳骐蔓
赵伊琳	王孜睿	乔钰媛	李曦冉	马琳琳	沈　凤	蒋道道	谭　璐	安奕霖
邸　聪	夏　垚	栾雨婷	李宸阳	彭怡琳	吕　珊	孙智瑶	赵雨葳	王甜甜
陈　丹	陈秋芬	钟文华	戴薇萍	汪逸伦	陈书琳	梁婉玉	俞　晟	王雅慧
蔡卓彧	谭红雨	郝亚慧	徐彩霞	尹晓伟	李思嘉	钱健璞	徐超然	郭凤菲
窦　天	刘雪寒	杨　柳	张入匀	聂瑞敏	王铁铮	何俊秋	张振堂	张　蕾
于佳音	尹凌雁	刘润雅	刘　融	杨　楠	张　越	彭　婧	王思逸	周冰清
姚超宇	陶美奇	许　珂	钱　晶	张政哲	李颖洁	陈晓山	胡雨晴	龚星月
黄沁铭	王颖洁	李竹君	杨　柠	张雅雯	苗馨予	徐竞衍	刘译允	李林宏

杨孟可	吴利苹	张 珂	张梦青	李丹青	宋康丽	姚晓筱	王凯璇	陈丽丽
褚晨晖	王羚羽	刘慕霖	余炅桦	郭 路	苑笑阳	马嫣然		

动物科技学院（51人）

关 斐	陈新丹	吴一尘	赵 婧	石杨夏艳	杨 晨	李嘉秋	孙玉亭	沈明明
刘 葳	蒋朝华	孙雅璐	刘梦洁	周 贝	陈安仙	谢 锐	刘 皎	李 岩
陈灵君	傅 安	王小芹	崔 韬	李琳倩	钟秋明	夏颖倩	曹宇青	董凯婷
郑 瑞	龚思皓	曲 靖	闫孟鹤	孙梦馨	李书杰	林雅婷	文 媛	令狐克川
曲恒漫	徐佳曼	郝婧媛	彭宇翔	杨艳平	胡春亭	霍 凡	李延利	张其园
黄才姬	游 磊	文玉迪	冯 璐	李 想	张剑娟			

经济管理学院（80人）

石 颖	林璐璐	李梦醒	那 倾	温钏艺	章 丹	王文钰	秦希臻	顾钰婧
罗文哲	朱敏瑞	鲁欢欢	裴 晗	庆 澄	鲁明慧	韦佳彦	刘东辉	陈鑫鸳
郭 怡	黄 佳	曹慧菲	丰家傲	路 越	施 康	陈子越	杨 婧	曲艳秋
张梦婷	曾具贵	吴子涵	林 蓉	董茜暄	王 辉	徐 倩	张 彤	陈 雪
陈 静	朱 郁	邹 旭	柯 爽	杨瑶伊	李 婧	李静雯	韩宜宁	李婷婷
冯 源	张 冉	杨之颖	刘 倩	顾烽燕	朱丽叶	刘泊邑	杨 柳	翟旭宁
师 琪	李 琳	陆剑阳	蒋 薇	豆慧杰	谢清心	白苑瑞	王远浓	王楚婷
李晋雨	张静宇	张 荻	周梦飞	郁文静	卞元男	张晓雅	黄 鹭	方启妍
王 婕	陈 媛	周湘余	朱乃凡	王扬洋	任 琛	胡玉洁	鹿春晓	

动物医学院（53人）

白宇琛	丁 铭	马丹夫	王茹怡	刘国彦	庞锴旖	姜 珊	高倩云	梁静泊
孙昭宇	钱萌希	孙 奥	苏佳芮	陈佳慧	常晓静	刘 畅	吴铖楠	范 慧
任怡飞	澹台文静	李姝璇	刘 宁	朱流垚	张秋婷	杨卉新	叶 凡	许心怡
谭 笑	虞 莉	任天一	冉 玲	姚 明	袁 婷	梅晓婷	王梦莉	邢敏慧
吴晓倩	高 欣	刘翔文	苏华健	陈雨晴	强 悦	樵明玉	申晓琪	刘萌萌
朱怡蕾	宋 扬	肖 潇	施晓婧	顾 娓	蔡 森	王艳丽	欧阳雨晴	

食品科技学院（59人）

买梦奇	孟世伟	赵 妍	臧园园	张晓霜	戚毓敏	王亚文	李怡颖	云 琳
胡海静	韩祎巍	吴振川	吴煜莲	陈铭杏	杨 杨	张 雪	宗 鑫	黄 倩
吕风至	刘 鑫	李 雍	周程雁	谌思萌	赖瀚琳	马佳菲	尹云飞	田忠慧
林 煌	张 琦	王跃凡	侯逸凡	杨 佳	陈国乔	周瑞云	郑柳青	黄佳媚
王钱繁	蔡玘濛	刘芮瑜	李鑫鑫	杨 茜	杨德芳	汪梓瑾	金煜霏	周青青
王红梅	张 丹	林 玲	彭文娟	郭晓雅	王 芃	龙伊迪	冯维佳	汪明佳
张雨倩	范 芸	胡艺怀	胡金锦	单慧敏				

信息科技学院（56 人）

勾根旺	朱宗伟	赵 宇	田曦橙	乔 粤	杨 彦	吴童童	陈雅玲	邵 倩
罗 瑞	赵 婷	徐潇洁	董亚瑾	程恒伦	雷 文	冯露育	刘 欢	刘 笑
阮 妹	孙钰越	李秀瑞	杨 霞	陈雨涵	陈嘉骅	罗 瑞	崔竞烽	闫茹琪
史春雪	吕飞帆	孙世民	李怡雯	杨舒媛	董玮婕	王天宇	杨天祺	杨 勇
陆佳林	周 洋	王俊友	任吴北	苏希玉	李 尧	吴 敏	张 雨	陈 朔
赵雅宁	王 亚	石聪聪	许 驰	李玉硕	李铁岭	周月阳	姚佳玉	黄幸楠
郑 丹	于 哲							

公共管理学院（93 人）

史 娜	信莹莹	曹亚楠	吕 图	索 莹	宁 佳	齐则锋	范昕媛	柯雅珊
杨淙云	王伟娜	王晟昱	翟孟颖	王小羽	孙涵睿	李 月	袁婷婷	曹 斌
靳春璇	计静薇	孙益延	李婷婷	徐蕾蕾	张前前	齐 琳	周方舸	朱 玥
夏文婷	吕 玲	沈凌俊	郁施诗	王酝秋	王 瑜	李紫衍	刘方凌	闫彤宇
周文静	谢天德	陈新丽	鹿艺鸣	徐 晶	马壮壮	刘梦露	刘曦言	孙羽璇
沈晓彤	胡艳婷	顾展豪	徐 荣	李甜甜	张一帆	盖璐娇	朱海涛	许如清
王 一	程泽恩	罗曼之	刘 艺	唐子乔	蒋丽红	刘 畅	顾丹丹	凌梦颖
曹科宇	吴佳颖	单嘉铭	缪晗予	康 翔	卜祥玮	陈 婧	周洁颖	戴佐蓉
宋书颖	张亦弛	万洋波	潘晓钦	孙 念	庞 力	徐梦莹	王思遥	张 云
张宾哲	曾娜梅	孙姣姣	张程程	李 阳	张朝微	杨黎敏	尚晓文	陈彤彤
吴 娜	张 玲	韩建青						

外国语学院（55 人）

顾 蒙	刘嘉敏	宋 允	王 鑫	刘慕洁	钱慧敏	赵润曦	胡婷婷	徐亦范
殷 玥	高 澈	郭玉洁	邱小宇	张宇婷	吴震麟	聂玮珊	吴佳倩	徐葛祎
李静娴	宋丹丹	夏治诏	蒋 敏	张伟庆	王文琦	张彩玲	邵 萍	孟 杨
诸婷婷	黄 容	汤嘉惠	向梦诗	徐岳凤	章露亚	马燕霞	王 卉	武熠迪
周 慧	项小翠	胡佳李	蒋佳琦	于博川	边宗琨	孙 孝	张梦雅	陈靖宜
余澄澄	钮 婕	郭 靖	宋紫薇	张鲁钧	陈泽娴	周真艳	蒋易珈	潘 琪
任骁霖								

人文与社会发展学院（75 人）

杨亚东	张 妍	陈 蕾	周 晴	徐 丰	王逸韵	刘玉芳	周家俊	赵睿清
胡志红	谢清施	王 潇	左 琳	付高鑫	许旦丹	李晓文	林晓妍	唐 莹
童明霞	王文慧	王 仪	甘冬兰	田 妍	李云帆	李 亮	康泽楠	覃丽君
冯庆娟	陈 欣	陈 琪	焦培琳	谭羽哲	张保玥	马海娅	刘彤玥	孙晓彤
王东朔	王柱焱	牛铭杰	李星润	宋知远	臧玉杰	杜 畅	乌晶晶	师昭慧
李凤琴	李 岚	金潇伟	陶思儒	王雨霏	申镜梅	刘 缘	邹 铃	王伯宁

辛丽娟　张忠昶　周玉莲　潘　磊　王楠楠　汤耀琪　陈炳旭　赵　琪　徐雅蒙
朱岱敏　朱佩瑶　李　响　赵　旭　倪海龙　王发耀　王舒媛　严子君　宋世豪
陈淑芬　蒋昊哲　孙　威

理学院（41 人）

朱冠群　宋文娇　丁大茗　王赛尔　张皖宁　陆嘉豪　陈丽先　高　露　华心怡
金俪雯　张　丹　贾辰阳　刘洪杰　许恒誉　张爱萍　陈智勤　赵星鑫　黄子珂
张舒怡　熊思远　尹　舒　朱锦南　严　苗　李清如　陈玥婷　鞠　萍　刘子秋
李智林　李慧奇　吴　介　袁　爽　陈丽丽　刘　悦　孙嘉利　赵云凤　严佳玲
赵书平　刘燕楠　孙玥清　邱　彬　强　慧

生命科学学院（61 人）

杨　磊　梅　杰　蔡欣雨　王艺橙　刘彩莹　华　玥　张志强　尹沁沁　刘乐诗
吴　凯　董　林　任烨飞　杨同庆　杨晓彤　胡思玲　王鹏飞　产天龙　何　超
钱鑫民　丁　蕾　孙丹丹　陈　茜　蒋翊宸　岳思宁　孙力波　李静然　方宇星
孙　智　孙慧宇　宋　波　张毓宸　顾雅琦　王沈飞　孙美娟　方　源　史小可
高佳望　荆昕涛　姜　坤　耿家林　张　天　曹明辉　熊洋洋　杨　炀　宋晓东
郑雨骁　刘雨彤　吴龄龄　金月秀　高　寒　吴　彤　陈　婧　胡田彧　闻若雪
王馨悦　迟　锐　赵　晨　周舒钰　郑　鹏　黄艺璇　郑凡君

金融学院（97 人）

汪雅璇　朱　青　殷　悦　张丽容　汤梦妍　方　婷　姜敏婕　卢　艺　陈天舒
干镔青　王云潇　王宏宇　王悦琪　张　雪　陈　卓　陈炜阳　曹　芮　靖　钰
马思源　左欣冉　刘　隐　李　金　杨磊磊　吴晓庆　张雨晗　陈艺芬　查沁瑜
戚冠汝　魏高乐　于　一　于嘉茵　刘迪莎　刘韫珲　许　薛　李　乔　黄佳融
葛梦君　仇叶舟　杨子涵　崔　璇　蒋　芃　焦　阳　詹　馨　管毓康　艾梦婕
李嘉琦　张艺伟　赵晓康　万学远　王　宁　刘　潇　宋丹睿　张汝昕　钟紫陌
贾昱希　王一存　王健媛　王　琴　方英杰　田　婧　华雨馨　李禹佳　李慧卿
赵晓妍　钱玉奇　桑　叶　盛冬琴　葛　玫　樊欣雨　卫经炜　王艺璇　王清灵
田芝德　李佳霖　汪一璇　张艺娜　郑　鑫　高　颖　韦　鹏　李礼轩　戴　超
仲　雪　陈睿倩　倪　蒙　蒋　婷　屠堃泰　刘文娟　王竞宜　纪涵如　张一峰
张　宇　薛　雁　邱　烨　陈晔晗　徐舒心　陆　艳　张玉莹

草业学院（11 人）

张俊玉　王冬儿　姜斯琪　蔡行楷　王　茜　沈　泓　何芷悠　石丽娜　同琳静
林琳珊　牛欣祎

工学院（374 人）

方艺静　高钧亮　包　衍　史红栩　江润林　聂丽娟　沈洁漪　陈　倩　冯　超

毛昌宏	潘倩兰	曲媛媛	周海韵	杜耀宗	赵文婧	李 锐	古炜豪	范银冬
李 昊	卢 愿	李 超	凌 泷	王秋伟	殷 健	张 攀	史金棉	曾艺佳
陈家宝	解士瑶	张思佳	李一帆	孟沛冰	余新茂	陈嫣云	马润楠	石 鑫
田陈尧	冯如意	张 航	高天祥	鞠志鹏	石 峰	李异德	袁一然	唐迎曦
王晴晴	郝赛飞	曹丽方	戴昭霞	徐 娜	刘豪志	吴剑坚	胡 勇	龙 聪
杨启帆	袁柏琦	徐 灿	范亚军	程 漩	邵佳佳	丁 蕾	李晓菡	马晓茜
李 腾	汪正义	岳 民	方 凯	何炜俊	虞雯琦	熊江妮	魏 铭	任 昕
肖舒裴	韩 兴	陈 阳	乔蕴仪	周诗豪	高子淋	王志凌	吴国境	周旖鋆
吴茂宁	胡 易	刘冠华	黄海晨	朱碧华	王亚南	陈爱帅	李东君	胡 爽
王雪琳	杜雪纯	张佳瑶	于安江	宋克凡	毛敏馨	周凌蕾	郭 慧	
蒋子龙	陈浩杰	朱晓娟	曾小芬	毛 亮	刘 鹏	武泽璇	贾蕴发	任 雅
刘红英	张灿凤	莫缓唱	赵 静	史 慧	曾春雪	严贵洋	韩如锦	王子烨
贾丽娜	葛召浩	刘铮钰	俞天一	刘 梦	王 露	张 蓉	颜晓媛	丁耀楠
石乔梓	黄 可	邓芳敏	殷美霞	李芳欣	周静雪	陈 纯	郑铭诗	蔡向阳
赵 蕾	聂舒怡	杜莹莹	邓佳颖	周 丽	周思羽	郭素珍	梅梦怡	任 煜
杨勤月	朱双祢	孙超凡	张婷婷	陈 青	陈益杉	张志平	林嘉章	牛鹏帅
宋 勇	王兴华	沈莫奇	杨世杰	秦海迪	秘 钊	邓艺璇	郭一帆	卢 敏
郭玉宋	林建树	黄佳雷	王 坤	王杰瑞	杨慧媛	谢利娟	朱 昀	陈小丹
郑小雯	王 超	吴义孝	袁华丽	刘玉琦	翁宇辰	韩 谦	吴雪莹	孙振宇
李圣荣	邢凤晨	阮仕礼	鲁棒棒	张凯成	项金晶	檀铃涓	刘佳煜	刘宗翰
周 莹	邵艳君	林传琳	王 芳	杨蕙兰	马文艳	吴翠宇	张曦月	陈 丽
尚奕彤	徐冬冬	王雪萍	刘 宏	孙怡云	李旋旋	陈方鑫	赵天颖	雷伶俐
马志良	邓 凤	李玉荣	李阿姣	张璐瑶	陈泽洋	赵晓玉	徐锡芬	李欢欢
王帅达	李 响	武慧藏	周佳颖	王 曦	匡 帆	刘 静	孙婉婷	张艳凤
周晶莹	潘 婷	王志成	甘 辉	吴灵川	王 洁	水恒琪	刘文琪	吴明坚
张 迁	张 恒	陈 耐	赵明田	董银辉	郭馨乐	吴金晶	王静楠	梁宁欣
王寿春	汪凯鑫	王健羽	王 静	朱贺详	孙羽勃	陈白雪	翟书萱	丁 婧
杨 乐	张 伟	张卓伟	谢华滋	太 猛	方 洁	李 昕	钟素凡	黄 靖
曹国锦	庄涵钰	徐文奇	翟高杰	李 源	李仁强	刘成龙	郭 明	桑雨萌
鄢永康	杨少轻	侯文鹏	郝传鹏	谢田甜	周彭洲	王宣博	肖逸菲	曾 艺
陈宛心	郑浩楠	董 瑞	陈 扬	谢为俊	邓 朋	韦 佳	安 永	蒋欢昕
赛秋玥	江 海	李则巾	崔晓丹	夏乾尹	冷昕瑶	秦林巧	刘子知	王孚康
刘 超	宋芷伊	王 翔	顾爱博	马海文	任 璐	潘 杰	吴玉燕	赵 月
陶诗韵	郑琼婷	孟琪琪	刘舒倩	张广铖	张 印	吴文佳	张晓雨	王 凤
毛钦迪	刘云飞	吕雯雯	张 悦	陈 悦	强 薇	乙 丹	费 星	杜紫嫣
李 照	张 晨	韩 怡	杨 洋	肖宏伟	周世炯	陈聪颖	邢文杰	侯 亮
陈 煜	刘家欢	张宜丹	张润峰	陆小慧	殷 越	黄 婉	毕 筝	齐 林
杜欣芮	罗佳怡	袁文婕	闫思蒙	黄天宇	刘 嘉	何 鹏	钟泽宇	黄叶琨
景倩楠	刘 倩	周 蓉	王 睿	刘 鑫	张启星	张 静	杜超凡	彭坤阳

| 韩志毅 | 甄雅迪 | 李思娴 | 阎晓帆 | 蔡丽丽 | 杨　扬 | 陈　晨 | 罗泓凯 | 陈金怡 |
| 郭梦雪 | 马　越 | 方恩泽 | 张伟超 | 万倩茹 | | | | |

附录12　2017届本科毕业生名单（4 418人）

农学院（194人）

李　超	杨　敏	于嘉文	王津津	王寅松	毛志杰	邓　垚	刘文哲	刘显洋
苏　悦	李　丽	李紫依	李　蒙	杨　帆	吴柏鹤	张益唯	陈征宇	范香艳
约麦尔艾力·麦麦提		努尔古丽·莫明		赵慧芳	俞赛华	徐伟亚	高文浩	高　雪
席浩淳	黄建丽	章涵智	颜新宇	霍钰阳	王思宇	王　冕	王渊清	王　敬
代俊杰	冯建铭	朱洪海	刘　玉	刘芳杰	刘建平	孙淑珍	李培花	杨明达
杨雪艳	吴李姗	何丽玲	余　光	张鹏程	张　震	陈同睿	房　庆	赵潇柔
荀　倩	查　理	姜宏伟	王鸿羽	徐晨哲	黄晓琳	谢倩雯	王佳奇	王垚鑫
王　睿	邓　杨	付树叶	冯江银	戎晨煜	吕世琦	朱天心	刘　梅	严　飞
李　强	李婷婷	杨天成	吴晓霞	张予超	张智程	陈健泳	卓君明	胡彧晓
俞家豪	施阳阳	徐浒瑜	黄　弘	喻　静	谢晓静	燕如娟	戴佳容	马丽娟
王晓娜	付　阳	吕增帅	任　爽	刘　广	刘　昕	杨永军	张玉枝	张松茂
张福鳞	陈永其	陈向阳	陈志红	陈勇翔	陈康明	郑锡凤	赵晓媛	胡诗琪
高　昕	黄斐斐	黄碗茜	曹姝琪	董映华	程静川	焦宏伟	熊冬琴	魏兆宇
李　红	马志奇	卡德丽亚·阿不来提		包秀浩	冯锐然	吕文焕	刘馨方	次旺加参
祁清纯	杜繁策	李孟珠	李德志	杨文俊	邹　舟	张　友	张　玉	张祎旋
陈　晓	陈　颖	林文婷	和　骞	赵　鹏	施晓波	夏树凤	殷雨萌	董文斌
靳雪莹	王心月	王英哲	柴曹美慧子	扎西卓嘎	巨鹏飞	古丽波斯坦·克热木		冯晶晶
任慧文	刘　妍	刘　姝	李　青	何玮杰	冷晓婷	张自强	张　琼	张韫婕
陈　迪	陈烨芝	周云松	顾青青	晁　旭	倪梦莲	葛　浩	董　鑫	普顿珠
鄢惠君	詹祥云	蔡建玲	魏　微	王金格	李梦雅	李聪敏	吴碧颖	陈　川
戚建锋	陆惠民	钟鼎文	王君仪	虞达浪	叶　植	朱旭晖	陈　雪	周钦阳
于羽嘉	余钟毓	雷康琦	杨丽洁	孟　旖	马巧梅	刘　沛	刘楚楚	刘晓岚

植物保护学院（119人）

董　爽	杨一烽	王雨音	王佳程	王恺言	王聪勐	付　涛	成　吉	朱佳伟
乔紫璇	刘　泽	江道勇	李　烨	李　璐	杨倩文	肖　雄	张雨萌	张　昊
张霁初	陆　俭	陈　傲	林玮杭	赵殿树	施家裕	骆　昕	夏木夏提·阿曼秦	
夏华清	符　蓉	梁　栋	蔡若莒	臧彦君	马希贤	王占财	王　彤	东　洁
冯　梅	刘镔皞	孙　畅	李明辉	李　钰	杨　睿	邱雪梅	张凤姣	张梦婷
张　濛	陈　默	茆　畅	周　成	赵晨迪	侯博锋	贺可钊	骆沛文	贾玉玲
徐广见	徐翔宇	郭　航	梁文伯	逯　茜	蔡晓艺	戴明江	魏慧玉	王　雨
方思齐	田佳华	冯　焱	刘耘初	刘清红	苍薪竹	李娅宁	李　藤	吴慧子
吴　澄	何杨兰	张亚东	张　格	张　霞	范东哲	林家辉	欧阳夏语	易从周

罗序梅	周其锟	周瑞雯	俞凯丽	徐晓敏	谈潮忠	黄 申	彭 倩	王世杰
王帅帅	王 英	冉启凰	朱倩丽	任子奇	刘聪超	安 超	李扩仁	李亚鹏
杨孟颖	余洁凌	张小娟	张金鑫	张晓阳	林世鹏	周源琳	赵现馨	赵培霖
胡亚博	施一渊	莫红盈	效雪梅	唐遥路	曹君红	鄢志会	钟馥骏	陶剑伟
郭 畅	余凯翔	汤钰莹						

资源与环境科学学院（183 人）

谢约翰	才仁卓玛	王冲霄	王明亮	王彦宇	王镜谕	龙杰宇	闪安琪	乔 燕
宁西·耿秋曲珍	刘铠鸣	江兆琪	孙光稷	孙志荣	玛黑扎·吾恩尔别克		杨心怡
杨可铭	杨劲明	汪宁祺	张舒昱	陆蕴婷	陈子武	阿卜杜萨拉木·艾尔肯		陈 睿
周逍峰	袁 晖	贾乐天	柴成薇	韩斯妮	谢韫泽	暴彦灼	马兰珍	王方方
王恩召	王盛嵩	王 滢	叶秀红	江 辉	寻佳佳	孙文献	李 优	张旭宏
陈敏瑶	林欣萌	卓 雅	周中铭	郝强强	郭轶凡	唐 嫚	赛比热·安乃瓦	
熊 艺	黎天骥	赵以铭	李昱霄	顾一凡	邹馥羽	匡雯洁	金帝呈	王丽红
王丽淑	王祯祎	王甜甜	王斯琪	王媛媛	王静文	牛志越	朱泽中	刘楚童
张 炎	张 柳	张 俐	张 晟	张 鹏	陈 迎	陈 越	陈 皓	金泽阳
孟士婷	胡云潇	姜雅珺	钱 鑫	高 旭	黄凯灵	盛雄杰	丁鹏佳	王国威
王默雷	韦 晴	吕明东	危亚云	刘贵灵	李宁宇	杨 倩	杨雪苑	何 娴
何 雪	张 祎	张 烨	陈思远	邵 捷	国宇宁	柳 根	钟 正	钟舒珊
姜世杰	祝晓燕	殷 娟	翁 昕	唐 本	黄旭旦	梁紫帆	逯孟鼎	曾子萍
潘潇冬	高 波	原 强	于嘉欣	王大林	王夕予	王颜敏	任梦依	花陈玉
芦 馨	李英溥	吴文雪	吴劲松	张琪惠	张慧玲	邵 帅	郑祖盼	荆雪萍
胡添翼	姚煜昊	高利琼	陶瑜璟	陶 露	戚丽龄	康亚鑫	梁 爽	董文秀
潘 晓	薛佳婧	戴荣波	王 旭	王梓名	王 楠	田 雨	冉雨润	付 悦
朱庭硕	刘毅璠	孙 丹	杜维晨	李苑禾	杨罗斌	杨智瑶	张日煜	张 洁
陈莺燕	宗 尧	姜 静	袁雅男	康艺瑾	商雨晴	彭文君	韩晓冉	景海琳
谭 天	潘含岳	薛国艳	季荣博	刘译璠	吴一凡	蒋明里	刘腾翼	张 晴
魏 荧	张天舒	李兆东	姜 璇	阴 俐	吴晨炜	陆薪玉		

园艺学院（300 人）

张飞月	艾力耐孜尔	于 洋	王 轩	王雅慧	方 婧	尹玉叶	邓绮雯	乔钰媛
刘 玮	江安琪	李鹏林	李曦冉	李 巍	何康伟	张 乐	张 维	陈秋伊
罗雨薇	赵 萌	钟廷龙	聂 力	徐 洁	郭逍遥	蔡卓彧	谭红雨	马琳琳
王 川	韦俊宇	韦皖莹	牛艺丹	邓 芸	冯伊瑄	刘晓华	李芮晴	李泽斌
李颖洁	杨光丹	杨雨农	杨轶鸣	沈 凤	张 欣	张 琳	陈晓山	林 莹
赵亚琴	郝亚慧	姜雨霄	袁 也	曹 希	蒋道道	谭 璐	熊思嘉	马颖越
王吉亮	仇 亮	刘佳文	刘 康	安奕霖	劳 晶	李若兰	李柄锐	杨 玲
邸 聪	沈晓文	张海琳	张梦雪	张惜雨	张雅婷	郑梦影	胡雨晴	夏 垚

徐彩霞	栾雨婷	高　强	龚星月	彭　珺	曾颖琦	王秋涛	王慧颖	尹晓伟
包义琼	刘佩卓	刘嘉涵	孙碧希	李思嘉	李　洁	李宸阳	杨　旭	杨　粟
吴小清	张　静	陈健秋	纳　然	罗丽君	钱健璞	徐超然	郭凤菲	梁芳瑞
彭怡琳	彭　亮	韩　进	窦　天	丁　龙	王欣颜	王　珉	王颖洁	吕云强
刘雪寒	齐思源	许　峥	孙智瑶	李竹君	李英坤	李博晗	李　晴	杨迪聪
杨　柳	杨　柠	吴　凯	何治洲	张人匀	张　盼	张雅雯	罗淑祯	苗馨予
赵雨葳	胡旻菲	胡雅馨	胡碧乔	聂瑞敏	徐竞衍	徐梦喆	唐泓凯	梁洪精
王东瑞	王思逸	王羚羽	卢慧倩	刘慕霖	许冰霜	许桂俊	许　诺	李思琦
肖加天	吴　玥	余炅桦	张今朝	张晓琳	陈　政	周冰清	俞　晟	姜　璐
姚超宇	徐金甜	高　寒	郭　路	唐　玄	陶美奇	黄英杰	萨楚拉	曹晓萌
梁志杰	黎亚男	王绮皎	邢丽婷	许　珂	苑笑阳	张文涛	朱胜琪	马嫣然
赵晓坤	王孜睿	张政哲	李永钧	黄沁铭	吕　珊	马珍璐	马　焘	王艺蓉
王　帅	王　华	王甜甜	邓瑞欣	叶杨潇	任　静	刘译允	李小燕	李林宏
李佳静	杨　冰	杨孟可	杨淑优	吴利苹	张　珂	张梦青	陈　丹	陈肖竹
陈秋芬	尚　进	易家宁	赵宇隆	郭馨媛	曹艺雯	蒋　鹏	焦俊俊	卜秋宜
王艺锦	王铁铮	王　蓉	毛怡宁	刘　帆	齐恒基	关雁清	芦　鑫	苏登科
李丹青	李玲丽	李　晶	杨　彗	何俊秋	宋康丽	张振堂	张　蕾	陈明秀
陈珊珊	陈哲名	陈　唯	罗海燕	钟文华	姚晓筱	袁晓倩	戴薇萍	周春丽
于佳音	于泽逸	王凯璇	王　嘉	尹凌雁	孔豆豆	包　菡	朱美羽	乔佳晟
刘　洁	刘润雅	阳骐蔓	李　阳	李　苗	杨雨晴	杨雅韵	何　瑄	宋　爽
张玉梅	张而立	张金秋	陆金健	陈丽丽	陈吴琼	郑孟子	段　彦	贺甜瑶
秦中华	蒋　婷	褚晨晖	熊昭琳	王婕予	石英杰	史含心	朱兆威	刘悦淳
刘　融	李宇晗	李海佳	李雪然	杨　楠	杨颖异	何锦海	汪逸伦	张　力
张　千	张海潮	张　涵	张　越	陈书琳	陈佳静	金祈萌	赵伊琳	俞悦婷
姚　婷	徐江瑞	高　莹	黄星唯	梁婉玉	彭　婧	董　蓉	谢彤萍	颜　瑜
潘自然	解　晗	钱　晶						

动物科技学院（162人）

刘宏程	李思勉	卫思凡	谢　锐	张　羽	叶　昊	白炯堂	曲　靖	刘　奕
刘　皎	江德霖	汤　俐	许晨远	孙艺卓	苏晓雯	李明阳	李　岩	李　想
李嘉秋	肖柯延	吴一尘	张增凯	陈灵君	范东尧	罗　武	赵　婧	徐宗琴
彭烽益	傅　安	童　献	颛清芮	王小芹	王泽栋	牛　嘉	刘梦洁	刘晨曦
闫孟鹤	关　斐	米　源	许肇立	孙玉亭	孙梦馨	李世豪	李杰元	李潇园
杨雅馨	沈明明	张子强	周　贝	郑　瑞	施伊璐	姜　达	殷风鸣	高浩楠
高雅琪	唐　蕴	崔　韬	曾予亮	谢　斐	王子文	王婵媛	石杨夏艳	刘　浩
刘　葳	齐博杉	江　雪	孙铭鸿	李书杰	李琳倩	杨　晨	何宇君	何雄杰
陈安仙	陈新丹	林雅婷	欧俊杰	周凤琴	赵绍楠	钟秋明	夏颖倩	谈思敏
葛斗斗	蒋朝华	谢志正	谭师林	薛　剑	魏宇新	王佳荣	文　媛	叶　蕾

田宏伟	令狐克川	曲恒漫	刘家俊	汤冰洁	孙雅璐	李 双	李伟建	李 俊
李 慧	杨 宵	杨静雅	宋佳琪	陈嗣状	周 悦	胡成铭	钟炘宇	徐宇平
徐佳曼	曹宇青	龚思皓	董凯婷	裴 迅	魏文充	王 欢	刘 伟	杨永翔
澹台文静	罗 蔚	刘 洋	王焱斌	毕 鹏	安 睿	李延利	李姝璇	张其园
陈宇舒	周梦晨	郝婧媛	侯宜颖	莫茜茜	郭郑曦	唐 虹	黄才姬	黄祎萌
梁耀沣	彭宇翔	游 磊	樊立星	王安琪	王经远	文玉迪	冯 璐	刘菁华
孙光兴	李冠颖	李 想	杨艳平	沈玥祺	张希昭	张剑娟	陈光辉	周裕茹
胡春亭	段增泽	聂 聪	黄光都	黄鹏丹	彭江英	韩奇伦	熊 哲	霍 凡

经济管理学院（250 人）

彭贝贝	石 颖	冯 源	程瑜珊	龚思瑜	陆思民	袁诺寒	楼钰钟	张 磊
张 冉	章 丹	施 康	王文钰	王文博	方嫣然	尼 宗	吕焕霞	刘家沛
李文玲	李 帆	李承翔	李 蕊	杨靖娴	陈子越	陈思琦	郝刘印	秦希臻
顾钰婧	钱灵均	黄青青	鹿春晓	智鹤敏	毛钰洁	甘娜燕	尼玛平措	达瓦卓玛
刘育祯	汤晓芳	杨之颖	杨 婧	何鑫鹏	陈舒曼	罗文哲	段瑞雪	施韵致
郭 立	彭天晓	温海蛟	雷卓雅	缪承霖	魏显苏	鲁欢欢	韦佳彦	朱月茜
周 润	杨宗耀	王亦琛	金 潮	朱 郁	邹 旭	张静宇	张 荻	周梦飞
柯 爽	郁文静	王越阳	卞元男	颜红丽	许王芳	蒋嘉雪	黄 鹭	王 婕
李静雯	张 玮	韩宜宁	陈 媛	王 丽	唐 庆	官琪佳	丰家傲	朱乃凡
王扬洋	崔嘉琳	李 鑫	刘项闽	任成满	孙雅楠	薛慧敏	任 琛	王艳艳
陈晓菲	豆慧杰	杨 艳	那 倾	温钏艺	史凯中	孙 鹏	曲艳秋	丁文杰
王 胜	王 腾	王新雨	田文龙	朱敏瑞	刘 倩	刘 婕	安 洁	许天一
孙海啸	杜继贤	李昊阳	吴结祥	张艺凡	张 帅	张晓朋	张梦婷	陈 斌
郑 强	赵玉玺	胡玉洁	胡宜军	俞亚丽	袁 震	郭嘉玮	董春蕾	蒋 哲
普雪会	曾具贵	谢清心	潘叶勇	潘狄悦	薛 媛	王雨点	王 威	王 淳
方 昊	白苑瑞	朱明秀	刘 宇	刘欣宇	李 洁	李梦谣	李晨楸	吴子涵
张艳梅	陈 珊	陈 涵	林 蓉	季 婷	庞小彤	郑秀浩	赵子龙	姜宇函
袁国顺	莫 倩	顾小娜	顾烽燕	郭 琳	曹怡婷	董茜暄	裴 晗	丁银萍
马 青	王远浓	王峒生	王 辉	王楚婷	朱丽叶	庆 澄	刘泊邑	刘姣美
刘梦婷	李茂嘉	李 昀	李美琪	李 莉	李晋雨	李 婷	张文馨	张倩楠
张维超	徐守凯	徐 倩	栾秋琪	梁乾飞	葛雨薇	傅圣诚	鲁明慧	缪 慧
王宗玥	王 锐	王 蕊	叶娅芬	田乐杨	冯 晨	吕雅雪	吕蓓茜	刘东辉
刘建伟	刘博远	李 娇	李 晗	杨 柳	况 勇	辛惠萍	宋宜扬	张丽娜
张 彤	张恒源	陈 雪	陈晶晶	陈 静	陈鑫鸳	林璐璐	胡康婧	梁晓婧
潘 磊	令狐烨	汪 俊	白懿玮	王丽娜	杨瑶伊	刘思颖	张晓雅	康春红
郭 怡	侯晨旭	黄 佳	方启妍	曹慧菲	李梦醒	李 婧	徐 磊	翟旭宁
师 琪	高金鹏	王 绅	李 琳	陈立强	周湘余	范月姣	刘 奇	路 越
朱俊辰	叶 子	李婷婷	孙贵臻	陆剑阳	蒋 薇	王浩然		

动物医学院（163 人）

章孝天	任天一	刘 宁	辛思培	王欣桐	熊 钰	白宇琛	孙俊杰	谈晨莉
耶赫亚江·麦麦提	丁 铭	马丹夫	王茹怡	冉 玲	石紫薇	刘汐潼	刘国彦	
朱 海	汤 敏	许玲玲	李凯卓	李泽华	李煌友	李 韫	李 颖	李德昭
沈 聪	周 志	庞锴旖	范美琪	姚 明	姜 珊	贺濛初	郝秀青	袁 婷
郭佳禾	高 琛	常天昊	梁煜旋	梅晓婷	黄 磊	马 璇	王春磊	王梦莉
王智伟	帅佳珈	田 璐	孙 莹	邢敏慧	余 甜	吴晓倩	张 一	张 进
玛依努尔·吐尔迪	陈日荣	陈 杨	郑义芸	施俊熔	胡涂难	袁梦婕	高 欣	
高倩云	高 寒	梁静泊	黄 昊	黄海翔	韩清文	司一江	全潇雨	刘翔文
孙昭宇	朱流垚	朴弋戈	许姝雅	闫可可	吴正河	张 炯	张秋婷	李彦林
李晓萱	李联悦	杨卉新	苏华健	陈雨晴	陈晓婵	周红薇	姜 敏	倪琰阳
夏天宇	聂小伟	郭淑敏	钱萌希	强 悦	覃翀豪	廖书漪	潘秋伶	樵明玉
魏梦君	叶 凡	申晓琪	刘萌萌	孙灵皓	孙 奥	朱雪超	汤秀城	许心怡
邢芮敏	张生东	张旭恒	李佳峻	李祉诺	李晓辉	李粉粉	李梦雅	苏佳芮
陈佳慧	武宇洁	胡金成	赵志超	高启松	高 星	常晓静	龚 俐	谭 笑
颜家坤	操江民	叶之舟	刘 畅	朱怡蕾	朱 梅	吴昭淳	吴铖楠	宋 扬
宋昕昊	宋紫嫣	张季兴	张雪聪	李林君	杞艳萍	肖 潇	芦雪峰	周而璇
范 琪	范 慧	施晓婧	洪夏蕾	费 雪	赵 力	索小易	袁 征	顾 娓
崔静宜	黄雅楠	程 静	蔡 森	王睿杰	任怡飞	虞 莉	王艳丽	刘煜尧
杨蓄名	欧阳雨晴	王 丹						

食品科技学院（181 人）

王跃凡	王 新	尹 涛	付思扬	刘芮瑜	刘 涛	江银婷	孙晓月	李 丹
李珊珊	李鑫鑫	杨 茜	杨德芳	吴振川	吴煜莲	汪梓瑾	张丹妮	张晓霜
陈铭杏	金煜霏	周青青	周佳瑶	战俊良	侯逸凡	姜 健	黄娟锐	戚毓敏
赖露湄	马佩沛	王红梅	王 哲	王新月	井 跃	刘思繁	刘 涛	李安琪
李润雪	李皖梅	杨 杨	杨 佳	吴 顿	辛中瑶	汪婧如	张 丹	张 恒
张 雪	陈国乔	陈秋怡	林 玲	周栖桐	宗 鑫	袁智慧	钱茗眉	徐 瑶
黄 蓉	彭文娟	蒋卓言	韩雪儿	何 芮	王亚文	王 颖	冯超彦	朱伯一
朱霈媛	刘天泽	刘宇琳	买梦奇	芦禹存	李怡颖	杨 康	张京舜	周瑞云
郑柳青	郑 霜	孟世伟	赵 妍	郝 郁	胡若瑶	柯小岚	段如意	侯雪倩
施益纯	翁炜晨	郭晓雅	黄 倩	程心柔	臧园园	廖 望	潘晶晶	王 芃
王祎然	云 琳	吕凤至	朱金蕾	刘翟铭	刘 鑫	李 旺	李晴晴	李 雍
杨 清	闵翠翠	张 岩	张懿之	陆志谦	周程雁	郑茜雅	郝盈盈	姜 璐
秦 月	徐培程	高智承	涂明梅	黄佳媚	谌思萌	彭 鑫	葛凌安	董丽萍
赖瀚琳	裴 旭	何淑雯	胡金锦	崔晨朝	龙伊迪	马佳菲	王志清	王钱繁
仇 贤	尹云飞	田忠慧	冯维佳	刘育金	刘 梅	孙 阳	严 信	李珺洁
李雪培	杨 露	吴宇博	何佳成	张文慧	张 瑞	张嘉会	陈宇豪	陈 晴

林　煌	周金慧	赵其钰	胡海静	秦秀乾	柴宇虹	唐宇龙	雷铮宇	马　睿
叶　芷	田振超	刘　爽	汤　明	李　澜	杨　鹏	吴竞雄	吴静怡	汪明佳
张雨倩	张　琦	张　瑞	张慧娟	陈晓琳	陈　祥	邵子墨	范　芸	金伊露
周思达	孟鼎朔	赵云霞	胡艺怀	高思嘉	梁煜雯	韩祎巍	蔡玘濛	薛向军
单慧敏								

信息科技学院（175 人）

崔静怡	赵　宇	林季钏	项佳栋	牛永杰	田曦橙	乔　粤	刘洪轩	刘睿伦
孙映红	李晓琪	李雲雲	杨　彦	吴童童	余　乐	汪耀东	张茹昱	张智威
陈家胤	陈雅玲	邵　倩	罗心唯	罗　瑞	赵　婷	徐潇洁	栾泽慧	葛樱婷
董亚瑾	程恒伦	谢　怡	谢宜衡	雷　文	万虹育	马林鎏	王龙飞	冯露育
刘　欢	刘　笑	阮　妹	孙钰越	苏　雯	李秀瑞	杨　霞	吴尚真	辛沅远
张仕翼	陈雨涵	陈嘉骅	罗佳倩	罗　瑞	屈　磊	赵　杰	赵南煜	姚佳妮
徐　炯	席余萍	崔竞烽	黎　阳	王家华	闫茹琪	陈志梅	马　也	王宇鑫
勾根旺	史春雪	吕飞帆	朱金诚	朱宗伟	仲　沛	刘灵景	孙世民	李文才
李怡雯	杨子路	杨　帆	杨秀眉	杨舒媛	别　路	张悠然	陈　威	金　铭
周　莹	单浣容	胡鹏飞	徐　灿	彭　羽	董玮婕	傅发焜	蔡月峰	马伟光
王天宇	邓书珊	朱冠宇	李　亚	李渊渊	杨天祺	杨刘芳	杨　勇	吴柯啸
沈文豪	沈雪莲	张晓彤	张添棋	陆佳林	陈　东	陈　再	罗自茹	周　洋
段艳茹	段晓东	贾可炜	徐霄翔	高　磊	郭琳森	程　镇	蔡星鹏	易容立
于　杰	马文彬	王宇坤	王俊友	田汉卿	任吴北	安博远	苏希玉	李　尧
李承业	李春秀	吴　敏	张　灿	张　雨	陈　朔	陈潇奕	林炜邦	欧依然
周　宇	赵雅宁	胡子昕	姜　帆	高　雅	黄　炜	黄馨漪	焦　健	舒浩然
魏雪雄	马政洋	王　亚	王　博	尹华魁	石聪聪	朱张超	许　驰	李玉硕
李铁岭	李　璐	张家伟	陈宇松	陈纹鼎	金　键	周月阳	周亚超	姚佳玉
凌驰宇	唐志辉	黄幸楠	黄国华	黄露谊	常欣辰	黎　薇	潘　浩	魏文海
魏秋燕	郑　丹	吴宗浩	于　哲					

公共管理学院（278 人）

罗　布	王　一	方园园	瓦热斯·木斯林	古丽衣帕尔·依拉木	布尔兰·哈散别克
旦增欧珠	朱　玥	孙　彤	孙　铖	孙涵睿	李　月	杨黎敏	肖　晶	何欢欢
宋书颖	张亦弛	阿旺罗布	阿热依	陈新丽	陈墨白	范超杰	尚晓文	黄也烜
龚劭齐	鹿艺鸣	彭志豪	德吉央拉	魏乾坤	赵涔淅	程泽恩	吕　玲	马　傲
王芷杰	王晓文	王　颖	尹小桐	叶航昀	田　丰	冯登涛	吉　悦	刘眹宁
孙羽璇	孙　念	李　东	李　郡	何雪琼	沈晓彤	沈凌俊	张　涵	陆静宇
陈佳敏	郁施诗	周　可	庞　力	侯承知	徐梦莹	黄黎敏	曹　斌	靳春璇
王秀清	王思遥	王恒朝	王酝秋	计静薇	史帅帅	宁　佳	刘玉涵	刘世言
齐则锋	孙益延	苏娜央拉	李　智	李婷婷	张竞允	张戴荣	陈　万	陈高缘
易　果	郑伊铭	荣　脉	胡艳婷	顾丹丹	顾展豪	徐　荣	徐蕾蕾	容　忆

黄经纬	黄 惬	王晓南	王 瑜	史 娜	朱佳玲	刘前美	刘 源	李 倩
李甜甜	李雯钰	李紫衍	杨雨微	吴子璇	张 云	张 汀	张宾哲	陈香蓉
陈慧君	范昕媛	金善玉	胡林伟	徐清雅	凌梦颖	郭彦琪	曹科宇	彭珂平
曾娜梅	于 涵	王秀英	王忠蕾	王 鑫	邓 可	吕腾飞	乔 丹	刘方凌
刘 池	孙荣华	李文康	李彦仪	李甜甜	杨保莹	张昕妍	张前前	陈 琦
林曼欣	孟哲冰	柯雅珊	信莹莹	侯华锴	秦 谦	黄凯京	曹亚楠	王逸邈
史云扬	冯雨耕	吕 图	任铭宇	伊力夏提·努尔麦提		刘雨禾	刘 鹏	闫彤宇
阮明心	孙姣姣	李 桐	杨淙云	吴佳颖	张程程	陈晓飞	陈羡洁	陈 曦
郅朝阳	周文静	周至柔	单俊超	单嘉铭	相容祯	袁子坤	唐 剑	黄旸琛
曹 培	扈俊东	琼片多	焦南歌	缪晗予	马源雪	王伟娜	王美延	王晟昱
王 涵	巴哈尔古丽·阿力木		石雨竹	卢 婵	冯建法	全娇娇	刘一宁	齐 琳
李光宇	李仲瑾	李稼俊	肖慧文	吴文斐	张天骁	张 磊	阿布都合力力·吉力力	
陈 浩	周少炫	周方舸	周 雪	邸欣宜	姜钰滢	康 翔	盖璐娇	程维晶
谢天德	翟孟颖	魏 龙	卜祥玮	王小羽	王雅琳	王嘉敏	旦增赤列	朱海涛
多杰卓玛	许如清	许青青	许俊杰	孙兆督	苏钰婷	李天宇	李 阳	李瑞阳
杨 骁	吴浩翔	张永翔	张昕雅	张朝微	陈建池	陈俊彦	陈 婧	周洁颖
孟 恺	赵静文	秦 索	黄文静	鹿 然	蒋 爽	韩 斌	戴佐蓉	汤小文
徐 晶	王子岳	夏文婷	陈彤彤	罗曼之	万洋波	马壮壮	王光裕	王钰涵
邢长荣	刘 艺	刘梦露	刘曦言	李海瑞	杨 阳	吴 娜	邹欣蓉	沈宏杰
张 玲	张 娇	张 超	金裴倩怡	郑 涛	施怡君	袁婷婷	索 莹	徐 畅
唐子乔	唐雅坤	姬甜甜	蒋丽红	韩 兵	韩建青	蔡 雷	潘晓钦	薛 菲
陈 彪	郭 戈	张一帆	胡圣涛	刘 畅				

外国语学院（176人）

叶梦晨	钟紫灵	杨嫩寒	梁斯琴	林广珠	王 函	白小康	向梦诗	刘雯烽
刘嘉敏	许允宁	苏继勋	李沙沙	李雪琪	杨 蕊	吴震麟	何晨昱	余志鹏
余 倩	宋 允	张玲玲	张彦珺	赵 玥	骆 露	聂玮珊	顾 蒙	徐岳凤
黄 莉	章露亚	谌 蓝	董 姗	谢婉霞	马燕霞	王 卉	王 莉	王爱东
王 鑫	刘一泽	刘昕婕	刘慕洁	关茹玉	许玲宇	孙 璐	杜嘉瑶	李 思
李 颖	杨 丹	吴佳倩	张晟泽	张晓轶	陈柳允	武熠迪	周 慧	项小翠
赵倩宇	胡佳李	钱慧敏	徐葛祎	蒋佳琦	储 媛	臧红飞	黎春萌	薛 菲
丁晓月	王一静	王安怡	王 曼	卢兰兰	朱诗涵	刘惠杰	李 桐	李静娴
杨 钦	肖文茜	吴亦伦	宋丹丹	张世奇	张秀娟	张 鼎	罗艺腾	赵润曦
胡婷婷	夏治诏	徐亦范	徐兴泽	殷 玥	高 澈	郭玉洁	蒋 敏	薛涵之
于博川	王婉瑜	王嘉怡	王 潇	仇崇雯	冯 奇	边宗琨	朱 媛	刘馨玉
孙 孝	吴欣琰	邱小宇	张伟庆	张宇婷	张梦雅	陈靖宜	赵新悦	胡雪蕊
袁玉婷	贾焕珍	夏思羽	晏 音	倪晨晨	陶诗涵	蒋元凤	魏尚佳	丁 彤
王文琦	王成峰	王金凤	王徐骞骞	朱云帆	刘瑶瑶	江 冯	李近平	吴雄青
余澄澄	汪苗苗	张 驰	张彩玲	陈 炜	陈晓虹	邵 萍	周 爽	钮 婕

徐 畅	徐旖珂	郭 靖	章 欢	王文婷	王海波	毛 蕾	许 姣	杜明月
巫筱菲	汪文韬	宋紫薇	张 奕	张海娜	张鲁钧	陈泽娴	周真艳	孟 杨
赵 丹	贺舒婕	袁诗诺	夏 冰	顾维明	徐凡婷	诸婷婷	黄 容	蒋贝贝
蒋易珈	潘 琪	胡晓洁	王月霞	汤嘉惠	宋淑杰	姚沁姗	沈依婕	许 娜
赖彦斐	任骁霖	宋昕剑	於 薇	徐文先				

人文与社会发展学院（236 人）

王东朔	王柱焱	王逸韵	牛铭杰	四郎培措	刘玉芳	李星润	杨 晨	宋知远
张明东	张泽乾	陈文泷	陈忠会	陈秋实	陈毓琦	林青婵	欧 珠	周家俊
费孝萍	徐梦超	高 佳	高 悦	斯朗格来	程 锦	程瀚枢	臧玉杰	廖诗瑶
王翔宇	徐志健	杜 畅	焦 阳	丁灵婧	王世东	王 成	王宣懿	王卿彧
乌晶晶	卢泽奇	毕 甜	师昭慧	任伟杰	李凤琴	李 岚	张荣荣	张晓璐
陈 蕾	金潇伟	周佳欣	周 晴	郑 敬	赵睿清	胡志红	贾倩文	徐 开
陶思儒	梅 艳	曹旭彤	谢清施	路 行	蔡思思	王雨霏	王昭焱	王悦嘉
王 晴	王 潇	左 琳	付高鑫	刘璐璐	许旦丹	孙朋国	孙 瑾	纪潇雨
李晓文	李雪健	杨 茜	吴夏咏	谷士昱	冷玉婷	沈 静	邵小娜	林晓妍
周慧敏	胡子豪	袁晨享	唐 莹	彭安妮	鲁 莉	童明霞	廖 欣	于 娟
马 悦	王文慧	王 仪	王梦龙	王静静	甘冬兰	申镜梅	田 妍	刘 畅
刘 缘	孙宏慧	李云帆	李 亮	李梦婷	杨菁菁	肖 琪	吴舒菡	邹 铃
林 静	侯甜甜	顾杨杨	黄子玉	康泽楠	商 帆	覃丽君	马骏扬	王伯宁
许春晖	李东原	辛丽娟	张孙小大	张忠昶	陈星旭	周玉莲	姜 怡	洛松平措
徐 瑶	高 赛	郭一帆	陶梦瑶	韩宛陆	潘 磊	王楠楠	冯庆娟	邢 闯
刘斯铭	米玛穷达	汤耀琪	李溪瑞	杨雨晴	吴佳莉	邱晨升	沈静怡	张莉坤
陆 静	陈 欣	陈炳旭	陈 琪	周鸣宇	周莹莹	赵 琪	施婷译	祝慧敏
勇 远	袁林煊	徐雅蒙	郭振东	黄艾闻	黄敬淋	龚雪瑶	焦培琳	鲁 奎
谭羽哲	于 凯	马政志	王丽华	王思萱	宁 可	朱岱敏	朱佩瑶	刘雅婕
花慧敏	李 响	杨亚东	杨芸其	杨 歌	吴姗君	张 妍	张保玥	陈 玉
赵 旭	夏 俐	倪海龙	高 媛	高 魁	黄佳瑜	黄 潞	梅梦怡	覃玥璐
裴晓华	赖欣怡	唐 烨	马浩杰	马海娅	王发耀	王舒媛	王嘉禾	韦怡雯
冯 洁	朱子敏	朱思雨	朱 敏	刘彤玥	刘思敏	刘梦宇	齐雨凡	江一帆
江思妍	祁思璠	孙晓彤	孙梦鸽	严子君	吴孟秦	沈旭然	宋世豪	张斯瑀
张 瑜	陈淑芬	郑天镱	赵俊怡	耿一玄	徐 丰	徐雨阳	高小可	陶 茜
戚喻姝	盛晨希	蒋昊哲	童子文	鲍 彤	魏 节	王鑫楠	孙 威	李 扬
孙铭璐	张淑慧							

理学院（103 人）

王耀鼎	尹 舒	邓伸艳	包树南	冯大力	朱锦南	刘红蕾	刘晓璇	江颖伟
孙嘉利	严 苗	李忠凯	李清如	李婧娴	吴 鹍	沈震亚	陈玥婷	陈富强
赵云凤	胡 楠	祖 耀	徐凤姣	高 露	陶政晔	黄若曦	鞠 萍	丁疏横

王夏军	朱宇川	华心怡	刘子秋	孙维好	严佳玲	苏琪	李惠葭	李智林
李慧奇	李墨	杨琦	吴介	陈思雷	季海豪	金俪雯	周婧芸	封宜汝
赵书平	姚秋宇	袁爽	柴磊	马佳伟	王安	王馨蔷	叶凤英	朱冠群
刘珍睿	刘燕楠	孙玥清	杜拓	李东阳	李洁	吴幼文	邱彬	余倩倩
宋文娇	张丹	张严匀	张欣凯	陈丽丽	罗晶	赵星鑫	贾辰阳	郭浩雨
展春林	黄子珂	淳建林	强慧	丁大茗	卫绍华	王娇娆	王赛尔	尹亚华
石莹	朱可欣	朱椿元	华锁林	刘洪杰	刘悦	许恒誉	孙晨	谷淼
张恩槟	张爱萍	张皖宁	张舒怡	陆嘉豪	陆慧琳	陈丽先	陈智勤	赵舒
莫忆凡	焦敏娜	熊思远	滕鹏					

生命科学学院（177人）

于泽农	王若谕	韦安伦	方宇星	孙智	孙慧宇	李大奇	李艺	杨晓彤
宋波	张子怡	张天	陈苏恒	周宁	庞仕璠	胡思玲	徐敏馨	高淑媛
曹明辉	蒋盛	谢子璇	强天宇	王婷	王鹏飞	朱佳浩	华婷婷	产天龙
孙雨芬	孙睿聪	苏佳	何超	沈瑞浩	张毓宸	赵子贤	胡涛	姚慧超
顾雅琦	钱鑫民	徐宁	殷逸凡	梅杰	蔡欣雨	熊洋洋	丁蕾	万金龙
王艺橙	王沈飞	王晓倩	王惟一	王新鹏	宁可馨	朱弋舟	朱舟	刘浩
刘彩莹	孙丹丹	孙雨梦	孙美娟	孙新丽	杨炀	杨磊	吴近泥	吴茫腾
余佳敏	宋晓东	张文轩	张远卿	郑雨骁	施瀚栋	洪可卿	徐蓉	黄涛若
梁富友	韩瀚	舒自美	蔡哲初	樊铮	王旭东	方源	田惠文	任凯迪
华玥	刘雨彤	芮倩琪	吴龄龄	宋纯雪	宋喻鑫睿	张志强	陈茜	金月秀
周霄雪	胡志	胡玮昱	禹幸	徐怡	高寒	唐珮瑶	唐敏	曹坤坤
曹颖宇	蒋翊宸	程鹏飞	王尘熠	牛利川	史小可	史明皓	朱超凡	江佳芮
汤子枭	许荟	李文涛	李思妍	吴彤	吴斯琦	张怡婷	陈如海	陈峥
陈婧	罗志凌	岳思宁	胡田彧	胡颖	闻若雪	高佳望	陶志均	黄嘉瑞
尹沁沁	万嘉玲	马超	王馨悦	包小荣	朱婷	刘乐诗	孙力波	李申祺
杨婷	吴凯	何俊杰	余鹏辉	沈可忧	迟锐	张鑫	陆嘉琪	赵晨
荆昕涛	相里旭	钟妍	姜坤	徐孟晨	彭宸	董林	王昀牧	王滢滢
史晨琳	任烨飞	刘飞亚	刘泳凯	刘铖铖	苏一鼎	杨天舒	杨同庆	张旭
陈煌烨	周舒钰	郑凡君	郑鹏	姜彤	骆炜钰	耿家林	莫家璐	黄艺璇
谢智强	黎佩云	戴林娜	李静然	薛梦瑶	陈慧玲			

金融学院（282人）

汤梦妍	方婷	姜敏婕	卢艺	陈天舒	季航宇	干镔青	王云潇	王宇苏
王宏宇	王悦琪	王慧雪	朱以恒	朱涵	刘欣	孙凯	杨晓晓	张雪
陆杨	陈弘	陈卓	陈炜阳	陈洁	姚竞宇	贺云飞	桂心驰	梅万鹏
曹芮	董健	解娅婷	靖钰	缪涵	滕慎	霍晓菲	马思源	王丹
王倪	左欣冉	朱青	邬文轩	刘隐	李金	李惠敏	杨萱	杨磊磊
吴欣卓	吴晓庆	张雨晗	陈艺芬	陈金玲	武文丽	范林叶	杭俣	郁启颢

季家辉	查沁瑜	殷 悦	郭 鑫	黄馨谊	戚冠汝	葛子远	葛 晗	漆哲昭
魏高乐	于 一	于嘉茵	王 丹	王若天	艾洪彬	朱吉鑫	任来建	任旻曦
刘迪莎	刘韫珲	许 薛	李 乔	李俊淳	沈心同	张玉莹	张宁琪	张 凯
陈宇灵	陈雨薇	陈明辉	陈 渠	易永立	赵玉冰	胡 洋	秦 川	徐文赢
高 爽	黄佳融	葛梦君	蒋 震	王竞宜	王 森	仇叶舟	刘 娴	孙啸天
孙翊涵	李 义	杨子涵	肖怿晗	沈星宇	宋文治	张 艺	张 伟	张 杉
张炜婧	陆文敏	陈雨佳	金子程	郑玫真	郦钱辰	宫海宁	崔 璇	章 丹
蒋 芃	景之松	焦 阳	曾 言	詹 馨	管毓康	薛倩茹	丁 畅	王 杰
王柳波	王 童	艾梦婕	代志宏	朱禹同	任中豪	刘志远	刘 琦	齐曼竹
纪涵如	花 雨	李 杰	李佳琪	李嘉琦	汪雅璇	张一峰	张艺伟	张 宇
张留荣	陈 宸	林海鹏	郑钰霞	赵 彤	赵晓康	胡明月	曹 婧	薛 雁
于济宁	万学远	王艺驰	王 宁	王逸清	付于晏	冯雨荷	朱裕杰	刘 潇
闫 钰	孙 俐	李婧闻	沈 惠	宋丹睿	张汝昕	陆舒逸	陈乐天	陈露涵
周 宇	钟紫陌	种 畅	贾昱希	夏小力	郭 瑞	曹靖悦	曾经纬	潘剑楠
沈祺晟	王一存	王叶子	王健媛	王 琴	方英杰	田 婧	付林海	华雨馨
李宇锦	李禹佳	李颖瑶	李慧卿	邹 隗	汪旻旸	张 晓	陈丽红	陈嘉庆
周 阳	赵晓妍	胡仁中	娄晨阳	姚笑逸	钱玉奇	桑 叶	黄 煜	曹静芬
盛冬琴	绪王宇	葛 玫	韩 瑾	樊欣雨	卫经炜	王艺璇	王陆斌	王若译
王清灵	勾春蕾	田芝惪	朱光硕	刘小菲	孙诗盈	苏靖涵	苏 慧	李佳霖
汪一璇	张艺娜	张浩祺	张婷婷	陆雨晔	陈长河	陈 晨	金开款	金宇佳
周冰洁	郑 鑫	秦依昱	高 颖	龚钧延	韩子雯	童嘉炜	戴 希	丁兴辰
万 萍	王萌萌	王雪绮	韦 鹏	叶 丽	朱晓彤	任雅倩	刘钰培	李礼轩
李濡桑	邱 烨	何舒婷	张子奇	张梦娇	张 媛	陈 诚	陈晔晗	陈 静
徐舒心	郭瑞玲	唐 娜	曹夏伟	智钰婷	雷淑文	管 成	谭思悦	戴 超
张丽容	仲 雪	陈睿倩	倪 蒙	蒋 婷	孙也婷	陆 艳	魏丽莹	刘蓓蓓
屠堃泰	刘文娟	张艳晴						

草业学院（33 人）

付宏伟	陈思雨	汪沉博	王冬儿	王 茜	王霖普	牛欣祎	石丽娜	同琳静
李鑫洋	杨每桦	杨 海	吴宇哲	何芷悠	沈 泓	张欣玥	张思琪	张俊玉
苗玉洲	林琳珊	罗 英	周 霞	姜斯琪	徐 森	高天歌	郭润欣	黄淑敏
章婷婷	蔡行楷	张庆元	应思浩	高 越	李依桐			

工学院（1 406 人）

马 学	王记宽	王星宇	古丽娜孜·堆山		卢 愿	田 萍	汤 浩	汤 娟
苏力塔力拉提·赛皮丁		李文玉	李 超	杨族庄	吴博文	邸文杰	邹 进	张 略
陆 观	陈一傲	陈 婷	茅书铭	周丽旸	袁华丽	耿春雷	徐 娜	凌 泷
黄冠球	董子钰	蒋子龙	韩金佳	曾小平	翟 雪	马云江	马俊伟	马培元
王秋伟	王 梓	朱灵慧	刘颖燃	刘豪志	闫建造	许霄彤	李学强	吴剑坚

吾龙格尔别克·对山别克			张车	张娜	陈宛心	陈浩杰	郑浩楠	孟杨
哈玛丽亚·胡马尔		祖广鹏	贺自攀	袁晓慧	殷健	唐必铖	陶金	黄锦华
龚磊	崔康	董瑞	韩凯旋	焦雪松	马彦江	王芬	王雪飞	方旭辉
木拉提·巴合提		朱晓娟	刘淋	李健波	杨光宇	张旭航	张殿卿	张攀
陈浩然	茅佳欢	金成龙	郑猛虎	胡勇	夏勒哈尔·托勒恒		黄耀	龚卢烽
梁路捷	曾小芬	谢为俊	谭智尧	潘辉	戴兴民	万柔旦才让	毛亮	邓朋
龙聪	史金棉	兰凌霄	刘鹏	李明川	余小芬	张帆	张好鑫	张瞳瞳
陆金坤	陈坤	陈森	努尔扎迪·图尔苏		武泽璇	林锴	周嘉斌	胡云飞
迪丽乎马尔·依布拉音		袁柏琦	贾蕴发	徐灿	翁宇辰	高广亮	排尔哈提·库尔班	
童闽杭	谭佳鑫	马玫	王志成	王海峰	云雅歆	甘辉	巴合尔古丽·托合提	
西尔艾力·艾买提		伍妃	刘兴刚	刘洋	李恒宇	李照	杨雪璠	吴灵川
吾米尔扎克·叶尔开西		冶文珍	宋文文	张经纬	张晨	陈昊宇	阿依尼尔尔·吐尔洪	
虎金龙	周亚东	周朝威	赵亚飞	赵智丽	徐瑞	唐菱艺	娜扎开提·乃比江	
韩怡	童俊	蔡桐源	臧凯	戴开斌	卫炳昂	王宏	穆合塔尔·穆拉迪力	
王洁	云苏乐	水恒琪	田仁海	田野	刘文琪	许迪淇	苏小萍	杜莹莹
苏阿提·托肯		李阳	杨洋	杨景成	吾什根·吐斯甫汗		肖宏伟	吴明坚
张迁	张恒	阿吉努尔·麦麦提图尔苏			阿依谢姆古丽·托合提		陈欢	陈耐
努尔艾力·吐尔逊		陈峰	周世炯	赵文慧	帕提马古丽·那扎尔		赵明田	钟浪
娜迪热·艾麦提		康睿文	董银辉	曾炜伦	雷秀宝	肖逸菲	胡娟	钟烨
郭慧	曾艺	刘乡云	张华平	张敏	刘玉琦	陈扬	杨启帆	任雅
斯朗卓玛	马莉	王宁	王晶	韦佳	刘欢	安永	杨文学	杨杨
肖廉翊	张幸怡	范亚军	岳松松	周钿钿	郑雪	孟妍	翁强	唐钰馨
黄斌	董小楠	蒋欢昕	蒋祥瑞	程漩	曾艺佳	楼怡	赛秋玥	翟晓萌
潘屹东	王荣坡	冯成	刘红英	刘纹滔	江海	李则巾	李秋仪	杨中柱
吴少波	佘浩楠	邹军	冶雅军	张文静	张灿凤	张称称	陈家宝	邵佳佳
罗大卫	周李静	莫缓唱	徐安琪	高瑞聪	郭雪晴	唐子瑄	崔晓丹	蒋亦璇
韩元日	鲍铭铭	熊禹	魏家玉	丁蕾	王文辉	王旻琪	王彩凤	白鲁
吕铭	吕程	刘可	李晓菡	李慧东	沈洁漪	张丹	陈倩	易晗钰
郑景	赵静	洛松曲加	贺华鹏	夏乾尹	柴克勤	钱欣悦	高凯	高珊
梁洪晶	韩谦	解士瑶	马晓茜	王佳琪	王尊	史慧	刘晓然	李欣颖
李腾	吴雪莹	冷昕瑶	汪正义	张子健	张思佳	岳民	赵梦茹	姜桩
秦林巧	夏一鸣	顾晓聪	徐亚星	黄玉香	梁文娇	董天宇	董林	普赤
曾春雪	谢政	臧鹏	潘国壮	张俊	马家驹	王仕超	王熠	冯超
毕明涛	刘子知	刘伟	严贵洋	李一帆	李哲	李强生	杨晓东	吴香燕
吴梦阳	邹波	沈健	沈韵泽	陈金婷	陈翔	周培先	孟沛冰	赵海涛
贺雨晴	贾亚文	钱程	郭鹏飞	唐容辉	黄宝驹	揭伟华	韩如锦	程悦洋
王子烨	王孚康	王硕	龙云浩	任皓婕	刘伟伟	刘超	孙振宇	严永俊
李圣荣	李宏波	李明辉	李颖	何相东	沈士杰	宋芷伊	张怀波	陈阳
陈爱银	周润东	赵秦川	袁桂亚	贾泽光	钱力	奚彬超	高一柯	黄桂恒

黄　静	虞军园	王　款	王　翔	毛昌宏	石逸帆	邢凤晨	刘乃源	刘永强
刘贤利	关　昕	阮仕礼	李素新	李嘉博	杨繁庆	何　涛	余新茂	张井禾
陈耀源	范贤俊	周诗琦	周炳男	胡建宇	贾丽娜	唐　辉	黄　旋	龚　平
葛召浩	鲁棒棒	简　政	戴政操	魏志新	王　阳	王磊磊	毛向新	毛婷婷
方　凯	朱　麒	刘铮钰	许昶霏	李建坤	李　玲	李　鑫	吴树凡	沈锴君
宋世程	张凯成	陈圣民	罗柳青	周益华	周　磊	胡　健	俞天一	顾爱博
郭嘉铭	唐　可	黄　勇	程奉雨	曾慧君	温俊亮	臧　曼	陈　磊	于仁泽
马海文	王晓斐	王照翔	王慧芬	方家琦	朱　波	任　璐	刘小雨	刘宸煜
刘　梦	李晓佳	李晨元	张云桐	张宁东	张　浩	单鑫丽	项金晶	赵宇霏
胡　方	姚　波	夏思海	钱　魏	黄丹玉	蔡凯焱	潘　杰	潘倩兰	鞠少阳
檀铃涓	王振羽	王晓清	王　康	王　露	卢　薇	叶　帆	史红栩	刘佳煜
刘宗翰	闫　安	麦冬雨	严梦媛	李　成	李红美	李　智	吴玉燕	何炜俊
余雄涛	张弘弢	张松伟	张　蓉	陈　森	邵惠琳	周　莹	郑　勇	赵　月
陶诗韵	黄国梅	彭　润	熊　杭	潘　玥	万倩茹	卫书宇	王青青	王孟沁
王　颖	方艺静	严新宇	李悦侨	李　捷	张　炜	张家赓	邵艳君	林传琳
罗　承	周晶晶	郑琼婷	孟琪琪	胡　悦	秦碧赢	贾圆荣	徐　丹	黄　越
彭益君	鲁海望	曾维凯	褚　亮	翟晓宁	颜晓媛	丁耀楠	马　奔	王　义
王　芳	王宏明	王　玥	王　温	石乔梓	曲媛媛	刘　畅	刘舒倩	江润林
李小哲	杨蕙兰	吴沛冬	张广铖	张　丹	张　印	张轶鑫	张谋勇	陈科仲
易三五	周志凡	周海韵	胡　越	聂子临	夏玉芬	钱唯谷	栾　慧	郭炳秀
黄梓轩	程美霞	廖庆美	马文艳	王帝媛	刘宇帆	刘　璐	杜耀宗	李明曦
李圆圆	李晨杰	杨　君	吴翠宇	汪　泽	张缤心	张曦月	陈　丽	茅庆翔
林毅杰	尚奕彤	周子钧	郎　丹	赵瑞颖	袁孝林	徐冬冬	徐竹珺	黄　可
曹永吉	蒋志超	魏　健	王子傲	王雪萍	方　迪	邓芳敏	朱　鹤	刘　宏
孙怡云	李友豪	李旋旋	吴文佳	吴金烨	张晓雨	张　琳	陈方鑫	罗玮明
赵天颖	徐慧敏	殷美霞	黄　英	蒋淑澜	焦　森	曾倩楠	游泽豪	雷伶俐
綦俐丽	臧　锋	于晓泽	马志良	王　丹	韦俊安	邓　凤	田　野	兰　琛
朱　丽	刘天立	刘晨曦	李玉荣	李阿姣	杨洪坤	肖应欣	余慧雯	张依琳
张　晨	张璐瑶	陈泽洋	罗瑶瑶	赵晓玉	贺文雨	顾艳青	徐锡芬	黄　悦
常　换	梁大超	王　凤	毛钦迪	卢启玉	刘云飞	孙佳杰	孙　欣	李芳欣
李燕喃	杨世林	杨　婷	吴志宏	沈　睿	张艺霖	张林杰	陈佐健	陈　妍
金　泱	周静雪	赵子璇	胡彬彬	贾文丽	钱炜婷	高　璐	曹田田	彭明鑫
虞雯琦	蔡鹏超	熊江妮	樊志娟	魏　铭	王　劢	王　杰	历颖超	方海念
吕雯雯	乔　帅	李欢欢	李　旺	杨炜炜	杨轶伦	吴睿灵	邹姣姣	闵若兰
宋小元	张海雯	张　悦	陆　恺	陈　纯	陈　悦	郑铭诗	胡晨程	夏　磊
顾朝美	徐汪洋	谌伟坪	蒋　韵	覃柳娜	强　薇	蔡向阳	乙　丹	马　佩
王帅达	王　姝	尹忠尧	朱文龙	许泽源	孙　洁	李　响	李　萌	张　浩
陈佳丽	陈思涵	武慧藏	罗　华	金　山	周佳颖	屈济民	赵　蕾	费　星

秦　颖	聂舒怡	徐盈煜	唐　森	黄昊轶	黄锡铃	崔浩然	梁婉诗	戴　镕
马小涵	王　曦	韦缘媛	艾　敬	田　晴	匡　帆	邢小倩	刘　飞	刘　静
阮　迪	孙婉婷	严佳坤	杜紫嫣	李舒琪	张艳凤	张皓程	陈秀云	陈昱佳
邵尧尧	罗钰畑	周晶莹	赵文婧	贾　昊	殷心悦	高钧亮	黄　彦	樊钰升
潘　婷	薛吴静	张　帅	陈聪颖	王文姗	王昌权	王　鑫	包　衍	邢文杰
芝　昕	朱靖旭	任　昕	刘婉玉	刘童超	齐　尧	李　博	李嘉欣	杨文杰
吴大胜	宋　悦	张大兴	张　飂	陈加强	陈嫣云	周航超	侯　亮	聂丽娟
郭馨乐	黄逸骋	崔紫宸	梁　龙	董　瓒	管子翔	万珊蕊	王迎旭	王海旭
由　静	刘　伟	刘佳节	许建业	孙博卿	杜唯超	李宏伟	李　锐	杨　阳
吴和雷	吴金晶	张宏熙	张　璇	陆　成	陈佳伟	陈　煜	罗凤龙	周　建
胡志学	胡惠雅	姜懿倬	聂钰云	钱　翔	黄云诚	韩瑞超	雷华舟	戴祎楠
马　鹏	王开鑫	王宇龙	王海红	邓佳颖	刘国军	刘家欢	安思琪	许俊东
孙雪淳	李　鹏	肖舒裴	吴雁翔	宋抒韩	张宜丹	张润峰	陆小慧	陈民吉
苦宗勇	范海波	俞雪恋	党国兵	殷　越	黄　子	黄　健	黄　婉	崔　雯
韩　兴	潘瑀婷	马怿健	王鹏宇	王静楠	韦家迪	邓懿闻	母　燚	毕　筝
齐　林	杜欣芮	李权辉	李希凡	宋晓彬	宋　爽	张鑫雷	陈昱名	武俊羽
罗佳怡	季　伟	周永生	封　雨	赵月怡	郝　君	袁文婕	贾翔榆	唐　歆
黄　杰	谢烨童	蒙安健	薛荣亮	丁一凡	万　鹏	王　帆	王　挺	王　梅
仁青夏姆	冯德成	刘立强	刘仲禹	闫　实	闫思蒙	孙佳艺	肖国胜	宋　旭
张　琦	陈祺琪	罗智琪	周元铭	周　丽	赵　旭	姜晓慧	秦　颖	贾环宇
郭嘉欣	黄天宇	梁宁欣	程阳明	潘沿予	魏立群	王寿春	王炜康	付学礼
朱　冲	任晓燕	刘子亮	刘　瑞	刘　嘉	孙　文	李垣锋	杨　都	杨　磊
何　鹏	汪凯鑫	宋　岩	陈　桑	周思羽	钟泽宇	姚雅林	郭素珍	黄叶琨
梅梦怡	崔松日	董建楠	蒋帅杰	景倩楠	温子轩	谢善财	蒲张彬	朱赛华
王健羽	王　静	方　海	成　辰	朱贺详	任　煜	刘雪琴	刘鑫发	许　敏
农宇顺	孙羽勃	把吉辰	李伟东	杨　洋	杨勤月	吴　可	谷　悦	张海林
张逸飞	陈白雪	周天域	周雅婷	赵卓然	胡义良	施泽东	姚　尧	徐　莹
黄　阳	廖娜娜	翟书萱	滕华龙	丁　婧	丁超凡	王晨光	王舒立	尹　艺
石剑桥	叶正华	冯炜辉	朱双祎	刘一鸣	刘　倩	孙超凡	李　波	李晓林
杨　乐	杨华圣	杨卓霖	邹为民	张　伟	张卓伟	张婷婷	陈　青	陈鹏宇
欧阳博源	周文韬	郑彬彬	贾　茹	郭长阳	唐　磊	谢华滋	魏洪娜	丁珺君
于真真	马建业	王含冰	王　翀	太　猛	毛中艺	方　洁	古炜豪	吉轶凡
李青山	李　昕	杨　俊	杨　梓	沙喜龙	张依凡	张　骁	陈　阳	陈　坦
周永庆	郑澍坤	钟素凡	袁　伟	黄　靖	曹国锦	谢莹婷	魏　帆	魏　薇
王　昊	王晗颖	牛予寒	文仙琳	乔蕴仪	庄涵钰	刘笑言	孙欣悦	李伟达
杨　冕	杨　曦	吴　斌	何海侠	沈翰林	张一杰	张成祥	陈益杉	陈锡恺
周诗豪	周昱颉	周　蓉	赵赛赛	段　林	姚文强	徐文奇	高子淋	唐　超
黄书铭	曹可欣	蔺泽普	翟高杰	鞠豪明	马润楠	马晨斌	王　朋	王　哲
石礼亮	白庆佳	朱继德	刘海马	刘海涛	李国忠	李　源	杨　伟	杨国庆

吴国境	谷俊婷	张志平	张泽森	张超	范银冬	金渼宰	周旑鋬	胡其东
秦浩然	徐濠强	高素成	浦晓	陶泽翼	康帅	程俊涛	潘爱金	马高长
王鹏宇	韦坚辉	方超	石鑫	田陈尧	白永剑	冯如意	朱文杰	刘江
刘蓝鹰	齐瑞旗	李启祥	李昊	杨泽润	杨贺	吴礼先	吴茂宁	张航
郑鹏飞	胡易	洪姗姗	徐浩	高天祥	郭晓	梁桔斌	程梓腾	鞠志鹏
王茹	王睿	巨玉宝	艾小华	冯千芮	任星旭	刘永鑫	刘鑫	李仁强
李贺	杨洪伟	吴仕奇	吴志鹏	狄陈晨	宋炳威	张杰	林嘉章	周华
周红洋	姚远	聂尊洋	钱生豪	徐亚男	郭彩新	黄麒熙	葛斌	曾俊
雷嘏喆	薛雁月	魏东	刁永健	马秋明	王国坤	王婷	王鑫	牛鹏帅
冯逍	刘义文	刘成龙	江友浜	许建康	李文军	李乐西	李秋月	杨佳
宋勇	张启星	张静	陆韬	周敏	查正华	秦安	敖成江	夏豪
顾徐嘉	郭明	桑雨萌	喻川	鄢永康	雷冠南	魏攀	丁鹏飞	王兴华
王洪忠	扎西维色	向超凡	刘冠华	闫旭	孙旭炳	杜超凡	李达	李应泉
李享	李泽芳	杨少轻	沈莫奇	张园园	张森	陈金星	陈辉	欧怀雄
罗星辰	岳小康	周啸天	秦德润	顾璇	黄海晨	傅朝明	路志宏	魏澎
王龙生	王烜	石峰	吕幸临	朱碧华	刘光远	刘国兴	汤皖兴	严东
芦海盟	李冬	李昱锋	杨世杰	吴昌林	角巴才让	张世桂	张圣杰	陈悦
陈辉	范建瑜	秦海迪	秘钊	高金磊	高甜	黄涛	彭坤阳	韩志毅
甄雅迪	翟起	熊伟	王云鹏	孔亮	孔晨盛	邓艺璇	邢小童	朱岳然
刘恋	孙兆铁	李异德	李思娴	杨妙晗	吴慧	张帆	陈欣	陈蕊
邵蕾	武悦	周瑞康	郑子雨	查丁丁	侯文鹏	贺鑫月	袁一然	倪博森
徐梦琪	高碧芸	郭一帆	阎晓帆	韩晓会	傅翔	窦丹丹	蔡丽丽	马童玮
王亚南	王志凌	王路	卢敏	庄圣钰	李小婷	李东君	李润泽	杨扬
吴珊	宋鑫垚	张润雨	陈佳怡	陈晓毓	范梦圆	季扬帆	周闰威	周航
赵泽宇	郝玉婉	郝传鹏	原乔雅	徐兴慧	高博	郭玉宋	董兴攀	喻海浪
程曦	谢田甜	颜似玉	董利	高伟民	王小进	王天娇	王俊	石元鹏
卢丹丹	白阿龙	巩亚康	任晓敏	向天棋	刘相贵	许磊	李政	吴欣
吴浩	张浩	陈晨	范敏	林建树	罗泓凯	周彭洲	孟天宇	赵泽敏
胡爽	黄佳雷	曹应回	董红磊	蒙骁	王坤	王杰瑞	王宣博	王雪琳
朱铁	刘安狄	刘雷震	杜雪纯	李佐晖	杨干	杨慧媛	肖睿	吴君峰
何鹏	宋家兴	张宇	张佳瑶	陈太苗	陈金怡	范志宏	罗凯戈	郑爱玉
唐啸	姬泽坤	彭浩宇	鲁迪	谢利娟	蔡毅	于安江	马越	王羽
王启蒙	王彦人	王静	尹思琪	邓法明	田振旭	权丽娜	朱昀	刘宝路
肖益飞	吴洋	宋克凡	张伟超	张泽星	陈小丹	郑小雯	胡牧然	姜丰
徐肖娅	高朋超	郭梦雪	唐迎曦	彭昭辉	马越	王玥皓	王超	王晴晴
毛敏馨	刘建织	刘思杰	阮阳	苏兆瑞	吴义孝	汪艳玲	张阳	张博文
陆世杰	陈爱帅	范超昱	林嘉昀	金珠	周凌蕾	赵青卿	赵振	郝赛飞
姜俊超	徐桐桐	徐鑫玥	高青松	黄成杰	曹丽方	戴昭霞	方恩泽	

附录 13 2017 届本科生毕业率、学位授予率统计表

学　院	应届人数 （人）	毕业人数 （人）	毕业率 （％）	学位授予 人数（人）	学位授予率 （％）
生命科学学院	177	170	96.05	170	96.05
农学院	194	189	97.42	188	96.91
植物保护学院	118	114	96.61	114	96.61
资源与环境科学学院	181	177	97.79	177	97.79
园艺学院	299	294	98.33	293	97.99
动物科技学院（含渔业学院）	148	142	95.95	142	95.95
经济管理学院	249	243	97.59	243	97.59
动物医学院	175	170	97.14	170	97.14
食品科技学院	181	169	94.48	169	94.48
信息科技学院	173	161	93.06	161	93.06
公共管理学院	278	274	98.56	274	98.56
外国语学院	176	175	99.43	175	99.43
人文与社会发展学院	236	229	97.03	229	97.03
理学院	102	99	97.06	99	97.06
草业学院	32	29	96.88	29	96.88
金融学院	281	277	98.58	277	98.58
工学院	1 403	1 343	95.72	1 339	95.44
合计	4 403	4 255	96.64	4 249	96.50

注：1. 统计截止时间为 2017 年 12 月 14 日。2. 食品科技学院 2 名学生参加南京农业大学与法国里尔一大本硕双学位联合培养项目，不计入该院现毕业率及学位授予率。3. 草业学院 2 名学生参加学校与美国罗格斯大学本科生"2＋2"联合培养项目，不计入该院现毕业率及学位授予率。

附录 14 2017 届本科毕业生大学外语四、六级通过情况统计表（含小语种）

学院	毕业生人数 （人）	四级通过 人数（人）	四级通过 率（％）	六级通过 人数（人）	六级通过 率（％）
生命科学学院	177	173	97.74	123	69.49
农学院	194	174	89.69	106	54.64
植物保护学院	118	106	89.83	50	42.37
资源与环境科学学院	181	172	95.03	122	67.40
园艺学院	299	273	91.30	190	63.55

（续）

学院	毕业生人数（人）	四级通过人数（人）	四级通过率（％）	六级通过人数（人）	六级通过率（％）
动物科技学院	107	94	87.85	49	45.79
经济管理学院	249	241	96.79	179	71.89
动物医学院	175	167	95.43	118	67.43
食品科技学院	181	164	90.61	99	54.70
信息科技学院	173	157	90.75	80	46.24
公共管理学院	278	249	89.57	163	58.63
外国语学院（英语专业）	97	85	87.63	73	75.26
外国语学院（日语专业）	79	79	100.00	53	67.09
人文与社会发展学院	236	200	84.75	120	50.85
理学院	102	91	89.22	48	47.06
草业学院	32	31	96.88	22	68.75
金融学院	281	276	98.22	223	79.36
工学院	1 403	1 273	90.73	663	47.26
渔业学院	41	40	97.56	22	53.66
总计	4 403	4 045	91.87	2 503	56.85

注："英语专业"四级为专业四级通过人数，六级为专业八级通过人数。

附录15　江苏省教学成果奖获奖情况

成果名称	第一完成人	获奖等级
"本研衔接、寓教于研"培养作物科学拔尖创新型学术人才的研究与实践	董维春	特等奖
基于差异化发展的农科类本科人才分类培养模式的构建与实践	胡　锋	一等奖
构建五大体系，提升三大能力：农业经济管理拔尖创新人才培养的探索与实践	朱　晶	一等奖
"虚实互补"的农业生物学实验教学体系的构建与实践	崔　瑾	二等奖
面向"全产业链"的食品科学与工程专业人才培养路径探索与实践	徐幸莲	二等奖
"一导向二贯通四协同"——农科环境类专业人才培养模式构建与实践	徐国华	二等奖
园艺专业"三模块"实践教学体系的创新与实践	房经贵	二等奖

附录16　江苏省高校教学管理研究会优秀论文评选获奖情况

论文题目	第一作者	发表期刊	获奖等级
AGIL模型视角下推荐高校应用MOOC教学的策略选择	李俊龙	现代远程教育研究	一等奖
高校专业建设研究浅探	胡　燕	江苏高教	一等奖
欧洲MOOC教育质量评价方法及启示	刘　路	开放教育研究	二等奖
我国高校教师发展中心的建设历程与评价	权灵通	高教探索	三等奖

附录 17　江苏省高等教育科学研究优秀成果奖获奖情况

成果名称	申报人	获奖等级
中国高水平大学教育国际化表达现状研究——基于 84 所教育部核准的大学章程文本分析	董维春	二等奖
高等学校教师本科教学质量评价标准与评价指标构建	吴虹雁	三等奖
大学生创业意愿的影响因素研究	吉小燕	三等奖

附录 18　江苏省高等教育教改研究课题立项名单

所在单位	课题名称	课题主持人	立项类别
教务处	卓越农林人才培养的通识核心课程体系建设研究	董维春	重中之重
农学院	基于拔尖创新型农科人才培养的广义研究型教学的探索与实践	黄骥/朱艳	重点课题
工学院	基于跨学科项目平台的新工科人才培养模式的探索与实践	丁永前/周永清	重点课题
植物保护学院	基于专业认证的植物保护专业培养方案整体优化与课程教学内容改革	王源超/叶永浩	一般课题
经济管理学院	农林经济管理专业核心课程案例教学改革研究	朱晶/林光华	一般课题
公共管理学院	土地资源管理"递进式"创新人才培养模式实践研究	欧维新/石晓平	一般课题
资源与环境科学学院	基于专业认证的农业资源与环境专业分层次人才培养模式研究与实践	张旭辉/李荣	一般课题
园艺学院	卓越园艺人才培养质量的评价体系研究	房经贵	一般课题
外国语学院	"双一流"建设背景下高等农业院校大学英语课程体系改革与实践——基于多维度需求分析的研究	曹新宇/王菊芳	外研社合作一般课题

附录 19　江苏省高等学校重点教材统计表

学院	教材名称	主编
农学院	种子生产学实验技术	洪德林
植物保护学院	农业昆虫学实验与实习指导	洪晓月
资源与环境科学学院	土壤、地质与生态学综合实习指导书	刘满强　张旭辉　李　真
园艺学院	设施作物栽培学	郭世荣
	园艺植物遗传学	房经贵
经济管理学院	农业经济学（第五版）	钟甫宁
	研究设计与论文写作——经济管理类大学生科研训练指导	何　军
公共管理学院	资源与环境经济学（第二版）	曲福田
	土地行政管理学（第二版）	曲福田

（续）

学院	教材名称	主编
信息科技学院	大学信息技术基础 大学信息技术基础实验	徐焕良
外国语学院	农业科技英语阅读教程	顾飞荣
理学院	无机与分析化学（第二版）	兰叶青
工学院	汽车拖拉机学（第二版）	鲁植雄

附录 20　农业部"十三五"规划教材统计表

学院	教材名称	主编
动物科技学院	饲草品质评定学	沈益新
	饲料学	王　恬　王成章
	饲料学实验指导	王　恬　王成章
	养牛学	王根林
动物医学院	畜禽营养代谢病和中毒病	黄克和　王小龙
	兽医病理生理学实验指导	鲍恩东
	兽医传染病学	陈溥言
	兽医传染病学实验指导	陈溥言
	小动物疾病学	侯加法
	小动物外科学	侯加法
	兽医病理生理学	张书霞
	兽医微生物学	陆承平
	兽医微生物学实验指导	姚火春
	兽医生物制品学	姜　平
	兽医临床病理学（兽医实验室医学）	黄克和　王小龙
	动物生理学	赵如茜
	动物生理学实验指导	倪迎冬
	动物生物化学	邹思湘　马海田
	小动物临床诊断学	张海彬　夏兆飞
工学院	汽车拖拉机试验学	薛金林
	C 语言程序设计	徐大华
	汽车拖拉机学	鲁植雄
公共管理学院	不动产估价	吴　群
	土地法学	陈利根　陈会广
	土地行政管理学	曲福田　石晓平
	土地经济学	曲福田　诸培新
	土地利用管理	欧名豪
	土地利用规划学	王万茂
	土地利用规划学实习手册	王万茂　王　群
	资源与环境经济学	曲福田　冯淑怡
	行政管理学	于　水

（续）

学院	教材名称	主编
金融学院	中级财务会计	吴虹雁　王怀明
	金融学	张　兵
经济管理学院	农业政策与法规	朱利群
	农业经济学	钟甫宁
	农业政策案例分析	朱　晶
	农业政策学	钟甫宁
	农产品运销学	周应恒
	农业技术经济学	周曙东
理学院	有机化学	杨　红
	无机及分析化学	兰叶青
	概率论与数理统计	吴清太
	概率论	吴清太　方桂英
	高等数学	张良云
	线性代数	李　强
	物理学	杨宏伟
农学院	农业信息学	朱　艳
	试验统计方法	盖钧镒
	种子加工与贮藏	麻　浩
	作物育种学各论	盖钧镒　洪德林
	基因分析和操作技术原理	吕慧能
生命科学学院	微生物学实验指导	何　健
	细胞遗传学	王秀娥
	细胞生物学	沈振国
	杂草学	强　胜
	生物显微技术	王庆亚
食品科技学院	现代食品生物技术	陆兆新
	食品质量管理学	陆兆新
	食品包装学	章建浩
	畜产品加工学	周光宏
	食品微生物学	董明盛　李平兰
信息科技学院	JAVA 程序设计案例教程	叶锡君
	Visual Basic 程序设计教程	梁敬东
	大学信息技术基础	徐焕良
	大学信息技术基础实验	朱淑鑫

（续）

学院	教材名称	主编
园艺学院	植物组织培养	陈劲枫　张俊莲
	园艺作物栽培学总论	吴　震　王秀峰
	园艺植物遗传学	房经贵
	设施园艺学实验实践教学指导	孙　锦
	茶学概论（中英双语版）	房婉萍
	设施园艺学	郭世荣
	无土栽培学	郭世荣
	花卉栽培学	陈发棣　房伟民
	观赏园艺学	陈发棣　房伟民
植物保护学院	农药学（研究生用）	王鸣华
	昆虫生态及预测预报	刘向东
	农业昆虫学	洪晓月
	农业植物病理学	高学文
资源与环境科学学院	环境生物学	李顺鹏
	土壤农化分析	徐国华　杨超光
	土壤资源调查与评价	潘剑君
	土壤调查与制图	潘剑君
体育部	大学体育教程	姜　迪
	大学军事理论教程	刘营军　徐东波

附录 21　中华农业科教基金优秀教材统计表

学院	教材名称	主编
植物保护学院	农业植物病理学（第四版）	陈利锋
资源与环境科学学院	土壤资源调查与评价（第二版）	潘剑君
经济管理学院	农产品运销学（第二版）	周应恒
食品科技学院	现代食品生物技术（第二版）	陆兆新
动物医学院	兽医生物制品学（第三版）	姜　平
	兽医传染病学（第六版）	陈溥言
	小动物疾病学（第二版）	侯加法
理学院	无机及分析化学（第二版）	兰叶青

附录 22　学校第七届"优秀教学奖"获奖名单

植物保护学院：张春玲

园艺学院：唐晓清

动物科技学院：颜培实

食品科技学院：安辛欣

公共管理学院：于　水

人文与社会发展学院：李　明

理学院：李　强

马克思主义学院（政治学院）：朱　娅

工学院：钱　燕

体育部：耿文光

（撰稿：赵玲玲　周　颖　满萍萍　审稿：张　炜　吴彦宁　童　敏　审核：王俊琴）

研 究 生 教 育

【概况】研究生院坚持"以质量为核心、以创新为灵魂、以改革为动力"的发展方针，以推进研究生培养国际化为突破口，以研究生培养质量保障体系建设为重点，扎实推进"博士研究生培养模式创新""专业学位研究生教育综合改革""学位论文质量保障体系建设""研究生导师队伍建设"等方面的工作，提升学校研究生培养质量。

共录取博士生 490 人，硕士生 2 710 人，其中学术型硕士 1 330 人、专业学位硕士 1 380 人。做好导师自主申请招生资格审定，审定 2018 年具有招生资格的博士生导师 379 人，硕士生导师 494 人。推进研究生招生机制改革，吸引和选拔更多适应现代科学发展要求的优秀创新人才，利用多媒体信息平台开展研究生招生宣传活动，承担 2018 年全国硕士研究生报名考试考点工作，做好 2018 年全国硕士研究生招生南京农业大学考点相关工作。荣获"江苏省招生考试先进单位""江苏省研究生优秀报考点"等荣誉称号。

累计获得国家留学基金管理委员会资助公派出国 96 人，其中联合培养博士 73 人，直接攻读博士学位 10 人，联合培养硕士 4 人，直接攻读硕士学位 3 人，博导短期访学 6 人。资助 3～6 月的短期出国访学博士生 29 人，资助出国参加国际学术会议研究生 81 人，举办 2017 年研究生国际学术会议，在教育部学位与研究生教育发展中心组织的第二届研究生教育国际论坛上作大会报告。

《南京农业大学博士研究生培养模式改革》获省教育厅"江苏省博士研究生培养模式改革项目"立项，并在省教育厅专项督察中得分高于平均分，获省奖补资金 5 万元。《面向江苏、对接三农创建融合科教兴农实践特征突出的新型应用型研究生培养模式》获得江苏省深化专业学位研究生教育综合改革试点项目立项，并在省教育厅专项督察中获评 A 等，获省奖补资金 5 万元。与新农村发展研究院联合建立产学研结合培养研究生新模式，在 2017 级研究生招生试点中设立 13 名专业学位硕士专项指标，用于学校各新农村发展研究院和专家工作站。

设立研究生课程案例库建设专项经费、专业学位实践基地建设专项经费等专项建设预算 535 万元。入选江苏省研究生创新工程项目 167 项。其中，研究生科研创新计划项目 113 项，研究生实践创新计划项目 35 项，研究生工作站 7 个，优秀研究生工作站 2 个，江苏省研究生学术交流项目1项，研究生教育教学改革研究与实践课题8项（其中重大委托项目1项），研究生教育改革成果奖1项。研究生课程建设改革研究与实践委托课题立项4项。立项资助校级研究生教育教学改革课题33项，其中重大委托课题1项，重点课题12项。

推进学位授权点自我评估工作，组织生物学等14个博士学位一级授权点、数学等6个硕士学位一级授权点、工程硕士等6个专业学位授权点启动自评估工作。制订《博士、硕士基本条件审查表》并进行评估。

开展2016年博士学位论文创新工程项目年度考核工作。遴选2017年博士学位论文创新工程项目，批准立项13个项目，其中Ⅰ类项目10个，Ⅱ类项目3个。召开4次学位评定委员会会议，全年共授予433人博士学位，其中兽医博士8人；授予硕士学位2 106人，其中专业学位1 093人。根据《南京农业大学博士资格考试暂行规定》，全面实施博士资格考试。2017年，全年共有454名博士参加考试，29人未通过博士资格考试，占比约7%。

加强研究生导师队伍建设，进一步完善研究生导师遴选制度。修订《南京农业大学博士生指导教师任职条例》和《南京农业大学学术型硕士生指导教师任职条例》，积极推荐选聘江苏省第五批产业教授15人。

开展校园学术交流活动，完善"研究生神农科技文化节"活动品牌，新增立项8个"精品学术论坛"和30个"精品学术沙龙"活动。举办第10届、第11届研究生社区文化节，开展文明宿舍评比、"正南农、正青春"摄影大赛、"见字如面，手写家书"传统文化弘扬活动、"牢记历史，捍卫和平"南京大屠杀死难者国家公祭日、烛光祭等活动。本年度"研究生社区文化节"荣获学校校园文化建设优秀成果奖一等奖，校研究生会连续第三次荣获江苏省"十佳研究生会"荣誉称号。

完成本年度研究生奖助学金评审和发放工作。全年共7 753人次获得各类研究生奖学金，总金额7 337.24万元；6 767人次获得各类研究生助学金，总金额6 154.92万元。设立助教岗位744个，发放助教岗位津贴148.8万元；设立助管岗位387个，发放助管岗位津贴77.4万元，为674人办理国家助学贷款，发放助学贷款764万元。

作为主任委员单位成功举办东部地区农林学科研究生教育研究会第四届学术研讨会、农林研究生教育学术咨询委员会成立大会以及全国农林研究生教育管理研修班。

【博士研究生培养模式创新】2017年对博士研究生培养模式进行调整，将博士研究生基本学制由3年调整为4年。增加博士生培养环节要求，原则上要求所有自然科学类博士生在读期间须有出国参加国际学术会议或访学交流的经历，鼓励人文社科类博士生积极参加国际学术交流；参与助教工作作为博士生培养的必修环节要求写入培养方案，从2017级开始，博士生在完成辅助教学职能外，须主讲4～6学时的理论课课堂教学。设置博士生学科前沿专题讲座课程资助项目，设立一级学科博士生前沿性专题课程资助项目。首批批准一级学科博士前沿课程申请8个。承办了"博士生创新技能培训"项目。实施2017年农业与生命科学五年制直博生海外访学项目。举办第七届农业与生命科学五年制直博生学术论坛，160余人参加。

【研究生论文评审】加强学位论文保障体系建设，提升学位论文质量，学位论文全部送至教育部学位与研究生教育评估工作平台评审，参与评审的"985"高校参评率超过40%，"211"高校参评率超过78.9%。全年度共有博士424人、学术性硕士84人、全日制专业硕士79人、非全日制专业硕士22人完成论文送审。增加校级优秀学位论文评选篇数，优秀博士学位论文由每年 10 篇增加到 40 篇，优秀硕士论文由 30 篇增加到 100 篇。评选出校级优秀博士学位论文 37 篇，校级学术型优秀硕士学位论文 48 篇，校级全日制专业学位硕士优秀学位论文 21 篇。获得江苏省优秀博士学位论文 9 篇，江苏省优秀学术型硕士学位论文 9 篇，江苏省优秀全日制专业学位硕士学位论文 4 篇。

【全国兽医专业学位研究生教育指导委员会秘书处工作】召开全国兽医专业学位研究生教育指导委员会（以下简称"兽医教指委"）第三届兽医教学案例培训会、兽医专业学位案例库二期建设结题工作会议，推进兽医案例教学工作。召开全国兽医专业学位研究生教育指导委员四届二次全会暨第七次兽医专业学位培养工作会议，全国 42 家培养单位代表参加了会议。会议研究了 2018 年工作要点，审议了中国兽医专业研究生创新实践案例大赛工作方案、兽医专业学位优秀论文评选办法以及 2018 年兽医教指委承担教育部的项目实施方案，探讨了兽医人才培养工作。

［附录］

附录 1　授予博士、硕士学位学科专业目录

表 1　全日制学术型学位

学科门类	一级学科名称	二级学科（专业）名称	学科代码	授权级别	备　注
哲学	哲学	马克思主义哲学	010101	硕士	硕士学位授权一级学科
		中国哲学	010102	硕士	
		外国哲学	010103	硕士	
		逻辑学	010104	硕士	
		伦理学	010105	硕士	
		美学	010106	硕士	
		宗教学	010107	硕士	
		科学技术哲学	010108	硕士	
经济学	应用经济学	国民经济学	020201	博士	博士学位授权一级学科
		区域经济学	020202	博士	
		财政学	020203	博士	
		金融学	020204	博十	
		产业经济学	020205	博士	
		国际贸易学	020206	博士	
		劳动经济学	020207	博士	
		统计学	020208	博士	
		数量经济学	020209	博士	
		国防经济学	020210	博士	

（续）

学科门类	一级学科名称	二级学科（专业）名称	学科代码	授权级别	备 注
法学	法学	经济法学	030107	硕士	
	社会学	社会学	030301	硕士	硕士学位授权一级学科
		人口学	030302	硕士	
		人类学	030303	硕士	
		民俗学（含：中国民间文学）	030304	硕士	
	马克思主义理论	马克思主义基本原理	030501	硕士	
		思想政治教育	030505	硕士	
文学	外国语言文学	英语语言文学	050201	硕士	硕士学位授权一级学科
		日语语言文学	050205	硕士	
		俄语语言文学	050202	硕士	
		法语语言文学	050203	硕士	
		德语语言文学	050204	硕士	
		印度语言文学	050206	硕士	
		西班牙语语言文学	050207	硕士	
		阿拉伯语语言文学	050208	硕士	
		欧洲语言文学	050209	硕士	
		亚非语言文学	050210	硕士	
		外国语言学及应用语言学	050211	硕士	
理学	数学	应用数学	070104	硕士	硕士学位授权一级学科
		基础数学	070101	硕士	
		计算数学	070102	硕士	
		概率论与数理统计	070103	硕士	
		运筹学与控制论	070105	硕士	
	化学	无机化学	070301	硕士	硕士学位授权一级学科
		分析化学	070302	硕士	
		有机化学	070303	硕士	
		物理化学（含：化学物理）	070304	硕士	
		高分子化学与物理	070305	硕士	
	海洋科学	海洋生物学	070703	硕士	硕士学位授权一级学科
		物理海洋学	070701	硕士	
		海洋化学	070702	硕士	
		海洋地质	070704	硕士	

（续）

学科门类	一级学科名称	二级学科（专业）名称	学科代码	授权级别	备　　注
理学	生物学	植物学	071001	博士	博士学位授权一级学科
		动物学	071002	博士	
		生理学	071003	博士	
		水生生物学	071004	博士	
		微生物学	071005	博士	
		神经生物学	071006	博士	
		遗传学	071007	博士	
		发育生物学	071008	博士	
		细胞生物学	071009	博士	
		生物化学与分子生物学	071010	博士	
		生物物理学	071011	博士	
		生物信息学	0710Z1	博士	
		应用海洋生物学	0710Z2	博士	
		天然产物化学	0710Z3	博士	
	科学技术史	不分设二级学科	071200	博士	博士学位授权一级学科，可授予理学、工学、农学、医学学位
	生态学		0713	博士	博士学位授权一级学科
工学	机械工程	机械制造及其自动化	080201	硕士	硕士学位授权一级学科
		机械电子工程	080202	硕士	
		机械设计及理论	080203	硕士	
		车辆工程	080204	硕士	
	计算机科学与技术	计算机应用技术	081203	硕士	硕士学位授权一级学科
		计算机系统结构	081201	硕士	
		计算机软件与理论	081202	硕士	
	农业工程	农业机械化工程	082801	博士	博士学位授权一级学科
		农业水土工程	082802	博士	
		农业生物环境与能源工程	082803	博士	
		农业电气化与自动化	082804	博士	
		环境污染控制工程	0828Z1	博士	
	环境科学与工程	环境科学	083001	硕士	硕士学位授权一级学科，可授予理学、工学、农学学位
		环境工程	083002	硕士	

（续）

学科门类	一级学科名称	二级学科（专业）名称	学科代码	授权级别	备　注
工学	食品科学与工程	食品科学	083201	博士	博士学位授权一级学科，可授予工学、农学学位
		粮食、油脂及植物蛋白工程	083202	博士	
		农产品加工及贮藏工程	083203	博士	
		水产品加工及贮藏工程	083204	博士	
	风景园林学		0834	硕士	硕士学位授权一级学科
农学	作物学	作物栽培学与耕作学	090101	博士	博士学位授权一级学科
		作物遗传育种	090102	博士	
		农业信息学	0901Z1	博士	
		种子科学与技术	0901Z2	博士	
	园艺学	果树学	090201	博士	博士学位授权一级学科
		蔬菜学	090202	博士	
		茶学	090203	博士	
		观赏园艺学	0902Z1	博士	
		药用植物学	0902Z2	博士	
		设施园艺学	0902Z3	博士	
	农业资源与环境	土壤学	090301	博士	博士学位授权一级学科
		植物营养学	090302	博士	
	植物保护	植物病理学	090401	博士	博士学位授权一级学科，农药学可授予理学、农学学位
		农业昆虫与害虫防治	090402	博士	
		农药学	090403	博士	
	畜牧学	动物遗传育种与繁殖	090501	博士	博士学位授权一级学科
		动物营养与饲料科学	090502	博士	
		动物生产学	0905Z1	博士	
		动物生物工程	0905Z2	博士	
	兽医学	基础兽医学	090601	博士	博士学位授权　级学科
		预防兽医学	090602	博士	
		临床兽医学	090603	博士	
	水产	水产养殖	090801	博士	博士学位授权一级学科
		捕捞学	090802	博士	
		渔业资源	090803	博士	
	草学		0909	博士	博士学位授权一级学科
医学	中药学	不分设二级学科	100800	硕士	硕士学位授权一级学科

（续）

学科门类	一级学科名称	二级学科（专业）名称	学科代码	授权级别	备注
管理学	管理科学与工程	不分设二级学科	1201	硕士	硕士学位授权一级学科
	工商管理	会计学	120201	硕士	硕士学位授权一级学科
		企业管理	120202	硕士	
		旅游管理	120203	硕士	
		技术经济及管理	120204	硕士	
	农林经济管理	农业经济管理	120301	博士	博士学位授权一级学科
		林业经济管理	120302	博士	
		农村与区域发展	1203Z1	博士	
		农村金融	1203Z2	博士	
	公共管理	行政管理	120401	博士	博士学位授权一级学科，教育经济与管理可授予管理学、教育学学位
		社会医学与卫生事业管理	120402	博士	
		教育经济与管理	120403	博士	
		社会保障	120404	博士	
		土地资源管理	120405	博士	
		信息资源管理	1204Z1	博士	
	图书情报与档案管理	图书馆学	120501	博士	博士学位授权一级学科
		情报学	120502	博士	
		档案学	120502	博士	

表2 全日制专业学位

专业学位代码、名称	专业领域代码和名称	授权级别	招生学院
0852 工程硕士	085227 农业工程	硕士	工学院
	085229 环境工程	硕士	资源与环境科学学院
	085231 食品工程	硕士	食品科技学院
	085238 生物工程	硕士	生命科学学院
	085240 物流工程	硕士	工学院
	085201 机械工程	硕士	工学院
	085216 化学工程	硕士	理学院
0951 农业硕士	095101 作物	硕士	农学院
	095102 园艺	硕士	园艺学院
	095103 农业资源利用	硕士	资源与环境科学学院
	095104 植物保护	硕士	植物保护学院
	095105 养殖	硕士	动物科技学院
	095106 草业	硕士	草业学院

（续）

专业学位代码、名称	专业领域代码和名称	授权级别	招生学院
0951 农业硕士	095108 渔业	硕士	渔业学院
	095109 农业机械化	硕士	工学院
	095110 农村与区域发展	硕士	经济管理学院
	095111 农业科技组织与服务	硕士	人文与社会发展学院
	095112 农业信息化	硕士	信息科技学院
	095113 食品加工与安全	硕士	食品科技学院
	095114 设施农业	硕士	园艺学院
	095115 种业	硕士	农学院
0251 金融硕士		硕士	金融学院
0254 国际商务硕士		硕士	经济管理学院
0351 法律硕士		硕士	人文与社会发展学院
0352 社会工作硕士		硕士	人文与社会发展学院
0551 翻译硕士		硕士	外国语学院
0952 兽医硕士		硕士	动物医学院
0953 风景园林硕士		硕士	园艺学院
1056 中药学硕士		硕士	园艺学院
1251 工商管理硕士		硕士	经济管理学院
1252 公共管理硕士（MPA）		硕士	公共管理学院
1253 会计硕士		硕士	金融学院
1255 图书情报硕士		硕士	信息科技学院
兽医博士		博士	动物医学院

表3 非全日制专业学位

专业学位名称	专业领域名称	专业领域代码	授权级别	备 注
工程硕士	农业工程	430128	硕士	
	环境工程	430130	硕士	
	食品工程	430132	硕士	
	生物工程	430139	硕士	
	物流工程	430141	硕士	
	机械工程	430102	硕士	
	化学工程	430117	硕士	
农业推广硕士	作物	470101	硕士	
	园艺	470102	硕士	
	农业资源利用	470103	硕士	
	植物保护	470104	硕士	
	养殖	470105	硕士	
	草业	470106	硕士	
	渔业	470108	硕士	
	农业机械化	470109	硕士	
	农村与区域发展	470110	硕士	
	农业科技组织与服务	470111	硕士	
	农业信息化	470112	硕士	
	食品加工与安全	470113	硕士	
	设施农业	470114	硕士	
	种业	470115	硕士	
兽医硕士		480100	硕士	
兽医博士			博士	
公共管理硕士		490100	硕士	
风景园林硕士		560100	硕士	

附录2 入选江苏省普通高校研究生科研创新计划项目名单

编号	申请人	项目名称	项目类型	研究生层次
KYCX17_0551	陈先连	大豆百粒重位点野生与栽培等位基因比较、克隆及功能研究	自然科学	博士
KYCX17_0552	方 圣	植物生长调节剂调控棉花花芽分化的生理机制研究	自然科学	博士
KYCX17_0553	高敬文	低氮营养下苗期小麦高效光合的生理机理	自然科学	博士
KYCX17_0554	侯 森	陆地棉品种资源耐旱性评价及耐旱优异等位变异的挖掘	自然科学	博士
KYCX17_0555	胡 平	一个携带抗小麦白粉病基因Pm21隐藏易位材料的鉴定	自然科学	博士
KYCX17_0556	黄颜众	大豆耐旱关键基因ProT2功能研究	自然科学	博士

（续）

编号	申请人	项目名称	项目类型	研究生层次
KYCX17_0557	姜 伟	大豆耐旱相关性状的 QTL 定位及候选基因挖掘与功能验证	自然科学	博士
KYCX17_0558	李姝璇	大豆再生相关基因对大豆再生率和遗传转化率的影响	自然科学	博士
KYCX17_0559	马旭辉	基于 zebularine 诱导创制小黑麦染色体变异体库及应用研究	自然科学	博士
KYCX17_0560	牛景萍	江淮大豆种质抗疫霉根腐病抗性位点的挖掘和候选基因分析	自然科学	博士
KYCX17_0561	潘秀才	水稻全基因组 DNA 双链断裂位点的定位及表观特征研究	自然科学	博士
KYCX17_0562	邵宇航	镁与干旱锻炼缓解小麦灌浆期高温胁迫生理机制	自然科学	博士
KYCX17_0563	汪 翔	全基因组关联分析水稻低温发芽力	自然科学	博士
KYCX17_0564	王佩斯	野生二粒小麦抗白粉病基因 HSM1 的精细定位及克隆	自然科学	博士
KYCX17_0565	王 青	百萨偃麦草 4JL 染色体变异体精确鉴定与物理作图	自然科学	博士
KYCX17_0566	王维领	水杨酸在低温锻炼诱导小麦抗寒性中的作用机制研究	自然科学	博士
KYCX17_0567	张 贺	滨海盐碱地水盐及磷影响棉花产量的生理生态机制	自然科学	博士
KYCX17_0568	张 静	棉花内生菌中抗菌蛋白抗棉花黄萎病的功能研究	自然科学	博士
KYCX17_0569	周雪松	与棉花耐逆相关的八氢番茄红素合酶基因的功能分析	自然科学	博士
KYCX17_0570	杨 彬	水稻种子休眠基因定位与克隆研究	自然科学	博士
KYCX17_0571	胡 波	甜菜夜蛾谷胱甘肽 S-转移酶的代谢功能及调控机制研究	自然科学	博士
KYCX17_0572	丁 园	氯噻啉纳米多肽竞争物的研制与应用基础研究	自然科学	博士
KYCX17_0573	高 原	西来稗对二氯喹啉酸抗药性受体机理的研究	自然科学	博士
KYCX17_0574	王 龙	气候变化下转 Bt 玉米氮素利用与内（外）源防卫物质协调抗虫机理研究	自然科学	博士
KYCX17_0575	田盼盼	原生共生菌对寄主专化型棉蚜氨基酸需求的调控作用	自然科学	博士
KYCX17_0576	盛成旺	杀虫剂 fluralaner 对二化螟的毒力及其作用机制研究	自然科学	博士
KYCX17_0577	郝 佳	Bt Cry 1F 毒素抗独特型抗体制备及活性机理研究	自然科学	博士
KYCX17_0578	任维超	禾谷镰孢菌细胞自噬参与三唑类杀菌剂的药理学研究	自然科学	博士
KYCX17_0579	王帅帅	疫霉菌效应蛋白 SCR2 调节植物免疫反应的机制研究	自然科学	博士
KYCX17_0580	张丽娜	有益微生物群对辣椒疫病生态防治机理研究	自然科学	博士
KYCX17_0581	孙画婳	褐飞虱对醚菊酯抗性的生化与靶标机制	自然科学	博士
KYCX17_0582	赵小珍	菠萝泛菌引起玉米褐腐病的致病机制	自然科学	博士
KYCX17_0583	乔策策	生物有机肥提升作物产量的微生物生态机理研究	自然科学	博士
KYCX17_0584	熊 丽	气候变化下，根系分泌物对土壤有机质化学结构的影响	自然科学	博士
KYCX17_0585	刘俊丽	菌根特异诱导番茄质膜 SlHA8 的功能和调控机制研究	自然科学	博士
KYCX17_0586	陈 旭	铜绿假单胞菌（Pseudomonas aeruginosa）持留态形成的分子机制研究	自然科学	博士
KYCX17_0587	郭 瑞	抗生素抗性细菌对 C. elegans 繁殖影响机制研究	自然科学	博士

（续）

编号	申请人	项目名称	项目类型	研究生层次
KYCX17_0588	王 建	生物炭中多环芳烃污染特征及还田作物风险研究	自然科学	博士
KYCX17_0589	秦 超	小分子有机污染物对 DNA 降解的影响及作用机理研究	自然科学	博士
KYCX17_0590	王婷婷	水稻糖分调控因子 OsSPR 在氮磷养分平衡机制中的研究	自然科学	博士
KYCX17_0591	丁元君	分子标志物表征水稻土有机质分子的周转和来源的研究	自然科学	博士
KYCX17_0592	艾 昊	水稻 OsLPR3 基因在缺磷胁迫响应中的功能研究	自然科学	博士
KYCX17_0593	郑海平	土壤微生物降解农业秸秆的特征研究	自然科学	博士
KYCX17_0594	刘秀丽	水稻磷转运蛋白基因 OsPHT2；1 的功能研究	自然科学	博士
KYCX17_0595	吴 鹏	白菜类作物糖代谢相关基因的系统进化及与耐寒的关系	自然科学	博士
KYCX17_0596	高立伟	结球白菜叶球形态类型相关基因 ARF3.1 的克隆和功能验证	自然科学	博士
KYCX17_0597	王文丽	NFL 介导不结球白菜短日照下抽薹开花的分子机理	自然科学	博士
KYCX17_0598	袁敬平	白菜 IQD35 对干旱的响应及其调控机制的研究	自然科学	博士
KYCX17_0599	张皖皖	菊花乙烯信号路径基因 CmHRE2 响应蚜虫分子机制研究	自然科学	博士
KYCX17_0600	范莲雪	萝卜 Vc 和 SF 含量性状形成关键基因鉴定及功能分析	自然科学	博士
KYCX17_0601	却 枫	胡萝卜水培技术体系建立及应用的研究	自然科学	博士
KYCX17_0602	刘志薇	茶树中氮素对茶氨酸代谢调控的分子机制	自然科学	博士
KYCX17_0603	吕善武	不结球白菜中与 TuMV－NIb 蛋白相关的寄主因子的筛选及功能验证	自然科学	博士
KYCX17_0604	纠松涛	葡萄果皮着色相关 myb 类调节基因的基因型及其调控着色的机理	自然科学	博士
KYCX17_0605	陆 壮	高温环境对肉鸡糖脂代谢的影响及其机理研究	自然科学	博士
KYCX17_0606	李伯江	利用 RNA－seq 鉴定影响猪肌内脂肪的候选基因	自然科学	博士
KYCX17_0607	薛艳锋	妊娠毒血症绵羊肝脏糖脂代谢改变及其调控机制探究	自然科学	博士
KYCX17_0608	姚晓磊	维生素 D 参与山羊卵泡发育过程中分子机制研究	自然科学	博士
KYCX17_0609	李新宇	SIVA1 与 TGF－β 信号通路相互作用调控猪卵巢颗粒细胞凋亡机制	自然科学	博士
KYCX17_0610	夏斯蕾	不同淀粉类饲料原料对团头鲂营养代谢、健康和品质的影响	自然科学	博士
KYCX17_0611	刘 余	我国粮食经营规模是否适度？——基于江苏省稻农效率的测算	人文社科	博士
KYCX17_0612	赵丹丹	生产集聚、农业机械化水平与粮食生产率	人文社科	博士
KYCX17_0613	张骏逸	农户秸秆直接还田技术采用行为与政策激励研究	人文社科	博士
KYCX17_0614	刘家成	中国粮食生产环节外包边界及外包模式研究	人文社科	博士
KYCX17_0615	宁 可	互联网、生活方式变化与中国农村青少年健康	人文社科	博士
KYCX17_0616	刘 畅	子女外出务工、老龄化与留守老人健康	人文社科	博士
KYCX17_0617	王 莹	生产服务可获得性、外包行为与农户生产效率	人文社科	博士
KYCX17_0618	王 越	人力资本投资与代际收入流动——基于公共投资的视角	人文社科	博士
KYCX17_0619	高修歌	马度米星铵引起鸡心肌细胞巨泡式死亡的毒性作用及机制研究	自然科学	博士
KYCX17_0620	董雨豪	应激激素对嗜水气单胞菌生长及致病性调控的研究	自然科学	博士

（续）

编号	申请人	项目名称	项目类型	研究生层次
KYCX17_0621	马可	CRISPR－Cas 系统对无乳链球菌毒力的影响及调控机制	自然科学	博士
KYCX17_0622	彭婕	马链球菌兽疫亚种 PurC 蛋白影响中性粒细胞跨血脑屏障迁移的机制	自然科学	博士
KYCX17_0623	袁律峰	表面活性素对猪肠道囊膜病毒的抗病毒机理	自然科学	博士
KYCX17_0624	张瑜娟	鸡 BCRP 过表达细胞系的构建及其在鸡常用药物渗透性检测中的应用	自然科学	博士
KYCX17_0625	王洪	OTA 对肠上皮细胞屏障功能的影响及其氧化应激机制研究	自然科学	博士
KYCX17_0626	谢青云	DEXH/D－box RNA 解螺旋酶 RHA 参与调控宿主细胞对 PEDV 感染的免疫应答	自然科学	博士
KYCX17_0627	李林	泌乳生物学及乳品质调控	自然科学	博士
KYCX17_0628	孟凡强	植物乳杆菌素 163 合成代谢调控机制	自然科学	博士
KYCX17_0629	周婷	多胺调控绿豆芽菜植酸降解机理研究	自然科学	博士
KYCX17_0630	邱佳容	基于 I 型 PKS 基因挖掘新型微生物次级代谢产物的研究	自然科学	博士
KYCX17_0631	刘强	基于电子鼻检测桃果实病害及病害对果实气味的影响机制	自然科学	博士
KYCX17_0632	陈贵杰	基于肠道菌群调控能量代谢研究茶多糖调节脂肪代谢机理	自然科学	博士
KYCX17_0633	杜雅珉	新型 N-糖酰胺酶的重组表达、酶学特性及应用研究	自然科学	博士
KYCX17_0634	焦琳舒	L-天冬酰胺酶分子设计及改良的研究	自然科学	博士
KYCX17_0635	邢路娟	火腿成熟过程中抗氧化肽的活性变化研究	自然科学	博士
KYCX17_0636	李静	农户测土配方施肥技术采纳的影响评价及其激励政策选择	人文社科	博士
KYCX17_0637	张国磊	资源禀赋、联镇包村与基层社会治理差异化研究	人文社科	博士
KYCX17_0638	王健	"营改增"对地方政府土地财政及其行为影响研究	人文社科	博士
KYCX17_0639	许明军	"土地规模经营"和"服务规模经营"是两难选择吗？	人文社科	博士
KYCX17_0640	张海滨	动态能力视角下大学学科成长力模型构建及实证研究——以涉农学科为例	人文社科	博士
KYCX17_0641	李发志	快速城镇化地区土地利用变化与生态效应及优化布局研究	人文社科	博士
KYCX17_0642	张绍阳	中国式分权、府际博弈与土地约束性指标管控政策执行偏差	人文社科	博士
KYCX17_0643	高富岗	地方政府工业用地供应：制度环境、合约结构与引资效应	人文社科	博士
KYCX17_0644	于帅	辣椒在中国的传播与本土化研究	人文社科	博士
KYCX17_0645	陈加晋	民国时期饲料科技近代化研究	人文社科	博士
KYCX17_0646	李恒征	电喷镀 Ni－P/BN 复合镀层的应用研究	自然科学	博士
KYCX17_0647	程准	大型拖拉机液压机械无极变速箱最优传动比控制规律研究	自然科学	博士
KYCX17_0648	杨振杰	土壤蒸汽消毒机的设计与研究	自然科学	博士
KYCX17_0649	宋长友	miR－144 对团头鲂氧化应激调控的研究	自然科学	博士
KYCX17_0650	张武肖	饲料中亚麻酸与 VE 对团头鲂幼鱼氨氮胁迫的营养调节研究	自然科学	博士
KYCX17_0651	宋飞彪	$Igf3$ 基因在福瑞鲤性腺发育中的作用机制研究	自然科学	博士
KYCX17_0652	刘勇男	磷脂酰肌醇在热诱导灵芝次级代谢中的调控机理研究	自然科学	博士

（续）

编号	申请人	项目名称	项目类型	研究生层次
KYCX17_0653	陈 乐	麦草畏脱甲基酶 Dmt66 的优化改良与转基因应用的研究	自然科学	博士
KYCX17_0654	王远丽	根瘤菌 S41 及其突变菌风化黑云母的转录组学研究	自然科学	博士
KYCX17_0655	刘 磊	ZmCCaMK 自磷酸化位点鉴定及其在 BR 诱导抗氧化防护中的功能	自然科学	博士
KYCX17_0656	刘雪松	DNA 甲基化调节 OsZIP1 转录表达及镉转运机理的研究	自然科学	博士
KYCX17_0657	宋 萍	拟南芥磷脂酶 D 调控微管形态和应答高温胁迫的分子机理	自然科学	博士
KYCX17_0658	黄俊伟	转 pdmAB 拟南芥与 sphingobium sp. 1017-1 联合修复环境中取代脲类除草剂的研究	自然科学	博士
KYCX17_0659	吴 雪	小白菜重金属镉阻隔剂及阻隔调控机理研究	自然科学	博士
KYCX17_0660	张毅华	一氧化氮介导甲烷缓解渗透胁迫对绿豆萌发的抑制	自然科学	博士
KYCX17_0661	侯 志	U1 RNA 参与表观遗传调控的 mRNA 3'polyA 位点选择的分子机理	自然科学	博士
KYCX17_0662	石晓磊	金融信息化背景下中国家庭消费行为研究	人文社科	博士
KYCX17_0663	刘 宇	海滨雀稗水通道蛋白 PvPIP1 的磷酸化位点和耐盐功能鉴定	自然科学	博士

附录 3 入选江苏省普通高校研究生实践创新计划项目名单

编号	申请人	项目名称	项目类型	研究生层次
SJCX17_0181	江峥嵘	糖启动水稻弱势粒灌浆的生理生化机制	自然科学	硕士
SJCX17_0182	陈学君	抗纹枯病小黑麦种质创新与评价	自然科学	硕士
SJCX17_0183	张 璐	手性噁唑啉类扁桃酰胺的设计、合成及抑菌构效关系研究	自然科学	硕士
SJCX17_0184	韦 珊	银杏内生真菌 Chaetomium globosum YSC5 次生代谢产物研究	自然科学	硕士
SJCX17_0185	桑程巍	灰霉病菌对咯菌腈抗药性性状在后代中遗传分化研究	自然科学	硕士
SJCX17_0186	沈 阳	UASB-倒置 A2/O 联合处理高氨氮养猪场废水工艺优化研究	自然科学	硕士
SJCX17_0187	汪 迎	高附加值茯砖茶的研制与开发	自然科学	硕士
SJCX17_0188	梁超凡	不结球白菜小孢子培养技术研究与创新	自然科学	硕士
SJCX17_0189	夏美玲	薄皮甜瓜新品种 Gsb6-4DUS 检测及其富硒功能瓜的开发	自然科学	硕士
SJCX17_0190	王 华	微型耐弱光盆栽荷花产业化生产技术体系的优化	自然科学	硕士
SJCX17_0191	吴 胜	规模化猪场舍内颗粒物和有害气体分布规律及颗粒物化学成分分析	自然科学	硕士
SJCX17_0192	戴 婕	徐州市种植业与养殖业合作社运行机制的差异性分析	人文社科	硕士
SJCX17_0193	陈子豪	农户对生防技术采纳行为研究——以桔小食蝇饵剂为例	人文社科	硕士
SJCX17_0194	刘 虹	富含 GABA 发芽青稞营养粉的研制	自然科学	硕士
SJCX17_0195	曹念念	基于近红外和计算机视觉的黄桃脆片品质分级研究	自然科学	硕士

（续）

编号	申请人	项目名称	项目类型	研究生层次
SJCX17_0196	王 丹	五种豆类水溶性多糖的提取、活性研究及功能性饮品研发	自然科学	硕士
SJCX17_0197	张仁康	鳄鱼肉脯产品开发	自然科学	硕士
SJCX17_0198	赵空暖	水稻生长模型参数自动校正与栽培方案设计平台开发	自然科学	硕士
SJCX17_0199	杨 乐	基于多元时间序列数据的水稻全生育期气候预测数据集重建研究	自然科学	硕士
SJCX17_0200	徐晓辉	优势视角下提升社区单亲家庭儿童抗逆力的实务研究	人文社科	硕士
SJCX17_0201	尹圣珍	江苏休闲茶业创意发展的路径研究	人文社科	硕士
SJCX17_0202	高建波	重金属污染土壤温和淋洗剂研究与应用	自然科学	硕士
SJCX17_0203	文进康	旋耕刀轴自动焊接设备研发	自然科学	硕士
SJCX17_0204	高 空	基于农业装备驾驶室人机工程试验台的自动调节机构开发	自然科学	硕士
SJCX17_0205	雷 波	物联网技术在装配式建筑供应链管理中的应用研究	自然科学	硕士
SJCX17_0206	魏昌曼	日本中餐馆菜名日译研究——以大阪市为中心	人文社科	硕士
SJCX17_0207	甄亚乐	中国文学"走出去"之中外译者合作模式研究	人文社科	硕士
SJCX17_0208	王 赫	仲戊基 TeA 生产工艺及大田试验	自然科学	硕士
SJCX17_0209	王婧杰	长三角地区重金属 Cd 低积累叶菜品种的筛选	自然科学	硕士
SJCX17_0210	张 晔	农村小微企业融资需求自我抑制：类型、程度与缓解	人文社科	硕士
SJCX17_0211	范文静	"政银担"农业信贷模式创新研究——基于安徽、山东两省实践	人文社科	硕士
SJCX17_0212	艾 歆	基于"沙集模式"的农村网商融资方式选择研究	人文社科	硕士
SJCX17_0213	王翠玲	金融知识对金融资产持有行为及投资获利的影响	人文社科	硕士
SJCX17_0214	张 钰	基于价值链的成本效益研究——以邳州宿羊山为例	人文社科	硕士
SJCX17_0215	许志鹏	多年生黑麦草种质资源的耐热性筛选与评价	自然科学	硕士

附录4 入选江苏省研究生教育教学改革研究与实践课题

表1 省立省助（3项）

序号	课题名称	主持人	备注
JGZD17_007	江苏省研究生工作站体系建设研究	董维春	省助
JGZZ17_013	农科专业学位研究生实践培养体系改革与创新——基于南京农业大学的实践	张阿英 朱中超	省助
JGZZ17_014	面向"中国制造2025"的机械工程专业硕士学位研究生培养模式研究	康 敏	省助

表 2 省立校助（5 项）

序号	课题名称	主持人	备注
JGLX17_018	专业学位研究生校外导师队伍建设的实践与思考	李占华 崔海燕	校助
JGLX17_019	基于学科建设评价视角的高校"双一流"建设研究	宋华明	校助
JGLX17_020	大型仪器平台虚拟仿真实训系统在农业与生命科学类研究生培养中的应用机制	钱 猛	校助
JGLX17_021	基于校企联合的全日制食品工程专业学位硕士协同培养模式研究	李 伟	校助
JGLX17_022	"双一流"战略背景下来华留学研究生教育提质增效的理论和实践研究	程伟华	校助

附录 5 入选江苏省研究生工作站名单

序号	学院	企业名称	负责人
1	植物保护学院	徐州市芭田生态有限公司	高学文
2	植物保护学院	南京高正农用化工有限公司	周明国
3	理学院	南京中船绿洲环保有限公司	董长勋
4	资源与环境科学学院	江苏翔康海洋生物科技有限公司	王长海
5	食品科技学院	镇江市智海食品有限公司	顾振新
6	生命科学学院	杭州造品科技有限公司	蒋建东
7	金融学院	江苏华信资产评估有限公司	陈东平

附录 6 入选江苏省优秀研究生工作站名单

序号	学院	企业名称	负责人
1	资源与环境科学学院	盐城市新洋农业试验站	隆小华
2	农学院	江苏金色农业科技发展有限公司	周治国

附录 7 江苏省研究生学术创新论坛

学术创新论坛名称	学科领域	负责人	主办方
2017 年江苏省公共管理学科研究生学术创新论坛	公共管理	石晓平	江苏省学位委员会

附录 8 荣获江苏省研究生教育改革成果奖

成果名称	获奖等级	获奖者	主办方
农林学科博士研究生创新培养模式的构建与实践	一等奖	侯喜林、张阿英、康若祎、周孜、宋俊峰	江苏省学位委员会

成果名称：农林学科博士研究生创新培养模式的构建与实践

成果等级：一等奖

完成人：侯喜林、张阿英、康若祎、周孜、宋俊峰

江苏省研究生教育改革成果

证 书

江苏省学位委员会办公室
2017年6月

附录 9 荣获江苏省优秀博士学位论文名单

序号	作者姓名	论文题目	所在学科	导师	学院
1	孔广辉	大豆疫霉无毒基因 Avr3b 的功能与作用机制研究	植物病理学	王源超	植物保护学院
2	蒋春号	蜡质芽胞杆菌 AR156 诱导植物对丁香假单胞菌及南方根结线虫抗性机理研究	植物病理学	郭坚华	植物保护学院
3	刘婷	施肥对稻麦轮作体系中土壤线虫群落结构的影响及调控机制	土壤学	李辉信	资源与环境科学学院
4	杨天元	水稻高亲和钾离子转运蛋白基因 Os-HAK5 的功能研究	植物营养学	余玲	资源与环境科学学院
5	段伟科	白菜类作物抗坏血酸和开花相关基因的系统进化及 QTL 定位分析	蔬菜学	李英	园艺学院
6	慕春龙	日粮蛋白质水平对大鼠和仔猪机体代谢和肠道微生物的影响	动物营养与饲料科学	朱伟云	动物科技院
7	诸葛祥凯	禽致病性大肠杆菌 O2：K1 菌株 IMT5155 基因组特征及 DE205B 株黏附素和转录因子的功能研究	预防兽医学	戴建君	动物医学院
8	宋尚新	不同膳食蛋白对大鼠生长、血液生化指标、肝脏转录组和蛋白组的影响	食品科学与工程	周光宏	食品科技学院
9	李宁	农地产权变迁中的结构细分特征研究	土地资源管理	孙佑海 陈利根	公共管理学院

附录 10　荣获江苏省优秀硕士学位论文名单

序号	作者姓名	论文题目	所在学科	导师	学院	备注
1	袁召锋	基于 SPAD 值的水稻氮素营养诊断与调控研究	作物栽培学与耕作学	刘小军	农学院	学硕
2	田明明	手性杀虫剂丁虫腈对映体立体选择性研究	农药学	王鸣华	植物保护学院	学硕
3	刘阔	钴活化过一硫酸盐高级氧化过程中卤代副产物的生成	环境工程	陆隽鹤	资源与环境科学学院	学硕
4	李琳	南瓜砧木嫁接黄瓜缓解 $Ca(NO_3)_2$ 胁迫伤害的生理机制	蔬菜学	郭世荣	园艺学院	学硕
5	孙越	生土豆淀粉日粮对猪结肠和肝脏基因表达和代谢的影响	动物营养与饲料科学	苏勇	动物科技学院	学硕
6	薛红霞	黄芪多糖对 PCV2 感染的影响及其机制研究	临床兽医学	黄克和	动物医学院	学硕
7	杨瑞龙	秀丽线虫 mir-231 介导肠道 SMK-1-DAF-16 信号级联通路调控氧化石墨烯毒性效应研究	生物化学与分子生物学	芮琪 王大勇	生命科学学院	学硕
8	马昕羽	吉富罗非鱼硬脂酰辅酶 A 去饱和酶（SCD）基因的克隆及温度与饲料脂肪源对其表达的研究	水产养殖	徐跑	渔业学院	学硕
9	常颖聪	基于关联数据的科学数据组织模式研究——以植物学基因表达实验数据为例	图书馆学	何琳	信息科技学院	学硕
10	潘超	南京市建筑立体绿化应用调查研究	风景园林硕士	陈宇	园艺学院	全日制专硕
11	王振杰	计算机视觉对稻谷储藏霉变真菌的识别研究	农业推广硕士食品加工与安全	潘磊庆	食品科技学院	全日制专硕
12	余洪锋	机械式施肥播种一体机的变量自动化改造和性能测试	工程硕士农业工程	丁永前	工学院	全日制专硕
13	李航	税收递延型养老保险的方案设计——以南京市为例	金融硕士	王翌秋	金融学院	全日制专硕

附录 11　校级优秀博士学位论文名单

序号	学院	作者姓名	导师姓名	专业名称	论文题目
1	农学院	马丹	张天真	作物遗传育种	海岛棉显性无腺体基因 Gl_2^e 的图位克隆和功能验证
2	农学院	蔡创	罗卫红	作物栽培学与耕作学	冬小麦和水稻生长和产量对 CO_2 浓度和温度同时升高的响应

（续）

序号	学院	作者姓名	导师姓名	专业名称	论文题目
3	农学院	张夏香	姜 东	作物栽培学与耕作学	热激与干旱锻炼及 CO_2 浓度升高影响小麦高温耐性的生理机制
4	农学院	林赵森	王绍华	作物栽培学与耕作学	以腹切米突变体为材料解析粳米腹白形成的生理与分子机制
5	农学院	王云龙	万建民	遗传学	水稻白穗基因 WP1 的克隆与功能的分析
6	农学院	祝燕飞	王秀娥	作物遗传育种	簇毛麦 CMPG1‐V 基因抗白粉病作用机制的分析
7	农学院	王衍坤	管荣展	作物遗传育种	甘蓝型油菜连锁图谱构建和三个突变性状的基因定位
8	植物保护学院	孔广辉	王源超	植物病理学	大豆疫霉无毒基因 Avr3b 的功能与作用机制研究
9	植物保护学院	冯致科	陶小荣	植物病理学	番茄斑萎病毒核衣壳蛋白胞内运动和移动蛋白胞间运动机制研究
10	植物保护学院	蒋春号	郭坚华	植物病理学	蜡质芽胞杆菌 AR156 诱导植物对丁香假单胞菌及南方根结线虫抗性机理研究
11	植物保护学院	吴黎明	高学文	植物病理学	解淀粉芽孢杆菌 FZB42 生防功能及环二肽激发子功能研究
12	资源与环境科学学院	陈则友	高彦征	环境污染控制工程	水土环境中四环素对细菌的抗性诱导作用及生物可利用性
13	资源与环境科学学院	刘 婷	李辉信	土壤学	施肥对稻麦轮作体系中土壤线虫群落结构的影响及调控机制
14	资源与环境科学学院	袁 军	沈其荣	植物营养学	解淀粉芽孢杆菌 NJN‐6 拮抗物质的分离鉴定及对土壤微生物区系的影响研究
15	资源与环境科学学院	杨天元	余 玲	植物营养学	水稻高亲和钾离子转运蛋白基因 OsHAK5 的功能研究
16	园艺学院	段伟科	李 英	蔬菜学	白菜类作物抗坏血酸和开花相关基因的系统进化及 QTL 定位分析
17	园艺学院	缪媛媛	郭巧生	药用植物学	老鸦瓣芽茎发育特征及形成机制研究
18	园艺学院	王广龙	熊爱生	蔬菜学	胡萝卜肉质根发育过程中激素和品质的变化规律研究
19	园艺学院	聂姗姗	柳李旺	蔬菜学	萝卜抽薹开花相关 miRNA 与关键基因鉴定及遗传调控网络解析
20	动物科技学院	慕春龙	朱伟云	动物营养与饲料科学	日粮蛋白质水平对大鼠和仔猪机体代谢和肠道微生物的影响
21	动物科技学院	刘吉英	李齐发	动物遗传育种与繁殖	miR‐26b 调控猪卵泡颗粒细胞凋亡机制
22	动物科技学院	褚维伟	陈 杰	动物遗传育种与繁殖	猪肌内脂肪和皮下脂肪的糖皮质激素敏感性差异及其机理初探

（续）

序号	学院	作者姓名	导师姓名	专业名称	论文题目
23	动物医学院	诸葛祥凯	戴建君	预防兽医学	禽致病性大肠杆菌 O2：K1 菌株 IMT5155 基因组特征及 DE205B 株黏附素和转录因子的功能研究
24	动物医学院	张 茜	陈秋生	基础兽医学	鸡血-脾屏障及其淋巴细胞归巢的机制研究
25	动物医学院	胡唯伟	杨 倩	预防兽医学	TGEV 利用表皮生长因子受体调控肠上皮细胞微丝骨架及其入胞机制的研究
26	动物医学院	于岩飞	张 炜	预防兽医学	猪链球菌 2 型蛋白的差异表达及翻译后修饰对其毒力的影响
27	食品科技学院	宋尚新	周光宏	食品科学与工程	不同膳食蛋白对大鼠生长、血液生化指标、肝脏转录组和蛋白组的影响
28	食品科技学院	王利斌	郁志芳	食品科学与工程	采后理化处理对 'FL 47' 番茄果实挥发性物质形成的影响
29	生命科学学院	董维亮	崔中利	微生物学	除草剂精噁唑禾草灵和 2，6-甲乙基苯胺的微生物降解机制研究
30	生命科学学院	成明根	何 健	微生物学	3-苯氧基苯甲酸微生物分解代谢的调控机理研究
31	生命科学学院	姚 利	何 健	微生物学	菌株 *Sphingomonas* sp. Ndbn-20 中四氢叶酸依赖型麦草畏脱甲基酶基因克隆和功能研究
32	工学院	陈 满	汪小旵	农业电气化与自动化	基于近地光谱技术的冬小麦精准变量施肥的研制
33	渔业学院	金舒博	傅洪拓	水产养殖	日本沼虾促雄腺文库构建及性别相关功能基因研究
34	经济管理学院	陆五一	钟甫宁	农业经济管理	农村劳动力外出务工对我国粮食生产的影响研究
35	金融学院	李祎雯	张 兵	金融学	非正规金融对农村家庭创业的影响研究
36	经济管理学院	高名姿	陈东平	农村金融	农地经营权抵押贷款缔约条件与第三方组织的作用——基于威廉姆森分析范式
37	公共管理学院	李 宁	孙佑海 陈利根	土地资源管理	农地产权变迁中的结构细分特征研究

附录 12　校级优秀硕士学位论文名单

序号	学院	作者姓名	导师姓名	专业名称	论文题目	备注
1	农学院	袁召锋	刘小军	作物栽培学与耕作学	基于 SPAD 值的水稻氮素营养诊断与调控研究	学硕
2	农学院	王笑笑	周宝良	作物遗传育种	陆地棉-异常棉单体异附加系的培育	学硕
3	农学院	孙宇欣	王秀娥	作物遗传育种	望水白抗赤霉病候选基因筛选及抗性相关基因 *TaCOI1* 的克隆和功能分析	学硕
4	农学院	洪雪雪	华 健	作物遗传育种	16 种植物种中 copine/BONZAI 蛋白的鉴定与进化分析及水稻 copine 蛋白 OsBON1 在抗病调控中的功能研究	学硕

（续）

序号	学院	作者姓名	导师姓名	专业名称	论文题目	备注
5	农学院	要旭阳	刘晓英	作物栽培学与耕作学	光温调控对植物工厂油菜幼苗生长的影响	学硕
6	植物保护学院	田明明	王鸣华	农药学	手性杀虫剂丁虫腈对映体立体选择性研究	学硕
7	植物保护学院	黄 静	李元喜	农业昆虫与害虫防治	繁育寄主对赤眼蜂质量的影响及赤眼蜂对黏虫控害潜能的评价	学硕
8	植物保护学院	朱 林	王源超	植物病理学	大豆疫霉病原相关模式分子 PsXEG1 的免疫活性和毒性功能分析	学硕
9	植物保护学院	尹传林	李 飞	农业昆虫与害虫防治	二化螟抗药性相关基因家族分析及数据库的构建	学硕
10	植物保护学院	李 颖	张海峰	植物病理学	囊泡运输相关蛋白 FgMon1 及其结合蛋白 FgRab5/7 在小麦赤霉病菌生长发育及致病过程中的功能研究	学硕
11	资源与环境科学学院	刘 阔	陆隽鹤	环境工程	钴活化过一硫酸盐高级氧化过程中卤代副产物的生成	学硕
12	资源与环境科学学院	张 茜	梁明祥	海洋科学	菊芋 1－FEHs 基因重组发酵产酒精的初步研究	学硕
13	资源与环境科学学院	马 来	胡一兵	植物营养学	水稻蔗糖转运蛋白 OsSWEET11/OsSWEET14 的生理功能研究	学硕
14	资源与环境科学学院	杨 慧	隆小华	海洋科学	盐胁迫对菊芋根系及根际土壤主要特征影响的研究	学硕
15	资源与环境科学学院	周武先	赵方杰 张 隽	植物营养学	淹水条件下水稻土中砷氧化菌对砷形态的影响及机制研究	学硕
16	园艺学院	李 琳	郭世荣	蔬菜学	南瓜砧木嫁接黄瓜缓解 Ca（NO₃）₂ 胁迫伤害的生理机制	学硕
17	园艺学院	范青青	陈发棣	园林植物与观赏园艺	菊花 *CmWRKY1* 和 *CmWRKY15* 基因功能初步研究	学硕
18	园艺学院	刘 伟	柳李旺	蔬菜学	萝卜铬吸收累积相关 miRNAs 与 Nramp 家族基因鉴定分析	学硕
19	园艺学院	张乃元	管志勇	园林植物与观赏园艺	盐胁迫下外源亚精胺对菊花幼苗的保护机制	学硕
20	动物科技学院	孙 越	苏 勇	动物营养与饲料科学	生土豆淀粉日粮对猪结肠和肝脏基因表达和代谢的影响	学硕
21	动物科技学院	韩 君	孙少琛	动物遗传育种与繁殖	玉米赤霉烯酮和脱氧雪腐镰刀菌烯醇对猪卵母细胞体外成熟的影响	学硕

（续）

序号	学院	作者姓名	导师姓名	专业名称	论文题目	备注
22	动物科技学院	叶慧敏	毛胜勇	动物营养与饲料科学	高谷物日粮对山羊瘤胃和结肠发酵、微生物区系及上皮形态结构的影响	学硕
23	动物科技学院	叶栋巍	姚　文 陈　声	动物生产学	畜禽肉和活虾中弧菌鉴定及第三代头孢耐药机制初探	学硕
24	动物医学院	薛红霞	黄克和	临床兽医学	黄芪多糖对 PCV2 感染的影响及其机制研究	学硕
25	动物医学院	张亚宁	李玉峰	预防兽医学	自噬和 TGF-β 表达与副猪嗜血杆菌的致病性研究	学硕
26	动物医学院	鲍泽坤	庾庆华	基础兽医学	转生长激素基因奶山羊安全性评价	学硕
27	食品科技学院	李　霄	李春保	食品科学与工程	季节对猪肉蛋白磷酸化和肉品品质的影响及品质快速预测方法研究	学硕
28	食品科技学院	胡红燕	张万刚	食品科学与工程	再生纤维素乳化液的制备及应用研究	学硕
29	食品科技学院	张新笑	徐幸莲	食品科学与工程	近冰温结合气调保鲜对黄羽鸡肉货架期和菌群多样性的影响	学硕
30	食品科技学院	徐冬兰	曾晓雄	食品科学与工程	苦丁冬青苦丁茶中咖啡酰奎尼酸类物质与蛋白质的相互作用及抑制消化酶机制的研究	学硕
31	生命科学学院	杨瑞龙	芮　琪 王大勇	生物化学与分子生物学	秀丽线虫 mir-231 介导肠道 SMK-1-DAF-16 信号级联通路调控氧化石墨烯毒性效应研究	学硕
32	理学院	张　宇	吴　磊	化学	金属-碳键稳定的钯纳米粒子制备及其催化性能研究	学硕
33	生命科学学院	张　雪	赵明文	微生物学	热胁迫通过胞内 Ca^{2+} 和 ROS 调控灵芝的 HSP 表达、菌丝生长和次生代谢	学硕
34	生命科学学院	段星亮	沈文飚 谢彦杰	生物化学与分子生物学	血红素加氧酶-1 和 ABI4 介导拟南芥耐盐和干旱胁迫的分子机理	学硕
35	生命科学学院	盛　颖	朱　军	微生物学	霍乱弧菌锌吸收系统的调控及其对生理功能的影响	学硕
36	工学院	王　丹	赵吉坤	管理科学与工程	泥石流灾害演变数值模拟及减灾防治研究	学硕
37	工学院	常萧楠	何春霞	机械设计及理论	生物环保型添加剂对 PVC 木塑复合材料的性能影响研究	学硕
38	渔业学院	马昕羽	徐　跑	水产养殖	吉富罗非鱼硬脂酰辅酶 A 去饱和酶（SCD）基因的克隆及温度与饲料脂肪源对其表达的研究	学硕

（续）

序号	学院	作者姓名	导师姓名	专业名称	论文题目	备注
39	金融学院	王梦珺	张龙耀	金融学	农地产权制度改革对农村信贷市场的影响——基于苏、鄂、鲁707个农户的调查	学硕
40	金融学院	刘蕾	王翌秋	金融学	医疗保险、健康人力资本与劳动力市场绩效	学硕
41	金融学院	祁艳	黄惠春	金融学	农地抵押贷款需求及其影响因素——基于抵押风险的视角	学硕
42	金融学院	俞涔曦	林乐芬	金融学	新型农业经营主体农地经营权抵押贷款潜在需求及影响因素研究——基于江苏省四市的调查	学硕
43	公共管理学院	仇童伟	马贤磊	人口、资源与环境经济学	农民土地产权安全感知形成机制研究——基于产权经历、产权情景和产权制度视角	学硕
44	公共管理学院	范诗薇	吴未	土地资源管理	基于成本收益和网络效能分析的生境网络优化研究——以苏锡常地区白鹭为例	学硕
45	公共管理学院	殷小菲	刘友兆	土地资源管理	农地整理项目农户满意度测度及影响因素分析	学硕
46	信息科技学院	常颖聪	何琳	图书馆学	基于关联数据的科学数据组织模式研究——以植物学基因表达实验数据为例	学硕
47	人文与社会发展学院	朱慧劼	姚兆余	社会学	社会资本对农村居民精神健康的影响研究——基于安徽省S县的调查	学硕
48	信息科技学院	郭诗云	刘磊	图书馆学	用户需求视角下基于关联数据的学科信息资源整合模式研究	学硕
49	农学院	刘绪	丁艳锋 李刚华	农业推广硕士作物	减氮对苏南轮作稻麦产量、氮肥利用率和土壤肥力的影响	全日制专硕
50	农学院	李小春	丁艳锋 李刚华	农业推广硕士作物	植物生长调节物质对机插粳稻缓苗返青的影响	全日制专硕
51	植物保护学院	亓育杰	王鸣华	农业推广硕士植物保护	噻呋酰胺的环境行为及在稻田残留动态研究	全日制专硕
52	园艺学院	潘超	陈宇	风景园林硕士	南京市建筑立体绿化应用调查研究	全日制专硕
53	园艺学院	程亚兰	丁绍刚	风景园林硕士	基于体验活动的农业嘉年华景观规划设计研究——以安徽和县第二届农业嘉年华整体规划暨室外重点景观设计为例	全日制专硕

（续）

序号	学院	作者姓名	导师姓名	专业名称	论文题目	备注
54	园艺学院	刘小旋	房伟民	农业推广硕士园艺	国庆小菊花芽分化调控的初步研究	全日制专硕
55	动物科技学院	李思奇	朱伟云	农业推广硕士养殖	我国部分猪场饲料蛋白质水平和利用现状调研与分析	全日制专硕
56	食品科技学院	王振杰	潘磊庆	农业推广硕士食品加工与安全	计算机视觉对稻谷储藏霉变真菌的识别研究	全日制专硕
57	食品科技学院	闫静芳	王昱沣	工程硕士食品工程	鲢鱼下脚料制备新型猫粮诱食剂的研究	全日制专硕
58	工学院	余洪锋	丁永前	工程硕士农业工程	机械式施肥播种一体机的变量自动化改造和性能测试	全日制专硕
59	工学院	陈晨	林相泽	工程硕士农业工程	消除时滞和抑制扰动的农用车辆自主导航控制方法研究	全日制专硕
60	经济管理学院	葛昭	王艳	国际商务硕士	中国核桃国际竞争力及贸易潜力分析	全日制专硕
61	金融学院	李航	王翌秋	金融硕士	税收递延型养老保险的方案设计——以南京市为例	全日制专硕
62	经济管理学院	姚涵	何军	农业推广硕士农村与区域发展	农村社区家庭农场运行机制与发展模式研究——以兴化市大垛镇为例	全日制专硕
63	金融学院	陶雯岩	黄惠春	金融硕士	农地抵押贷款信用评价体系构建——以江苏试点为例	全日制专硕
64	金融学院	施烨	沈建新 王怀明	会计硕士	P2P网络借贷平台的风险及其控制研究——以拍拍贷网络借贷平台为例	全日制专硕
65	金融学院	周通平	周月书	金融硕士	城镇化下居民家庭金融资产选择行为研究——基于江苏省南京市城郊家庭的调查分析	全日制专硕
66	经济管理学院	许辞中	周应恒	工商管理硕士	保健食品企业质量管理体系优化研究——以LS公司为例	全日制专硕
67	经济管理学院	赵振华	林光华	工商管理硕士	巷口桥村集体企业股份制改革研究	全日制专硕
68	人文与社会发展学院	黄鼎鼎	姚兆余	社会工作硕士	结构家庭疗法在青少年亲子关系调适中的应用研究——以南京市Q社区L个案为例	全日制专硕
69	人文与社会发展学院	高亮月	杨旺生	农业推广硕士农业科技组织与服务	南京市农家乐从业人员培训问题与对策研究	全日制专硕

附录 13 2017 级研究生分专业情况统计

表 1 全日制研究生分专业情况统计

学 院	学科专业	总计（人）	录取数（人）					
			硕士生			博士生		
			合计	非定向	定向	合计	非定向	定向
南京农业大学	全小计	2 780	2 293	2 287	6	487	474	13
农学院 （共 304 人， 硕士 220 人， 博士 84 人）	遗传学	5	1	1	0	4	4	0
	作物栽培学与耕作学	69	52	52	0	17	17	0
	作物遗传育种	168	118	118	0	50	49	1
	★农业信息学	13	5	5	0	8	7	1
	作物	30	30	30	0	0	0	0
	种业	14	14	14	0	0	0	0
	★生物信息学	4	0	0	0	4	4	0
	★种子科学与技术	1	0	0	0	1	0	1
植物保护学院 （共 254 人， 硕士 199 人， 博士 55 人）	植物病理学	79	54	54	0	25	25	0
	农业昆虫与害虫防治	70	51	51	0	19	19	0
	农药学	40	29	29	0	11	11	0
	植物保护	65	65	65	0	0	0	0
资源与环境科学学院 （共 268 人， 硕士 206 人， 博士 62 人）	海洋科学	12	12	12	0	0	0	0
	生态学	21	15	15	0	6	6	0
	环境科学	15	15	15	0	0	0	0
	环境工程	20	20	20	0	0	0	0
	环境工程	19	19	19	0	0	0	0
	土壤学	27	27	27	0	0	0	0
	植物营养学	56	56	56	0	0	0	0
	农业资源利用	42	42	42	0	0	0	0
	★应用海洋生物学	1	0	0	0	1	1	0
	★环境污染控制工程	9	0	0	0	9	8	1
	农业资源与环境	46	0	0	0	46	46	0
园艺学院 （共 301 人， 硕士 257 人， 博士 44 人）	风景园林学	6	6	6	0	0	0	0
	果树学	53	38	38	0	15	15	0
	蔬菜学	52	37	37	0	15	14	1
	茶学	12	9	9	0	3	3	0
	★观赏园艺学	33	24	24	0	9	9	0
	★设施园艺学	6	6	6	0	0	0	0
	园艺	96	96	96	0	0	0	0
	风景园林	25	25	25	0	0	0	0
	中药学	7	7	7	0	0	0	0
	中药学	9	9	9	0	0	0	0
	★设施园艺学	2	0	0	0	2	2	0

（续）

学　院	学科专业	总计（人）	录取数（人）					
			硕士生			博士生		
			合计	非定向	定向	合计	非定向	定向
动物科技学院（共145人，硕士116人，博士29人）	动物遗传育种与繁殖	52	37	37	0	15	15	0
	动物营养与饲料科学	52	38	38	0	14	13	1
	动物生产学	3	3	3	0	0	0	0
	动物生物工程	3	3	3	0	0	0	0
	养殖	35	35	35	0	0	0	0
经济管理学院（共142人，硕士114人，博士28人）	产业经济学	15	11	11	0	4	4	0
	国际贸易学	12	11	11	0	1	1	0
	国际商务	19	19	19	0	0	0	0
	农村与区域发展	26	26	26	0	0	0	0
	企业管理	13	13	13	0	0	0	0
	旅游管理	0	0	0	0	0	0	0
	技术经济及管理	8	8	8	0	0	0	0
	农业经济管理	47	26	26	0	21	21	0
	区域经济学	1	0	0	0	1	1	0
	★农村与区域发展	1	0	0	0	1	1	0
动物医学院（共222人，硕士184人，博士38人）	基础兽医学	42	32	32	0	10	10	0
	预防兽医学	77	56	56	0	21	21	0
	临床兽医学	32	25	25	0	7	6	1
	兽医	71	71	71	0	0	0	0
食品科技学院（共176人，硕士146人，博士30人）	食品科学与工程	112	82	82	0	30	29	1
	食品工程	34	34	34	0	0	0	0
	食品加工与安全	30	30	28	2	0	0	0
公共管理学院（共113人，硕士84人，博士29人）	人口、资源与环境经济学	4	4	4	0	0	0	0
	地图学与地理信息系统	7	7	7	0	0	0	0
	行政管理	21	17	16	1	4	3	1
	教育经济与管理	10	7	7	0	3	3	0
	社会保障	12	10	10	0	2	2	0
	土地资源管理	59	39	39	0	20	20	0
人文与社会发展学院（共108人，硕士100人，博士8人）	经济法学	7	7	7	0	0	0	0
	社会学	5	5	5	0	0	0	0
	民俗学	5	5	4	1	0	0	0
	法律（非法学）	9	9	9	0	0	0	0
	法律（法学）	8	8	8	0	0	0	0
	社会工作	29	29	29	0	0	0	0
	专门史	5	5	5	0	0	0	0
	科学技术史	17	9	9	0	8	8	0
	农业科技组织与服务	23	23	23	0	0	0	0

（续）

学　院	学科专业	总计（人）	录取数（人）					
			硕士生			博士生		
			合计	非定向	定向	合计	非定向	定向
理学院 （共 51 人， 硕士 44 人， 博士 7 人）	数学	5	5	5	0	0	0	0
	化学	15	15	15	0	0	0	0
	生物物理学	4	4	4	0	0	0	0
	化学工程	20	20	20	0	0	0	0
	天然产物化学	7	0	0	0	7	7	0
工学院 （共 133 人， 硕士 121 人， 博士 12 人）	机械制造及其自动化	2	2	2	0	0	0	0
	机械电子工程	4	4	4	0	0	0	0
	机械设计及理论	1	1	1	0	0	0	0
	车辆工程	5	5	5	0	0	0	0
	检测技术与自动化装置	6	6	6	0	0	0	0
	农业机械化工程	17	12	12	0	5	4	1
	农业生物环境与能源工程	6	1	1	0	5	5	0
	农业电气化与自动化	10	8	8	0	2	2	0
	机械工程	27	27	27	0	0	0	0
	农业工程	30	30	30	0	0	0	0
	物流工程	18	18	18	0	0	0	0
	农业机械化	2	2	2	0	0	0	0
	管理科学与工程	5	5	5	0	0	0	0
渔业学院 （共 59 人， 硕士 51 人， 博士 8 人）	水生生物学	4	0	0	0	4	3	1
	水产养殖	24	24	24	0	0	0	0
	渔业资源	1	1	1	0	0	0	0
	渔业	26	26	25	1	0	0	0
	水产	4	0	0	0	4	4	0
信息科技学院 （共 52 人， 硕士 50 人， 博士 2 人）	计算机科学与技术	5	5	5	0	0	0	0
	农业信息化	18	18	18	0	0	0	0
	图书馆学	2	2	2	0	0	0	0
	情报学	4	4	4	0	0	0	0
	图书情报	21	21	21	0	0	0	0
	信息资源管理	2	0	0	0	2	2	0
外国语学院 （共 54 人， 硕士 54 人）	外国语言文学	9	9	9	0	0	0	0
	翻译	45	45	45	0	0	0	0

（续）

学 院	学科专业	总计（人）	录取数（人）					
			硕士生			博士生		
			合计	非定向	定向	合计	非定向	定向
生命科学学院 （共203人， 硕士167人， 博士36人）	植物学	62	47	47	0	15	15	0
	动物学	10	8	8	0	2	2	0
	微生物学	55	43	43	0	12	11	1
	发育生物学	0	0	0	0	0	0	0
	细胞生物学	6	4	4	0	2	2	0
	生物化学与分子生物学	29	24	24	0	5	5	0
	生物工程	41	41	41	0	0	0	0
马克思主义学院 （政治学院） （共12人，硕士12人）	科学技术哲学	4	4	4	0	0	0	0
	马克思主义基本原理	6	6	5	1	0	0	0
	思想政治教育	2	2	2	0	0	0	0
金融学院 （共148人， 硕士140人， 博士8人）	金融学	25	17	17	0	8	7	1
	金融	40	40	40	0	0	0	0
	会计学	10	10	10	0	0	0	0
	会计	73	73	73	0	0	0	0
草业学院 （共35人， 硕士28人， 博士7人）	草学	17	10	10	0	7	7	0
	草业	18	18	18	0	0	0	0

注：带"★"者为学校自主设置的专业。

表2 非全日制研究生分专业情况统计

学 院	学科专业	总计（人）	录取数（人）					
			硕士生			博士生		
			合计	非定向	定向	合计	非定向	定向
南京农业大学	全小计	420	417	26	391	3	1	2
农学院	作物	2	2	0	2	0	0	0
资源与环境科学学院	农业资源利用	4	4	1	3	0	0	0
园艺学院	园艺	4	4	0	4	0	0	0
经济管理学院	工商管理	159	159	25	134	0	0	0
动物医学院	兽医	5	2	0	2	3	1	2
公共管理学院	公共管理	246	246	0	246	0	0	0

附录14　国家建设高水平大学公派研究生项目派出人员一览表

表1　联合培养博士录取名单

序号	学院	学号	姓名	留学类别	国别	留学院校
1	农学院	2014201018	黄晓敏	联合培养博士	英国	埃克斯特大学
2	农学院	2014201053	樊安琪	联合培养博士	美国	康奈尔大学
3	农学院	2014201071	方　圆	联合培养博士	美国	密歇根理工大学
4	农学院	2015201005	王亚琪	联合培养博士	美国	加利福尼亚大学河滨分校
5	农学院	2015201009	王高鹏	联合培养博士	美国	康奈尔大学
6	农学院	2015201014	邵丽萍	联合培养博士	荷兰	瓦格宁根大学与研究中心
7	农学院	2015201032	郭瑞盼	联合培养博士	美国	加利福尼亚大学圣地亚哥分校
8	农学院	2015201039	李　阳	联合培养博士	美国	密苏里大学哥伦比亚校区
9	农学院	2015201040	姜　伟	联合培养博士	美国	普渡大学
10	农学院	2015201058	王新芳	联合培养博士	美国	瓦格宁根大学与研究中心
11	农学院	2015201062	王　晴	联合培养博士	美国	普渡大学
12	农学院	2016201004	费宇涵	联合培养博士	美国	哈佛医学院
13	农学院	2016201012	张　爽	联合培养博士	奥地利	维也纳大学
14	农学院	2016201013	高敬文	联合培养博士	澳大利亚	西澳大学
15	农学院	2016201015	蒋　楠	联合培养博士	美国	佐治亚大学
16	农学院	2016201017	张　贺	联合培养博士	美国	得克萨斯州农工大学
17	农学院	2016201018	方　圣	联合培养博士	美国	佐治亚大学
18	农学院	2016201070	邵巧琳	联合培养博士	美国	加利福尼亚大学伯克利分校
19	植物保护学院	2015202003	李晨浩	联合培养博士	美国	艾奥瓦州立大学
20	植物保护学院	2015202031	郭晓萌	联合培养博士	加拿大	麦克马斯特大学
21	植物保护学院	2015202040	高博雅	联合培养博士	英国	埃克斯特大学
22	植物保护学院	2015202045	魏　琪	联合培养博士	美国	加利福尼亚大学戴维斯分校
23	植物保护学院	2015202053	丁　宁	联合培养博士	美国	阿姆斯特丹自由大学
24	植物保护学院	2016202008	徐　敏	联合培养博士	荷兰	瓦格宁根大学与研究中心
25	植物保护学院	2016202034	钱　蕾	联合培养博士	美国	麦吉尔大学
26	资源与环境科学学院	2013203025	王建青	联合培养博士	日本	农研机构东北农业研究中心
27	资源与环境科学学院	2013203052	王珮同	联合培养博士	日本	冈山大学
28	资源与环境科学学院	2014203005	叶成龙	联合培养博士	美国	艾奥瓦州立大学
29	资源与环境科学学院	2014203043	王孝芳	联合培养博士	英国	约克大学
30	资源与环境科学学院	2015203003	石　坤	联合培养博士	美国	法国国家农业研究院
31	资源与环境科学学院	2015203011	王　露	联合培养博士	美国	佐治亚大学
32	资源与环境科学学院	2015203017	靳亚果	联合培养博士	意大利	加利福尼亚大学戴维斯分校
33	资源与环境科学学院	2015203024	孙传亮	联合培养博士	加拿大	阿尔伯特大学

（续）

序号	学院	学号	姓名	留学类别	国别	留学院校
34	资源与环境科学学院	2015203029	乔策策	联合培养博士	美国	亚利桑那州立大学
35	资源与环境科学学院	2015203042	邓旭辉	联合培养博士	荷兰	乌得列支大学
36	资源与环境科学学院	2015203043	孙富生	联合培养博士	美国	俄勒冈大学
37	资源与环境科学学院	2016203001	费聪	联合培养博士	阿联酋	纽约大学阿布扎比分校
38	资源与环境科学学院	2016203003	郑勇	联合培养博士	法国	法国国家科学研究院
39	园艺学院	2015204007	许延帅	联合培养博士	美国	康奈尔大学
40	园艺学院	2016204011	王国明	联合培养博士	美国	马里兰大学帕克分校
41	园艺学院	2016204013	董超	联合培养博士	美国	田纳西大学-诺克斯威尔
42	园艺学院	2016204016	王文丽	联合培养博士	美国	得克萨斯大学奥斯汀分校
43	园艺学院	2016204018	高立伟	联合培养博士	美国	田纳西大学-诺克斯威尔
44	园艺学院	2016204021	章如强	联合培养博士	比利时	法语布鲁塞尔自由大学
45	园艺学院	2016204039	施露	联合培养博士	美国	加利福尼亚大学戴维斯分校
46	动物科技学院	2015205002	牛清	联合培养博士	美国	北卡罗来纳州立大学
47	动物科技学院	2015205021	计徐	联合培养博士	美国	弗吉尼亚理工学院暨州立大学
48	动物科技学院	2016205010	马翔	联合培养博士	丹麦	奥胡斯大学
49	经济管理学院	2015206010	王恺	联合培养博士	荷兰	瓦格宁根大学
50	经济管理学院	2015206023	刘家成	联合培养博士	美国	耶鲁大学
51	经济管理学院	2016206016	王越	联合培养博士	德国	哥廷根大学
52	动物医学院	2015207010	胡云	联合培养博士	美国	华盛顿州立大学
53	动物医学院	2016207034	伯若楠	联合培养博士	美国	加利福尼亚大学戴维斯分校
54	动物医学院	2016207036	代宏宇	联合培养博士	美国	伊利诺伊大学香槟校区
55	食品科技学院	2015208003	邢广良	联合培养博士	意大利	那不勒斯费德里克二世大学
56	食品科技学院	2015208010	马高兴	联合培养博士	美国	马萨诸塞大学大学阿姆赫斯特分校
57	食品科技学院	2015208012	赵凡	联合培养博士	丹麦	哥本哈根大学
58	食品科技学院	2015208022	吴晓芹	联合培养博士	美国	加利福尼亚大学戴维斯分校
59	食品科技学院	2016208026	邢路娟	联合培养博士	加拿大	圭尔夫大学
60	食品科技学院	2016208027	薛思雯	联合培养博士	美国	普渡大学
61	公共管理学院	2015209011	王雨蓉	联合培养博士	英国	剑桥大学
62	公共管理学院	2015209013	李静	联合培养博士	美国	佛罗里达大学
63	公共管理学院	2015209020	高富岗	联合培养博士	美国	内梅亨大学
64	公共管理学院	2015209024	张雯熹	联合培养博士	美国	犹他大学
65	公共管理学院	2015209027	张建	联合培养博士	美国	亚利桑那州立大学
66	公共管理学院	2016209018	王健	联合培养博士	美国	密歇根州立大学
67	人文与社会发展学院	2015210007	周杰灵	联合培养博士	美国	普渡大学
68	工学院	2015212001	康睿	联合培养博士	美国	美国农业部农业研究服务美国国家家禽研究中心
69	渔业学院	2015213003	何燕富	联合培养博士	美国	哥本哈根大学
70	渔业学院	2015213006	宋长友	联合培养博士	美国	普渡大学
71	生命科学学院	2016216026	段星亮	联合培养博士	比利时	比利时根特大学

表 2　攻读博士学位人员录取名单

序号	学院	学号	姓名	留学类别	国别	留学院校
1	农学院	2014101170	廖文林	攻读博士学位	丹麦	哥本哈根大学
2	植物保护学院	2014102051	于东立	攻读博士学位	荷兰	瓦格宁根大学
3	资源与环境科学学院	2014103137	王翔	攻读博士学位	美国	俄勒冈州立大学
4	园艺学院	2014104074	王立伟	攻读博士学位	日本	千叶大学
5	园艺学院	2014104115	华笠淳	攻读博士学位	荷兰	阿姆斯特丹大学
6	经济管理学院	2014106063	罗玉峰	攻读博士学位	美国	佐治亚大学
7	食品科技学院	2014108036	王威	攻读博士学位	荷兰	莱顿大学
8	公共管理学院	2014109001	穆亚丽	攻读博士学位	德国	哥廷根大学

表 3　联合培养硕士录取名单

序号	学院	学号	姓名	留学类别	国别	留学院校
1	植物保护学院	2016102025	王珍	联合培养硕士	比利时	根特大学
2	动物医学院	2015107065	鲍晨沂	联合培养硕士	加拿大	萨斯喀彻温大学
3	食品科技学院	2015108056	赵颖	联合培养硕士	美国	田纳西大学-诺克斯威尔
4	公共管理学院	2015109053	邱琦	联合培养硕士	美国	佛罗里达大学

表 4　攻读硕士学位人员录取名单

序号	学院	学号	姓名	留学类别	国别	留学院校
1	农学院	13413212	李聪敏	攻读硕士学位	荷兰	瓦格宁根大学与研究中心
2	农学院	11113328	喻静	攻读硕士学位	荷兰	瓦格宁根大学与研究中心
3	经济管理学院	16113103	方嫣然	攻读硕士学位	英国	杜伦大学

表 5　博士生导师短期出国交流人员派出名单

序号	学院	姓名	留学类别	国别	留学院校
1	农学院	王秀娥	高级研究学者	加拿大	加拿大农业部莫登研发中心
2	资源与环境科学学院	陈效民	高级研究学者	美国	宾夕法尼亚州立大学
3	动物科技学院	姚文	高级研究学者	丹麦	哥本哈根大学
4	经济管理学院	韩纪琴	高级研究学者	新西兰	梅西大学北帕默斯顿校区
5	动物医学院	沈向真	高级研究学者	美国	伊利诺伊大学香槟校区
6	生命科学学院	杨志敏	高级研究学者	德国	吉森大学

附录15 研究生出国（境）交流名单

序号	学院	学号	姓名	出访时间（长期/短期）	项目类别/名称	国别（地区）	境外接收单位	出访日期
1	工学院	2016812100	王慧颖	短期	短期访学	德国	科隆大学	20170723～20170811
2	工学院	2016112038	陈亮启	短期	语言文化课程	美国	加利福尼亚大学圣地亚哥分校	20170731～20170825
3	外国语学院	2015815019	代鑫鑫	短期	寒假语言文化研修	日本	宫崎大学	20170121～20170204
4	外国语学院	2015815020	孔薇	短期	寒假语言文化研修	日本	宫崎大学	20170121～20170204
5	工学院	2016812096	汪欣	短期	暑期学校	韩国	庆北大学	20170724～20170805
6	园艺学院	2015104032	陆文雅	短期	暑期学校	韩国	庆北大学	20170724～20170805
7	外国语学院	2016815030	赖娅	短期	日语·日本文化研修项目	日本	日本石川县厅	20170730～20170826
8	公共管理学院	2016109076	罗嘉浩	短期	短期访学	加拿大	麦吉尔大学	20170129～20170218
9	人文与社会发展学院	2017803177	陈秋实	短期	短期访学	日本	日本上智大学	20170717～20170726
10	公共管理学院	2016109057	戈楚婷	长期	交换学习项目	比利时	根特大学	20170208～20170708
11	外国语学院	2016815049	毛佣吉	长期	访学项目	日本	早稻田大学	20170915～20180315
12	外国语学院	2016815050	王凌晨	长期	访学项目	日本	大和语言学校	20171004～20180328
13	外国语学院	2016815031	魏昌曼	长期	访学项目	日本	大和语言学校	20171004～20180601
14	外国语学院	2016815051	张亚泊	长期	访学项目	日本	大和语言学校	20171004～20180601
15	金融学院	2016818084	张驰	长期	交换学习项目	台湾地区	嘉义大学	20170913～20180122

附录16 博士研究生国家奖学金获奖名单

序号	姓名	学院	序号	姓名	学院
1	李栋	农学院	11	刘昕宇	植物保护学院
2	黄晓敏	农学院	12	孙画婳	植物保护学院
3	李姝璇	农学院	13	潘浪	植物保护学院
4	车志军	农学院	14	李雁军	植物保护学院
5	牛景萍	农学院	15	左亚运	植物保护学院
6	翁飞	农学院	16	魏琪	植物保护学院
7	徐涛	农学院	17	丁园	植物保护学院
8	李艳伟	农学院	18	丁宁	植物保护学院
9	王海苗	农学院	19	岳骞	资源与环境科学学院
10	张贺	农学院	20	张骏	资源与环境科学学院

（续）

序号	姓名	学院	序号	姓名	学院
21	胡 洁	资源与环境科学学院	38	张乔亚	动物医学院
22	王 露	资源与环境科学学院	39	张 杰	动物医学院
23	秦 超	资源与环境科学学院	40	王光宇	食品科技学院
24	范长华	资源与环境科学学院	41	吕永梅	食品科技学院
25	曾 洋	资源与环境科学学院	42	郭 佳	食品科技学院
26	余心怡	园艺学院	43	沈费伟	公共管理学院
27	刘志薇	园艺学院	44	李 静	公共管理学院
28	吴 鹏	园艺学院	45	詹国辉	公共管理学院
29	施 露	园艺学院	46	葛小寒	人文与社会发展学院
30	张冕群	动物科技学院	47	施印炎	工学院
31	陈祥兴	动物科技学院	48	滕 涛	无锡渔业学院
32	任才芳	动物科技学院	49	安 靖	生命科学学院
33	顾天竹	经济管理学院	50	栾 宁	生命科学学院
34	袁 斌	经济管理学院	51	刘勇男	生命科学学院
35	王 恺	经济管理学院	52	段星亮	生命科学学院
36	胡 云	动物医学院	53	张 雷	金融学院
37	马 芳	动物医学院	54	刘 宇	草业学院

附录 17　硕士研究生国家奖学金获奖名单

序号	姓名	学院	序号	姓名	学院
1	翟思龙	农学院	15	冀田田	植物保护学院
2	董浩然	农学院	16	许 苗	植物保护学院
3	徐晓青	农学院	17	郑美艳	植物保护学院
4	何知舟	农学院	18	华海青	植物保护学院
5	张佳琪	农学院	19	张 松	植物保护学院
6	潘 婷	农学院	20	刘 洋	植物保护学院
7	朱敏秋	农学院	21	王业臣	植物保护学院
8	刘士超	农学院	22	翟 燕	植物保护学院
9	马 玲	农学院	23	贾忠强	植物保护学院
10	于羽嘉	农学院	24	张智慧	植物保护学院
11	温 凯	农学院	25	吴 晗	植物保护学院
12	丁锦华	农学院	26	毛雪伟	植物保护学院
13	刘 艺	农学院	27	张莎莎	植物保护学院
14	汪露瑶	农学院	28	徐西霞	植物保护学院

（续）

序号	姓名	学院	序号	姓名	学院
29	陈满霞	资源与环境科学学院	65	鲁 强	经济管理学院
30	寿炜君	资源与环境科学学院	66	黄莹莹	经济管理学院
31	徐 燕	资源与环境科学学院	67	谭 鑫	经济管理学院
32	何足道	资源与环境科学学院	68	钞贺森	经济管理学院
33	韩召强	资源与环境科学学院	69	徐慧君	经济管理学院
34	陈怡先	资源与环境科学学院	70	李子键	经济管理学院
35	周 涛	资源与环境科学学院	71	周 宁	经济管理学院
36	王若斐	资源与环境科学学院	72	蒋 奇	经济管理学院
37	李环环	资源与环境科学学院	73	秦秋霞	经济管理学院
38	褚冰杰	资源与环境科学学院	74	龚亚彬	动物医学院
39	苏 慕	资源与环境科学学院	75	王玲玲	动物医学院
40	郭 赛	资源与环境科学学院	76	郭 荔	动物医学院
41	叶 韬	资源与环境科学学院	77	周 静	动物医学院
42	张 蓉	资源与环境科学学院	78	柳春春	动物医学院
43	闵祥凤	园艺学院	79	代 娇	动物医学院
44	邢才华	园艺学院	80	张云娜	动物医学院
45	程 慧	园艺学院	81	翟晓凤	动物医学院
46	薛 蕾	园艺学院	82	张子霄	动物医学院
47	董慧杰	园艺学院	83	倪海钰	动物医学院
48	李 磊	园艺学院	84	胡建华	动物医学院
49	安 聪	园艺学院	85	蒲焕然	动物医学院
50	任 艳	园艺学院	86	栗云云	动物医学院
51	何向丽	园艺学院	87	黄 瑶	食品科技学院
52	张雪绒	园艺学院	88	刘冬梅	食品科技学院
53	廖界仁	园艺学院	89	王 梦	食品科技学院
54	吕倩茹	园艺学院	90	贾 坤	食品科技学院
55	汤 崴	园艺学院	91	章 霞	食品科技学院
56	孙晓青	园艺学院	92	冯 芳	食品科技学院
57	肖 琼	园艺学院	93	卫璐琦	食品科技学院
58	苏伟鹏	动物科技学院	94	李 鑫	食品科技学院
59	宋志华	动物科技学院	95	高 霞	食品科技学院
60	李晓艳	动物科技学院	96	孙明媚	食品科技学院
61	杨 花	动物科技学院	97	童 尧	公共管理学院
62	李奉哲	动物科技学院	98	郭小贤	公共管理学院
63	应志雄	动物科技学院	99	高 冉	公共管理学院
64	刘 壮	动物科技学院	100	张开亮	公共管理学院

（续）

序号	姓名	学院	序号	姓名	学院
101	胡顺顺	公共管理学院	125	谢莉	外国语学院
102	盛君	公共管理学院	126	顾执伟	外国语学院
103	李志刚	公共管理学院	127	周慕昱	外国语学院
104	王子坤	公共管理学院	128	丁如意	生命科学学院
105	贺泽	人文与社会发展学院	129	何欢	生命科学学院
106	代靖	人文与社会发展学院	130	方鸣谦	生命科学学院
107	曹鹏	人文与社会发展学院	131	陈峰	生命科学学院
108	徐晓辉	人文与社会发展学院	132	纪俊宾	生命科学学院
109	师慧	人文与社会发展学院	133	史登科	生命科学学院
110	张哲凤	理学院	134	吴陈高	生命科学学院
111	高建波	理学院	135	梅玉东	生命科学学院
112	吴瑶	理学院	136	向志鑫	生命科学学院
113	牛恒泰	工学院	137	孟巾果	生命科学学院
114	蒋思杰	工学院	138	王婧杰	生命科学学院
115	黄帅婷	工学院	139	马小川	马克思主义学院（政治学院）
116	陈冬梅	工学院	140	徐霁月	金融学院
117	何朋飞	工学院	141	陈青霞	金融学院
118	祁睿格	工学院	142	马倩倩	金融学院
119	盘文静	无锡渔业学院	143	华楚慧	金融学院
120	郑朝臣	无锡渔业学院	144	牛彪	金融学院
121	宋坤	无锡渔业学院	145	房姿含	金融学院
122	梁继文	信息科技学院	146	卢嘉成	金融学院
123	叶文豪	信息科技学院	147	李冉	草业学院
124	郑叶鹏	信息科技学院			

附录 18 校长奖学金获奖名单

序号	姓名	学号	所在学院	获奖类别
1	张晓恒	2014206028	经济管理学院	博士生校长奖学金
2	刘亚洲	2014206024	经济管理学院	博士生校长奖学金
3	邢通	2014208016	食品科技学院	博士生校长奖学金
4	王继琛	2014203037	资源与环境科学学院	博士生校长奖学金
5	刘路	2015209007	公共管理学院	博士生校长奖学金
6	张建	2015209027	公共管理学院	博士生校长奖学金
7	邹金浪	2014209027	公共管理学院	博士生校长奖学金

（续）

序号	姓名	学号	所在学院	获奖类别
8	胡 伟	2012201026	农学院	博士生校长奖学金
9	钟凯丽	2013202017	植物保护学院	博士生校长奖学金
10	张盛培	2015202019	植物保护学院	博士生校长奖学金
11	杨文超	2015202047	植物保护学院	博士生校长奖学金
12	陈景光	2014203027	资源与环境科学学院	博士生校长奖学金
13	李 博	2014203024	资源与环境科学学院	博士生校长奖学金
14	张 昊	2014205020	动物科技学院	博士生校长奖学金
15	康大成	2014208021	食品科技学院	博士生校长奖学金
16	冯圣军	2014216035	生命科学学院	博士生校长奖学金
17	刘勇男	2015216022	生命科学学院	博士生校长奖学金
18	宋思婧	2014105019	动物科技学院	硕士生校长奖学金
19	刘 欣	2014101045	农学院	硕士生校长奖学金
20	李 妞	2014103003	资源与环境科学学院	硕士生校长奖学金
21	蒋梦迪	2015103053	资源与环境科学学院	硕士生校长奖学金
22	李 辉	2014104094	园艺学院	硕士生校长奖学金
23	吴雪君	2014104081	园艺学院	硕士生校长奖学金
24	杨 阳	2014107035	动物医学院	硕士生校长奖学金
25	杨 星	2014107026	动物医学院	硕士生校长奖学金
26	邢 杰	2014107107	动物医学院	硕士生校长奖学金
27	高 雪	2014107032	动物医学院	硕士生校长奖学金
28	唐骥龙	2013108022	食品科技学院	硕士生校长奖学金
29	顾欣哲	2014108045	食品科技学院	硕士生校长奖学金
30	赵 雪	2014108062	食品科技学院	硕士生校长奖学金
31	芮丽云	2014108069	食品科技学院	硕士生校长奖学金
32	毛 矛	2014111005	理学院	硕士生校长奖学金
33	夏运涛	2014111006	理学院	硕士生校长奖学金
34	孙晓涛	2015811020	理学院	硕士生校长奖学金
35	赵振新	2014113008	渔业学院	硕士生校长奖学金
36	黄 琼	2014116021	生命科学学院	硕士生校长奖学金
37	张瑛昆	2014116064	生命科学学院	硕士生校长奖学金
38	郭鸿鸣	2014116115	生命科学学院	硕士生校长奖学金
39	罗玉峰	2014106063	经济管理学院	硕士生校长奖学金

附录 19　研究生名人企业奖学金获奖名单

一、金善宝奖学金（19 人）

戚兰兰　黄文文　庞　冠　刘洁霞　郭艺璇　汪慧歆　刘小倩　张　玲　程　准
彭秋茹　王雷雷　顾庆康　王思然　刘　迪　吕蕊蕊　张武肖　周　恒　张绍阳
杜贺超

二、先正达奖学金（4 人）

马旭辉　种昕冉　王慧东　李　娜

三、大北农奖学金（45 人）

张　燕　肖世卓　高逢凯　王　琛　姚若男　杨紫媛　许晨雨　孙冰晓　袁向阳
贾二腾　魏　明　王　悦　陆　鹏　李弘伟　张亚南　戴鹏远　陈　曦　范国强
宗嫚嫚　赖丽颖　王书杰　陶诗煜　赵南南　熊　文　衣　蕾　殷　超　李　林
王　洪　胡　波　潘夏艳　任维超　高　原　陈耀忠　曲香蒲　薛　圆　张　健
宋长友　何燕富　梁化亮　戴天豪　李　鹏　杨战功　孙　丹　聂宗伟　叶现丰

四、江苏山水集团奖学金（8 人）

陶　能　刘兰兰　涂　钧　王　茜　陈苏能　丁　璨　李　萍　邱序方

五、孟山都奖学金（20 人）

王亚琪　郝媛媛　焦　武　田　岳　陈文静　魏　星　高敬义　邵宇航
郑恒彪　孙新素　郭　楠　王婷婷　宋淼泉　张飞雪　鲁秀梅　谢　洋
罗小波　张　周　汪艳梅　郭政飞

六、仁孝京博奖孝金（15 人）

王孝芳　孙晟凯　邵天韵　赵诗晨　郭志华　孙　炜　王文丽　苏江硕
徐　超　谢　晨　王冰柯　田海涛　鲁璐瑶　孙泽华　史　良

附录 20　优秀毕业研究生名单

一、优秀博士毕业研究生（88 人）

徐　君　王　琼　牛二利　丁先龙　柳聚阁　王家昌　段二超　马玉杰　杜弘杨
崔晓霞　朱国忠　刘　扬　柯　健　胡　伟　余坤江　刘骕骦　李　佳　梁晓宇
张　青　李　兵　江守林　杨媛雪　张　宇　董　飒　罗　凯　郑志天　郑世燕
王　从　胡小婕　李　博　张晓旭　陈景光　孙玉明　王　磊　陈　潇　文永莉
张登晓　李梦瑶　吴致君　王明乐　张凤姣　杜南山　马　静　张　伟　代小新

高　天	张　昊	万晓莉	陈跃平	张晓恒	胡凌啸	卢　华	朱哲毅	刘亚洲
乔　辉	刘腾飞	郭停停	牟春晓	陈绵绵	陈　云	黄叶娥	邢　通	康大成
谢旻皓	高　玲	王苏妍	韩　聪	刘泽文	付文凤	黄金升	范树平	李　芳
丁　文	李　娜	慕亚芹	孙诚达	郭　俊	王美垚	张新铖	卫培培	张　浩
张　龙	张　广	颜景畏	陈子平	冯圣军	朱敏杰	李君风		

二、优秀硕士毕业研究生（429人）

刘　欣	许国春	郭彩丽	褚美洁	徐珊珊	宋任重	陆伟婷	王小军	闫艳艳
徐冰洁	董　明	周俊杰	夏煜民	李同花	陶莉敏	王　石	吴　双	刘亚平
吴婷婷	侯　富	董邦宁	甘淑萍	廖文林	王　建	倪元丽	王　磊	丰柳春
杨楠楠	孙爱伶	岳秀丽	柯裴蓓	崔超凡	杨龙树	陈　浩	佘　东	陈依晗
季　浩	李林芝	罗腾霄	许凯文	仲　杰	王　平	陈洪福	周密密	乐鑫怡
曾丹丹	董筱桐	苏翠翠	雷海霞	胡媛媛	周冰颖	丁银环	李胜利	王　芮
董　彦	于佳星	张　腾	高海涛	吴希宝	慕希超	冯　璐	尤红杰	王　兴
李挡挡	李　斌	韩　絮	张行国	陈晓晨	王法国	王　丹	郑张瑜	金漪倩
张　婧	谢　悦	周自豪	郑燕恒	李　妞	郭加汛	冯　坤	张　琳	贺南南
康国栋	姜珊珊	师元元	王红菊	相妍冰	樊　艳	孟晓青	韩伟铖	陶朋闯
穆静娟	张　锐	马　彪	余　泓	许　欣	毕智超	冯程龙	季敏杰	王雪琦
浩折霞	王　翔	李亚青	李遵锋	吕燕玲	袁新明	霍立娇	马兆国	聂　欣
李　静	詹文悦	朱修玥	吕泽先	吴雪君	黄　蔚	桑勤勤	徐　扬	王立伟
王　彤	王　晶	袁若楠	王沛鸿	习玉森	王梦琦	芮伟康	王英珍	吴雯雯
席　悦	封一统	孙强昆	张焕茹	廖雪竹	赵　凤	陈叶清	王　乐	李庆会
高　晴	杨欣露	鲁　月	王陀陀	穆鸿渐	荐晓峰	肖　威	祁舒展	孙　媛
王　雨	张杨青慧	张倩丽	张超博	张馨月	华梦玉	崔桥云	白　冰	田亚男
姜海燕	后世萍	史峰霖	刘晓慧	付园园	翁茜楠	宋思婧	贾如霞	丛佳惠
张　昕	周　嫚	徐菊美	程　康	牛　玉	李晓晗	杨伟丽	黄　强	陈青青
张　悦	马　磊	高婷婷	李雪莉	鲁明月	许飞龙	罗玉峰	韩桂芝	张　炯
冯紫曦	王春杰	张荣敏	丁志超	王莉婷	傅　顺	郭　丽	刘坤丽	张河洁
翟亮亮	邢青青	沈艳斌	安　琪	陈晓敏	韩林杏	徐丹宁	莫佳蓓	冯　波
陈　茜	徐　慧	王璟璠	江　妮	高　阳	高洁芝	胡　杨	徐维建	潘爱华
黄馨缘	梁传鑫	陈宇莉	陈相莉	陈学超	仇　鑫	戴　磊	高　雪	郭会朵
宋二保	朱怀森	周佳彬	赵　鹏	马群山	温玉玲	杨新朝	陆倩倩	唐欢宇
朱洁莲	梁　姗	罗　莉	郑思思	刘丹丹	何　辉	李　桥	邢　杰	徐海滨
楼晶瑶	梁中洋	吴　青	徐文雯	邹　莹	姬艺洪	王换换	林　烨	徐　艳
宋　慧	顾欣哲	李　贺	芮丽云	狄　彤	唐骥龙	王丽夏	张　瑜	吴黎君
段德宝	李　策	闫晓坤	田　璐	彭　菁	徐　苗	许　昕	周志阳	高　涛
李秀秀	石举然	王　芳	杨玉玉	杨彤彤	殷　旭	张玉梅	王文龙	高　珊
包　倩	朱婷婷	张　健	姜凯帆	周　震	陈　明	尤德晴	赵晶晶	沙　莎

沈冰清	杜薇	赖映圻	苏敏	颜杰	李檬	刘桂林	徐一丹	朱照莉
孙玉兰	穆亚丽	宋瑞娟	王宝荣	卞之卓	李灿	杨溶溶	张澄	聂宇恬
赵霞	郭泽广	沈怡	夏敏	张哲	尤悦	刘鑫	王雨	李潇云
沈雨珣	范梦衍	孙越	孙欢	封睿	王雪	姚成静	赵琳	王妮妮
刘丽平	陶月红	毛矛	孙晓涛	张娜	王敏	龚佳慧	孙琼琼	鲁伟
陈浩	任骏	张庆怡	孟一猛	葛双洋	郝向泽	温丹苹	黄书君	王常志
许勇强	卢中山	丛文杰	沈振飞	程顺	张正飞	韦玮	胡彬	陈素华
赵振新	李孟孟	王林	余丽梅	宗梦菲	王媛	刘思辰	陈佳悦	刘洋
罗亚玲	王硕	周祥	严豪	徐刚	刘淑华	邢艳红	顾兼美	郭静
邹伊勤	景文佳	茅楠	宋天骄	孙婧荷子	陈亚茹	李书幻	李娜	黄琼
陈秋红	曹存凤	涂辉	杨猷建	孟强	张瑛昆	张晨飞	庞海东	罗龙
陈冬冬	曹鹏飞	夏晓云	李涛	臧小霞	王清	蒋丹	苏晓妹	陈战
戚雪银	郭鸿鸣	黄菲	张俊杰	高舒迪	周春灵	赵阳	徐亚琴	徐宁
李偲健	张梦玉	王成	王婕	李晓晓	王明玉	陈雪	顾洪溢	杨书
徐章星	陈燕	丁宁	施笑	宋晗	孙升	王成琛	温娇	吴家钰
吴梦娇	薛金浩	魏怡方	赵明一	田林艳	张家源	朱小童	徐怡	丰磊平
王梦璟	金岭桥	薛雯君	朱春娟	刘清源	王茜			

附录 21　优秀研究生干部名单

（151 人）

毛志强	黄文文	李松阳	马春晨	吴春华	崔长江	刘富杰	张浩	刘小林
王天伦	王亮	程燕好	孙佳斌	高博雅	刘帅	殷越	陈辉	葛温伯
刘微	王程	赵珊	俞姗	戚良轩	周阳	程德义	吴杰	曲成闯
杨之江	郝睿	谢龙涛	杨晶	贾瑶慧	曲峰龙	赵文瑜	陆文雅	李磊
王颖	隋利	刘敏楠	蒋岳廷	张晓磊	王威姣	丁安东	朱文玮	火国涛
段银平	李荣阳	李源	兰梅	董超	潘梦浩	仲漫	汪诗萍	李佳睿
张冬	王许沁	魏睿	颜妮	王涛只	安娜	叶露露	熊晓妍	周丽娜
王娟芳	刘杰	杨德鸿	姜俊伟	郑美霞	杨艺琳	陈偲	张正敏	谭椰子
张舒翔	李程洁	冯浩	倪沁	骆晓曦	张瑞霞	郑亚琳	朱天琦	成文青
魏晶晶	王威	陶怡	胡祎然	汪欣	李嘉位	张卓	赵天才	耿晶
王康康	张丹	董娟娟	文静	周惠敏	夏丽君	卓婷婷	薛敏霞	张周
王倩倩	张婷	荆敏毓	田秋焕	蔡娟	房婧雅	李晓江	谷东方	龚宇
卢嘉成	叶森	姜珊	沙宏伟	邰俊彦	姜航	张勤雪	冯汝超	王晓燕
刘奕琨	曲婷婷	王卓	徐帆	张艳梅	谢云婷	王炎文	焦健	黄帅婷
毕彭钰	黄蓉	王辉	朱琳	丁玉荣	王斐	盛洁	李文婷	王姝文
李芳淑	刘任远	杨月	褚夫华	孙晓青	丁璨	张月桥	戴婕	张仁康
张珂	萨如拉	周楚	王婷	杨灵	胡思原	张文昭		

附录 22 毕业博士研究生名单

（合计 514 人，分 16 个学院）

一、农学院（101 人）

李晓慧	聂智星	龙武华	吴怀通	赵　婧	马　妍	胡　伟	李曙光	杨松楠
柴启超	邓清燕	王晓婷	柯小娟	陈海元	吴　悠	纪洪亭	薛　冬	张胜忠
王　伟	潘　根	王　迪	孙志广	崔承齐	田书华	王　玲	朱国忠	王　满
段二超	程瑞如	刘　扬	王尊欣	柯　健	伍龙梅	司　彤	石治强	王秀琳
陈莉莉	胡乃娟	杨洪坤	查满荣	王　琰	黄晓敏	陈英龙	周渭皓	刘明明
刘延凤	王莉莉	裔　新	宗春美	张志鹏	蒋湉湉	余坤江	牛二利	徐　君
王　卉	黄　鹏	董志遥	王　茜	尤小满	柳聚阁	靳　婷	刘燕敏	刘骦骦
张蓉蓉	王佩斯	张一铎	杜　培	江晨亮	杨　庆	王　藩	许昕阳	王家昌
唐伟杰	安洪周	樊安琪	陈　妍	钟明生	李向楠	竹龙鸣	彭超军	高永钢
丁先龙	马玉杰	杜弘杨	徐婷婷	胡婷婷	方能炎	曾　鹏	梅高甫	王　琼
王海平	方　圆	柳　洪	刘金洋	曹永策	刘美凤	任　锐	赵　汀	高珍冉
曹中盛	许恩顺							

二、植物保护学院（57 人）

金　琳	徐高歌	蒋　磊	李　佳	汪　杨	李连伟	梁晓宇	亓兰达	宋海天
张　青	聂萍萍	李　潇	王　欢	韩　笑	程　倩	张　雄	赵文浩	杨　波
王路遥	王纯婷	汪顺娥	方亦午	陈　园	苏振贺	黄　莹	李　莹	李海洋
王婧臻	刘木星	王招云	李　兵	杨　瑾	江守林	朱冠恒	常贺坦	田　甜
彭英传	鞠佳菲	周金成	徐继华	杨　耀	马　琳	杨媛雪	郭　燕	王　敬
魏亦云	施　雨	张　洁	张　宇	张　佩	王玉龙	董　飒	盛恩泽	罗　凯
蒋　晨	张静静	郑志天						

三、资源与环境科学学院（60 人）

张登晓	熊　武	孟　齐	张抒南	谷益安	王丹丹	杨　倩	乐　乐	孙景玲
李加加	高会玲	汤海燕	王蒙蒙	宋森泉	李　青	郑世燕	龚　鑫	魏家星
叶成龙	肖　蕊	余　飞	吴秋琳	陈颢明	王　从	张娟娟	胡小婕	许小伟
睢福庆	孙平平	罗　川	王　磊	姚红宇	陆海飞	周惠民	曹罗丹	李　博
张晓旭	申长卫	陈景光	孙玉明	孔亚丽	郭俊杰	张　阳	黄晓磊	苏兰茜
王　磊	李凤巧	王东升	王继琛	孙雅菲	常明星	陈　潇	王　洁	肖　健
文永莉	黎广祺	张雯琦	王呈呈	张茂星	周　璇			

四、园艺学院（42 人）

王筠竹	袁颖辉	李梦瑶	裴徐梨	齐香玉	孙　森	姚改芳	游双红	王银杰

王小龙	朱旭东	李晓鹏	葛春峰	马　娜	郭冰冰	李甲明	薛　程	寇小兵
乔　鑫	秦晓东	杨树琼	张　伟	何美文	闫　超	刘高峰	王孝敬	付卫民
韦艳萍	王　成	陈忠文	王荣花	胡恩美	谭国飞	马　静	王明乐	吴致君
张　婷	张兆和	刘　晨	夏小龙	张凤姣	杜南山			

五、动物科技学院（31人）

郭玉光	周　鑫	徐　稳	张　峰	钱　妤	张传健	韩海银	陶晨雨	杜　星
周吉隆	刘京鸽	孙玲伟	奚雨萌	代小新	汪　涵	张小宇	高　天	赵敏孟
唐　娟	孙存鑫	田红艳	白　晰	朱益志	张　昊	万晓莉	郑　月	邹雪婷
陈跃平	彭　宇	李袁飞	邢　军					

六、经济管理学院（33人）

张　凯	廖小静	杨泳冰	姜友雪	吴奇峰	卢　华	张宇翔	杨金阳	魏艳骄
刘婷婷	朱哲毅	万世平	陈丽君	张燕媛	蒯婷婷	许　佳	黄昊舒	李玲秀
卞　艳	聂文静	何在中	郑　雯	李博伟	朱　臻	胡凌啸	陈奕山	刘亚洲
陈　欢	夏　秋	乔　辉	张晓恒	陆超平	吕　沙			

七、动物医学院（32人）

吴　镝	刘腾飞	马志禹	单衍可	郭停停	黄燕平	王　鲲	杨　树	董海波
连　雪	袁晓民	王小敏	陈　曦	董　静	江丰伟	黄欣梅	王玉俭	王楠楠
王　新	孙海伟	牟春晓	夏　璐	孙　敏	陈绵绵	钱　刚	徐　彬	陈　云
侯冉冉	郭峻菲	黄叶娥	贾　惠	岳婵娟				

八、食品科技学院（36人）

马　宁	刘　檀	戴竹青	刘洪霞	徐　笑	吕云斌	杨　杰	朱莹莹	王苏妍
高　玲	肖　愈	张　波	柴树茂	焦彩凤	方东路	郭洁丽	孙　静	刘亚楠
卢　静	钟　蕾	刘世欣	孙　柯	陈　星	邢　通	宦　晨	杨宁宁	谢旻皓
康大成	黄明明	吴海舟	韩　聪	施丽愉	白　云	杨　波	丁世杰	杨慧娟

九、公共管理学院（33人）

郭　娜	周来友	帖　明	聂　雷	王　岩	桑玉昆	戴祥玉	李　烊	丁　文
李　波	冯林林	崔芬丽	孙发勤	梁琛琛	宁芳艳	刘泽文	李　敏	唐文浩
王　勇	黄金升	任广铖	肖泽干	范树平	刘敬杰	付文凤	朱　奎	李　芳
赵爱栋	王　珏	高　燕	谢　丽	邹金浪	关长坤			

十、人文与社会发展学院（10人）

| 朱　绯 | 李　娜 | 孙雁冰 | 慕亚芹 | 崔江浩 | 石　慧 | 袁祯泽 | 王洪伟 | 刘启振 |
| 王　昇 | | | | | | | | |

十一、工学院（14 人）

陈信信　方志超　付菁菁　张　超　孙　啸　叶长文　贺亭峰　杨艳山　秦　宽
孙诚达　金　梅　郭　俊　姜春霞　徐伟悦

十二、渔业学院（8 人）

刘　洋　顾夕章　缪凌鸿　吕　丁　霍欢欢　徐钢春　王美垚　张新铖

十三、信息科技学院（2 人）

奚惠娟　胡曦玮

十四、生命科学学院（42 人）

赵艳雪　古咸彬　邬　奇　许长峰　王　翔　朱小龙　陈雪婷　黄丽萍　赵化建
贾思振　汤阳泽　赵　灿　张晓燕　李　璐　王　谨　卫培培　刘卫娟　王培培
李　晗　王　嘉　周　杰　褚翠伟　张　浩　张　龙　刘晓伟　周　帆　韩　辉
高　山　张　广　宋春艳　施冬青　张　昶　张兴兴　赵沿海　颜景畏　石兴宇
芮庆臣　许志晖　陈子平　唐锐敏　冯圣军　马　刚

十五、金融学院（7）

周明栋　朱敏杰　熊发礼　王步天　刘　融　桑　宇　肖龙铎

十六、草业学院（6）

王秀云　吴雪莉　余国辉　李君风　张景龙　桂维阳

附录 23　毕业硕士研究生名单

（合计 2 172 人，分 19 个学院）

一、农学院（204 人）

陈先连　丁　媛　仲　杰　代渴丽　万文涛　杜文凯　吴　楠　冯　凯　杨剑婷
宋楚崴　王莉欢　王保君　陆伟婷　胡晨曦　闫艳艳　张　姗　王高鹏　翁　飞
谢云灿　张　曼　陶莉敏　谢静静　仲迎鑫　李同花　褚美洁　丁　超　刘　霞
王晓玲　陈　松　王蒙蒙　郑德益　雷锦超　杨佳恒　杨海龙　赵倩楠　杨晓妮
胡　博　甄凤贤　郭彩丽　覃业辉　刘　欣　许国春　徐珊珊　徐文正　李瑞宁
肖　海　邵宇航　董　明　王小军　方　圣　高　凯　顾泽海　郑恒彪　周俊杰
夏煜民　管昌红　崔超凡　王　慧　柳道明　许乐峰　周　亮　周向阳　杨宇明
崔晓培　苏燕竹　陈造业　王　石　杨　洋　杨　茂　万书贝　陈文静　吴　双
周雪松　侯　森　王应党　佘　东　梁银凤　王　洪　汪　翔　车志军　张珍珍
钱罗枫　冯捷捷　吴国灿　赵凯君　范　敏　曹鹏辉　周春雷　孙爱伶　苗　龙

刘亚平	王佳雪	葛冬冬	董 辉	张培培	沈子杰	刘小林	李林芝	陈 明
丁云肖	宝华宾	张利伟	王丹蕊	杨 骄	蔡继鸿	吴颖静	张 静	仇泽宇
滕 烜	肖晏嘉	刘 喜	章 潇	胡庆峰	吴婷婷	陈高明	徐 涛	张向东
尚 菲	张 恒	柯裴蓓	朱小品	董邦宁	杨 彬	刘 凯	甘淑萍	张楠楠
张再成	吕宇龙	翟文玲	杨松青	成 城	王 轩	谢凤斌	杨龙树	胡 魏
刘子文	尤世民	张天雨	陈 静	邵巧琳	王 建	侯 富	周 娜	冯 昊
程炜航	祝建坤	王 磊	赵 静	燕海刚	汪国湘	倪元丽	顾 欢	岳秀丽
黄颜众	张小利	杨成凤	许志永	常芳国	郑 海	廖文林	牛浩鹏	杨云华
李 赛	汤 冬	丰柳春	宋任重	高敬文	张 爽	葛晓康	侯天成	陈依晗
荆若男	王沛然	王荣琪	石燕楠	王苏静	杨楠楠	周 俊	赵健清	周 羽
钮超杰	李 洁	戴 蓉	张渝竣	舒国平	肖恩星	蔡金华	徐冰洁	刘 芳
罗腾霄	齐 浩	许凯文	彭效瑾	张 晓	宋亚栋	王德凯	谷胜玉	许孟歌
顾小雨	贾艳红	季 浩	陈 卓	陈 浩	张友谊			

二、植物保护学院（175 人）

周兴扬	于佳星	张合红	宿爱凤	孙凤丽	陈艳娟	刘少强	闫亭秀	张琪梦
林 帅	孙 鹏	蒋梦怡	朱碧春	黄 海	张 昊	张丽娜	徐 龙	王 宁
卢松玉	陈雪子	史琳烨	李 夏	李肖依	刘荣荣	苏一世	王 平	陈洪福
苏盼盼	周小四	周密密	李庆玲	李 萍	徐 敏	钱 新	孙立华	王泊婷
法 杨	吴嘉维	康建刚	夏业强	杨 洋	乐鑫怡	杨丽娜	钱 斌	刘璐平
辛龙涛	于东立	姚培炎	吕 立	杨洪俊	曾丹丹	施文娟	刘凡奇	唐 辉
袁 锐	余 棋	李双美	董筱桐	单 丹	陈 凤	周 晨	盛成旺	杨 坤
莫一丹	张 旭	杜伟霞	王 强	张 婧	陈 勇	苏翠翠	徒功明	袁祝婷
郭殿豪	陈 旭	孙强昆	徐晴玉	江 睿	邬家栋	陈方方	雷海霞	钟乐荣
黄立鑫	肖 勇	王云超	胡媛媛	周冰颖	朱良厅	张汲伟	高树照	丁银环
李胜利	王 芮	薛元元	管 放	黄建雷	张 啸	程 彪	董 彦	杨 嵩
李玲利	赵肖飞	郭嘉雯	李袭杰	朱 健	陈铭业	吕驰原	陶继庭	杨亚兰
张 腾	高海涛	吴希宝	居晓敏	慕希超	高 原	肖远卓	胡 波	任森森
冯 璐	高贝贝	尤红杰	王 兴	李挡挡	肖泰峰	赵双双	李 斌	杨 莹
朱原野	韩 絮	张行国	夏云磊	王璐瑶	陈晓晨	仵 奎	汪慧斌	李舒恬
周丽琪	李 正	王 壮	赵 瑞	石宏霖	赵 驰	赵 晨	王静静	喻秀秀
谷牧宇	张凯丽	刘美玲	徐 蓬	王法国	王 丹	王 亭	荣 星	秦胜楠
郑张瑜	王 欣	赵佩瑶	李寒冰	金漪倩	张 婧	谢 悦	周自豪	梁秀美
戚家明	聂国媛	李笠坤	吴锦霞	姚凯诚	尹 力	屈 勇	赵 玲	孔祥一
陈煜明	徐 倩	要程介	尹 升					

三、资源与环境科学学院（187 人）

罗方园	郑燕恒	任旭洋	李 妞	于秋红	费 聪	隋扬穗	李 冉	张建良
郭加汛	刘 冉	冯 坤	辛邵南	杨晓锋	范文卿	杨 弋	姬阳光	梅小敏

胡正锟	徐新雨	张　琳	康国栋	袁先福	巩子毓	蒋林惠	王　帅	贺南南
王　飞	李　根	魏　维	昌晓黎	蔡天晋	陈　杰	李嘉雨	马群宇	苗嘉曦
姜珊珊	相妍冰	周紫燕	师元元	丁　秘	杨　华	邓照亮	王红菊	陈　川
刘楚烨	卞　雪	郝书鹏	杜霞飞	马　迅	纪　程	孙　艺	张　娜	谢珊妮
董少卫	周　强	张应鹏	张鹏飞	陈露露	董　为	樊　艳	任丽飞	陈宏坪
黑昆仑	李金凤	许彩云	韩伟铖	于亚群	林小芬	杨利华	陈定帅	陶朋闯
田　达	宋金茜	朱　权	李　鹏	关　强	刘　璐	李　磊	穆静娟	刘春亮
吴书琦	南琼琼	彭碧莲	杨　润	张　锐	田善义	孙志国	马　彪	邱良祝
夏　鑫	余　泓	许　欣	陈　晨	毕智超	陈　浩	张力浩	周　静	周丽娜
闫　华	左　静	欧阳明	付祥峰	卓亚鲁	陈家栋	金　昕	刘　娜	范学山
罗冰冰	张　勇	李英瑞	刘文波	盛伟红	顾泽辰	方　遒	朱仪方	李宇聪
鄂垚瑶	郜普源	赵光雷	冯程龙	张立帆	李美芸	赵梦丽	白国新	刘秋梅
张占田	季敏杰	戴长荣	刘小红	王雪琦	顾少华	浩折霞	王　翔	李亚青
吴耿尉	夏丽明	董小燕	李遵锋	毕　阳	陈　杰	吕燕玲	张凌霄	王　龙
刘　款	许玲一	宋　睿	白文卿	白　雪	徐鹏程	陈　婷	袁新明	冯哲叶
霍立娇	李倩倩	李　杰	顾　闻	马兆国	植军章	龚　雪	钱开芸	赵晨光
李明阳	贲春月	聂　欣	刘琪琪	李　静	詹文悦	万兵兵	张金星	朱修玥
王晓婷	周世品	刘　超	罗闻真	高　瞻	黄大鹏	宋瑞娟	陈志文	吴振华
王艳艳	池志濑	刘孝文	吕泽先	吴建燕	牛　娜	刘　森		

四、园艺学院（217人）

鲁　月	宗思雨	卜　嘉	陆　攀	肖　威	雷　亮	纪　雪	祁舒展	张　晨
杨　洁	殷　新	阚家亮	董　超	席　悦	郭　聪	王梦琦	崔力文	赵鹏程
倪晓鹏	王万许	阎依超	习玉森	张　红	黄冬亚	任丹丹	王沛鸿	王磊彬
孙　超	冯　娇	张亚光	芮伟康	王英珍	陈　静	吴雯雯	程丹璇	王　慧
董　慧	张　颖	刘　哲	顾小雨	孙洁莹	朱杨帆	汪润泽	程　瑞	焦　瑾
王国明	王　星	赵　宇	王　彤	张　飞	桑勤勤	袁若楠	施　露	张　蓓
周道云	王文丽	王亚晨	丁强强	黄蕊蕊	林珊珊	黄天虹	文　锴	袁敬平
陈　微	王　晶	张　维	付文苑	李子昂	张　宁	徐　扬	王立伟	张　剑
岑本建	孔祥宇	王　倩	黄　蔚	却　枫	吴雪君	卞志伟	姜　静	高立伟
徐宏佳	李思思	徐文硕	纪志芳	李庆会	辛华洪	王　乐	潘俊廷	李东芹
李　辉	王永鑫	苏江硕	曲宜新	辛静静	赵坤坤	张焕茹	高天威	张皖皖
时春美	杨信程	陈慧杰	赵　凤	封一统	于云霞	曹沛沛	程培蕾	刘　涛
王　恒	赵倩茹	钟兴华	华笠淳	廖雪竹	李书亭	胡　鑫	陈叶清	仰小东
吴洋洋	奚梦茜	卢昱希	闫士猛	王　雨	杨嘉伟	苏芸芸	韩盼盼	孙　媛
舒伟燊	张杨青慧	喻　强	张倩丽	杨鼎俊	罗承栋	张超博	叶睿翔	史峰霖
张云仙	翁金洋	朱德宁	胡园园	李丹丹	李舒展	王海林	缪　森	王维泽
陈　韵	崔桥云	朱紫萱	刘坤宇	杨向阳	朱凌丽	姜海燕	潘　俏	沈　波
李天宇	吴亚胜	孟令松	王红宝	李三子	张冬梅	孔令国	程雪莲	高永霞

李鹏程	施洋	丁梦佳	常品品	田亚男	白冰	华梦玉	王媛	张馨月
张芳	咸辉	应铮峥	范馨	吴丹丹	马杰	吴小平	高兴国	张萌
后世萍	宋双双	赵炜	邹林海	李骄娴	张粉粉	陈晓航	张娅洁	赵浩杰
张翼	华一峰	王紫涵	王陀陀	杨欣露	郭梓	穆鸿渐	荐晓峰	高晴
毕士文	蔡惠影	冯福娟	李成	孙丽欣	常玉龙	崔譯元	宋祖达	王莹
吴疆	苏晓蕾	李晨	张妍	韩斐	勾玲	戴道新	刘静雯	诸晓波
马晓蓉								

五、动物科技学院（106 人）

贺丹丹	姜藻航	刘震	刘晓慧	李玉丹	县怡涵	方宇瑜	随韶璞	付园园
迟大明	曾亚琼	姚望	王德迪	翁茜楠	陈宝宝	邝美倩	刘甜	刘晨
宋思婧	贾如霞	周文君	邓凯平	柳许娟	张冕群	戴玉健	杨黎明	刘小凡
李孝鹏	李振	梁婷婷	褚青坡	汪晶晶	王通	朱玉萍	丛佳惠	张昕
李照见	胡平	纪婷婷	蔡万存	王凯周	周嫚	薛春旭	郭长征	徐菊美
余水清	牛青燕	史超	程康	牛玉	薛云	董书圣	郑月英	李洁
翁梦薇	张金飞	芦娜	李晓晗	杨伟丽	程业飞	刘艺端	刘靖	陈亚迎
范程瑞	黎佳颖	付宇阳	夏阳春	黄雯琳	孙伟武	黄强	陈青青	朱昊鹏
闫亚楠	夏梦圆	李雪花	蒋毅	金鹏锦	张悦	王震	赵德强	韩乐
管志强	杨丽	李顺	马磊	高婷婷	李雪莉	兰亭旭	曹宇浩	邢文杰
康佳	鲁明月	薛云飞	王莉娜	陈圆圆	尉传坤	朱翱翔	葛影影	彭园
周乐	李建航	王深圳	曹迪	许飞龙	陈凌杰	夏钦		

六、经济管理学院（183 人）

沈艳斌	杨森	郑智聪	陈凯渊	刘坤丽	王莉婷	张荣敏	钟力	王善高
彭云	徐慧	江妮	陈茜	万悦	郑颂承	高阳	朱春昊	韩桂芝
潘江	钟龙汉	李晓勤	夏凯丽	孙杰	安琪	全晓云	吴佩	徐丹宁
翟亮亮	黄红梅	胡凤娇	朱冬静	陈宗慧	陈晓敏	邵兴娟	邢青青	徐轻
莫佳蓓	魏昭颖	胡莉红	薛超	景令怡	欧阳纬清	郭丽	傅顺	顾天竹
胡杨	李茜茹	吕达奇	冯波	冯紫曦	丁志超	罗玉峰	刘畅	王莹
张静	王诗含	王懿	许小曼	黄慧	伏其其	张河洁	刘余	王琪
孟桓宽	王越	王寻寻	卢宇桐	张炯	彭乙申	周露露	韩林杏	王斯怡
蒋悦	王球璠	陈鹏	王萍	庆童	孙喆	郭飞桓	吴敏	刘艳
孙娜	成国丹	陈俭军	宋金萍	雷媛	丁永潮	霍中原	吴宇昊	周佳伟
杜晨浩	金宇	高洁芝	于林功	马娜娜	彭芳芳	王春杰	杨曼君	查瑞
陈劲松	李晨	杨俪辰	张小燕	陈璐	李蒙	仇鑫	邓攀	吕宙
梁传鑫	蔡雯娟	陈剑	程子纲	丁波	范拓	高文婧	黄文琳	李金金
牛妍然	潘爱华	王鸿毅	王晓燕	张翔	仲伟仪	黄瑜	魏玮	张锦
陆均	丁闽	丁旺	付京仪	顾善莲	洪沛	侯庆龙	李招娣	陆晶
沙亮	沈杰	石小枫	田岭	王慧	王晔	王志华	吴凯	谢建东

杨骐　杨语霖　叶天智　张得成　周云　秦君　陈长庆　陈学超　戴周赢
陆友春　宋莹　王雪影　张立仪　白杨　陈清　罗颖人　唐为艳　徐尧
张文俊　章萍　陈相莉　黄魁　黄馨缘　鲁艳曦　马汉考　王晓晔　沈玉婷
陈成　徐维建　石才才　陈宇莉　沈永磊　王小峰　张小娣　秦磊　张杨
张超　卢伟　徐春翔

七、动物医学院（151人）

王晓青　杨晶晶　宋二保　徐蛟　朱怀森　黄宇飞　郑亚妮　仇亚伟　乔文娜
杨盛　张艳　钱庄　李龙龙　王典　李惠芳　蒋淑侠　陈林子　刘明
罗燕文　田平　索川　张莹　梁圆　戴磊　杨星　周佳彬　陈静龙
郭洋洋　吴峰　高雪　杨阳　郭会朵　李雪琪　赵剑　赵鹏　李亚芯
杨心怡　陈雷　王聪　王筱珊　王勇　石晓玉　徐晓杰　李亮　逢凤娇
马群山　温玉玲　吴玲燕　夏雨婷　梁姗　刘锦　王华夏　明鑫　郇文彬
田瑞雨　杨新朝　左园园　陆倩倩　徐璇　王晶宇　唐欢宇　耿文学　费宏
高文翔　朱洁莲　马烨　马彩凤　张蕾　高志参　陈海华　曹利红　李银环
王晴晴　徐海滨　刘丹丹　徐静　陈长超　崔盼盼　黎智华　明珂　施金彤
杨净净　杨晶　张林林　徐伟超　沈清霞　徐祥兰　张文文　王来来　白雪瑞
何辉　罗莉　郑思思　邢杰　李登玉　刘艳海　吴昕琪　张璐　屈汶辉
李桥　田卫军　刘宽辉　张幸星　张柏猛　林烨　范浩杰　徐艳　赵巧雅
张庆美　徐皆欢　宋增财　闫遵祥　周川杰　王添翔　唐振亚　吴虎虎　沈海潇
武迪　马凯　赵肖　吴青　韩登阁　梁中洋　于洋　楼晶瑶　毕靖征
王晓雪　王菁　王雅玲　安欣　李豪其　丁乔棋　姬艺洪　李冬冬　李鹏飞
刘伟新　邹莹　李馨雨　李敏婕　杨益蓓　程晓莹　徐文雯　张娣　肖霞
张新锋　赵杰　李碧婷　龙成云　贺亚楠　王换换　周生浩

八、食品科技学院（127人）

唐骥龙　王芳　涂传海　王霏　王文娇　邵泽香　焦琳舒　李倩　王梦
曹翠　余科林　陆文俊　刘蓓蓓　陆洲　王丽夏　张杉杉　朱莹　张冬寒
肖尚月　田璐　闫晓坤　王艺霖　杨震　王明洋　章思雨　李策　张瑜
李贺　周轶亭　唐为芷　汪小娉　王威　黄莹莹　朱培培　陈蕊　高涛
石举然　李秀秀　顾欣哲　李顺　黄孝闯　刘成花　彭菁　徐苗　姚亚明
武奔月　吴黎君　杨柯　王傲　吕曼　宋慧　李潇　王梦瑶　赵雪
段德宝　狄彤　许昕　易美君　孔静　周志阳　芮丽云　孙建娜　王安然
张朝阳　乔维维　陈文彬　杨龙平　韦涛　胥佳佳　季悦　李美琳　李静
朱菁　左庆翔　薛思雯　朱业培　胡彦新　杨小体　曾维伟　何镇宏　张佳妮
杨静　郑林格　刘娟　许时星　杨晋恒　杨玉玉　韩科研　翟洋　张玉慧
杨万君　李晓　李宜祥　王凯旋　殷旭　陈冬冬　杨雪　沈习习　胡新
杨脉　刘越　张玉梅　杨彤彤　邱丽淳　沈佳琳　徐同林　王莹莹　周启静
冯鑫　吴佳丽　李园园　马雪梅　田雨珊　姚明君　李莹　李小梅　柳孝晨

谢广杰　张　燕　黄思琪　刘文静　唐　凤　程玉平　蒋雨鹤　戴照琪　王相一
姜　蕾

九、公共管理学院（169 人）

刘桂林　徐一丹　穆亚丽　夏　敏　雷　昊　赵张云　苏　敏　张　鑫　卞之卓
王兴敏　隋传嘉　王　新　季余佳　张子红　周　震　王亚男　靳天宇　杨晓琳
聂宇恬　姚俊龙　李开磊　朱婷婷　孙玉兰　李　灿　朱梦华　王　阳　王文龙
张　诚　杨溶榕　姜凯帆　宋瑞娟　张威震　高　啸　舒明艳　诸飞燕　王宝荣
王海蓉　杨　洲　李　琼　王冬冬　李泽华　尤德晴　陈奕橙　张　哲　沈冰清
刘　湾　张　健　高　珊　赵晶晶　赵　霞　丁　亚　周润希　朱照莉　沙　莎
赵雪程　郭泽广　赖映圻　张启宁　包　倩　杨　鑫　余　道　马　威　郭　云
杜　薇　吴一恒　殷　爽　聂少华　张景鑫　孙　洁　居　婕　邢一丹　沈梦萍
王　悦　张　澄　陈　明　郭言寒　苏　曼　詹　阳　林宝琴　祝晓天　夏伟峰
沈　怡　李　檬　颜　杰　刘一尘　沈璐丹　张嘉琪　沈　梦　张　燊　余　意
卢　瑶　王　维　陈　硕　毛蕴智　钟　慧　莫丹凤　姜　珊　陈晓波　苏贯岚
仲　夏　叶潞洁　陈　奇　杨金松　徐　翔　温昉凯　顾晓静　陈　燕　黄鸿虹
徐　娇　杨文杰　肖　毅　姜自豪　周成瑜　王晨晖　王琴燕　卞中尉　程　锋
闵　皓　蒋　丽　李晓婷　杨竞洲　徐洁静　张誉卿　李佳佳　杨玉华　龚　鋆
吴青松　王春燕　高奇琦　邓　冰　周　超　傅小雨　孟舒璐　裘　珂　郑　敏
金承洲　吴　悦　顾青雨　张裕娇　霍嘉礼　王刘亭　吴森龙　徐文瑜　于青秀
李　英　王一忱　李　鑫　陈恣蕊　刘哲远　魏琳琳　朱晓龙　姜　威　钱妍婕
周　梦　颜　明　冯安娜　缪碧鸿　孟泽铭　钱婧冰　王汉奇　曲一璠　马倾国
杨俊杰　杨黎静　王璀璀　蔡亚光　储瑞武　周　杰　王　雪

十、人文与社会发展学院（65 人）

陈　蕊　刘　鑫　范明亚　朱梦佳　戚龙坤　王　倩　祝创杰　宦　敏　尤　悦
张　昶　陈　娇　付春晓　王　雨　李潇云　马　杰　邱　艳　刘慧芳　华启航
沈　婧　周瑞洲　张秀梅　梁　冉　沈雨珣　李一琦　王丹丹　贾雪莲　钱梦琦
迟晓燕　范梦衍　郭盼盼　封　睿　孙　越　丁　理　王露霖　王　瑜　杜　超
苏思文　薛天宇　吴　娟　土　珏　孙　欢　孙晓亮　王　雪　聂　攀　陈梦雪
姚成静　李文建　石　蕾　黄　晶　李　欢　徐海燕　王一旻　闫昭澎　潘　娟
祁高亮　屠秋萍　刘伟妮　赵　琳　陶春囡　高　博　周　佩　姜　昱　车　霞
王妮妮　王　硕

十一、理学院（22 人）

章如强　闫文凯　刘丽平　陶月红　毛　矛　夏运涛　李凌霞　王坤瑶　王亚茹
张书浩　王佳群　戴　军　赵　娜　郭　瑶　王子恺　戴　朋　孙晓涛　汪学伦
刘　欢　王亚坤　于　翔　王清清

十二、工学院（106 人）

杜晓霞	王 玲	刘珲祯	张 娜	王 敏	张 建	孙金红	侯辛奋	程 准
龚佳慧	张欣欣	孙琼琼	唐惊幽	汪珍珍	李林凯	张 宏	张 弛	鲁 伟
杨一璐	陈 浩	陆 晨	朱 奇	任 骏	杜涛涛	李旭辉	邹 翌	张庆怡
张 纯	易应武	孟一猛	葛双洋	姚家君	胡古月	李 航	郝向泽	查启明
陈 京	张光跃	吴林华	王 瑞	温丹苹	崔天宇	金筱杰	黄书君	杨建峰
王 伟	孙晨钧	王常志	朱 葱	熊龙飞	周 健	徐 徐	许 超	何艳东
储佳佳	李东昶	陈兵兵	李鲜花	姚月明	许勇强	光震宇	刘 凯	罗晓飞
徐 斌	郭飘扬	雷 意	周漫静	卢中山	丛文杰	黄 亮	张 欢	瞿振林
赵 正	毛彦玲	符海娇	沈振飞	李红祥	朱晓敏	曹金凡	徐 尚	程 顺
荣昭强	张月伟	吴树岸	陈 鑫	刘佳磊	刘超文	赵亚玲	张志川	苗欢欢
张正飞	韦 玮	王佳平	强梦圆	刘伟伟	李张敏	邹政宏	李 林	徐灿祥
毕 胜	樊 迟	陈 伟	邢 蕾	王加闯	马珺玮	朱建祥		

十三、渔业学院（47 人）

胡 彬	刘 涛	宋飞彪	陈素华	卜宗元	梁化亮	张圆琴	赵振新	栾学斌
马源潮	褚志鹏	赵婉婉	王亚冰	杨思雨	陶易凡	李孟孟	王 涛	葛 优
喻文娟	陈 倩	沈楠楠	翟明丽	王 林	瞿 文	卫学红	王 喆	余丽梅
唐 丹	轩中亚	邹 军	宗梦菲	刘 然	张 枭	高 杰	吴书雨	王 媛
代 培	陈月平	王 峥	顾郑琰	何 枫	刘思辰	吴炳婕	姜 炎	刘芝余
程 珂	姜 威							

十四、信息科技学院（36 人）

陈佳悦	刘 鑫	刘 洋	赵 南	何 婧	戴伟茜	罗亚玲	侯 雪	郗建红
王 雪	王 硕	洪晓宇	张兴邦	张 越	杨再永	周 祥	王 培	丁 雷
海兵帅	巨建肖	黄小虎	严 豪	杨荣丽	谢 雷	纪俊林	李 悦	钱竑州
聂亮亮	徐 刚	戴慧娴	韩静漪	姜爱萍	王 卓	王金啼	孙艺伟	霍英姿

十五、外国语学院（48 人）

刘淑华	朱琴琴	姜婷婷	张玉珠	秦可蓉	邢艳红	汤晓丹	龙 培	杨苗苗
陈孔莉	顾兼美	陈梦瑶	江奕颖	夏 展	陈 文	何 平	胡梦婷	郭 静
葛峰岭	刘娜娜	喻希晨	代鑫鑫	孔 薇	孙珊珊	茅 楠	唐红敏	宋天骄
孙婧荷子	聂 淳	谢晰丹	夏 雪	邹伊勤	潘霄婷	袁预立	齐小娜	苏玲玉
王 亚	吴玉凤	虞梦佳	杨慧梅	景文佳	李艳茹	杨 阳	邓一萍	陶桂萍
高晴晴	孙 璇	王永咏						

十六、生命科学学院（148 人）

郭 萍	阴思晴	尹新强	温学辉	胡朝阳	杨丽华	李利杰	王鹏程	陈亚茹

李书幻	李娜	田纪元	卢荣飞	汪媛	张利英	赵茜茜	刘亚琴	蔡翔
何钥	王玉峰	许京璇	黄琼	王长永	朱永伟	陆潭	王晓蕾	徐文蓉
余海娟	李亮	赖雨	徐维杰	王潇潇	向亚男	尹胜杰	陈秋红	曹存凤
邰正兰	刘振	俞晓芸	宋萍	田全祥	王武建	王晓晓	穆广茂	杜灿伟
栾宁	檀济敏	徐漫	陈建华	肖永良	赵娟	李立峰	冀凯	涂辉
罗雪	涂增付	王慧敏	杨猷建	陈涛	孟强	杨丽	庞海东	张瑛昆
金文	张晨飞	於蝶	赵梦君	杭行	陈小龙	李群力	李雯婧	吴祖林
钟晓敏	罗龙	王远丽	陈亚冉	马陈翠	张晓兰	佟欢	刘永闯	叶斌
卜莹莹	陈冬冬	曹鹏飞	张娜	夏晓云	李涛	臧小霞	韩一豪	孙玉力
张玉池	郭媛媛	赵莉莉	刘晨	王清	蒋丹	王俊霞	刘中园	苏晓妹
杨柳	罗俊鹏	李浩源	陈战	张小倩	苗伟	张毅华	苏久厂	付涛
戚雪银	郭鸿鸣	章甲	刘新儒	陶花	陈曦	刘雪松	李云	王利华
李经俊	黄菲	张俊杰	王继鹏	马铁群	张龙培	杨青萌	尹灿灿	高舒迪
耿灵灵	李睿	郝海波	齐勇	邰玉凯	寇程坤	戚晶晶	罗燕飞	周春灵
段珺珺	韩馥容	吴庭荣	汪亚雄	刘娟	张文姬	宋贤雯	卢磊	赵阳
郑建峰	黄金凤	李文静	尹书剑					

十七、马克思主义学院（10人）

梁庆琛	杨超	朱楷文	朱仲蔚	徐颖	徐亚琴	徐宁	卢璇	乔欢
黄家榕								

十八、金融学院（153人）

于文平	姚珊	李晅	李永鑫	陈青	李偲婕	冯美星	张梦玉	王成
张洋	王琦	王婕	程楠	李晓晓	王明玉	陈雪	顾洪溢	许未
吕芳茹	杨书	孙瑶	徐章星	戴杰	陈燕	王超	朱思莹	康渝
翟新风	童梦蝶	林健花	王飞	陈碧瑶	侍婷婷	梁红军	徐晓姣	闫梦辰
沈宁宇	沈萱	褚天	常春宝	范彬彬	陈琢	曹亚民	曹正晖	陈希
程玥	丁宁	古琪	胡美辰	胡姗	贾越	蒋悦	景卉	李静
李知人	林德	刘洪文	刘璇	柳诗迪	卢文青	毛小涵	钱永智	施笑
宋晗	孙清源	孙升	汤飞	王成琛	王晶晶	王岭	王敏	温娇
吴春燕	吴家钰	吴梦娇	吴旻育	席凡	薛金浩	薛璟	杨卓江	于冉冉
俞秉操	曾宁岚	张婧玮	张璐	张竹清	赵雷	朱晓芳	朱轶伦	宗行
左逸静	陈实	陈智	成婧	董晓璠	高景宇	姜玥	解艺兰	孔黎娜
孔夕雨	李佳佳	李蓉	李曦	莫兰	浦晨怡	钱梦	乔凯丽	王攀
王沛元	王诗文	王正磊	魏怡方	吴文文	吴雨琦	徐静文	徐倩	杨定琛
杨燕	杨叶华	张怡敏	赵丹晖	赵明一	郑红玲	曹时明	承卓沁	高婷
李志	刘泽海	沈超	石文倩	疏世美	田林艳	王多	王子浩	闫翔
尹婷	张家源	张一帆	章菀蓉	赵金宁	郑冲	朱卫清	朱小童	王振邦
徐怡	丰磊平	黄盼盼	王梦璟	章佳程	戴晓阳	王惠雯	金岭桥	薛雯君

十九、草业学院（18 人）

丁晓青　吴　淼　朱春娟　王　茜　唐海洋　孙　健　曹　薇　刘　芳　徐　涛
陈祥韦　黄鑫鑫　宋苗苗　周佳佳　陈　伟　李　童　董自宇　梁　照　刘清源

（撰稿：张宇佳　审稿：林江辉　审核：王俊琴）

继 续 教 育

【概况】继续教育学院在学校党委和行政的正确领导下，紧紧围绕建设"双一流"农业大学的战略目标，积极贯彻落实中共十九大报告中关于做好"继续教育"和"乡村发展战略"的新要求，稳步推进学校继续教育发展，提高学校继续教育毕业生质量；努力拓宽培训新领域、不断创新培训方式；加强内部建设和函授站管理，学院在党建、招生、教学、培训等方面均取得了可喜的成绩。

录取函授、业余生 7 772 人；录取二学历新生 206 人，累计在籍学生 635 人；专接本注册入学 439 人，在籍学生总数 1 113 人。

组织自学考试实践辅导及考核 16 场次，接收考生报名 1 636 人，毕业 1 487 人，报名人数和毕业人数较 2016 年有大幅度提高。

继续教育学院完成函授和业余 1 233 个班级、7 398 门次课程的教学管理任务；完成了13 115 名考生省级类考试的报名、考务及成绩处理；对 30 个函授站（点）教学运行情况进行常态化检查，保证了函授站的教学有序开展。

建立成人高等教育部分课程教材标准化参考目录（240 册），建立校统考、校抽考及直属班的题库资源（97 门课程次），为统考实施提供试卷保障。

开展函授站兼职师资培训 158 人次，共建立 1 317 人的校外兼职师资库。

获得江苏省教育厅成人高等教育 3 个特色专业、6 门精品课程的牵头建设。

共举办各类专题培训班 112 个，培训学员 10 488 余人，培训班次较 2016 年增长24.5%，培训人次较 2016 年增长 20.95%，培训班次和人数创历史新高，取得较好的社会效益和经济效益。

【召开 2016 年度函授站工作会议】7 月 13 日，在苏州农村干部学院召开南京农业大学 2016年度函授站工作会议，来自全国 23 个函授站（点）的 50 多名代表参加了会议。董维春副校长出席会议，董维春介绍了南京农业大学的百年历史传承及学科建设情况，重点对继续教育的发展方向做了分析，为南京农业大学继续教育今后的发展指明了方向。李友生院长介绍学校 2016 年成人高等教育办学所取得的成绩和存在不足，对学校 2017 年成人高等教育办学进行工作部署。

【召开 2017 年成人招生工作动员会】7 月 13 日，南京农业大学成人招生工作动员会召开，会议回顾总结 2016 年南京农业大学成人招生工作的成绩与不足，分析了 2017 年成人招生工作面临的形势和问题，动员布置 2017 年学校成人招生工作任务，研讨 2017 年及今后成人招生改革发展的有关问题，为南京农业大学成人招生工作的规范、稳定、科学发展奠定了坚实基础。南通科技职业学院、盐城生物工程高等职业学校、常州市工会干部学校、南京交通科技学校的代表分别从招生、教学、师资培训等方面作经验交流。

［附录］

附录 1　成人高等教育本科专业设置

层次	专业名称	类别	学制	科类	上课站（点）
高升本	会计学	函授、业余	5 年	文、理	南京农业大学卫岗校区、南通科技职业学院、盐城生物工程高等职业技术学校、淮安生物工程高等职业技术学校、高邮建筑工程学校
	国际经济与贸易	函授、业余	5 年	文、理	南京农业大学卫岗校区、南通科技职业学院、南京金陵中等专业学校
	电子商务	函授、业余	5 年	文、理	南京农业大学卫岗校区、南通科技职业学院
	物流管理	函授	5 年	文、理	南京农业大学卫岗校区、南通科技职业学院
	农学	函授	5 年	文、理	南京农业大学卫岗校区
	园艺	函授	5 年	文、理	南京农业大学卫岗校区、南通科技职业学院
	园林	函授	5 年	文、理	南京农业大学卫岗校区、盐城生物工程高等职业技术学校、淮安生物工程高等职业技术学校
	人力资源管理	函授	5 年	文、理	南京农业大学卫岗校区、常州市工会干部学校
	环境工程	函授	5 年	理	南京农业大学卫岗校区、南通科技职业学院
	机械设计制造及其自动化	函授	5 年	理	南京农业大学卫岗校区、南通科技职业学院、常州市工会干部学校
	计算机科学与技术	函授	5 年	理	南京农业大学卫岗校区、南通科技职业学院、盐城生物工程高等职业技术学校
	工程管理	函授	5 年	理	南京农业大学卫岗校区、高邮建筑工程学校
	动物医学	函授	5 年	理	南京农业大学卫岗校区、盐城生物工程高等职业技术学校、淮安生物工程高等职业技术学校、广西水产畜牧学校
专升本	工商管理	函授	3 年	经管	南京农业大学卫岗校区、南京农业大学工学院、常州市工会干部学校、苏州市农村干部学院
	会计学	函授、业余	3 年	经管	南京农业大学卫岗校区、南京农业大学工学院、常州市工会干部学校、淮安生物工程高等职业学校、江苏农牧科技职业学院、南京交通科技学校、苏州市农村干部学院、南通科技职业学院、盐城生物工程高等职业技术学校、无锡技师学院、南京农业大学工学院
	国际经济与贸易	函授、业余	3 年	经管	南京农业大学卫岗校区、南通科技职业学院、南京金陵中等专业学校

（续）

层次	专业名称	类别	学制	科类	上课站（点）
专升本	电子商务	函授、业余	3 年	经管	南京农业大学卫岗校区、南通科技职业学院
	物流工程	函授	3 年	经管	南京交通科技学校、苏州市农村干部学院、南通科技职业学院、盐城生物工程高等职业技术学校
	市场营销	函授、业余	3 年	经管	南京农业大学卫岗校区、南通科技职业学院、苏州市农村干部学院
	行政管理	函授	3 年	经管	南京农业大学卫岗校区、南通科技职业学院
	土地资源管理	函授	3 年	经管	高邮市建筑工程职业学校
	人力资源管理	函授	3 年	经管	南京农业大学卫岗校区、盐城生物工程高等职业技术学校、无锡渔业学院、苏州市农村干部学院、常州市工会干部学校
	园林	函授	3 年	农学	南京农业大学卫岗校区、淮安生物工程高等职业学校、常州市工会干部学校、苏州农业职业技术学院、南通科技职业学院、盐城生物工程高等职业技术学校、江苏农林职业技术学院、江苏农牧科技职业学院
	动物医学	函授	3 年	农学	南京农业大学卫岗校区、淮安生物工程高等职业学校、盐城生物工程高等职业技术学校、南通科技职业学院、江苏农牧科技职业学院、广西水产畜牧学校
	水产养殖学	函授	3 年	农学	江苏农牧科技职业学院、苏州市农村干部学院
	园艺	函授	3 年	农学	南京农业大学卫岗校区、淮安生物工程高等职业学校、南通科技职业学院
	农学	函授	3 年	农学	南京农业大学卫岗校区、南通科技职业学院、盐城生物工程高等职业技术学校
	植物保护	函授	3 年	农学	南京农业大学卫岗校区、南通科技职业学院
	环境工程	函授	3 年	理工	南通科技职业学院
	计算机科学与技术	函授	3 年	理工	南通科技职业学院
	食品科学与工程	函授	3 年	理工	南通科技职业学院
	机械工程及自动化	函授	3 年	理工	南通科技职业学院、常州市工会干部学校、南京交通科技学校、盐城生物工程高等职业技术学校
	工程管理	函授	3 年	理工	南京交通科技学校、南通科技职业学院、盐城生物工程高等职业技术学校、南京农业大学工学院
	农业机械化及其自动化	函授	3 年	理工	南京农业大学卫岗校区

附录 2 成人高等教育专科专业设置

专业名称	类别	学制	科类	上课站（点）
物流管理	函授	3 年	文、理	南京交通科技学校、苏州市农村干部学院、盐城生物工程高等职业技术学校
人力资源管理	函授	3 年	文、理	南京农业大学卫岗校区、常州市工会干部学校、南京农业大学工学院、南京交通科技学校、苏州市农村干部学院、盐城生物工程高等职业学校、高邮建筑工程学校、南京农业大学无锡渔业学院
机电一体化技术	函授	3 年	理	盐城生物工程高等职业技术学校、南京交通科技学校、常州市工会干部学校、高邮建筑工程学校
汽车检测与维修技术	函授	3 年	理	江苏省扬州技师学院、江苏省盐城技师学院
铁道交通运营管理	业余	3 年	文、理	南京交通科技学校
农业经济管理	函授	3 年	文、理	南京农业大学卫岗校区、淮安生物工程高等职业学校、苏州市农村干部学院、盐城生物工程高等职业学校

附录 3 各类学生数一览表

学习形式	入学人数（人）	在校生人数（人）	毕业人生数（人）
成人教育	8 104	20 803	5 279
自考二学历	206	635	171
专科接本科	439	1 113	201
总数	8 749	22 551	5 651

附录 4 培训情况一览表

序号	项目名称	委托单位	培训对象	培训人数（人）
1	新型农业经营主体带头人培训班	江苏省农委	新型职业农民	598
2	句容市农技推广人员业务能力提升培训班	句容市农委	农技人员	60
3	青年农场主培训班	江苏省农委	新型职业农民	100
4	湘潭生物机电学校教师培训班	湘潭生物机电学校	涉农教师	20
5	山东邹平县畜牧系统干部培训班	邹平县畜牧局	农业干部	80
6	山东利津县新型农民高层次培训示范班	利津县农委	新型职业农民	100
7	无为县农技推广人员（种植业）业务能力提升培训班	无为县农委	农技人员	62
8	灌南县新型职业农民培训班	灌南县农委	新型职业农民	55
9	马鞍山含山县农技人员培训班	含山县农委	农技人员	85
10	山东枣庄市薛城区陶庄镇党员干部培训班	陶庄镇党委	乡镇干部	56

（续）

序号	项目名称	委托单位	培训对象	培训人数（人）
11	句容市新型农业经营主体带头人培训班	句容市农委	新型职业农民	150
12	太和县大学生村官综合能力拓展培训班	太和县委组织部	大学生"村官"	50
13	山东邹平县农机系统干部素质提升班	邹平县农机局	农业干部	70
14	南京市处级干部房地产市场发展与调控培训班	南京市委组织部	处级干部	57
15	农产品质量安全监管负责人培训班（大县局长轮训班）	农业部人事劳动司	农业局长	120
16	淮北分管农业领导培训班	淮北市委组织部	农业干部	50
17	宿迁市农业科技管理培训班	宿迁市农委	新型职业农民	100
18	南京市处级干部三产融合与都市农业培训班	南京市委组织部	处级干部	51
19	淮北新型农业经营主体培训班	淮北市农委	新型职业农民	70
20	山东泰安市宁阳县乡镇村干部培训班	宁阳县党委	乡镇村干部	36
21	利津县机关干部素质提升培训班	利津县委组织部	机关干部	80
22	昆山新型职业农民培训班	昆山市农委	新型职业农民	67
23	广饶县新型农业经营主体培训班	广饶县农委	新型职业农民	80
24	枣庄市农村党支部书记能力提升班	枣庄市委组织部	村书记	70
25	东营国土供给侧结构性改革与国土资源管理创新培训班	东营市国土局	国土干部	66
26	大丰南阳镇现代职业农民培训班	大丰市南阳镇政府	新型职业农民	50
27	淮安市盱眙县维桥乡村干部培训班	盱眙县维桥乡政府	村干部	30
28	铜仁市美丽乡村与特色党建专题培训班	铜仁市委组织部	农业干部	80
29	甘肃省甘南藏族自治州农牧系统干部素质能力提升班	甘南藏族自治州农牧局	农业干部	220
30	嘉兴市农业转型发展专题培训班	嘉兴市农委	农业干部	50
31	广西土地储备专题培训班	广西壮族自治区国土厅	国土干部	84
32	张家港蔬菜种植技术培训班	张家港市农委	农技人员	50
33	济南市委农业龙头企业家培训班	济南市委组织部	新型职业农民	80
34	贵阳市大数据＋现代畜牧技术专题培训	贵阳市畜牧局	农技人员	50
35	榆林市发展现代农业实用技术培训班	榆林市农委	新型职业农民	75
36	陕西商洛市"提升农业产业化水平"专题研讨班	商洛市委组织部	农业干部	64
37	萧山区2017年农业综合经营管理培训班	萧山区委组织部	新型职业农民	50
38	利辛县职业农民培训班	利辛县农委	新型职业农民	200
39	江阴创意休闲农业培训班	江阴市农工办	新型职业农民	60
40	济南市新型职业农民培训班	济南市农委	新型职业农民	120
41	溧水区智能家庭农场主培训班	南京市农委	新型职业农民	100
42	广西水产畜牧学校骨干教师培训班	广西水产畜牧学校	涉农教师	17
43	芜湖三山区职业农民培训班	三山区农委	新型职业农民	80
44	山东临沂农业干部培训	临沂市委组织部	农业干部	55
45	浙江海盐新型职业农民培训班	海盐市农委	新型职业农民	70

（续）

序号	项目名称	委托单位	培训对象	培训人数（人）
46	克州教育系统人员培训班	克州党委组织部	中小学教师	15
47	河南临颍县统计干部培训班	临颍县统计局	统计干部	50
48	江苏省级示范农场主培训班	江苏省农委	新型职业农民	400
49	克州财政系统干部业务能力提升班	克州党委组织部	财政干部	15
50	河南长葛市农技人员培训班	长葛市农委	农技人员	108
51	无锡市示范家庭农场主培训班	无锡市农委	新型职业农民	120
52	克州经信委系统干部培训班	克州党委组织部	机关干部	15
53	高邮强农富农培训班	高邮县农委	新型职业农民	80
54	克州教育管理培训班	克州党委组织部	中小学教师	15
55	陕西组织部村党支部书记培训班	陕西省委组织部	村书记	50
56	广西"巾帼风采·现代青年农场主"培训班	广西壮族自治区农业厅	新型职业农民	100
57	援疆、招商系统领导干部培训班	新疆生产建设兵团	机关干部	50
58	河南商城县农业经营主体培训班	商城县农工办	新型职业农民	75
59	天水市科技智库信息化建设培训班	天水市科技局	涉农干部	62
60	西部人才现代农业专题培训班	南京市发改委	涉农干部	80
61	常州市涉农产业青年电商培训班	常州市团委	新型职业农民	52
62	黄山市黄山区基层农技人员培训班	黄山区农委	农技人员	80
63	陕西省组织系统党建业务培训班	陕西省委组织部	机关干部	30
64	无锡市新吴区农产品质量安全专题培训班	新吴区农委	农业干部	55
65	南京市处级干部三产融合及都市现代农业培训班	南京市委组织部	处级干部	45
66	无锡锡山区农技人员培训班	锡山区农委	农技人员	58
67	济南商河县畜牧兽医业务能力提升培训班	商河县畜牧局	农技人员	50
68	陕西省大学生"村官"培训班	陕西省委组织部	大学生"村官"	50
69	榆林市发展现代农业实用技术培训班	榆林市农委	新型职业农民	80
70	榆林市基层农广校校长培训班	榆林市农委	农职校校长	30
71	宁夏现代农业发展新模式专题培训班	宁夏回族自治区农牧局	农业干部	87
72	南京市处级干部房地产市场发展及调控培训班	南京市委组织部	处级干部	89
73	无锡市农技骨干人员培训班	无锡市农委	农技人员	120
74	南昌市村级产业发展与美丽乡村建设培训班	南昌市委组织部	乡镇村干部	60
75	嘉祥县农业干部培训班	嘉祥县委组织部	农业干部	70
76	江宁区智能家庭农场主培训班	南京市农委	新型职业农民	100
77	山西省农业产业化龙头企业家培训班	山西省委组织部	新型职业农民	70
78	安徽颍上农技骨干人员培训班	颍上县农委	农技人员	150
79	涉农大学生	江苏省农委	大学生	2130
80	滨州市农业系统干部培训班	滨州市农委	农业干部	80

（续）

序号	项目名称	委托单位	培训对象	培训人数（人）
81	农业生态环境保护培训班	江苏省农委	新型职业农民	80
82	广西转基因生物安全培训班	广西壮族自治区农委	农业干部	89
83	山东冠县畜牧业专题培训班	冠县畜牧局	农技人员	51
84	麻江县委农业观光旅游发展业务培训班	麻江县委组织部	农业干部	51
85	郑州农业系统干部培训班	郑州市农委	农业干部	49
86	张家港市农民合作社规范化建设培训班	张家港市农工办	新型职业农民	75
87	安徽广德县农业系统干部培训班	广德县农委	农业干部	70
88	当阳市农村实用人才培训班	当阳市农委	新型职业农民	100
89	安徽宁国农技人员培训班	宁国市农委	农技人员	90
90	台儿庄区农技人员培训班	台儿庄区农委	农技人员	50
91	甘肃金昌市现代农业发展专题培训班	金昌市委组织部	农业干部	50
92	湖南农机安全监理班	湖南省农机局	农机人员	50
93	山东枣庄动物疫病防控专题培训班	枣庄市农委	农技人员	105
94	许昌市建安区基层农技人员培训班	建安区农委	农技人员	80
95	苏州高新区城乡一体化专题培训班	苏州高新区委组织部	农业干部	62
96	安徽郎溪县农技人员培训班	郎溪县农委	农技人员	100
97	农业面源污染调查及产地重金属污染防治培训班	江苏省农委	新型职业农民	180
98	嘉祥县农民培训班	嘉祥县农委	新型职业农民	60
99	陕西汉中国土资源管理培训班	汉中市国土局	国土干部	65
100	宁夏银川现代农业发展培训	银川市委组织部	农业干部	70
101	新疆伊犁哈萨克自治州直农口行政干部培训班	伊犁哈萨克自治州委组织部	农业干部	36
102	无为县农技人员培训班	无为县农委	农技人员	75
103	芜湖三山区农业干部培训班	三山区农委	农业干部	45
104	邮储银行江苏省分行三农信贷管理人员培训班	邮储银行江苏省分行	银行人员	30
105	安徽池州职业农民培训班	池州市农委	新型职业农民	80
106	克州党政干部培训班	克州党委组织部	机关干部	16
107	吉林敦化市农机干部培训班	敦化市农机局	农机干部	24
108	克州纪检监察业务培训班	克州党委组织部	机关干部	16

附录5　成人高等教育毕业生名单

2014级工商管理、会计学（专升本）；2014级经济管理、物流管理、会计（专科）
（常熟市总工会职工学校）（232人）

顾永奕　陈佳彬　卜建刚　刘忻恬　范佳琦　王　浩　查雯蔚　张可容　徐　晨

程　兴　张黎辉　崇炜炬　肖雨恒　李　聪　潘轩涵　陈　涛　俞一舟　周　涛

邵　逸　毛晓刚　王欣欢　冷丽花　钟　涛　陈　凯　宋建宏　王　胤　沈　磊

曹春芳　陈红新　王新亚　陆俊恒　周晓波　蒋利军　杨　岚　朱　颉　耿　峰
曹　成　王　心　丁梦娇　吴　胜　潘　裕　钱仁杰　唐艳红　吴小玉　孙逸峰
姚梦欢　曹　倩　狄子燕　周　军　柏　枫　唐冬萍　糜　俊　俞　沁　王伟健
洪　晨　陈　伊　陆晓丰　金　佳　徐　丹　夏昕月　周　兵　查玉萍　张　益
龚利莉　李昳星　徐亚琦　徐　杰　赵　燕　王　凯　杨　立　陶嘉杰　陶怡伶
支英超　黄　炬　顾　雯　姚敏雅　姚慕晨　王宁凯　邹建新　毛睿思　朱文娟
金梦霞　陆　叶　周惠方　苏　婧　陈雨薇　顾佳敏　密佳伟　杨彩娥　冯志亚
谢玉兰　俞　斌　赵红燕　谭　敏　陶　红　施二妹　顾怡洁　徐　洁　王　玲
宁嘉皓　陈　静　叶鸣兰　濮　阳　宣　吉　李晶怡　张永欢　徐　瑛　李婉旖
郭云霞　苏　政　戴振国　嵇尔生　徐晓诚　张艳萍　杨嘉莉　王　雷　武美丽
潘　俊　李晓露　王晓丹　陆雪欢　何晓红　董　琪　曹子奇　王　斌　关培雪
徐　婷　沈芝萍　金　晶　丁　雯　范晓敏　吴　萍　居春燕　赵　恬　贡　丽
顾　慧　吴晓兰　赵　莉　钱静亚　庞晓晔　徐　倩　沈静怡　沈　萍　周树梁
徐　怡　赵　桦　马冰倩　陈梦怡　彭丽娜　费佳英　高　欢　陶海斌　陆殿雨
程振国　徐莉莉　陶佳萍　薛　瑜　陈世亚　蒋亚方　应　怡　王　闪　王晓怡
朱　静　陆艳婷　郑秀明　吴丽娜　陈　军　杨　凯　徐　佳　阮　龙　瞿红梅
李　红　谈铭佳　陈静文　王　文　徐小梅　张庭瑜　方月霞　陈　希　吴楚韵
葛　格　俞梦雪　祝迅轮　王红梅　王亚希　任　琰　居佳乐　王　磊　李　俊
邵有岗　毛明意　卢　娟　陆奕彬　曹梦倩　俞　红　陈　栋　徐　卫　张雪平
刘　新　沈雪峰　徐雪峰　孙志强　徐　伟　陆晓华　吴　艳　刘　英　沈燕红
曹　菊　杜晓红　王　强　黄　俊　朱　刚　王　芳　严春红　吴　蔚　杜逸飞
周凤娇　杜科峰　朱敏菊　王松华　王敏珠　王晓峰　万里军　徐　波　刘　维
顾　洁　张　芳　姜秀丽　刘　萍　张　明　张守强　张晓明

2014 级工商管理、会计学、机械工程及自动化、人力资源管理（专升本）；2014 级经济管理、人力资源管理、会计、机电一体化技术（专科）

（常州市工会干部学校）（53 人）

徐　伟　王旭东　高　攀　屠　凯　周美玲　徐燕霞　张小梅　朱文君　李　丹
叶　茜　沈　翠　王彦颖　李雨瑶　王姗姗　丁　宁　赵　洁　杨　翠　章莉莉
仲玉羚　周韵枫　赵晓倩　高　健　陈珺鹏　滕　飞　王　兵　范永康　王煌龙
王青松　董祥伟　程红玲　刁仁海　殷一东　许正东　邹国大　朱爱荣　吴燕萍
陈　霞　王　洁　李培培　包　琳　李卓云　姚红梅　王小荣　陈红娟　张　洁
徐　欣　宋　丹　殷慰祥　王　琴　陆荷霞　王悦喆　李　镲　时　娟

2014 级机械工程及自动化、农业机械化及其自动化（专升本）

（常州机电职业技术学院）（65 人）

夏　添　侯宇清　欧阳叶叶　陈祝人　林　强　管友杰　钱燕春　张　慧　杨　进
韩天驰　沈　兰　方晓莉　王　勤　蒋　艳　姜　炎　王海浪　徐　斌　许益平
刘钧雷　王继铭　邹　强　颜鑫鑫　许思健　许小春　陈小霞　李海建　陆小鑫
王行梅　姚瑞翔　朱　祥　陈　祎　许　锋　曹正鑫　孟　华　陆秋勇　吴　杨
顾晓辰　徐玲玲　丛亚萍　冯晓兵　徐　荣　陈俐俐　龚　飙　江剑波　阚红兵

孙春梅　顾红美　郁建平　张　军　赵国栋　陈　玲　倪正红　朱杏元　韦　勇
朱维忠　朱　剑　王海峰　甘建宁　黄琳琳　吕　进　戴春江　徐　云　邵建业
朱小林　郭士瑞

2014级会计（农村会计方向）（专科）；2014级会计学、会计学（农村会计方向）（专升本）
（高邮市财会职工学校）（43人）

周宏月　王爱梅　金红丽　王　悦　阮爱华　姚庆华　吴晶晶　郭　芹　胡恒凤
朱姝清　时宝娣　邹素琴　黄　玉　周亿红　沈　兵　王雨娴　吉爱芹　柏　雪
李　敏　徐　忠　徐菁敏　涂　静　李志远　王　倩　徐进明　颜　超　李红双
夏　颖　王　莉　王　娟　从金兰　顾宁莉　林　静　陈亚琴　钱冬琴　陈兴欢
张　慧　杨　洋　时　静　宋宝臻　吴小梅　周　慧　朱　卉

2014级车辆工程、电子商务、工商管理、行政管理、环境工程、会计学、机械工程及
自动化、计算机科学与技术、建筑学、金融学、农业机械化及其自动化、农业水利工
程、人力资源管理、市场营销、土地资源管理、土木工程、物流管理、信息管理与信息
系统（专升本）；2012级电子商务、国际经济与贸易、机械设计制造及其自动化、会计
学、土地资源管理、土木工程、网络工程、信息管理与信息系统（高升本）；2014级电
子信息工程技术、工程测量技术、国土资源管理、化学工程、会计、机电一体化技术、
计算机信息管理、建筑工程管理、经济管理、农村行政与经济管理、农业水利技术、汽
车检测与维修技术、人力资源管理、土木工程检测技术、物流管理、园艺技术（专科）
（高邮市建筑工程职业学校）（363人）

达　珺　缪　旭　王加华　卜　媛　王富伟　刘　爽　王　明　刘　云　陈　超
李　健　李　琴　李　培　董　萍　高擎天　李　丹　臧文霞　朱　洁　徐　媛
孙万莹　张　静　张云丽　张　磊　张家美　卞　雷　邵　威　胡军红　张　瑶
肖　岩　王良生　郭晶晶　胡田琪　张志琴　刘长春　徐　伟　徐　青　叶顶兵
师亚运　秦　仪　陈明梅　左　萍　郭静然　赵青青　王卉琴　严　健　仇　萍
沈翠芳　符桂芳　刘月娥　尤志贤　雍志强　刘　萍　董德娟　乔　静　沈　洁
王丽莉　王晶晶　张源芬　杨　倩　黄乃丽　杨少友　赵　燕　赵文文　徐妮翔
金德国　禹立娟　侯　静　高　健　胡　丹　曹庆庚　夏　君　王谱红　吴玲玲
吴　琼　季　慧　高　燕　吴　姣　刘晓静　侯新霞　张　娜　周艳卉　张　婷
王韵仪　凡　慧　徐　霞　丁　婧　曹婷婷　杨　蕾　葛明伟　周晓亮　潘　杰
陈　文　郭贤娣　顾灵琪　陈爱梅　徐　琴　贾锡芸　孟文文　吴翠平　孙　艳
赵　薇　王婷婷　邱　瑾　孔令春　孔令秋　赵玲玲　周　杰　李晓红　韩　茜
周仲生　吴　蕾　耿　丽　邵正萍　姚晶晶　孙　鑫　毛婷婷　吴伟正　陶　静
朱晓飞　翟春华　管素娥　张爱荣　叶　锋　白玉柱　张　伟　张兴成　高志友
温天石　赵云龙　郭茂冬　王义平　李　超　丁　雪　房　谷　朱义杰　张　程
王　雷　胡恒森　赵　明　周晓菊　宋小条　祁小春　刘　芹　金　扬　陈卫星
李庆东　魏春迎　吕　鹏　胡洋洋　柏为国　吴　兵　邱文艳　姜立香　韩国翔
汤仪明　陆　鹏　林　俊　张祥勇　曹婷婷　陈长勇　张新东　薛有忠　袁瑜梅
程小敏　李武静　宗红萍　钱　鹏　冯朝林　卢安刚　王新东　张　亮　万家才
姚　鹏　潘　涛　谢红娣　华　勇　杜文俊　尤　慧　耿红兰　毛玮文　李银花

倪红梅	李 根	王星光	夏 阳	赵 严	李春霞	谈 东	姜 浚	周 洋
朱 闯	吴 超	刘金平	毛义华	姜 骁	叶丹青	陈志芳	程 青	吕秀慧
谢 菲	吴 俊	李秀芳	蒋雪红	沈 美	马冬梅	王晓东	尤德明	陈冰清
陈 伟	乔建江	朱成燕	张修兵	刘必秋	赵元晶	陈 超	宋 媛	倪 慧
雍康健	毛 俊	郭慧梅	吴 宇	刘 洁	董加莉	周素琴	陶桂斌	胡正芹
薛 鑫	王亚南	刘发锦	任 毅	张 伟	洪 斌	钱冬霞	王康宁	周雯雯
乔金昌	陈爱华	韩连宏	赵海军	金 军	马 波	戚常同	曾庭干	李 静
吴志华	葛 亮	金 慧	王 艳	邬 扬	刘 俊	成 浩	张仁和	盛贵春
裔九香	潘鹏欣	张腾飞	曹元俊	巫欢欢	杜爱华	刘园园	王 潇	汤宝凤
朱竹玉	吕 芳	黄根红	冯 娟	余 娟	卢 刚	宋爱萍	闵晶晶	孙金璐
李 凯	王 帅	韦有良	许苏金	王如军	刘爱忠	冯 炜	杨正芳	贾国锦
夏卫东	赵 琴	卢忠良	董淑秀	臧传涛	孙 亮	查华君	童 洋	裴习军
王士华	曹 霞	沈庆霞	笪 健	王守明	颜礼建	李 振	袁 芬	王 凯
沈 洋	徐小芳	田菊香	杨跃文	李金祥	管 华	陈仲海	王立国	杨 云
张 萍	杨 旭	肖文建	张所健	薛明江	孙明忠	吴 敏	柏嵩山	杨 超
吕 嘉	蒋 斌	盛维琴	方 安	龙 婷	史年刚	陈福军	居在干	史年强
林 强	孙 翔	王文斌	万 宇	谈文珍	郭爱梅	李正江	邵 明	邵友生
陈玄龙	潘 超	韦正霞	俞士庆	俞已兵	沈广银	蒋洪林	陈 志	陈 林
王 薇	钱广俊	张明中	徐春阳	施 竣	庄树娟	张 璇	金 羽	张 堃
蔡雪娇	吴 姚	钱丰玉	马一元	葛小敏	缪小红	陆骋远	孟 丽	刘俊杰
汪忠海	周道军	胡阳春						

2014 级国际经济与贸易、会计学、机械工程及自动化、计算机科学与技术、信息管理与信息系统（专升本）；2012 级车辆工程、国际经济与贸易、会计学、机械设计制造及其自动化、信息管理与信息系统（高升本）；2014 级国际经济与贸易、会计、计算机信息管理、建筑工程管理、交通运营管理、旅游管理、汽车运用与维修（专科）

（南京农业大学工学院）（196人）

严 磊	毛悠旸	李保谕	史冬青	张永祥	曹麒麟	李凤南	朱茂清	闫 海
徐 康	潘学成	张志平	彭 飞	庞绍伟	赵伏兴	周 萍	于晓艳	卞富强
周曼东	王宝银	彭 鹏	陈 龙	张 宇	汤聪翀	杨 杰	徐祥想	高庆宇
梅夏菁	商 兰	张静云	茆之佳	何君君	丁环宇	刘 雨	王萍萍	王 勇
陈鑫涛	李桂梅	李立松	薛艳玲	华 伟	喻 帝	林 瑞	樊陆燕	李学彬
孙慧慈	吴言言	曹倩倩	刘春红	殷 浩	张 莹	王琳琳	许玲玲	张国霞
姜梦繁	印依琳	郑 强	吴倩冰	裴 璐	王 雪	蒋 伟	赵 超	杭 炜
王 筠	唐 倩	谢 杰	张桂香	石子冉	蔡 颖	沈 敏	高方林	蔡永兴
杨 宁	汤艳芳	张 悦	张丽君	陈亚清	马 莉	单梦雨	江 超	王道志
王 涛	王丹丹	宗 翔	陈 可	岳 丽	邱琼英	郭裕裕	曹 霞	惠苗苗
龚志培	唐 军	季 彧	张 剑	郑 斌	李鸿杰	朱广来	张 磊	熊 鑫
吴 毓	孙 健	王 威	袁 周	朱天一	鞠智鹏	程 臻	刘 伟	朱家伟
吴洋洪	安志慧	戴宝胜	钱 坤	王 芝	熊鹏程	宗 安	杨升旭	蓝家宇

马亦彤	殷志明	曹洪超	崔志强	陈妍	孙悦	俞蓓蓓	田梦	熊梦玲
姚佳玲	刘佳	石贤淑	王振	吕艳凡	陈园	孙晓平	薛雯	滕宇
邵苏婉	朱娜	徐磊	刘泽宁	王安康	陈楠楠	徐雯	胡婕	刘露
王欣	肖菲	陈正芳	巫苗苗	刘宝清	俞杨	邹娩娩	陈群	林艳
李雯玲	陈琦	张梦霞	朱晓倩	章莉	张元君	周盼	尤轴玲	李晓榕
沈伟桐	杨薇	张娜	夏良	史作伟	段传贤	易江龙	徐泽明	张继巍
杨博	杨鑫	王亚伟	周梦雪	张玲玲	叶枫	张国	季洪卫	张琪
商林松	王志强	汪德强	赵云	薛明志	崔劼	柏雪	丁新星	张雷
朱慧	陈建	芮守刚	尚锦梦	展炎深	吴敏敏	王超		

2014 级畜牧兽医（专科）；2014 级动物医学（专升本）

（广西水产畜牧学校）（63 人）

韦升富	吴燕平	马三喜	甘县桥	陈炯流	林贝坚	梁明	陈炯营	黄海平
李超	刘新苗	黄毓繁	刘弘真	李迪江	农建敏	于荣政	莫宗建	黄庆参
蒙远化	成福明	邓日上	李桂民	王远雄	温瑞志	万真辰	王上飞	覃海燕
李勇	李仕活	杨嘉萍	李绍松	谢玲玫	吕丽清	何伯勇	覃庆星	赖世泽
余伟鹏	粟永平	王碧	阳巧玲	黄应坤	罗渊	黄文东	袁湖业	陆世奇
苏连忠	杨国杰	陈祖才	黄江敏	陈世彪	黄龙飞	覃敏	赵冬兰	梁有通
黄雁	卢锦	陈健	彭天保	王胜燕	黄秋强	黎洪江	朱乘运	陈英松

2014 级动物医学、会计学、市场营销、园林、园艺（专升本）；2014 级畜牧兽医、会计、机电一体化技术、市场营销、园艺技术（专科）；2012 级会计学、农学（高升本）

（淮安生物工程高等职业学校）（117 人）

李长周	邵雨	孙步浩	徐劲松	王洁	金曼	丁康	汤文杰	许锋仁
倪朕	吴苏豪	张春	姚永杰	王建	许航	沈建超	范杨	杨少阳
胡海新	杜鹏举	汤朝国	安业鹏	赵猛	孟敏玲	接素雯	李欣	李云
徐汉跃	张瑾	李晓玲	任亚鲜	胡雪琴	邱露	孙夕联	陈曦	朱晓凯
闵婷	顾莉	周莹	王少蓉	沈建群	陈雯	莫琦	吴晓敏	李敏
张艺馨	邵锐	李丽	徐婧	邹雨岑	尹海霞	黄娟	高月	丁莉莉
郑西西	汤璐璐	蒋鑫玲	王贝贝	李梦	汪金龙	王娟	陈蕾	张家瞻
袁军华	李忠	尚静	芦艺	任青	吉凤梅	蔡易成	乐玲	王娟
姜桃云	徐胜	宋映达	杨庚田	高丽	李泽南	张超	李威	刘正亚
刘亚	赵炜	姚鹏	石慧玲	郑静	陈含	徐炳喜	胡娟	邓芳蓉
高迪	李欣澄	潘军	孙玲娣	唐颖	王惠宇	刘凯	戴青青	狄凯
杨建	严瑞	须海	姚素霞	张峻凡	程晓	徐福来	刘煜	吴德向
张广玉	邵传艳	池梦洁	周星星	刘飞	杨青	卞慧	姚奖	韩跃

2014 级电子商务、动物科学、动物医学、会计学、会计学（农村会计方向）、机械工程及自动化、计算机科学与技术、农学、人力资源管理、水产养殖学、土木工程、信息管理与信息系统、园林、园艺（专升本）；2014 级会计、建筑工程管理、农业机械应用技术、农业技术与管理（专科）

（江苏农牧科技职业学院）（246 人）

魏佳	刘德权	丁秋实	王怡平	徐澄宇	汪凯	钱妙珠	曹夏辰	李秀云

王　敏	杨　静	王向歌	邓珊珊	王　朋	王　迪	蒋心妍	桂秋玉	陈　默
鲍　莉	王甜甜	李思维	李艳秋	单子青	黄　炜	郝　婷	赵　斌	陈颖珠
潘晓尧	赖芳芳	谭余洁	陈　雯	李　玲	刘梦姣	杨　慧	张前承	张令波
孔德阳	卢云金	乔　赛	李海波	吴　颖	陈　虎	刘兆刚	石　峰	李晓凤
刘依林	胡慧玲	杨　松	张自朵	郭　冰	李　赟	闫　嫚	姜欣悦	钱涌麟
王立天	祁　叶	戴晓阳	许国平	马光焰	耿美琴	徐建根	顾旭萍	陆骐峰
高　怡	沈金秀	周　静	俞　成	李漳振	蔡梦颖	吴婷婷	江丹丹	蔡林彬
薛　艳	潘　轩	毛　佳	林冰心	毛　燕	郑明珠	陈金华	蒋昌杰	季巍楠
张　燕	关建泉	黄　杰	徐晓燕	李晓峰	贾国祥	万国华	刘　纯	孙亚建
吴广燕	丁勇刚	王丰燕	赵站台	王　帅	夏达山	郭继伟	陈佳黎	翟文龙
刘小芳	冯明明	郑礼平	李　亮	陈　晨	戴苗苗	马　丽	傅仕嵘	问爱艳
施　慧	杭学果	李　东	葛孝承	徐敏虎	孙红兵	施军龙	刘冬梅	杨　瑞
季　罡	夏　雾	倪新洋	柳小芳	徐荣洲	吴　迪	张成生	刘　辉	陈国华
王荫本	陈月旺	邓　玉	周　林	顾成军	郭爱华	徐　兵	施善军	鲍晨宁
祝忠雪	王瑗勤	许　彤	陈　琳	汤文倩	陈奕欣	周　强	蓝　才	肖婷泰
吴光耀	郭　彬	吴海涛	叶　莉	吴秋萍	袁　静	曹　越	陈冠军	方　丽
程　刚	颜　成	张陈燕	林　茵	韩　皓	史德兵	吴梅枝	胡　敏	张翰元
臧德年	王雪莹	赵小青	顾童童	黄侣荣	姚晓敏	张旭东	荣雪路	徐　康
刘明亚	徐　良	项建东	王　奇	徐巧媛	韩晶晶	叶引军	董　艳	于凤侠
许文成	王　艳	王　慧	徐曼曼	葛亭亭	陈　辉	朱康允	仲　飞	戈　伟
周海涛	杜　娜	徐　佳	李超磊	杨智顺	戴中华	杨建标	董　山	张喜武
周梦燕	王　松	孙光辉	刘　超	卢彩霞	刘志琴	姚晓丽	陈义勇	祁建高
刘彦君	林以坤	赵　尤	黄　永	刘怀颖	周振仕	孙仁华	杨桂华	王　非
朱丽华	秦　毅	王浩东	于苏梅	范逸澜	刘　旺	于昌富	夏正东	李传慰
魏鑫雁	丁礼全	陈柏秀	王慧茹	樊昌杰	吴　昊	茆仲阳	魏春凯	袁　华
吴丹丹	范言言	于　磊	刘　颖	刘永云	王克服	邹庆华	王　薇	王伟新
黄　芳	秦贝贝	藏红霞						

2012 级国际经济与贸易、会计学、信息管理与信息系统（高升本）；2014 级国际经济与贸易、计算机信息管理（专科）、信息管理与信息系统、会计学（专升本）

（南京金陵中等专业学校）（36 人）

张　强	徐　超	陈佩琪	王雪娟	袁思琦	裴　勇	张唯唯	程　倩	石　露
严　鑫	蒋宏飞	朱天赐	徐源韬	赖　朋	陈　平	曲　艺	刘雨音	郑元贵
虞　溯	房　婷	徐　凡	张秋月	曹小雨	王　旭	许飞虎	陈永南	任林昊
张　静	陈颖杰	金存毅	晏庆敏	孙　禹	文　茜	朱传阳	杨文信	叶绪根

2014 级机械设计与制造、园林技术（专科）

（江苏省句容中等专业学校）（55 人）

陈　威	房苏强	王文祥	梅　韦	李　玲	张　弦	侯银鹏	王　康	华吕敏
孔　麟	周龙泽	包燕伟	马熹之	侯　进	张瑞天	宋　阳	王诚栋	徐俊杰
许　进	简　鹏	李涛成	张之卓	孙一帆	范光禄	王　晶	解芳苏	王　卿

常路平　曲　波　樊思雨　丁一风　张　旭　芦天一　刘　云　谷　文　谷　武
张聪冲　江雨娇　江雨婷　陶文璋　谭　静　周　英　徐　祥　丁文叶　张　宇
李　澄　徐文洲　曹永盛　严文娟　梅　浩　陈慧敏　邰　云　王　琴　陈　帅
杨　琳

2014级工程管理、工商管理、会计学、机械工程及自动化、金融学（专升本）；2014级
经济管理、会计、机电一体化技术、建筑工程管理（专科）
（溧阳人才培训中心）（58人）

黄　成　蒋永彦　冯嘉琪　徐　亮　胡　彬　郭苏俊　周　俊　杨　茜　曹全林
陆云菲　吕　园　史　菲　史旭华　钱婷婷　王星宇　史　静　彭　娟　王　峰
赵　婷　葛梦芸　王　静　李仁娟　陈　聪　史雪莲　程婷婷　吴琴琴　包　磊
段　瑛　徐　宝　戴　丹　何海燕　黄　琪　狄昊旻　陈　茜　潘丽娟　徐　伟
沈　晔　朱玲玲　黄怡荔　朱明浩　姜　浩　沈凤仙　张　亮　王仕良　杨自镇
葛　键　孙　璐　陈雪茹　潘禹成　殷丽媛　王昌惠　金　谷　郑　云　葛　轶
潘　娇　黄梦霞　王志琴　王亚平

2014级农村行政与经济管理、农业技术与管理（专科）
（连云港市委组织部）（68人）

顾金雨　穆传让　顾和平　韩志杰　窦延峰　朱恒祝　陆洪凯　惠孟伟　章大喜
惠志华　惠志丹　葛荟荟　王　东　范成祥　彭庆虎　彭维其　张　辉　徐　勇
李长红　温玉功　夏桂荣　马建亚　赵金亮　刘　娟　冯　佳　陈学勇　于　洋
卞光浩　陈洪兵　周玉华　聂诗兵　邵从浪　吕速东　许玲芳　李佃华　王祖雷
杨如水　徐贵兵　卞广生　王跃光　王明贵　周　柏　王　泳　孙存根　王义东
张文强　张　祥　刘　瑛　杨　冲　张波远　霍　宁　王　健　曹志鹏　居强培
陶淑芝　赵华利　庄小佃　吴正操　孙兰松　杨玉松　相庆考　唐平春　刘　磊
吴双营　樊冬梅　万法扬　王恒涛　田恒兵

2014级园林、园艺（专升本）；2014级园林技术（专科）
（连云港职业技术学院）（28人）

窦晨顺　孟庆宁　张雨晴　周明程　孙文文　杨丹丹　韩　尧　陈艳梅　徐　祝
夏　雨　束杨芳　蒋福花　潘　霞　王文明　张　杨　杨　辉　王之婉　张云芳
杨晓丹　周　玲　董　蕾　薛佳佳　李北站　孙　波　王海燕　周　欢　孙晨晨
王先亮

2012级电子商务、工商管理、国际经济与贸易、会计学、计算机科学与技术、金融学、
人力资源管理、市场营销、信息管理与信息系统（高升本）；2014级国际经济与贸易、
会计、计算机信息管理、经济管理、市场营销、物流管理（专科）
（南京财经大学）（123人）

董　雪　徐　岩　辛其彦　王　妍　陆法亮　周　健　段伟嘉　季淑慧　徐佳林
吴长月　颜　娟　李浩伟　褚　梦　孙芳芳　吴文艳　邱纯净　李　静　刘苇艳
万　丽　杜　星　陈玉芹　李昕哲　凡庆梅　朱丽芳　朱　明　魏小蕾　陈　雪
刘　雪　柏玲琳　徐　铃　程　宸　彭　吉　张凌晨　卞　京　浦春亚　郭璐璐

王晖杰　征　诚　刘　倩　杨　颖　高　莹　殷利华　刘春洁　戴　蕊　宗晓燕
林　萍　陈珊丽　曹　鑫　唐炜华　耿　欣　段蓓蓓　韦　莉　刘　景　薛李平
李慧琳　吴青青　温会会　王　梅　王　丹　张玲玲　李　琳　荣　娟　刘　瑶
谭　亮　颜思思　杨　萍　石　运　米　健　陶瑞瑞　王春梅　贺玉琴　陈　惠
卢　欢　周玲玲　徐萍萍　邱福利　戚琳艳　徐雪峰　曹梦婷　智　菁　黄文娟
霍露云　吉　寅　还　鑫　李　波　殷梅梅　高　敏　张文斌　唐雪翔　桑洁璇
孙　逊　詹　妮　张振洋　陶晓慈　徐　丹　孙威威　沈秋萍　钱智鹏　李　飞
丁浩源　董春艳　艾显龙　乔忠青　宋妍妍　马思雨　杨　烊　朱兰英　沈　辉
范　康　颜世香　王　飞　顾文生　陈建玲　许　明　王亚平　杨南江　吴寿涛
马恺琦　朱　明　张　惠　周子楠　张　烨　陈一曼

2014级电子商务、旅游管理、烹饪工艺与营养（专科）
（南京旅游营养中等专业学校）（23人）

陈文皓　周子旻　吴　昊　刘　港　陈　宁　刘曙玥　龚润林　韦　晶　石　进
王梦恬　居婷婷　桑姁丹　周芸娇　赵延夏　曹　迪　孙竹喧　吴文洁　张梦婷
王碧芃　成云鹏　戴　健　陆立业　曹　禹

2014级电子商务、动物科学、动物医学、房地产经营管理、工商管理、国际经济与贸易、会计学、会计学（农村会计方向）、酒店管理、农学、人力资源管理、市场营销、土地资源管理、园林、园艺、植物保护（专升本）；2014级畜牧兽医、电子商务、国际经济与贸易、经济管理、农业技术与管理、人力资源管理、园林技术（专科）；2012级园艺、国际经济与贸易、会计学、农学、园林（高升本）
（南京农业大学继续教育学院）（145人）

黄晓玲　兰艳杰　习林卿　李　波　章春雨　陈一帆　徐　芹　刘明亮　刘春雨
戈文静　刘传飞　钱建明　倪大地　陈文华　崔海瑞　祝　彤　刘淋波　王哲剑
黄　蔚　霍雨佳　陈　玲　董玉冰　余冰瑶　孙凯丽　金建勋　何云友　李　闯
张玉喜　陈　进　徐小杨　孙　登　张娟娟　谭石容　武庭文　张艳萍　徐启雷
韩曦蕊　陈　琼　陈　默　李艳琳　童林雨　倪小进　陈　铖　李驷骐　许　鹏
岳四州　羊园洁　王　琰　吴雪丽　杨　璐　顾　洋　嵇韫青　闵德康　唐晓珍
杨金元　胡　振　周文文　邱逸文　朱　慧　崔　茹　柳莉莉　蒋龙华　卜　丹
张　源　迟建新　顾　凤　宁亚运　孙　莉　张彭瑜　冯玉慧　迟巧云　张海琳
张　淼　许　恒　魏俊玲　刁亚萍　许玉迪　朱芮洁　马　燕　张　莉　翟永良
汪发安　严　璐　刘健明　李安邦　刘光玉　夏　璇　安敬民　张选芳　吴　永
叶京明　杨绕宝　王　莉　方金伟　刘东云　温航睿　马小凤　韩桂琴　张江红
汪鹏程　凌　丹　韩小莉　欧阳以勇　王　雪　佘友志　章祥生　周春彬　夏　青
郭红萍　何　凤　陈安琪　刘秋莎　徐　陶　胡清华　耿鹏飞　刘爱国　刘　宏
陆　岛　柴良可　徐　冲　魏　敏　周　凡　孙晓晓　闻　君　臧平静　石　鹏
朱培培　刘文博　邵加华　王兆霞　吴　曦　高　波　王　婷　王　营　王　磊
许国苹　张　青　刘万林　曹和兵　伏伟丽　顾大国　吴　娟　宋　蒙　陶梦可
高婉君

2014 级电子商务、动物医学、工商管理、国际经济与贸易、行政管理、环境工程、会计学、机械工程及自动化、计算机科学与技术、金融学、景观学、农学、农业机械化及其自动化、市场营销、水产养殖学、土地资源管理、土木工程、网络工程、物流管理、信息管理与信息系统、园林、园艺、植物保护（专升本）；2012 级国际经济与贸易、会计学、农学（高升本）；2014 级机电一体化技术、建筑工程管理、人力资源管理（专科）

（南通科技职业学院）（221 人）

吴雯雯	王 强	张 杰	吴小飞	张 夏	吴美娟	司 怡	顾海涛	宋家驹
吴剑洲	陶 宇	施婧婧	施琬琦	周晓庆	何一鸣	王欣语	邢玉姣	金荣耀
袁红英	缪彩霞	汤文君	唐 晶	陆 伟	邵 蕾	袁 峰	曹雯燕	袁逸峰
徐鹏飞	范冬梅	施春燕	花 蕊	温邵燕	金 尧	陈 曦	王甜甜	朱林玉
严慧慧	曹文都	朱素祥	刘志超	马彦桐	倪庆辉	朱睿锋	朱千翔	顾慧敏
马 锐	吴 燕	朱毓捷	丁 峰	裴蓉蓉	陈凯悦	陈 桃	陈 琦	瞿星衍
谢舒舒	刘 群	李 玥	徐丹玉	李潇慧	杨娟娟	喻春妹	佘 婷	朱佳琪
蔡尔东	姜 洁	朱孝顺	高 晔	蔡承蓉	杨丽丽	周珊珊	卞剑霞	朱慧梅
钱明明	裴中美	支鹏飞	唐 宇	丁春健	张 晨	姚宇霄	周明波	陆焱焱
何 薇	华 森	邱 烨	蔡 波	孙登峰	陈 超	沈 鹏	张成名	张冬冬
夷 祥	徐 震	袁 杨	杨树林	徐 鹏	姜春雷	李明伟	尤 冯	丰 晖
金茂娟	陈 强	杨啸东	王鹏飞	罗 潘	王亚南	鞠爱梅	李 琴	张晓晓
谢松华	李自峰	周 艳	梁丽梅	阙海燕	吉 剑	颜皆曙	王晓芹	季应明
钱海娟	滕金奎	顾蓓蓓	张卫华	陆邢峰	朱伙萍	秦东燕	张云娟	周松健
黄 丹	高 翔	潘春莲	汤莉莉	顾卫华	陈 玮	徐友千	顾文娟	吉红艳
李 华	施春美	屈 波	陈 燕	蔡尧俊	王柄森	单葛君	李 强	张志坚
张培蓓	张宇蓓	陈 亮	张 蕴	王 生	邱安健	仇建忠	王 梁	张 敏
印 青	唐 迪	沈 琦	沈烨慧	徐小康	颜正峰	钱 荔	康小龙	黄 清
郭鸿羽	刘佳明	李邾祎	王仁帅	王 展	周嘉炜	阮宏晚	包宇文	郭先丽
刘宝钰	王 茜	袁晓静	吴兰花	陶一波	冯吴剑	庄伊沁	刘张斌	刘亮亮
许 雪	顾晓燕	陈月玲	张文楠	夏杏梅	马艳阳	范益红	邢燕燕	陶 雯
陈思思	夏正国	卞宇琳	丁 晨	周晨晨	顾春燕	周佳丽	苏 鹏	夏 清
盛 江	许映斌	丁 凯	石易灵	何冬静	沈尧杰	单海亭	谭利佳	马丽君
陆 美	戴卫东	应 超	吴江妨	沈晓霏	戴 衡	孙 钰	卢梅军	花小红
姚桂芳	崔大海	刘中源	唐聪聪	谢金玲				

农业水利工程（专升本）（射阳兴阳人才培训中心）（1 人）

郭 胜

2014 级工商管理、会计学、会计学（农村会计方向）、农学、物流管理、园林（专升本）；2014 级园林技术、园艺技术、会计、会计（农村会计方向）、经济管理、物流管理（专科）

（苏州市农村干部学院）（69 人）

荣 丹	管图斌	朱菁琰	何明霞	张 楠	俞 洁	张鹏飞	石海华	邓 云

喻 磊	张良义	李苏宁	黄丽萍	缪大男	杭金花	屈静丽	邓 红	冯淑霞
杨 勇	薛 静	王文渊	王秀芹	胡东霞	须晓燕	姚春迎	罗 燕	吴 涛
吴立人	徐叶婷	董佳平	沈婷君	李 斌	韩 超	仇海滨	曹 杰	刘 泓
刘 静	张红艳	赵爱姣	黄 辉	张 威	邹剑峰	杨蜜蜜	阮婷婷	李建辉
郑瑶瑶	张云鹏	王凤娟	徐 凤	范文萍	盛晓晨	万 斌	蒋凤燕	王秀珍
严 菁	夏 良	姜 婷	潘建萍	梁光辉	梁 菊	范文健	李 峰	刘安军
王福兴	郭卫清	陆育清	潘明春	杜晓华	梁光兰			

2014 级工商管理、国际经济与贸易、会计学、机械工程及自动化、食品科学与工程、土木工程、物流管理、信息管理与信息系统、园林、园艺（专升本）

（苏州农业职业技术学院）（147 人）

徐 俊	周 婷	陆恒雯	阚飞鸽	王松余	顾 陶	杨 亚	郝密密	吕 蕾
闫乐平	顾明兰	吴 剑	杨 蕾	徐仪琳	蒋引引	胡孝芳	梅凯华	朱良冬
顾 臣	徐惠芳	冯 斌	顾 骏	杨佳俊	练 娜	朱敏娟	张 倩	冷 军
张 静	韩 裕	周智琦	马袁园	蒋沁远	季 婷	邹 翔	王 艳	施 楠
陆雨浓	徐 蓉	王 琴	许 真	夏晨佼	王皓鹏	张月飞	吴晔星	张 蕾
邓洲君	梁永庆	袁 靖	钱 珈	马丽媛	吕男男	王昕婕	金 艳	宋 薇
刘荣芹	祁俊杰	汪龙春	周祥雯	宋 琼	张景妞	乔 兰	余红慧	顾春香
戴子逸	朱 雪	周小菊	尹 敏	陆子旦	王 嫚	陈 昊	李甜甜	陈 健
凌 洁	陈广建	杨 胜	潘玉琴	赵 兰	严 言	胡健安	蒯晓栋	郭兴云
汤晓敏	朱佳军	李 青	葛剑飞	王玉娥	丁荣荣	韩 静	董 乐	戴震江
朱卫华	游国新	王 增	郭加辉	严海艳	徐天明	陈峥嵘	高 磊	李方宁
赵燕丽	赵习靖	刘世贵	俞敏华	邹学振	韩秋月	顾敏炜	李奕瑞	陈钇舟
黄晓晶	高 琛	许 阳	王晓宁	马怡青	岳远贺	严晓林	周 惠	李 琛
胡 磊	童 青	周 强	钱 萍	李 亭	王康康	周 赟	顾志伟	韩 郸
钱雨润	陈 晨	王 玉	满莹莹	徐 明	王存款	马 艳	万其伟	孙晓萍
俞佳丽	马丽娜	沈 飞	王晓乾	劳吉清	曹小芹	朱 红	徐思琼	王凤安
顾超杰	姚 硕	戴 璐						

2014 级工商管理、会计学、土木工程（专升本）；2012 级国际经济与贸易、会计学（高升本）；2014 级国际经济与贸易、会计（专科）

（无锡市远程教育实验学校）（56 人）

陆云坤	滕路遥	朱力骋	俞晓琳	柳智明	惠梦伊	徐 超	赵凯特	苏燊红
高 桢	程玉松	陈作霖	顾 瑛	顾正明	倪慧兰	倪惠旺	过中正	罗 旭
钱 晨	刘若愚	周 游	汪 萍	张爱若	徐 娜	符晓洁	杭 媛	蒋婷婷
徐梦丹	吴婷婷	秦 超	谢雨晴	华 斌	何佳键	唐晓禹	励子鸣	缪俊杰
邵煜林	汤 颖	孙浩鹏	邵珂睿	陶雅暖	王 珏	吴情琴	钱 澄	施睿琪
陈敏佳	胡 薇	陈继翠	华羚怡	陈聘琦	鲍骏恺	吉美玲	袁 静	李 珏
张晓君	虞 杨							

2014级电子商务、动物科学、动物医学、工商管理、国际经济与贸易、行政管理、环境工程、会计学、机械工程及自动化、建筑学、金融学、农学、农业水利工程、人力资源管理、食品科学与工程、市场营销、土木工程、网络工程、物流管理、园林、园艺、植物保护、水产养殖学（专升本）；2014级畜牧兽医、电子商务、电子信息工程技术、工程造价、航海技术、化学工程、会计、机电一体化技术、计算机信息管理、建筑工程管理、经济管理、农业机械应用技术、农业技术与管理、农业经济管理、农业水利技术、汽车检测与维修技术、汽车运用与维修、人力资源管理、市场营销、物流管理、园林技术、园艺技术（专科）；2012级国际经济与贸易、会计学（高升本）

（南京农业大学无锡渔业学院）（442人）

张加成	周 东	朱立磊	谢丽丽	王 佳	钱远军	陈 慧	程 鹏	冯永芳
傅根林	简佑新	江奇锋	刘 稳	蔡 霞	张全生	姚 平	葛中正	顾 勇
潘晶晶	王 历	陈云楼	周维利	许加明	韩品成	魏克红	陈尚文	陈春利
朱庆亚	黄立举	姜小雪	施 峰	吴珊珊	王国军	徐佳伶	许 璐	杨兴春
袁小花	季通达	张琴妹	邹圣一	马 颖	马晓枫	张 翔	宋 磊	严 昕
王晓晨	张雨涵	卜剑峰	耿冬梅	顾海磊	胡巧庭	纪艳艳	汤晓磊	王卫卫
许成程	张俊杰	张 敏	陈 玲	刘干红	黄旭彬	江 明	王婷婷	王玉婷
吴雪峰	冯素兰	倪 健	李素琴	房 浩	董林杰	马亚军	王汝平	顾克飞
丁玉霞	冯娟娟	纪 娟	陈 凌	董 敏	史经湘	付崇华	马素红	顾红娟
李锦红	王玉兰	王 平	王小翠	倪阿敏	张 霞	曹 婷	张 萍	姜 玲
吴晓静	贾志欢	高天姝	沈义奇	杨征成	张新跃	蒋 菲	陈思雅	徐 凯
朱丽利	严丹丹	董 阳	赵佳潼	陈 伟	陈 旭	陈 艳	单茂华	葛婷婷
侯淋玲	施倩倩	黄莉丽	束美铃	黄玲玲	姜晓娟	孙 营	李红梅	汪 芳
李艳艳	王 娟	王雪梅	吕立梅	吕丽丽	潘 莉	裴婷婷	彭一珍	马珍珍
阮玲玲	李 静	吴明琴	吴苏红	沈明兰	李红梅	李 霞	王雯洁	吴笑笑
夏静静	肖 艳	谢金凤	杨志妍	殷 芳	殷 文	郁素平	陈晓艳	张 赟
征玉玲	智月平	周 骏	周婷婷	陈 锐	丁 珊	张 蕊	陈 红	仇海娟
潘明程	马 波	冯祯银	邵明康	吕锦宇	曹忠杰	陈 军	吴 进	庄思正
崔鹏明	郑昊龙	王洪兵	刘德成	丁 龙	王 飞	杨晓亮	袁 鹏	智 刚
周月广	朱兴华	谢益华	陈 容	张 青	沈海东	陈红平	牛一霖	成宗胜
朱刘成	卢亚琴	练爱华	顾大龙	韩 伟	卞汗秀	陈 晨	顾 顺	孙 晋
戴红兵	胡苏兵	季红所	王 祥	王永华	林 森	肖 青	严建国	赵海霞
蒋 云	杨海军	李月姣	刘 静	潘士春	赵成梅	张 跃	赵 华	尤圣阳
顾爱慧	鲁加鹏	张春霞	邹 进	陈拥军	时考准	吴鑫鹏	金 雷	陈 忠
唐 雨	王 凯	季晓群	刘 军	陈学莲	高海青	顾锁平	刘 刚	彭平珍
孙 文	唐卫峰	陆立超	邵明朋	丁蕾蕾	姚志勇	周 蓉	朱晓云	马志高
骆江兰	徐小卫	袁冬梅	生红枫	肖 慧	刘桂荣	卞昕彤	李庆体	许 锋
陆 箫	方冬雷	吉 净	李海燕	梁金利	林苏国	卢中健	陆峥嵘	孟 浩
王春华	王书建	吴海明	吴亚峰	夏成元	杨 卫	周炳喜	王 磊	王 军
林志纯	花 伟	张桂春	孔花林	季晓群	沈晓峰	李林华	吴素珍	高文军

张晓梅	窦怀超	徐纯霞	施建军	曹 娟	曹 译	罗会永	张东民	李 军
叶青松	许海波	韩 冲	肖清平	庞东杰	刘 波	杨连生	王成斌	王 平
解元龙	薛晓东	周 青	邱根亮	颜 猛	施玉磊	孟凡柏	陈 浩	茅新明
陈艳华	王 成	冯为民	成立萍	戴元芬	树 森	刘中森	付俊杰	王 玮
单红玉	姜 佳	周铁生	张长华	顾冬艳	朱思衡	蒋 梅	姚晓明	顾 巍
刘锦平	卞 杰	卢亚冬	季宏祥	舒 明	吴 祥	李成君	龚 飞	张义波
王 飞	王权兵	李 波	余继江	宋 宇	葛建海	邢袁祥	龚 磊	范卫兵
张春梅	周振鑫	何长富	王果丽	施建苏	朱国根	张煜乔	胡鹏飞	陈立强
黄 洁	吴秀萍	唐晓露	何佩强	李琳琳	应伟芳	葛 艳	佘海兵	黄正海
陈 丽	景 晨	浦阳琴	朱泽友	陈晶晶	季姗姗	施克钦	丁建坤	赵 伟
胡慧敏	许 健	王 泉	杜 昊	朱春波	王 辉	王修进	李 洋	刘 霆
黄才龙	李 燕	王家福	陈森荣	金荣梅	吴远梅	徐 敏	谢 晟	姚再新
仲林玉	朱洋俊	卢羽卉	吴 剑	梁 瑞	石根祥	陈正东	陆道春	陈 述
孙卫刚	单大雁	游星星	高秋平	施 锋	印荣华	严万秀	吴宗亚	陈中华
李爱莲	易忠珠	周沿进	何新亮	朱德丰	朱 磊	陈正东	尤立祥	朱国强
安 丽	丁 蕾	黄龙兵	崔松波	张春明	张 智	陆杨波	严 挺	陈海林
王 晨	陈忠宇	郑鸣洁	王佳晨	代 汉	张艳丽	杨鹏远	杨 丹	臧 月
张静怡	武良慧	杨蕴倩	胡亚丹	何晓婷	杜振月	刘 云	倪弘杰	赵宇慧
龚雅倩	庞茂贞	汤炘运	缪东宁	钱韵灵	顾金寿	王艳雨	刘卫东	梁 浩
赵永生								

2014 级动物医学、房地产经营管理、行政管理、会计学、机械工程及自动化、金融学、农学、农业水利工程、土地资源管理、土木工程、园林、园艺（专升本）；2014 级船舶工程技术、国土资源管理、计算机应用技术、建筑工程管理、经济管理、轮机工程技术、农村行政与经济管理、农业技术与管理、农业水利技术、人力资源管理、物流管理（专科）

（盐城市广播电视大学响水分校）（73 人）

梅海东	周金成	陈云波	倪小宏	侯 斌	李 刚	常 伟	徐勤江	唐志佳
瞿国辉	贾海锋	葛洪流	李 群	于 建	封其凯	张 成	周 鹏	孙凡淇
宦燕君	杜晓娟	石媛媛	潘玉玉	潘春廷	万昱孜	李庆龙	邢学森	朱 曦
周 逸	蒯维康	顾奕琛	李小飞	陈正阳	薛承杰	蔡志萍	魏乔波	何玉军
宋 凯	李远鹏	邹玉婷	朱晓燕	张 峰	管海霞	拾以亮	何春光	王 靖
肖丽霞	许延森	姜卫华	王海涛	朱 健	袁海波	王冬亮	王玲林	林 建
王苏静	曹智祥	盛 超	孙 文	朱梦瑶	潘艮艮	邱军钧	李 俊	徐良龙
吴嘉诚	李洋洋	卢作龙	陶 卫	赵 娜	刘国胜	蒋 彦	孔德晗	高鹏飞
周文忠								

2014 级农学、水产养殖学、园林、园艺（专升本）；2014 级畜牧兽医、会计、农村行政与经济管理、农业技术与管理、农业水利技术、汽车运用与维修、园林技术、植物保护（专科）；2012 级农学（高升本）（江苏农民培训学院）（44 人）

刘超男	魏从洋	祖书月	沃 顷	严伟书	蒋 尧	周 蕾	杜吉林	吴心强

王恒中	王义之	郑志军	李先龙	孙爱华	岳 路	张长青	倪伟炜	汤春兰
施继标	张 惜	单士山	李成印	王立岭	朱明先	沈玉芹	李 芳	丁永福
韩华武	刁建徐	高佳佳	颜怀宇	张朋朋	魏晓军	张 颖	孙艳群	周其艳
王政敢	仲 毅	高孝胜	苗凤英	张 鑫	李 斌	蒋大伟	徐永竹	

2014级农学、园艺（专升本）；2012级物流管理（高升本）

（徐州市农业干部中等专业学校）（4人）

姜红新　刘会林　王后民　齐建芹

2012级化学工程与工艺、机械设计制造及其自动化、土木工程、物流管理、园林（高升本）；2014级计算机信息管理、建筑工程管理、数控技术、园林技术（专科）

（江苏省盐城技师学院）（678人）

徐金超	王 燕	朱 杨	王丽莉	孙明敏	张 彤	卢婷婷	高 敏	张虎芹
陈 实	荣 瑚	蔡 利	尹 雨	陈 婷	祁迪迪	刘洪莉	戴 慧	盛佳佳
张 梦	蒋杰杰	郭 钰	徐 微	王 霞	李 严	臧婧如	王倩倩	刘 丹
张 琼	张 新	马国凤	曹珊珊	张 静	王 秋	张丽媛	张徐利	张倩倩
尹 华	何丛丛	王 宁	陈瑶瑶	羊素霞	黄 涛	尹晶晶	成 雪	徐倩倩
徐倩倩	武梦茹	朱晓丽	朱文双	刘 佳	李新秀	蔡 芬	夏 玉	程桂云
高 琼	宋银银	沈 丹	安奕帆	何华凌	张英芳	杨国艳	郭桂同	彭 影
郝海丽	许沙沙	张元元	陈雅娉	张忠浩	徐龙娟	段柏合	张森森	张兴慧
孙 洁	王 娟	吴 娇	陆 强	陆 鹏	石 滔	邱高生	邹果文	岳 野
侯晓乐	尹 雨	郑中清	王 鹏	王大伟	姚 望	杭 俊	贾智炜	刘 阳
李 杰	张大虎	王 贺	姬 成	郑洪驰	刘小龙	储余乾	邵 锋	王健丞
王 惠	胡 洲	范争耀	张华龙	宋德锦	王玉坤	王 奎	王 超	管 运
张文华	徐 鹏	曹 智	徐昊天	吴国豪	徐建浩	康正虎	顾 问	殷春来
陈廷松	田 强	梁 雪	赵中林	韩宗文	刘文星	朱姗姗	张子凡	马 鑫
尹家胜	王旭东	蒋 波	高永明	崔智荣	王盛飞	倪金剑	李 娜	陈雪阳
邵 凯	张宏忠	高 天	刘祥祥	王苏星	陈 宇	乔旭东	郝 亮	柏伟伟
张海峰	邱 杰	刘海华	朱秀平	王 腾	卢丹丹	孙守宝	蔡晨阳	张同帅
陈以超	严发家	王锦伟	王晓龙	邵明强	朱中亮	王存祥	单 涛	蔡之明
王 龙	曹晨阳	耿 磊	成 庚	蔡坡涛	程 冉	王 杰	王中楠	刘永浩
蒋 瑶	王 强	董 岩	臧盛国	吴海琪	王海刚	张智鹏	薛立治	刘松林
李思远	陈 鹏	李富刚	王 杰	王 勇	刘金铭	胡建国	李 鼎	郭鹏鹏
李永祥	刘利军	刘 鹏	凌健祥	施文文	蔡华梅	沈念义	韦志刚	季亚威
丁海毅	吴 建	王中顺	王 林	邹晨晨	朱鹏飞	赵 乾	陈阳阳	张加峰
王永顺	夏 禹	姚杨斌	郑汻村	朱 林	于梦瑶	秦社教	任太白	徐春雨
史译文	谷广雷	郑 立	贾海谦	朱立志	白可可	姚 权	唐建树	钱 钰
严 山	季建清	陈林峰	祖苏蒙	封其召	王 馨	董 兵	杨 舟	章 伟
孙敏霜	白良龙	张文娟	李 昊	王进进	陶 炎	卞志建	支钰权	孙裕乐
张亮亮	孙克宇	钟金阳	周富强	陈朝阳	庄思源	朱 森	王言伟	王伟华

季增宇	何南昌	张 勇	胡尊杰	王 云	李正明	郑 强	刘伟伟	仝 磊
王 建	晁沂良	薛金森	吕 伟	王小猛	葛戊贤	张晨阳	郭洋洋	吴大伟
安辉黄	袁 飞	朱海明	何大彬	杨 祥	周 鹏	吴 猛	邱 韬	张 丰
卢发军	高 威	杜凤辉	刘瑞环	孙 威	宋金敏	邱 磊	刘家欢	许金露
张馨月	王明阁	刘志燕	陆强国	夏斯祥	余 红	李中文	陈德健	刘广超
严晶晶	刘凯吉	林春响	陈盛帮	张学仁	顾 荣	刘 伟	王 鹏	张春尧
徐 林	黄朝刚	陆 瑞	房梦瑶	肖丽萍	吕彦佳	陈 杰	黄 冬	陈素君
印 龙	张照杰	陈 成	孙 娟	程晶晶	仇佳政	李 慧	仓晓惠	崔启丽
陈夏婷	郭美玲	蔡正兵	孙 浩	周 彬	孙举目	陈 平	李燕福	王 浩
尤永鑫	商林锋	还 凯	卢佳佳	秦周坤	陈 晨	于 涛	孙必伟	丁 鑫
张婷婷	仓定成	吕 鹏	张亚清	沈 敏	王海棚	尹 荐	李佳豪	范宗健
贾高勇	黄 昆	朱增鼎	何 俊	李巨冲	孙晶晶	姜 都	钱如峰	沈启浩
张伟伟	金 鑫	杨成林	葛向晨	陈 竹	张月萍	杨美娟	於 勇	陈 立
张 俊	蔡 延	左银权	陈 鹏	蔡贵文	韩金萍	李爱庆	戴佳伟	王 峰
吴梦婷	卞 凯	卢为将	李维忠	陈 坤	马泽兵	陈 缎	刘成浩	陈思远
卞兆民	杨世雨	熊彬彬	陈明明	陈 亚	瞿 群	蒋威国	王 春	刘飞飞
陆 颖	孟祥锋	徐少华	钱 通	戴中权	葛绘洋	丁文海	王 伟	戴 亮
水文通	仇佳杰	高海军	李成旭	尤富东	李锦军	唐永胜	吴春辉	夏 鹏
戴建友	龚德国	李彤辉	徐 启	范井超	周书元	姜仕成	吴东煌	丁正苹
魏明宇	徐中洋	周 田	孙同梁	张云飞	徐文刚	吕硕硕	马春雷	臧海越
陆玮珏	钱国良	张志衡	乔吉国	刘天刚	闻之阳	周云春	孙 波	杨海强
王伟亮	朱 聪	王 桃	施嘉隆	征大伟	蔡叶飞	蔡志群	周 兵	单章鹏
沈昱烨	孟旭东	程 浩	陈金星	荀本锦	高明飞	李 锋	管 铭	李 伟
徐锦松	沈梦杰	张大成	袁 新	顾 力	钱玉龙	孙孟恒	王 群	商 帅
刘生荣	赵 阳	葛余来	唐 炎	高泽磊	顾汉宇	王 帅	孙 鹏	孙树盛
倪新森	封寿炜	顾建保	张荣山	王玮玮	范中新	张 军	刘金鑫	张 逸
张 涛	陈 洋	张永杰	徐 鹏	吴家旺	王兆林	严潍泷	朱 庆	刘 帅
叶家荫	夏 洋	胡雅楠	张军政	冯汉文	踪笑笑	张 新	冯建冬	夏彬彬
陈 磊	屠 鹏	董立晗	谷正华	陆仲夏	朱 辉	万 浩	周发强	季 超
杨志远	张 政	刘庆锋	王雨刚	吴惠星	张 伟	杨 帆	南 瑶	刘 奇
沈维安	缪汉如	高兆程	单 成	卢为大	唐 涛	解 峰	姚 旺	周 珏
陈尚坤	曹 龙	宋志龙	杨 洋	高 华	陈世昊	梁 杰	陈宗银	李 海
韦 杰	胡纪涛	朱帅杰	张 璐	张 涛	王 益	张文响	陈 楠	计明鑫
陈 浩	杨定元	蒋海峰	栾 伟	陈传传	宋 舟	黄钰达	陈 成	周 杰
陈 辉	陈小昌	陈 维	高开雷	沈 鑫	徐天骄	周圣凯	沈祥成	勇向前
曹 喜	杨宇庭	余佳晖	陈胜鼎	徐绍文	赵明毅政	杨振宇	刘海成	还书樵
周志豪	乔纯华	韩远胜	陈元鹏	李晨飞	郑明亮	强东言	童元炳	唐士杰
王 鹏	孔伟高	戴 明	吕春施	孙鹏承	潘亮亮	王友玮	王 乾	胡 伟

杜悠亭	葛　旺	仲世杰	郝振清	徐正明	唐庆华	陈　新	薛　刚	束明亮
毛伟明	邹　琪	韩素祥	庄　立	许杨琪	蒋恒博	许　凯	张司晨	黄兆生
焦迎利	许　亮	杨富龙	王　帅	贾文韬	陈　浩	刘士彪	孙　睿	秦　勤
王　辉	严冬生	铁武伟	何　文	李　伟	蔡正权	王　鹏	戴刚明	赵淑浩
闫一尘	郑　鹏	徐靖涵	夏　凯	顾　轩	王　凯	周刘成	谢荣楠	周　敏
陈传明	张　玲	何　敏	沈旭清	杨基鹤	王仁玉	洪　浩	周　剑	孙平平
陈晶晶	周　颖	彭　程	彭玉珠	袁　媛	胡耀祖	刘腾宇	王玲玉	张中斌
张海天	于茂鹏	彭亚明	徐亚杰	李　浩	咸建坤	高小蒙	方志力	叶雪菲
曹诗卉	宋　歆	朱玲玲	王　芹	郭新琴	吴　杰	单正祥	李　健	徐成成
穆传艺	刘国伟	张卫超						

2014级车辆工程、电子商务、动物医学、工程管理、工商管理、国际经济与贸易、行政管理、会计学、会计学（农村会计方向）、机械工程及自动化、计算机科学与技术、建筑学、农学、农业机械化及其自动化、人力资源管理、市场营销、土木工程、物流管理、信息管理与信息系统、园林、园艺（专升本）；2014级畜牧兽医、电子商务、工程造价、国际经济与贸易、会计、会计（农村会计方向）、机电一体化技术、计算机网络技术、计算机应用技术、建筑工程管理、经济管理、农村行政与经济管理、农业技术与管理、农业经济管理、农业水利技术、汽车运用与维修、市场营销、数控技术、图形图像制作、土木工程检测技术、物流管理、园林技术、园艺技术（专科）；2012级电子商务、国际经济与贸易、会计学、物流管理、信息管理与信息系统、园林、园艺（高升本）

（盐城生物工程高等职业技术学校）（685人）

仇　俊	赵劲松	田行玉	薛良慧	陈容容	单　翔	王　欢	张栋栋	王远辉
丁　祥	程玉婷	于晋北	刘　闯	吴金升	高雨生	蔡慧慧	杨　军	江　源
王　俊	黄红金	吴彩红	李林丽	王　静	李中秀	沈雪松	燕芳芳	孙儒枫
徐艳毅	吴艳娇	刘静静	李方娟	屈桂梅	沈　笑	陈　雅	胡　杨	刘　婷
孙　浩	石　晨	张茂霞	唐　辉	杨双琴	钱　琦	万嘉越	胥爱华	刘铁军
牛小庆	吕　红	孙明明	鲍菊艳	王静霞	张　磊	滕　刚	吴音别力克	温永辉
陈其霞	赵　娜	祁海萍	蔡　莹	蔡　梅	高星星	魏爱萍	朱玉玲	韩　静
韦　松	常香丽	王艳红	高平平	施　健	唐　悦	陈玲玲	祁莎莎	周　苇
潘　艳	李　燕	陈　明	王　萍	杨旭航	李　静	安小文	贾欣欣	周　洁
倪　萍	徐婷婷	万莉莉	王　璐	潘美娟	松布尔	赵超越	杨和毅	王艳丽
付桂平	吴　怡	王　研	纪盈盈	殷雯雯	秦一萍	程天惠	程雅楠	鲍　静
林永杰	吴　萍	王　蜜	朱　钰	包　蕊	周　娟	胡佳娟	项淮磊	滕　芹
孙旭京	吴伯芹	张倩倩	李　静	肖宝如	徐海燕	王庆兰	王　艺	屠金志
孙新懿	陈红云	陈　军	常　凤	陈洋洋	张燕燕	樊艳艳	陈红燕	葛　明
宋菁菁	潘志文	孙婷婷	徐　乐	刘尊雄	朱希诚	乔治磊	谭志鹏	李　磊
邵鹏飞	孙桂斌	周　祥	宋祥浪	纪鲁旺	滕　越	王　飞	周远鹏	朱明进
沈安庆	陈　超	夏　垒	吴志文	汤洋洋	曹荣钱	赵红碗	徐建伟	葛　龙
丁政棋	杜杰明	吕　力	朱　军	夏悠扬	王洛梅	张婷婷	季　跃	仈豆改
刘　生	汪鸿翔	赵美娟	肖丽娟	吴巧林	戴宗义	沈　洁	孙　晋	陈　会

陈远帅	孙茂宏	骆美娟	陈 龙	蒋守艳	高 鑫	嵇亚楠	李海燕	徐 丹
商国鑫	姜龙华	杨 敏	王华鑫	蒋文文	李德生	赵 越	李 洋	陈志宏
仲振根	蔡 玉	金 磊	柏 荣	常仁善	杨兴荣	王芝善	杨玉成	曹铁荣
王建阳	周万里	于荣波	王胤臣	周 林	张磊磊	赵晋阳	朱 敏	梁 寅
张仕虎	周 晶	罗 威	王鑫鑫	王明珠	刘栋才	周 伟	魏利中	王 杰
蔡春荣	陈 通	彭钰童	潘梁晶	梁 昕	孙 伟	毕 胜	顾文杰	成苏华
唐艳明	沈 飞	黄素玲	朱娟娟	蔡 云	荣任东	赵建保	刘修齐	季长江
孙丽琴	戴载峰	张 明	王 涛	陈乐意	冯 佳	顾云龙	吴明家	尹海亮
孙宇航	何胜涛	马学辉	余晓亮	刘 兵	陈柯桦	丁元森	王靖仁	张韦鸿
张正祥	蔡爱华	单 芳	单正贵	余东东	严 焘	郝朝飞	王 强	周 远
张 浩	王留浩	王 鹏	卫 夏	王 秀	唐为伟	朱庆海	夏冬海	叶爱东
汤协波	陈 爽	董益峰	王叶飞	李金春	张 伟	周振伟	张蒙蒙	王 杰
张其春	许连生	徐 利	邹 帆	何荣华	蔡壮苗	白 斌	赵国旭	贾 敬
韩乃新	张洪兵	夏亚军	张 威	王志扬	孙召兵	周德杰	杭运华	王毅博
张冬林	贺 坚	王 鑫	杭 谦	陈 雷	王广军	刘 浩	孙素芹	尹 吉
王 鑫	刘晓松	赵国成	王 勃	聂良军	朵晓龙	戴 标	徐 琴	朱瑞卿
熊弋翔	程素芳	袁海勤	蔡根华	顾明月	柏顺玲	何淑涵	沈 楼	陈 兰
陈晓娟	曾 奇	石正祥	邱春霞	陆立萍	吴国峰	张 磊	李作仁	高山峰
胡升峰	朱云华	胡 宏	解 宇	许锦东	朱嘉伟	何国胜	秦万标	张众民
朱永宪	闻 舒	吴万胜	滕江峰	桂 伟	胡甘磊	周立春	朱秀清	陈 刚
顾晓珊	周伟珉	耿安红	王 胜	郭登兄	张 浩	周 进	周赞钧	詹可绪
何 勇	顾用群	吴圣新	陈莉莉	曹国庆	邵菊艳	王 艺	季明中	黄文秀
杨长松	丁玉静	徐 健	倪冬青	郁东玲	郭林萍	商国玲	顾明良	徐家杰
潘玉浩	李 燕	陈国生	张聪聪	刘方坤	程 跃	马智明	艾力江·胡尔曼
黄加晖	韩 超	李晓春	哈沙叶尔登	徐 超	周 军	周为民	张 鑫	梁 双
黄 豹	许梦华	王益韦	蒋政权	邱 成	王 杰	陈 明	邬学帅	刘安宁
蒋兆胜	张亚洲	嵇中尉	樊庆森	姚怀志	王德军	孙闻泽	秦伟杰	翟金祥
王 欣	胡广阔	刘国一	焦朱进	高 满	蒋 涛	段 斌	杨 建	杨金宝
孙俊杰	陈柏智	刘 强	朱柏华	朱军军	卞小飞	陈 健	于中原	徐 飞
蔡百强	周 建	陈 宇	李 聪	陈 雨	曹雨涵	左元春	姜 鹏	刘鄞郡
吴 逵	徐爱祥	李 民	李永晔	赵金穗	王瑞刚	刘心星	戴佳伟	朱 彬
石海刚	卢苏文	王为雨	张永梅	马可可	看增太	曹 朋	王 翔	魏 伟
车守波	廖志强	朱 晨	柏昆明	征 飞	汪智宇	刘 乾	施 辉	宋重庆
杨陈成	冯 宇	张学文	蔡思强	周 浩	洪格尔	王 永	郑天义	袁高浩
王 晖	程 晋	张 巍	戴 鑫	王 浩	吴安成	王 伟	周学辉	孙光治
王明树	樊金文	王行鹏	陈 立	朱豪强	陆红瑞	仇新朋	周 鹏	沈力权
沈祥明	王 栋	陈 冲	单邵亮	王达明	张步宽	陈 雄	吴振坤	罗 浩
徐 磊	唐 霞	黄春桥	杨中明	王留柱	吴陈叶	侯启文	黄 伟	张 鹏
戚玉鹏	缪 强	陈国庆	陶运宏	吴玉亮	杨 君	戴伟伟	刘 鑫	张世杰

全书延	陈志成	陈 坚	陈 虎	胡庆祥	陈 乾	王志强	钱 文	张国松
颜 冬	严彬彬	李 杨	杨 旭	孙世春	胡存祥	赵海铜	赵万磊	王 可
李 飞	梁海峰	张 凯	许鹏飞	王克翔	昝大志	谭云虎	吴 燕	尹恒坚
丁雨豪	韩庭柏	陈慧敏	张加龙	夏健祥	高 鹏	毛思杰	刘 帅	陈 昊
刘乾宇	王志鹏	仲启凡	陈 成	关祺瑞	杨东波	黄海庭	徐乃奎	陈迪夫
王益洲	李 鑫	冯 骏	徐会荣	冯贵新	曹成新	倪 兵	王艳秋	宗婷婷
李春龙	丁利娟	蔡凤霞	刘 慧	王 雷	陈其艳	李懿颖	孙素玲	王 杰
顾家宁	穆可可	常 华	刘 雨	张骁骁	李树洋	袁飞菲	马 刚	徐 玥
陈春雷	蒋 柯	高 燕	韩 亭	刘梦娜	张 艳	杨小坡	张志刚	周 毅
施立月	陆 敏	王佳梅	柏 慧	张 萍	王建春	邵君怡	谭海琴	蔡园园
赵蕾蕾	柴建芳	周 霞	韩 超	刘 飞	韩 焱	顾灿灿	曹正钢	梁婷婷
石 威	刘正菲	李经纬	侍大威	冯建利	熊凯之	蒋晓辉	陆 浩	王 琦
董 媛	王 慧	陆 杰	吴红刚	许娟娟	唐伟中	谭 昊	梁 进	汤浩然
赵伯清	沈如意	董安年	黄 森	徐 荣	蔡艳龙	陈 秀	童 盛	李文佳
朱辉明	谷俊文	张 婷	张 军	还香港	李旭东	沈 建	颜 杰	房 进
张玉龙	祁冠男	黄继军	徐颖桢	孙 玉	储亚男	季明超	王正忠	王 煦
王 军	吴学俊	杨小雨	严红花	刘 婷	马永安	王 龙	卢玲玉	林 玲
周 健	王 珍	戴冬萍	王 平	韩俊男	王 译	周晶晶	周 峰	张华俊
孙 剑	潘义祥							

2012级电子商务、网络工程、物流管理、会计学、机械设计制造及其自动化、计算机科学与技术（高升本）；2014级电子商务、工程造价、会计、计算机网络技术、建筑工程管理、汽车检测与维修技术、图形图像制作（专科）

（江苏省扬州技师学院）（484人）

葛 佳	何婷婷	黄朋嫣	李冬南	张 洌	杨 庆	张 银	万 玲	嵇雯云
赵 垒	吴月琪	孙梦霞	刘巧婷	胡倩倩	方亚柏	梅 悦	周 彤	王 莹
赵金花	何凌柳	宋春燕	顾芩瑜	黄晓玲	王春雨	袁赛玲	汤美玲	陈佳倩
刘 骞	孙 皓	李 娜	陈 岳	蔡易霖	刘 洋	孙 楠	万雪健	凌 航
王 茜	王 昭	陈娅如	陈兴韬	杨书笑	袁 浩	马立志	孙林祥	姜禹康
武梦飞	李旭阳	崔前前	张海峰	周纯儒	秦佳惠	戴琪琪	闹尖措	韩 悦
刘砚君	姬 琳	曹秋云	郭 娅	耿潇宇	花春源	郑陈江	王 敏	杜倩倩
周 诚	曾惠琳	张 曼	周 洁	顾卉珺	刘梅梅	李定雯	张倩倩	宋 佳
杨 丽	王 婷	黄 宇	解 扬	潘 丽	瞿廷婷	苏 妍	王 艳	裴 咪
王凯璇	王少轩	孔凡焕	汤 月	朱天云	高 婧	王 菲	刘星月	王曼诗
孔丹丹	祝星星	陈 燕	殷林月	钱文雯	唐亚雯	朱欢欢	钱 磊	赵 云
王 顺	周 僮	王浩宇	丁 月	邵 雯	张 婷	江莎莎	王凤轩	杜媛媛
许亚东	金路路	李 吉	潘文威	董 威	张 琪	苏 琦	范建新	唐启铭
陈振兴	李 慧	祁金通	范 茹	王 哲	张 林	孔令杰	杨 明	郭 正
仲 飞	郜 昱	王往定	曹 森	夏有志	凌 晗	孔伟光	钱 顺	周齐轩
胡 宁	吴 俊	李 佳	李 冬	李 旭	陈世同	焦张进	耿 诚	王 灏

居 云	吴 纬	孟齐华	吴佳进	涂巨晨	朱浩辰	吴尚城	屈耿峰	梅从勇
刘孝云	浦 玮	徐 杨	周政凯	林邵冬	朱宝浚	周海泉	苏 洋	潘华宇
陈凯歌	王生阳	卢启雨	陈 亮	曾 伟	石 伟	胥冬冬	周建峰	李丙童
费 凯	王 琨	丁 翔	钱 龙	周维迟	秦 浩	刘 鑫	宦逸宸	向方凯
丁 力	张 荣	曹光超	周煜景	谭 勇	高 超	祁云飞	居 俊	胡海林
刘 旭	马开来	郭银飞	朱 姜	陈 浩	薛文学	李伟伟	黄汉城	刘沛之
火钧宇	崔 健	曹玉军	孙 阳	俞冬冬	刘 涛	李 进	吕海丰	杨 光
卢建成	闫 明	徐秋雨	李 丹	吴梦瑶	祝梦姣	杨 行	王 青	左海曙
丁 玲	徐 莹	翁 娇	禹 静	朱芸青	刘丹阳	吴 娟	骆江南	谭吉丽
赵 竞	蒋 朕	蒋 辉	蒋 文	卫叶舟	梁 霞	薛茜雯	刘咏丹	朱文静
李 颖	刘健赟	谈玉君	陈启明	吴 昊	丁宣文	张新宇	张 玲	曹云飞
房玉祥	曹 凯	刘经纬	周金宇	吕苏南	于京萍	陈佩玲	张玉慧	张 靖
吴 峰	南夸才让	徐 健	许高林	徐 迟	李 建	姚湘超	胡 鹏	华 洲
杜 超	张 璐	许 静	戚亚静	徐 颖	张益宇	仇 晟	顾志增	潘俊峰
吴春俊	冯 雷	陆业鹏	陈宝宇	周家瑞	陈又煜	黄春映	陈 斌	林韩凯
王 瑞	钱 朋	杨 孝	李振中	张 森	彭素超	范文洲	孙海峰	刘剑秋
周子睿	严蒙亮	潘广强	陈 李	徐鸿鹏	倪焕轩	钱 杭	张旭磊	吴之恒
王志豪	杨富权	封 利	施 倩	耿宝婷	许 萌	卞凌晨	张 鑫	付亚州
夏勇杰	颜文峰	徐 杰	张 健	鞠文杰	杨冠群	兰 旭	龚 铭	常智雄
陈隆源	陆业健	陈智兴	任 健	何东杰	乔 斌	孙桂龙	李宏辉	高翔飞
龚皇丞	焦 淼	施伟鑫	黄海彬	朱奕帆	董 昊	刘 萍	苏书勤	潘 堃
姚 璐	罗 威	朱炳西	易文鑫	徐 东	张新宇	温兆阳	马思远	钱 成
徐玉军	葛 峰	戴 晨	陆 琦	张致富	张 倩	姜 伟	潘倩倩	王 彭
张 磊	封 杰	王延春	刘鹏忠	严思杰	胡 健	周鹏源	王 颖	王 雷
晁麒栋	陈忠伟	梁 君	佘 俊	周庆康	格日多杰	杨 盼	王 浩	鲁 鑫
王 宇	陈晓伟	吴文凯	文海宇	孙立才	高 楼	俞兴乐	鲜平健	朱志健
奚智平	黄晨栩	徐 帆	宋国威	杨贞财	袁 鹏	周 宇	房 磊	祁欣宇
翟建镇	徐荣鑫	朱寿平	韩寿辰	郭 宇	赵 朕	范竹君	段星晨	崔 惠
王 昊	吴 鑫	俞 雷	时程雨	李 祥	董文桂	范 晨	于 杰	盛庆旺
高松林	陆锦龙	尹文东	薛 阳	刘 兵	付 全	张文豪	张 凯	王 威
徐林峰	李年扬	黄子杰	郑 剑	倪叶凡	高 亮	冯 伟	都生扬	蔡凤梁
沐天隽	孔映天	陈 磊	王 杰	鲁剑波	刘政辉	姜尚智	骆 阳	徐厚庆
高 刚	郭兴洋	周 涛	叶 飞	杨 盼	王世宝	张天文	鲍永康	郭苏阳
毛 林	冯国强	乔健伟	姜和发	宦 慧	周照雪	叶心雨	吴 迪	陈嘉铭
何苏童	姜德仁	金 鹰	李文文	马 钰	刘春婷	向逸凡	刘俊楠	张 艺
赵 丹	戴星星	曹 娃	谷 娟	杨月红	房 娟	顾晓晓	向光荣	潘东文
杨龙飞	陈 宇	蔡 君	张 静	杨佩寰	田 超	潘学伟	陈 银	孙 文
李婷红	王丹丹	吴 敏	张 芹	杨 芹	刁芬芬	闵 鑫		

2014级车辆工程、电子商务、动物医学、工商管理、国际经济与贸易、行政管理、会计学、会计学（农村会计方向）、机械工程及自动化、计算机科学与技术、金融学、农学、农业机械化及其自动化、人力资源管理、市场营销、土木工程、物流管理、信息管理与信息系统、园林、园艺（专升本）；2014级电子商务、工程造价、航海技术、会计、计算机网络技术、建筑工程管理、经济管理、轮机工程技术、旅游管理、汽车运用与维修、市场营销、物流管理（专科）；2012级信息管理与信息系统、国际经济与贸易、会计学、旅游管理、物流管理、电子商务（高升本）（南京交通科技学校）(461人)

徐玉铭	葛春祥	张道单	林家凡	韩 将	秦晨曦	朱诗卉	沈 林	施明军
周文会	王 胜	杨 涛	王 伟	任 雅	周小峰	周运权	方昊天	陈 光
吉 辉	刘媛媛	贾文晶	范剑波	杨少华	高凡凡	顾金晨	杜晶晶	韩金翰
石 景	吴 超	程 洁	徐志敏	郑甜甜	张誉静	袁 珍	董丽丽	茆广引
严 伟	唐 亮	王玉东	邹茹心	朱晓伟	许荣鹏	李婉琳	张 婷	刘月芹
李东辉	张永智	吴雪松	吕从鹏	童瑞峰	孙 文	周 良	朱立贞	尹佳杰
胡天华	巫广银	华 平	戴 强	徐 聪	杨 浩	孙 贤	许应伟	陆江雨
高陶一君	马红威	王 鹏	张忆尘	许建港	张启赛	金 博	梅诗明	许增发
徐 敏	赵 馗	米利文	包训行	廖银光	杨 瑞	丁镏橹	孙 宇	黄寿良
肖 强	李永峰	朱 军	邹苏阳	仲阳春	梁 晨	罗先康	翁传旺	余正成
朱 磊	龚 星	毛春栋	丁佐兵	陈 浩	耿素伟	曹银谦	陈 旗	左 楠
陈 成	丁 超	徐 胜	缪鹏玉	张有巧	顾晓波	史恩东	夏 远	胡冬杰
于 豪	丁 斌	吕恒星	薛 剑	于春秋	张 晓	胡泽军	于 宙	李传彬
戴 鹏	樊 荣	陈志祥	袁 帅	季天宇	唐驰驰	吴明敏	韦 杰	刘光耀
胡 棋	袁 洋	高友杰	孔 亮	葛志念	陈 晖	徐皖宁	王 涛	陈鑫豪
徐天宇	徐 豹	崔恒瑞	邵荣荣	徐高芹	李 敏	吴莉莉	印 雯	许鑫鑫
张桂风	崔益冯	丁 颖	邓 静	沈 瑾	周巧颖	邵家明	杨 威	王 传
郑诗文	杨 静	戴宪景	王文静	于 倩	李洪丽	徐艳秋	朱小婷	殷静怡
李 敏	张 楚	李惠雯	刘 丹	周 露	钱 雯	吴晨婷	王宁宁	朱丽云
王亭亭	蒋颖慧	许孝雯	陈雅婷	柳振秋	李 琦	高 冉	孟 欢	张梦婷
马 萍	陈思琴	骆 珍	谷 霞	葛格格	高丽君	夏一司	高为婷	俞文新
温开艳	章 雨	李 阳	夏学媛	司 伟	张 迪	曾 鑫	王雨露	徐婷婷
裴 蓓	禚昌练	樊文璟	杨 莹	赵晓芹	吴圆圆	沈晓芳	徐 慧	芮韦琴
李 露	耿姗姗	马超超	陈 婷	周春阳	孙 娜	周德伟	刘元元	胡凌砜
赵如东	徐 鹏	高滔滔	顾正勇	周 聪	仇贤斌	王栩孜	谢东辉	方启阳
陆海祥	徐建宁	周焕旻	许 曼	徐熙正	高 洁	王 慧	居 扬	徐 鑫
张 亮	侯梦黄	刘 艳	沈姗萍	杨树栋	姜文娟	周效民	高 雅	殷 林
朱 燕	陈 颖	李 玲	吴 双	张 丹	龚秦安	耿春云	姜 楠	曹海霞
徐丹丹	陈肖雅	周 平	方 园	顾倩倩	刘 梦	唐 静	陈 林	缪娟娟
李慧敏	杨晓莉	郑 玲	李夏敏	秦 秀	王雅萍	任咏菊	郭长海	张 璇
沈美辰	袁 静	沈 琳	李雪婷	李毓菁	孙颖捷	颜士群	赵 文	张 洁
罗 玲	徐 超	王 玮	郁 丹	周丽荣	毛 笠	李荣舜	陈 刚	许叶松

张　熙	王　赟	陈　川	李广宇	刘　晨	李建港	马　骏	张陈良	刘　涛
仇　坤	张清林	陈海斌	陈　飞	张　涛	朱婷婷	李国祥	杨晓清	邢立涛
王泽原	赵　辉	卢亚南	顾　健	张益敬	罗　洋	朱　浩	房明瑶	毛乾坤
高超恒	王子华	杨家开	巫李鸣	方旖铮	房　成	杨银鑫	汪卫平	尹相鸿
乔　雨	巫　帆	胡　童	濮阳涛	施铁景	沈黄杰	管家立	周　崎	丁刘柱
田健伟	陆天鹏	姚明钊	林佳威	陈　峰	杨文科	宋　涛	袁　浩	经新强
胡大刚	管鹏程	浦锦杰	黎文松	潘义文	王　胜	沈　聪	黄　阳	张左飞
熊玉超	张志文	杨　见	孙彦畦	卢子豪	秦泽刚	孔　威	李旭升	宗卫城
蔡　鑫	杨　浩	施必文	李　睿	陈星星	张　文	吴　铠	夏跃铭	江　阳
史　超	谢　天	杨　康	孔文昱	刘　颖	张雪燕	王庆梅	徐阳阳	周嫚嫚
倪　云	朱　雯	熊元忠	吴　欢	周　峰	胡冠军	毕　蕾	周　晨	芦　婷
翟　丹	王　佳	汤云霞	王小艳	杨　芳	王　川	徐　霜	陈雅婷	韩　敏
张彦奇	谢之龙	张国华	黄盼盼	田　君	杨贝华	彭卫霞	王文君	傅　瑶
侯仕亚	柳　妍	田　文	杨良伟	周　婷	董　蓓	顾晓锦	施爱玲	吴　丽
纪明健	周国栋	黄芳芳	宋成新	朱梦静	朱柔静	李玲婉	刘　阳	夏莎莎
丁彦茗	曾庆峰	刘明珠	沈小晴	吴琦峰	龚春龙	罗开文	王　颖	刘　明
曹　哲	顾　鑫	庄　远	莫亚健	张　恒	朱跃强	戴巨生	丁浩骑	赵　璟
杜兴华	王玉明	莘子千	葛　委	于志祥	王　帆	董泽坤	季　力	孙成成
丁　忠	刘　伟	戴新宇	许凯臻	彭美霞	吴利民	顾　敏	周晓平	胡　静
柏广利	薛琴琴							

（撰稿：董志昕　孟凡美　梁　晓　审稿：李友生　陈如东　陈明远　审核：王俊琴）

国 际 学 生 教 育

【概况】学校长短期国际学生共 1 083 人，其中国际学历生 492 人（博士生 266 人、硕士生 166 人、本科生 60 人）和国际非学历生 591 人（长期国际学生 30 人、短期国际学生 561 人），来自亚洲、非洲、欧洲、美洲和大洋洲的 98 个国家，毕业国际学生 61 人（博士生 33 人、硕士生 27 人、本科生 1 人），国际学生发表 SCI 研究论文 48 篇。

招收渠道多元化，专业结构日益合理，质量日益提升。长期国际学生中，中国政府奖学金生 392 人，中非"20＋20"高校项目奖学金生 9 人，茉莉花留学江苏政府奖学金生 14 人（全额奖学金生 11 人，部分奖学金生 3 人），南京市政府和南京农业大学校级联合奖学金生 25 人，南京农业大学校级奖学金 2 人，外国政府奖学金生 49 人，校际交换生 30 人〔含 IMRD（International Master of Science in Rural Development）项目国际学生 1 人，该项目为比利时根特大学和学校的联合培养项目〕，自费生 1 人。国际学生所学专业主要分布于植物科学学部、动物科学学部、生物与环境学部、食品与工程学部、人文社会科学学部的 17 个学院，学科专业主要为农业科学、植物与动物科学、环境生态学、生物与生物化学、工程学、微生物学、分子生物与遗传学、管理学、经济学等高水平、重点和优势学科。国际学历生中以研究生为主，研究生占国际学历生的比例为 87.8%，呈现出类别全、层次高、学科特色明显等特点。

国际学生培养过程中，建立了"趋同化管理"和"个别辅导"相结合的培养机制，严把国际学生培养质量。学校发挥学科优势与特色，以国际化课程体系建设、国际化师资队伍建设为抓手，推进学校教育国际化内涵发展水平，截至 2017 年底，全英语授课课程共 114 门，包括研究生专业课程 52 门和本科专业课程 62 门，其中作物分子育种入选 2017 年江苏高校省级英文授课精品课程，城市与土地利用规划原理入选 2017 年江苏高校省级英文授课培育课程，学校获得 2017 年南京高校外国留学生出入境管理工作先进单位。

国际学生新生系列入学教育规范化、制度化，定期进行思想教育工作，提高国际学生法律意识和安全意识，促使国际学生新生尽快融入校园学习生活，学生会及志愿者组织自我管理能力和服务意识日益增强，积极组织国际学生参加各项文化体验活动。在校第 45 届校运动会上，塞内加尔籍学生 Sarr Mouhamadou Mbodj 荣获了"校十佳运动员"称号。同时，学校举办了第 10 届紫金国际文化节，该活动于 2017 年 10 月开幕，为期 2 个月，活动期间举行了形式多样丰富多彩的系列活动，如中外学生户外素质拓展、民俗主题演讲、研讨会、文化参观考察等，从理论认识到切身体验，让中外学生在活动中全方位了解彼此国家特色文化和风俗，丰富学生的课余生活，加深其对中国文化和风土人情的了解，培养中外学生跨文化交流能力。

【1 门课程入选"2017 年江苏高校省级英文授课精品课程"】洪德林负责的作物分子育种入选"2017 年江苏高校省级英文授课精品课程"。

【1 门课程入选"2017 年江苏高校省级英文授课培育课程"】吴未负责的城市与土地利用规划原理入选"2017 年江苏高校省级英文授课培育课程"。

［附录］

附录 1　国际学生人数统计表（按学院）

单位：人

学部	院系	博士研究生	硕士研究生	本科生	进修生	合计
动物科学学部	动物科技学院	22	8	4		34
	动物医学院	36	3	14	1	54
	草业学院	6	1			7
	渔业学院	4	61			65
动物科学学部小计		68	73	18	1	160
食品与工程学部	工学院	13	13			26
	食品科技学院	18	7	3	3	31
	信息科技学院			2		2
食品与工程学部小计		31	20	5	3	59

（续）

学部	院系	博士研究生	硕士研究生	本科生	进修生	合计
人文社会科学学部	公共管理学院	22	5	5	1	33
	经济管理学院	15	37	10	11	73
	金融学院	4	1	1		6
	外国语学院		1		11	12
	人文与社会发展学院	1				1
人文社会科学学部小计		42	44	16	23	125
生物与环境学部	生命科学学院	13	2	6		21
	资源与环境科学学院	15	4	8		27
生物与环境学部小计		28	6	14		48
植物科学学部	农学院	49	11	6		66
	园艺学院	20	6	3		29
	植物保护学院	24	8		3	35
植物科学学部小计		93	25	9	3	130
合计		262	168	62	30	522

附录 2　国际学生人数统计表（按国别）

单位：人

国家	人数	国家	人数	国家	人数
密克罗尼西亚	1	纳米比亚	2	俄罗斯	2
斐济	1	南非	28	法国	2
阿尔及利亚	3	南苏丹	5	荷兰	1
埃及	18	尼日利亚	3	乌克兰	1
埃塞俄比亚	18	塞拉利昂	2	匈牙利	1
安哥拉	1	塞内加尔	2	阿富汗	11
贝宁	1	苏丹	29	阿塞拜疆	4
博茨瓦纳	2	坦桑尼亚	5	巴基斯坦	173
赤道几内亚	1	乌干达	9	哈萨克斯坦	7
多哥	5	赞比亚	1	韩国	7
厄立特里亚	2	中非	1	柬埔寨	8
佛得角	1	阿根廷	1	老挝	15
冈比亚	1	巴西	2	黎巴嫩	1
加纳	9	多米尼克	2	马来西亚	4
津巴布韦	3	厄瓜多尔	1	蒙古	3
喀麦隆	7	格林纳达	1	孟加拉国	10

（续）

国家	人数	国家	人数	国家	人数
科特迪瓦	1	圭亚那	2	尼泊尔	2
肯尼亚	45	美国	2	日本	3
利比里亚	4	圣卢西亚	1	沙特阿拉伯	2
卢旺达	2	委内瑞拉	1	泰国	2
马达加斯加	1	牙买加	1	土库曼斯坦	2
马拉维	8	奥地利	1	乌兹别克斯坦	1
马里	1	波兰	1	叙利亚	3
摩洛哥	2	波黑	1	伊朗	2
莫桑比克	2	丹麦	1	印度	2
印度尼西亚	1	约旦	1	越南	6

附录3 国际学生人数统计表（分大洲）

单位：人

亚洲	非洲	大洋洲	美洲	欧洲	合计
270	225	2	14	11	522

附录4 国际学生经费来源人数统计表

单位：人

中国政府奖学金生	中非"20＋20"高校项目奖学金生	茉莉花留学江苏政府奖学金生	南京市政府和南京农业大学联合奖学金生	校级奖学金生	本国政府奖学金生	校际交换生	自费生	合计
392	9	14	25	2	49	30	1	522

附录5 毕业、结业国际学生人数统计表

单位：人

博士研究生	硕士研究生	本科生	合计
33	27	1	61

附录6 毕业国际学生情况表

序号	学院	毕业生人数（人）	国籍	类别（人）	
1	动物医学院	4	苏丹、巴基斯坦	博士 4	
2	动物科技学院	5	巴基斯坦、苏丹	博士 4	硕士 1

（续）

序号	学院	毕业生人数（人）	国籍	类别（人）	
3	资源与环境科学学院	1	肯尼亚	博士 1	
4	农学院	8	巴基斯坦、肯尼亚、土库曼斯坦	博士 7	学士 1
5	经济管理学院	3	圣卢西亚、多哥、喀麦隆	博士 1	硕士 2
6	植物保护学院	6	巴基斯坦、孟加拉国、肯尼亚	博士 6	
7	食品科技学院	2	苏丹、多米尼克	博士 1	硕士 1
8	园艺学院	4	巴基斯坦、肯尼亚、苏丹	博士 3	硕士 1
9	公共管理学院	2	埃塞俄比亚、越南	博士 2	
10	工学院	4	伊朗、巴基斯坦、苏丹、肯尼亚	博士 3	硕士 1
11	草业学院	2	埃塞俄比亚、叙利亚	博士 1	硕士 1
12	渔业学院	20	乌干达、乌兹别克斯坦、苏丹、圭亚那、南非、喀麦隆、马拉维、埃塞俄比亚	硕士 20	

附录 7　毕业国际学生名单

博士研究生

农学院

胡万 Rizwan Zahoor（巴基斯坦）

阿比德 Muhammad Abid（巴基斯坦）

扎义德 Imdad Ullah Zaid（巴基斯坦）

司迪慧 Muhammad Jaffer Ali（巴基斯坦）

欧拉姆 Mueen Alam Khan（巴基斯坦）

陆瓦卡 Cox Lwaka Tamba（肯尼亚）

马伊 Odinga Medrine Mmayi（肯尼亚）

动物科技学院

法曼 Farman Ali Siyal（巴基斯坦）

穆塔达 Murtada Abd Alaziz Alsiddig Alamin（苏丹）

柯纳然 Nazar Ali Korejo（巴基斯坦）米福兹 Asif Mehfooz（巴基斯坦）

草业学院

司瑞 Seare Tajebe Desta（埃塞俄比亚）

动物医学院

库姆哈 Shahnawaz Kumbhar（巴基斯坦）

欧芭克 Juma Ahamed Abaker Ahamed（苏丹）

尼萨尔 Nisar Ahmed（巴基斯坦）

冉满 Abdul Rahman Abdul Hameed Idriss Ishag（苏丹）

工学院

米亚 Esmaeil Mehryar（伊朗）

哈桑 Muhammad Hassan（巴基斯坦）

田哈 Zahir Ahmed Ali Talha（苏丹）

经济管理学院

米歇尔 Rickaille Michael（圣卢西亚）

公共管理学院

葛拉武 Eshetu Yirsaw Gelaw（埃塞俄比亚）

阮垂蓉 Nguyen Thuy Dung（越南）

食品科技学院

欧凹德 Faisal Nureldin Awad Ahmed（苏丹）

园艺学院

柯力 Muhammad Khalil－Ur－Rehman（巴基斯坦）

伊维兰 Everlyne M'Mbone Muleke（肯尼亚）

布纳德 Karanja Bernard Kinuthia（肯尼亚）

植物保护学院

欧德南 Muhammad Adnan Bodlah（巴基斯坦）

米亚 Mohammad Asaduzzaman Miah（孟加拉国）

库若 Sajjad Ali Khuhro（巴基斯坦）

欧梦迪 Benard Omondi Odhiambo（肯尼亚）

哈非斯 Hafiz Abdul Samad Tahir（巴基斯坦）

阿寺玛 Asma Safdar（巴基斯坦）

资源与环境科学学院

欧孟地 Morris Oduor Omondi（肯尼亚）

硕士研究生

动物科技学院

顾兰 Hind Widaa Alhaj Gubara（苏丹）

草业学院

一波 Ehab Bo Trabi（叙利亚）

经济管理学院

罗可雅 Roukeyatou Atarigbe（多哥）

倪格亦 Ngoe Mukete Bosambe（喀麦隆）

食品科技学院

米娜 Mason Aminah Myriah（多米尼克）

渔业学院

阿里 Sserwadda Ali Wakyama（乌干达）

布格 Buga Semi（乌干达）

萨迪娜 Namatovu Safina（乌干达）

易瑞 Karimov Erkin（乌兹别克斯坦）

威林顿 Manas Wilson Arop Ogwok（苏丹）

阿伯卡 Emmanuel Kenyi Rufino Aboka（苏丹）

巴雅 David Peter Mina Baya（苏丹）

哈里 Grayson Orville Halley（圭亚那）

萨马 Amantha Providence – Forrester（圭亚那）

马布 Abe Lerato Tshepiso（南非）

大卫 Leshaba Mampe David（南非）

倪伟 Nomvela Ntsako Gladstone（南非）

皮特 Gham Peter Fonyuy（喀麦隆）

飞利浦 Francis Samuel Ronald Phiri（马拉维）

斯利姆 Silli Laban Moosa（马拉维）

天达 Thidza Innocent Zuzeni（马拉维）

大森 Khumbanyiwa Davison Daniel Hernimo Maze（马拉维）

巴德 Chilora Baird Sam（马拉维）

安杰 Andrew Saukani（马拉维）

丹尼尔 Solomon Daniel Shita（埃塞俄比亚）

园艺学院

贾巴 Bashir Mohammed Omer Jabir（苏丹）

工学院

欧柯达 Okinda Cedric Sean Ochieng（肯尼亚）

本科生

农学院

玛米亚娃 Jemal Mamiyeva（土库曼斯坦）

（撰稿：程伟华　王英爽　黄笑迪　审稿：童　敏　审核：王俊琴）

九、科学研究与社会服务

科 学 研 究

【概况】2017 年度，学校到位科研总经费 8.09 亿元，其中：纵向经费 6.95 亿元，横向经费 1.14 亿元。签订各类技术合同 421 项，合同金额 1.65 亿元。

新增国家自然科学基金立项 155 项，立项经费 9 347 万元，其中，创新群体及杰出青年科学基金经费达 1 750 万元。牵头国家重点研发计划项目 5 项，立项经费 1.31 亿元；主持课题 26 项，立项经费 1.42 亿元。获批江苏省自然科学基金 44 项，立项经费 1 040 万元，其中，江苏省杰出青年基金 3 项，优秀青年基金 3 项。牵头江苏省重点研发计划项目 7 项，立项经费 1 050 万元；江苏省农业重大新品种创制项目 6 项，立项经费 2 300 万元。

新增人文社科类纵向科研项目 260 项，其中国家社会科学基金项目 10 项，教育部人文社科一般项目 7 项，农业部软科学项目 2 项，省社会科学基金项目 11 项。纵向项目立项经费 1 541.4 万元，到账经费 4 549.8 万元。

以南京农业大学为第一完成单位获省（部）级以上奖励 16 项，其中，全国创新争先奖 1 项；教育部科技进步奖一等奖 1 项，技术发明二等奖 1 项；神农中华农业科技奖优秀创新团队 1 个、一等奖 3 项；江苏省创新争先奖 2 项；江苏省农业推广奖一等奖 2 项；国家专利优秀奖 1 项；江苏省专利优秀奖 1 项。另获大北农科技奖 2 项。

获人文社科科研成果奖励 9 项，其中，获"江苏省社科应用研究精品工程奖" 7 项（一等奖 2 项、二等奖 5 项），"江苏省优秀理论成果奖" 2 项。6 篇咨询报告获省部级以上领导批示或采纳。

朱艳、吴俊获国家杰出青年科学基金资助；陈发棣入选"国家百千万人才工程"、有突出贡献中青年专家；张正光入选"长江学者奖励计划"特聘教授；王源超、陈发棣、张正光、郭旺珍、窦道龙、柳李旺入选国家"万人计划"科技创新领军人才；黄明、曹林入选国家"万人计划"科技创业领军人才；朱晶入选国家"万人计划"哲学社会科学领军人才；刘裕强、易福金入选国家"万人计划"青年拔尖人才；徐志刚、宣伟入选"长江学者奖励计划"青年学者；陈会广入选国土资源部首批"杰出青年科技人才"；杨东雷、胡高、刘蓉获江苏省杰出青年基金资助；许媛媛、黄小三、韦中获江苏省优秀青年基金资助；房婉萍、刘永杰、易福金入选江苏高校"青蓝工程"中青年学术带头人；易福金入选"江苏高校培养对象"；窦道龙、赵立艳、李春梅、柳李旺、辛志宏、赵志刚、陈会广、刘斐、刘蓉入选江苏省"六大人才高峰"；窦道龙入选江苏省特聘教授；刘蓉入选江苏省"双创计划"双创人才。

以南京农业大学为通讯作者单位被 SCI 收录学术论文 1 670 篇，较上年同期增长

7.26％。被 SSCI 收录学术论文 39 篇，比上年增长 77％；被 CSSCI 收录论文 304 篇；出版专著 25 部。以第一作者单位（共同）或通讯作者单位（共同）在影响因子大于 9 的期刊上发表论文 22 篇，其中 *Science* 2 篇，*Nature Genetics* 1 篇。3 篇论文入选中国热点论文榜，2 位专家入选"高被引科学家"。授权专利 250 件，其中美国专利 2 件。获植物新品种权 9 件，审定主要农作物品种 1 个，登记非主要农作物品种 1 个。登记软件著作权 56 件。注册新兽药证书 2 项。获批国家标准 1 项。

成立科协办公室。获第十四届中国女科学家奖 1 项；南京市十大科技之星 1 人；国家和省科协的青年人才托举工程 5 项；中国科协老科协奖 1 项。认定省科协提升计划科技服务站 2 个，科普基地 2 个。获省科协和农学会双创大赛一等奖各 1 项，校科协获优秀组织奖，2017 年度示范高校科协二等奖。

"作物遗传与种质创新国家重点实验室"在 2016 年生物和医学领域国家重点实验室评估中获"优秀"。牵头向国家发改委建议的"作物表型组学研究设施"列入《国家重大科技基础设施建设"十三五"规划》，设施项目获 2017 年教育部科学事业费立项。成立"作物表型组学交叉研究中心"，组建跨学科研究团队。新批立项教育部动物健康与食品安全国际合作联合实验室，完成了"农业部畜禽（肉猪）屠宰技术集成基地""迁飞性害虫雷达监测站"2 个基地建设项目的申报工作，其中"农业部畜禽（肉猪）屠宰技术集成基地"总投资 1 428 万元，建设期 2 年。完成 4 个农业部重点实验室农业投资建设项目延伸绩效考核工作，6 个农业部重点实验室建设项目通过农业部竣工验收。江苏省生态优质稻麦生产工程技术研究中心通过了建设验收。江苏高校协同创新中心绩效评估获 2 个优秀。江苏省固体有机废弃物资源化高技术研究重点实验室和江苏省信息农业重点实验室绩效评估分别获优秀和良好，并分别获省创新能力建设专项资金 300 万元和 200 万元的项目资助。新增"地方治理与政策研究中心"1 个省级科研机构，"南京农业大学植物保护应用技术中心""特色田园乡村协同创新研究基地""中国地标文化研究中心""社会调查研究中心"4 个校级研究机构。

新建南京农业大学技术转移中心大丰、武进、八卦洲 3 个技术转移分中心；与青海省科技厅、江苏高淳县等地签订战略合作协议，与成都农联高科等企业签订产学研合作协议；先后与钱江生化、金陵饭店集团等大中型涉农企业开展商洽对接活动。参加大院大所泰州行、浙江金华工科会等产学研对接活动。万建民院士团队与袁隆平农业高科技股份有限公司合作成立"南方粳稻研究院"，总投资 5 000 万元，学校知识产权作价 2 450 万元（占 49％股权）。潘根兴教授团队与南京市六合区政府、三聚环保合作共建"南京三聚生物质研究院"。"'南农'系列切花小菊新品种"获得中国国际工业博览会"高校展区优秀展品奖一等奖"，江海宁获高校展区先进个人奖；参展广东惠州首届中国高校科技成果交易会，作物生长监测仪获高校创新奖。

制订《南京农业大学人文社科基金管理办法》（校社科发〔2017〕28 号）。

【获批国家自然科学基金委员会创新研究群体】以植物保护学院王源超、窦道龙、张正光、董莎萌和郑小波 5 位教授为核心的作物疫病研究团队获批国家自然科学基金委员会创新研究群体，实现了学校在该人才计划项目资助中零的突破。这也是我国植物病理学科首次获该类项目资助。

【一项研究成果入选中国高等学校十大科技进展】作物疫病团队研究成果《诱饵模式——病原菌致病的全新机制》入选 2017 年度中国高等学校十大科技进展，是全国农业类高校和江苏高校本年度入选的唯一成果。相关成果以南京农业大学为第一作者和通讯作者单位发表在 *Science* 上。

【咨政成果获全国政协主席批示】陈巍教授撰写的《强化大学农技推广职能，推进大学与农技推广体系有机结合》政策建议获全国政协主席俞正声批示，将作为农业院所体制机制创新加以推广。

【发布江苏新农村发展报告】2018 年 1 月 20 日，《江苏新农村发展报告 2017》发布暨乡村振兴战略研讨会在学校召开。该报告是南京农业大学人文社会科学重大招标项目设置的"江苏新农村发展系列报告"之一，每年出版一期，呈现江苏省在农村社会经济发展中的现状、问题及对策与建议，得到了政府和学界的广泛关注和重视。

[附录]

附录 1　学校纵向到位科研经费汇总表

序号	项目类别	经费（万元）
1	国家重点研发计划	18 348.94
2	转基因生物新品种培育国家科技重大专项	3 656.42
3	国家自然科学基金	11 286.37
4	"973" 计划	1 538.44
5	"863" 计划	238.10
6	国家科技支撑计划	782.84
7	科学技术部其他科技计划	270.37
8	公益性行业科研专项	173.63
9	现代农业产业技术体系	2 270.00
10	农业部其他项目	3 187.29
11	国家重点实验室	665.00
12	中央高校基本科研业务费	4 260.00
13	教育部其他项目	72.70
14	人文社科项目	324.95
15	江苏省科技厅项目	2 324.71
16	江苏省其他项目	7 394.88
17	南京市科技项目	117.20
18	国际合作项目	115.61
19	其他项目	10 957.79
20	未分配纵向经费	4 718.16
合　计		72 703.40

注：此表除包含科研院管理的纵向科研经费外，还包含国际处管理的国际合作项目经费、人事处管理的引进人才经费。

附录2 各学院纵向到位科研经费统计表

序号	学院	到位经费（万元）
1	农学院	16 918.6
2	资源与环境科学学院	8 272.0
3	植物保护学院	3 801.2
4	园艺学院	6 571.9
5	动物医学院	3 996.3
6	食品科技学院	2 676.7
7	动物科技学院	2 288.1
8	生命科学学院	2 468.1
9	工学院	1 863.2
10	理学院	454.9
11	草业学院	652.7
12	经济管理学院	1 027.7
13	公共管理学院	1 360.9
14	信息科技学院	475.2
15	人文与社会发展学院	537.1
16	金融学院	197.3
17	外国语学院	53.2
18	马克思主义学院（政治学院）	81.8
19	体育部	12.0
20	其他 *	1 462.8
合　计		55 171.7

　　*　指行政职能部门纵向到位科研经费，不含国家重点实验室、农业部重点实验室、国家梨改良中心南京分中心、教育部"111"引智基地及渔业学院等到位经费。

附录3 结题项目汇总表

序号	项目类别	应结题项目数	结题项目数
1	国家自然科学基金	172	172
2	国家社会科学基金	3	3
3	国家科技支撑计划	0	1
4	"973"计划	0	1
5	公益性农业行业科研专项	0	1
6	转基因生物新品种培育国家科技重大专项	0	7
7	教育部新世纪优秀人才计划（教育部创新团队发展计划）	9	9

（续）

序号	项目类别	应结题项目数	结题项目数
8	教育部博士点基金	39	39
9	教育部人文社科项目	3	3
10	农业部"948"项目	2	2
11	江苏省自然科学基金项目	72	67
12	江苏省社会科学基金项目	15	13
13	江苏省重点研发计划——现代农业	6	6
14	江苏省重点研发计划——社会发展	3	2
15	江苏省软科学计划	4	3
16	江苏省教育厅高校哲学社会科学项目	23	22
17	江苏省社科联研究课题	10	10
18	江苏省农业三项工程项目	12	0
19	江苏省农业自主创新项目	12	11
20	人文社会科学项目	4	4
21	校青年基金项目	70	58
22	校自主创新重点项目	65	58
23	校人文社会科学基金	76	61
	合　计	600	553

附录4　各学院发表学术论文统计表

序号	学院	论文（篇）		
		SCI	SSCI	CSSCI
1	农学院	184		1
2	植物保护学院	192		
3	资源与环境科学学院	177		
4	园艺学院	160		3
5	动物科技学院	182		
6	动物医学院	194		
7	食品科技学院	186		
8	生命科学学院	146		
9	理学院	64		
10	工学院	74	1	3
11	信息科技学院	4	1	24
12	草业学院	37		
13	渔业学院	45		
14	经济管理学院	14	24	77

（续）

序号	学院	论文（篇）		
		SCI	SSCI	CSSCI
15	公共管理学院	11	13	112
16	人文与社会发展学院			34
17	外国语学院			2
18	金融学院			33
19	马克思主义学院（政治学院）			8
20	体育部			1
21	其他			6
合　计		1 670	39	304

附录 5　各学院专利授权和申请情况一览表

学院	授权专利				申请专利			
	2017 年		2016 年		2017 年		2016 年	
	件	其中：发明/实用新型/外观设计	件	其中：发明/实用新型/外观设计	件	其中：发明/实用新型/外观设计	件	其中：发明/实用新型/外观设计
农学院	28	23/5/0	22	22/0/0（1 件以色列专利）	33	33/0/0（1 件 PCT）	27	22/5/0（1 件 PCT）
植物保护学院	18	16/2/0	22	19/3/0	25	21/4/0/（1 件 PCT）	36	29/7/0
资源与环境科学学院	27	21/5/1（1 件美国专利）	24	22/2/0	32	32/0/0	31	28/3/0（1 件国际）
园艺学院	21	16/5/0	23	21/2/0	59	53/6/0	53	45/8/0
动物科技学院	11	7/4/0	11	8/3/0	21	15/6/0	18	14/4/0
动物医学院	12	12/0/0	5	4/1/0	14	11/3/0	20	17/3/0
食品科技学院	27	25/2/0	31	29/2/0	35	34/1/0	51	41/10/0（1 件 PCT）
生命科学学院	7	4/3/0（1 件美国专利）	6	6/0/0（1 件美国专利）	29	29/0/0	16	16/0/0（1 件 PCT）
理学院	1	1/0/0	6	6/0/0	7	7/0/0	6	6/0/0
工学院	91	21/68/2	88	19/69/0	198	51/146/1	105	20/85/0
信息科技学院	3	2/1/0	1	1/0/0	14	12/2/0	4	4/0/0
人文与社会发展学院	1	1/0/0	1	0/0/1	1	1/0/0	1	0/0/1
图书馆		//	1	0/1/0		//	2	0/2/0
草业学院		//	1	1/0/0	6	5/1/0		//
渔业学院	2	1/1/0	1	0/1/0		//		
合　计	249	150/96/3	243	158/84/1	474	303/169/1	370	242/127/1

附录6 新增部省级科研平台一览表

级别	机构名称	批准部门	批准时间（年）	负责人
部级	"动物健康与食品安全"国际合作联合实验室	教育部	2017	周继勇
省级	地方治理与政策研究中心	江苏省教育厅	2017	于　水

附录7 主办期刊

《南京农业大学学报（自然科学版）》

《南京农业大学学报（自然科学版）》收到稿件487篇，退稿320篇，退稿率为66%，刊出论文150篇，其中特约综述4篇，作者自己投稿综述1篇，研究论文143篇，研究简报2篇。平均发表周期8个月。每期邮局发行162册，国内交换486册，国外发行2册。根据2017年《中国学术期刊影响因子年报》的统计结果，学报影响因子为1.133，他引总引比0.96，基金论文比0.97，总被引频次为4396，WEB下载量为8.32万次。期刊影响因子在学科96种期刊中排第11名，位于Q1区；期刊影响力指数（CI）在学科96种期刊中排第12位。学报被美国《化学文摘》（CA）、《史蒂芬斯全文数据库》（EBSCO host）、英国《国际农业与生物科学中心》全文数据库（CABI）、《动物学记录》（ZR）等国外数据库收录；在2017—2018年被中国科学引文数据库（CSCD）核心库收录。学报被评为第二届"江苏省十强科技期刊"；学报网站被评为"第四届中国高校科技期刊优秀网站"。

《南京农业大学学报（社会科学版）》

《南京农业大学学报（社会科学版）》共收到来稿1776篇，其中，校外来稿1709篇，校内来稿67篇。全年共刊用稿件90篇，用稿率为5.07%，其中，刊用校内稿件15篇，校外稿件75篇，校内用稿占总发稿量的16.7%。省部级基金资助论文66篇，基金论文占比73%。用稿周期约为191天。

影响因子大幅度提升，在中国学术期刊影响因子年报（人文社会科学）（2017）中，学报复合影响因子达2.717，在农业高校学报中排名第一位，在综合性经济科学期刊中名列第5位。全年刊发论文被四大转摘机构转摘论文25篇次，转摘率为27.8%。

《园艺研究》

《园艺研究》共收到来自24个国家的253篇稿件，接收率约16%，正式刊载40篇，国外稿源约67%。编委会进行了第一次换届更新，由副主编30人和顾问委员19人组成，他们分别来自13个国家的37个科研单位。《园艺研究》于2017年2月被科睿唯安（原汤森路透）旗下的SCIE数据库收录，正式成为SCI期刊，并同时存在于园艺与植物科学两个分区中，首个影响因子4.554，位于园艺领域第1/36名，Q1区，由于植物科学分区为9月后才进入，因此该分区排名将会在2018年首次公布。11月，被中国科学院JCR期刊分区收录，首个影响因子4.554，位于园艺领域第1/34名，Q1区，农林科学大类第5/472名，Q1区，并且被评为TOP期刊（TOP期刊为Q1区期刊中的顶尖期刊）。《园艺研究》主办的国际园艺研究系列大会于2017年成功在英国东茂林召开第四届会议（The Fourth International *Horticulture Research* Conference）。共有来自美国、英国、法国、意大利、中国、加拿大和芬兰等17个国家、70个研究机构的196名专家学者与会，其中大会组织了特邀报告11

个、大会报告 36 个、墙报报告 82 个，评出优秀海报奖 3 个。

《中国农业教育》

《中国农业教育》共收到来稿 386 篇，其中，校外稿件 160 篇，校内稿件 226 篇。全年刊用稿件 99 篇，用稿率为 25.6%；其中，刊用校内稿件 29 篇，刊用率为 12.8%；校外稿件 70 篇，刊用率 43.8%，校内外用稿占比 1∶2.5；基金论文比达 61%。用稿周期约为 30 天。

共组织 6 期"特稿"专栏，约请了一些农林高校校长、党委书记稿件 18 篇。先后组织了"农林高校'双一流'建设""学科与专业建设""新型职业农民培育""创新创业教育""高校师资队伍建设"等专题、专栏。

据中国知网统计，《中国农业教育》2017 年度影响因子为 0.308，学术质量稳步提升。刊发论文《农林高校把握"一带一路"战略发展机遇的思考》，被《高等学校文科学术文摘》论点转摘。2016 年，《中国农业教育》在江苏省直重点理论期刊评比中，被评为"优秀奖"，并获资助。

附录 8 学校教师担任国际期刊编委一览表

序号	学院	姓名	编辑委员会			刊名全称	ISSN 号	出版国别
			主编	副主编	编委			
1	农学院	万建民	√			The Crop Journal	2095 - 5421	中国
2	农学院	万建民	√			Journal of Integrative Agriculture	2095 - 3119	中国
3	农学院	陈增建			√	Genome Biology	1474 - 760X	美国
4	农学院	陈增建			√	BMC Plant Biology	1471 - 2229	英国
5	农学院	王秀娥			√	Plant Growth Regulation	0721 - 7595	荷兰
6	农学院	丁艳锋			√	Journal of Integrative Agriculture	2095 - 3119	中国
7	农学院	喻德跃			√	Journal of Integrative Agriculture	2095 - 3119	中国
8	农学院	黄 骥		√		Acta Physiologiae Plantarum	0137 - 5881	德国
9	植物保护学院	王源超		√		PLoS Pathogens	1553 - 7366	美国
10	植物保护学院	王源超			√	Molecular Plant Pathology	1464 - 6722	英国
11	植物保护学院	王源超			√	Molecular Plant - microbe Interaction	0894 - 0282	美国
12	植物保护学院	洪晓月			√	Scientific Reports	2045 - 2322	英国
13	植物保护学院	洪晓月			√	PLoS One	1932 - 6203	美国
14	植物保护学院	洪晓月			√	Applied Entomology and Zoology	0003 - 6862	日本
15	植物保护学院	洪晓月			√	International Journal of Acarology	0164 - 7954	美国
16	植物保护学院	洪晓月			√	Japanese Journal of Applied Entomology and Zoology	0021 - 4914	日本
17	植物保护学院	洪晓月	√			Bulletin of Entomological Research	0007 - 4853	英国
18	植物保护学院	洪晓月	√			Acarologia	0044 - 586X	法国
19	植物保护学院	吴益东		√		Pest Management Science	1526 - 498X	英国
20	植物保护学院	吴益东	√			Insect Science	1672 - 9609	中国

（续）

| 序号 | 学院 | 姓名 | 编辑委员会 | | | 刊名全称 | ISSN 号 | 出版国别 |
			主编	副主编	编委			
21	植物保护学院	张正光			√	Current Genetics	0172 – 8083	美国
22	植物保护学院	张正光			√	PLoS One	1932 – 6203	美国
23	植物保护学院	窦道龙	√			Plant Growth Regulation	0167 – 6903	荷兰
24	植物保护学院	窦道龙			√	Frontier of Plant Science	1360 – 1385	美国
25	植物保护学院	董莎萌		√		Molecular Plant – Microbe Interactions	0894 – 0282	美国
26	植物保护学院	王 暄		√		Molecular Plant – Microbe Interactions	0894 – 0282	美国
27	资源与环境科学学院	潘根兴			√	Global Change Biology Bioenergy	1757 – 1693	英国
28	资源与环境科学学院	赵方杰		√		European Journal of Soil Science	1351 – 0754	美国
29	资源与环境科学学院	胡水金			√	PloS One	1932 – 6203	美国
30	资源与环境科学学院	胡水金			√	Journal of Plant Ecology	1752 – 9921	英国
31	资源与环境科学学院	郭世伟			√	Journal of Agricultural Science	0021 – 8596	美国
32	资源与环境科学学院	汪 鹏			√	Plant and Soil	0032 – 079X	德国
33	资源与环境科学学院	高彦征			√	Scientific Reports	2045 – 2322	英国
34	资源与环境科学学院	郑冠宇			√	Environmental Technology	0959 – 3330	英国
35	资源与环境科学学院	李 真			√	Scientific Reports	2045 – 2322	英国
36	资源与环境科学学院	张亚丽			√	Scientific Reports	2045 – 2322	英国
37	资源与环境科学学院	邹建文			√	Heliyon	2405 – 8440	英国
38	资源与环境科学学院	邹建文			√	Scientific Reports	2045 – 2322	英国
39	资源与环境科学学院	徐国华			√	Chemical and Biological Technologies in Agriculture	2196 – 5641	英国
40	资源与环境科学学院	徐国华			√	Scientific Reports	2045 – 2322	英国
41	资源与环境科学学院	徐国华			√	Frontiers in Plant Science	1664 – 462X	瑞士

（续）

序号	学院	姓名	编辑委员会 主编	副主编	编委	刊名全称	ISSN 号	出版国别
42	资源与环境科学学院	沈其荣			√	Biology and Fertility of Soils	0178 - 2762	德国
43	资源与环境科学学院	沈其荣		√		Pedosphere	1002 - 0160	中国
44	资源与环境科学学院	沈其荣			√	Plant & Soil	0032 - 079X	中国
45	动物科技学院	王恬			√	Journal of Animal Science and Biotechnology	1674 - 9782	中国
46	动物科技学院	孙少琛			√	Scientific Reports	2045 - 2322	英国
47	动物科技学院	孙少琛			√	PLoS One	1932 - 6203	美国
48	动物科技学院	孙少琛			√	PeerJ	2167 - 8359	美国
49	动物医学院	范红结			√	Journal of Integrative Agriculture	2095 - 3119	中国
50	动物医学院	范红结			√	Pakistan veterinary journal	0253 - 8318	巴基斯坦
51	动物医学院	庚庆华			√	Frontiers in Cellular and Infection Microbiology	2235 - 2988	瑞士
52	动物医学院	李祥瑞			√	亚洲兽医病例研究	2169 - 8880	美国
53	动医学院	鲍恩东			√	Agriculture	1580 - 8432	斯洛文尼亚
54	动物医学院	芮荣			√	World Journal of Medical Genetics	2220 - 3184	美国
55	动物医学院	赵茹茜			√	General and Comparative Endocrinology	0016 - 6480	美国
56	动物医学院	赵茹茜			√	Journal of Animal Science and Biotechnology	2049 - 1891	中国
57	动物医学院	粟硕			√	Infection genetics and evolution	1567 - 1348	荷兰
58	动物医学院	粟硕		√		BMC Veterinary Research	1746 - 6148	英国
59	动物医学院	粟硕			√	Transboundary and emerging diseases	1865 - 1674	德国
60	生命科学学院	蒋建东		√		International Biodeterioration & Biodegradation	0964 - 8305	荷兰
61	生命科学学院	蒋建东			√	Applied and Environmental Microbiology	Print ISSN：0099 - 2240 Online ISSN：1098 - 5336	美国
62	生命科学学院	蒋建东			√	Frontiers in MicroBioTechnology, Ecotoxicology & Bioremediation	1664 - 302X	荷兰
63	生命科学学院	杨志敏		√		Gene	Print ISSN：0378 - 1119 Online ISSN：1879 - 0038	美国

（续）

序号	学院	姓名	编辑委员会			刊名全称	ISSN 号	出版国别
			主编	副主编	编委			
64	生命科学学院	杨志敏		√		Plant Gene	2352 - 4073	美国
65	生命科学学院	杨志敏			√	PloS One	1932 - 6203	美国
66	生命科学学院	杨志敏			√	Journal of Biochemistry and Molecular Biology Research	2313 - 7177	美国
67	生命科学学院	蒋明义			√	Frontiers in Plant Science	1664 - 462X	瑞士
68	生命科学学院	蒋明义			√	Frontiers in Physiology	1664 - 042X	瑞士
69	生命科学学院	崔中利			√	Journal of Applied Microbiology	1365 - 2672	英国
70	生命科学学院	腊红桂			√	Frontier in plant science	1664 - 462X	瑞士
71	生命科学学院	章文华			√	Frontier Plant Science	1664 - 462X	美国
72	生命科学学院	强 胜	√			Pesticide Biochemistry and Physiology	0048 - 3575	英国
73	生命科学学院	强 胜			√	Journal of Integrated Agriculture	2095 - 3119	中国
74	生命科学学院	鲍依群			√	Plant Science	01689452	荷兰
75	园艺学院	陈劲枫		√		Horticulture Research	2052 - 7276	中国
76	园艺学院	陈劲枫			√	Horticultural Plant Journal	2095 - 9885	中国
77	园艺学院	张绍铃			√	Frontiers in Plant Science	1664 - 462X	瑞士
78	园艺学院	李 义			√	Horticulture Research	2052 - 7276	中国
79	园艺学院	李 义			√	Plant Cell，Tissue and Organ Culture	0167 - 6857	荷兰
80	园艺学院	李 义			√	Frontiers in Plant Science	1664 - 462X	瑞士
81	园艺学院	宋爱萍			√	Frontiers in Plant Science	1664 - 462X	瑞士
82	园艺学院	柳李旺			√	Frontiers in Plant Science	1664 - 462X	瑞士
83	园艺学院	程宗明	√			Horticulture Research	2052 - 7276	中国
84	食品科技学院	张万刚		√		Meat Science	0309 - 1740	荷兰
85	食品科技学院	李春保		√		Asian - Australian Journal of Animal Science	1011 - 2367	韩国
86	草业学院	郭振飞		√		Frontiers in Plant Science	1664 - 462X	瑞士
87	草业学院	郭振飞		√		The Plant Genome	1940 - 3372	美国
88	草业学院	张英俊		√		Grass and Forage Science	0142 - 5242	英国
89	草业学院	黄炳茹		√		Horticulture Research	2052 - 7276	英国
90	草业学院	黄炳茹			√	Environmental and Experimental Botany	0098 - 8472	英国
91	工学院	舒 磊			√	IEEE Transactions on Industrial Informatics	1551 - 3203	美国
92	工学院	舒 磊			√	IEEE Communications Magazine	0163 - 6804	美国
93	工学院	舒 磊			√	IEEE Network Magazine	0890 - 8044	美国
94	工学院	舒 磊			√	IEEE System Journal	1932 - 8184	美国
95	工学院	舒 磊			√	IEEE Access	2169 - 3536	美国

（续）

序号	学院	姓名	编辑委员会			刊名全称	ISSN 号	出版国别
			主编	副主编	编委			
96	工学院	舒 磊			√	Sensors	1424 – 8220	瑞士
97	工学院	舒 磊			√	Springer/ACM Wireless Network	1022 – 0038	荷兰
98	工学院	舒 磊			√	Springer Telecommunication Systems	1018 – 4864	荷兰
99	工学院	舒 磊			√	Springer Human – centric Computing and Information Science	2192 – 1962	荷兰
100	工学院	舒 磊			√	KSII Transactions on Internet and Information Systems	1976 – 7277	韩国
101	工学院	方 真	√			Springer Book Series – Biofuels and Biorefineries	2214 – 1537	德国
102	工学院	方 真	√			Journal of Technology Innovations in Renewable Energy	1929 – 6002	加拿大
103	工学院	方 真		√		Springer：Biotechnology for Biofuels	1754 – 6834	德国
104	工学院	方 真		√		Wiley：Biofuels, Bioproducts and Biorefining	1932 – 1031	美国
105	工学院	方 真		√		Springer：Energy, Sustainability and Society, a Springer open Journal	2192 – 0567	德国
106	工学院	方 真			√	Taylor&Francis：Energy and Policy Research	2381 – 5639	英国
107	工学院	方 真			√	Green and Sustainable Chemistry	2160 – 6951	美国
108	工学院	方 真			√	Energy and Power Engineering	1949 – 243x	美国
109	工学院	方 真			√	Advances in Chemical Engineering and Science	2160 – 0392	美国
110	工学院	方 真			√	Energy Science and Technology	1923 – 8460	加拿大
111	工学院	方 真			√	Journal of Sustainable Bioenergy Systems	2165 – 400x	美国
112	工学院	方 真			√	ISRN Chemical Engineering	2090 – 861X	美国
113	工学院	方 真			√	Frontiers in Bioenergy and Biofuel	ISBN：978 – 953 – 2892 – 2	美国
114	工学院	方 真			√	Journal of Biomass to Biofuel	2368 – 5964	加拿大
115	工学院	方 真			√	Elsevie；The Journal of Supercritical Fluids	0896 – 8446	荷兰
116	经济管理学院	史杨焱		√		International Journal of Applied Logistics	1947 – 9573	美国
合 计			10	22	84			

（撰稿：郭彩丽 毛 竹 审稿：俞建飞 陶书田 周国栋 姜 海 马海田 陈 俐 贾雯晴 陈学友 审核：韩 梅）

社 会 服 务

【概况】 签订各类技术合同 421 项，合同金额共 1.648 1 亿元，到位经费 1.144 2 亿元。共建 4 个科研平台、3 个技术转移分中心。获批南京市校企合作后补助计划项目 2 项。签订校地校企产学研全面合作协议 9 份。

基地建设。准入建设 4 个新农村服务基地。截至目前，新农村服务基地办公生活面积 1.6 万平方米，实验室面积 1.5 万平方米。淮安研究院、常熟新农村发展研究院和宿迁设施园艺研究院分别获所在市的绩效评价考核"优秀"及后补助资金奖励；淮安研究院获批 2017 年江苏省创新能力建设计划项目立项资助 300 万元，院长黄瑞华获淮安市十大科技之星；常熟新农村发展研究院 5 个产品通过江苏省农委无公害农产品产地认证；宿迁设施园艺研究院获批江苏现代农业产业技术体系推广示范基地；溧水肉制品加工产业创新研究院创业创新项目获全国农村创业创新大赛总决赛优胜奖；云南水稻工作站成果获云南省科技进步奖三等奖；淮安研究院、宿迁设施园艺研究院、盐城大丰盐土农业专家工作站等 4 个基地获批江苏省首批"星创天地"；南京湖熟菊花专家工作站菊花展入园 50 万人次（30 天），带动旅游经济收入 4 000 万元。

科技推广。依托各类农技推广项目，探索形成"两地一站一体"链式大学农技推广模式，新农村发展研究院办公室（以下简称新农办）主任陈巍的《强化大学农技推广职能，推进大学与农技推广体系有机结合》政策建议受到全国政协主席俞正声，农业部部长韩长赋、副部长张桃林的批示并采纳。推动出台《农业部、教育部关于深入推进高等院校和农业科研单位开展农业技术推广服务的意见》以及《农业农村部办公厅关于做好 2018 年基层农技推广体系改革与建设补助项目组织实施工作的通知》。新增江苏省科研院校农技推广服务试点项目 4 个，总经费 1 000 万元。挂县强农富民工程项目对接县由 2016 年的 4 个增加为 5 个，经费增加 25%，对接服务科技示范村 26 个，建设示范推广基地 10 个，成功开展张家港优质果品评比活动、灌南"赛葡萄品龙虾"特色活动、泗洪稻米产业发展高峰论坛等促进地方产业升级、一二三产融合发展活动。

"双线共推"服务模式稳步推进。线下在宿迁、常州、苏州、淮安等地对接组建新型农业经营主体联盟 5 个，新增联盟成员 300 余个；线上完成"南农易农"APP 升级开发，新增线上用户 1 000 余个，推送信息 500 余条。推动线上服务平台企业化运行与大学生创业，并注册成立了农业科技公司。组织大学生参加创业赛事 3 次，荣获江苏农村农业技术创新创业大赛二等奖，获学校大学生"创青春"创业培育项目 1 项。新农办副主任李玉清和人文与社会发展学院副教授余德贵共同编写的《互联网背景下新型农业经营主体发展"双线共推"新模式的示范推广政策建议》获农业部副部长张桃林批示，给予了"南农在农技推广服务方面的工作，有特色，有创新，值得推广研究"的高度评价。

产业扶贫。探索"四位一体"产业扶贫开发模式，以产业扶贫为龙头，深入对接帮扶贵州省麻江县，围绕地方产业发展设立 100 万元扶贫专项经费，签署产业帮扶协议，推动 1 000 亩*锌硒米、200 亩红蒜及 500 亩菊花园等产业扶贫科技示范基地建设；组织开展暑期

---

* 亩为非法定计量单位。1 亩＝1/15 公顷。

"教授服务团走进麻江"和大学生暑期社会实践活动；申报"'四位一体'助力产业扶贫精准落地"项目入选教育部第二届精准扶贫精准脱贫十大典型项目。参加江苏省"五方挂钩"项目，挂钩帮扶省定经济薄弱村灌南县百禄镇高湖村，实现高湖村 2017 年村集体收入 35 万元以上，完成脱贫"摘帽"目标任务，成为脱贫致富的样板村。助力江西省井冈山市成为首批"摘帽"的国家级贫困县。积极对接南京市经济薄弱村等科技帮扶工作。扶贫工作受到《人民日报》、中央电视台、《科技日报》等媒体报道。

联盟建设。作为江苏高校新农村发展研究院协同创新战略联盟的理事长、秘书长单位，组织联盟成员高校联合申报项目，指导苏州农业职业技术学院等高校成立新农村发展研究院。学校新农村发展研究院当选为国家新农村发展研究院联盟副秘书长单位，共同发起成立中美大学农业推广联盟。积极参加第三届现代农业推广与技术转移、首届东亚六次产业论坛等国际会议。接待田纳西大学、科罗拉多州立大学、俄勒冈州立大学等高校的来访交流。

资产经营。资产经营公司注册资本增加到 12 158.954 8 万元，完成主营业务收入 7 420.35 万元，利润 410.6 万元。优化调整组织机构，设立办公室（人力资源部）、财务部、开发部、投资部（企划部）4 个职能部门，完成副总经理以下岗位人员聘任。注销江苏南农种业研究院有限公司，收回投资 500 万元；关闭清算南京利农奶业育种有限公司，收回投资 44 万元；退出南京农大肉类食品有限公司，收回投资 490 万元。与袁隆平农业高科技有限公司签署《出资人协议书》共同出资设立南方粳稻研究开发有限公司。对南京三聚生物质新材料科技有限公司依法依规办理投资评估备案，以无形资产注资到企业 684.74 万元。完成 8 家企业国有资产产权登记申请，完成全资和控股公司 14 家企业年度审计、年终财务决算及所得税汇算清缴工作。南京农大科贸发展有限公司筹备完成教育超市二店的装修营业工作。学校规划设计研究院有限公司接到规划设计类项目 76 项，主营业务收入 1 037.59 万元，6 月 26 日获得国家测绘地理信息局颁发的测绘丙级资质证书。翰苑宾馆有限公司继续加大投入对硬件设施改造更新，客房出租率达到 81.95%，南京神州种业有限公司 10 月 20 日获得新一期农作物种子生产经营许可证。成立"南京农大认证服务有限公司"，10 月 30 日获得有机产品和良好农业操作规范（GAP）认证机构证书。

［附录］

附录 1　各学院横向合作到位经费情况一览表

序号	学院	到位经费（万元）
1	农学院	1 241.93
2	植物保护学院	732.08
3	资源与环境科学学院	752.57
4	园艺学院	472.80
5	动物科技学院	370.90
6	动物医学院	1 413.43
7	食品科技学院	516.66
8	生命科学学院	162.63

（续）

序号	学院	到位经费（万元）
9	理学院	24.50
10	工学院	332.50
11	信息科技学院	70.60
12	公共管理学院	306.63
13	经济管理学院	440.90
14	人文与社会发展学院	469.38
15	外国语学院	18.30
16	金融学院	59.73
17	草业学院	120.47
18	技术转移分中心	225.00
19	其他	3 710.99
合　计		11 442

附录2　社会服务获奖情况一览表

时间	获奖名称	获奖个人/单位	颁奖单位
1月	江苏省帮扶工作年度考核优秀、《灌南日报》扶贫好新闻竞赛二等奖	张亮亮	江苏省扶贫办、江苏省委驻灌南县帮扶工作队、中共灌南县委宣传部
2月	江苏现代农业产业技术体系推广示范基地	南京农业大学宿迁市设施园艺研究院	江苏省农委
3月	"送科技、比服务、促增收"活动表现突出单位	南京农业大学	江苏省农委
3月	"送科技、比服务、促增收"活动表现先进个人	陈　巍、李平华、唐　设、雷　颖	江苏省农委
5月	首届中国高校科技成果交易会成果创新奖	南京农业大学	教育部科技发展中心
5月	科技人员创新行动"双十佳"	南京农业大学常熟新农村发展研究院	常熟市科协
5月	2017年全国科技工作者日、全国科技活动周暨江苏省第二十九届科普宣传周"优秀展示项目"	南京农业大学宿迁市设施园艺研究院	江苏省科协
6月	创新创业人才计划	黄　明	科学技术部
6月	宿迁市优秀产业技术研究院	南京农业大学宿迁市设施园艺研究院	宿迁市政府
8月	淮安市第二期"533英才工程"骨干人才	武恩在、牛培培、张总平、张　博、张　智	淮安市人才办

（续）

时间	获奖名称	获奖个人/单位	颁奖单位
10 月	盆栽菊金奖	南京农业大学	中国菊花研究会
10 月	切花菊金奖	南京农业大学	第九届中国花卉博览会
10 月	第二届教育部直属高校精准扶贫精准脱贫十大典型项目	南京农业大学	教育部发展规划司
10 月	江苏省教育超市 2017 年商品陈列创意大赛优秀作品奖	南京农大科贸发展有限公司	江苏省高等学校后勤协会商贸管理委员会
11 月	全国农林水高校校办产业协会先进集体奖	南京农业大学资产经营有限公司	全国农林水高校校办产业协会/全国农业院校校办产业协会
11 月	全国农林水高校校办产业协会特别贡献奖	康 勇、吴 强、王胜楠	全国农林水高校校办产业协会/全国农业院校校办产业协会
11 月	第 19 届上海工业博览会高校展区一等奖	南京农业大学	第 19 届中国国际工业博览会组委会
11 月	第 19 届上海工业博览会高校展区先进个人奖	江海宁	第 19 届中国国际工业博览会组委会
11 月	感动董浜三好人物	李中奇	董浜镇人民政府
11 月	沿海滩涂高效渔——农技术体系创制与应用推广	南京农业大学	中国产学研合作创新成果奖
9～12 月	2017 年淮安市第一届科技之星、2017 年度淮安市突出贡献中青年专家、淮安市科技进步奖一等奖	黄瑞华	淮安市人民政府、淮安市科学技术协会、淮安市科技局
12 月	淮安市高校研究院 2017 年度绩效考核评比优秀	南京农业大学淮安研究院	淮安市科技局
12 月	常熟市高校研究院 2017 年度绩效考核评比优秀	南京农业大学常熟新农村发展研究院	常熟市农委
12 月	宿迁市高校研究院 2017 年度绩效考核评比优秀	南京农业大学宿迁设施园艺研究院	宿迁市科技局
3～12 月	2016 年度第一书记和同步小康驻村工作先进个人、全州最美第一书记、2017 年麻江县十大扶贫之星、全省脱贫攻坚先进个人	施雪钢	中共麻江县委员会、麻江县人民政府、中共黔东南州党的建设工作领导小组、麻江县扶贫开发领导小组、贵州省扶贫开发领导小组等
9 月	2017 年"克胜蜻蜓杯"农村农业技术创新创业大赛创业组二等奖	"南农易农"APP农技推广服务平台企业化运行项目	江苏省农村专业技术协会
9 月	"克胜蜻蜓杯"农村农业技术创新创业大赛优秀组织奖	南京农业大学	江苏省农村专业技术协会

附录 3 学校新农村服务基地一览表

序号	名称	基地类型	合作单位	所在地	服务领域	准入时间（年）
1	淮安研究院	综合示范基地	淮安市人民政府	江苏淮安	生猪、食品加工、花卉、城乡规划、蔬菜等	2014
2	常熟新农村发展研究院	综合示范基地	常熟市人民政府	江苏常熟	果蔬、粮食、肥料、食品等	2014
3	连云港新农村发展研究院	综合示范基地	连云港市科技局	江苏连云港	蔬菜、果树、畜禽等	2017
4	宿迁设施园艺研究院	特色产业基地	宿迁市人民政府	江苏宿迁	设施园艺、果树、蔬菜、农业工程、农业信息化等	2014
5	昆山蔬菜产业研究院	特色产业基地	昆山市城区农副产品实业有限公司	江苏昆山	蔬菜、食品加工、农经等	2014
6	溧水肉制品加工产业创新研究院	特色产业基地	南农大肉类食品有限公司	江苏南京	食品加工	2014
7	云南水稻专家工作站	分布式服务站	云南省农业科学院粮食作物研究所	云南永胜	作物栽培	2014
8	如皋信息农业专家工作站	分布式服务站	如皋市农业技术推广中心	江苏如皋	作物栽培、农业信息	2014
9	海安雅周农业园区专家工作站	分布式服务站	江苏丰海农业发展有限公司	江苏海安	果树、蔬菜、花卉	2014
10	丹阳食用菌专家工作站	分布式服务站	江苏江南生物科技有限公司	江苏丹阳	食用菌	2014
11	大丰大桥果树专家工作站	分布式服务站	江苏盐丰现代农业发展有限公司	江苏大丰	果树	2015
12	南京湖熟菊花专家工作站	分布式服务站	南京农业大学（自建）	江苏南京	花卉	2015
13	河北衡水冠农植保专家工作站	分布式服务站	河北冠龙农化有限公司	河北衡水	农药	2015
14	山东临沂园艺专家工作站	分布式服务站	山东朱芦镇人民政府	山东临沂	果树	2015
15	常州礼嘉葡萄产业专家工作站	分布式服务站	常州市礼嘉镇人民政府	江苏常州	果树	2016
16	盐城大丰盐土农业专家工作站	分布式服务站	江苏盐城国家农业科技园区	江苏盐城	盐土农业	2016
17	苏州东山茶厂专家工作站	分布式服务站	苏州东山茶厂	江苏苏州	电子商务、茶叶	2017
18	张家港水产微生物技术专家工作站	分布式服务站	张家港市鸿屿水产养殖有限公司	江苏苏州	生物技术、水产养殖	2017
19	丁庄葡萄研究所	分布式服务站	句容市茅山镇人民政府	江苏镇江	果树	2017

附录 4　新增技术转移中心

序号	分支机构名称	建立时间	地点	人员总数（人）	负责人
1	南京农业大学技术转移中心大丰分中心	2017 年 1 月	盐城大丰科技局	2	陈正东
2	南京农业大学技术转移中心武进分中心	2017 年 5 月	常州武进科技局	4	庄仙竹
3	南京农业大学技术转移中心八卦洲分中心	2017 年 7 月	南京八卦洲街道	5	蒋大华

附录 5　农技推广项目一览表

执行年度	项目类型	主管部门	产业方向与实施区域		经费（万元）
2016—2017	中央财政农技推广资金项目	省财政厅	稻麦	金坛、兴化、灌南	300
			梨	丰县、睢宁	270
			葡萄	灌南、海安	
			立体种养	盱眙、东台、海安、沭阳、建湖	400
			生猪	淮阴	50
2017—2018	科研院所农技推广服务试点项目	省财政厅	蔬菜	吴江、如皋、大丰	250
			花卉	新沂、东海、金湖	200
			肉鸡	金坛、海安、宿豫	270
			盐土农业	赣榆、大丰、东台	280
2017	江苏省挂县强农富民工程项目	省农委	张家港	果树	40
				蔬菜	40
			涟水	生猪	40
				蔬菜	40
			射阳	蛋鸡	40
				菊花	40
			灌南	葡萄	40
				立体种养	40
			泗洪	蔬菜	40
				稻麦	40

附录 6　扶贫项目一览表

执行年度	委托部门	帮扶县市	项目名称	经费（万元）	出资单位
2017—2018	教育部	贵州省麻江县	庭院与盆栽小菊新品种的繁育与推广应用	30	南京农业大学
			麻江红蒜品种提纯复壮和良种繁育技术研究	30	
			富锌硒米产量和品质提升种植技术	20	
			第二届直属高校精准扶贫精准脱贫十大典型项目	20	教育部
			全国科技助力精准扶贫科技服务项目	30	中国科协

（续）

执行年度	委托部门	帮扶县市	项目名称	经费（万元）	出资单位
2017	科学技术部	江西省井冈山市	井冈红茶、翠绿和菊花栽培技术集成与示范推广	25	省科技厅
2016—2017	江苏省	连云港市灌南县	水稻标准化集中育秧基地项目	151	南京农业大学 江苏省委驻灌南县帮扶工作队 江苏省财政厅 灌南县农委
			设施果蔬种植项目	30	南京农业大学
			稻麦新品种新技术推广示范项目	19	南京农业大学
			紫山芋种植项目	3	南京农业大学
			农机合作社项目	20	南京农业大学 江苏省委驻灌南县帮扶工作队
			屋顶光伏发电项目	46	灌南县扶贫办
			美丽乡村建设项目	80	灌南县委农工部
			留守儿童夏令营项目	2	南京农业大学
2016—2017	南京市农委	浦口区	优质高效果树新品种新技术示范推广	22	南京市农委
		高淳区	园艺新品种栽培技术试验示范（葡萄）	22.5	
		江宁区	食用菌安全生产试验示范	21.5	
		南京市	南京市农委科技推广帮扶项目实施绩效评价	5	
2017	南京市农委	溧水区	设施蔬菜优质高效绿色生产技术示范与推广	24	南京市农委
		江宁区	病虫防治技术在水稻种植上的推广应用	27	

附录7　学校新型农业经营主体联盟建设一览表

依托基地/项目	序号	联盟名称	联盟所在地	联盟成员数（个）	基地/项目名称	联盟涉及领域
依托基地	1	礼嘉葡萄产业新型农业经营主体联盟	常州武进	35	常州礼嘉葡萄产业专家工作站	果蔬
	2	宿迁果蔬产业新型农业经营主体联盟	江苏宿迁	167	宿迁设施园艺研究院	果蔬
	3	句容果蔬产业新型农业经营主体联盟	镇江句容	101	句容新农村发展研究院	果蔬
	4	涟水生猪产业新型农业经营主体联盟	淮安涟水	45	淮安研究院	生猪
	5	常熟市果蔬产业新型农业经营主体联盟	苏州常熟	280	常熟新农村发展研究院	果蔬

（续）

依托基地/项目	序号	联盟名称	联盟所在地	联盟成员数（个）	基地/项目名称	联盟涉及领域
依托项目	1	张家港果品产业联盟	苏州张家港	52	2017年挂县强农富民工程	果蔬
	2	射阳蛋鸡产业新型农业经营主体联盟	盐城射阳	25	2017年挂县强农富民工程	禽类
	3	泗洪稻麦产业新型农业经营主体联盟	宿迁泗洪	150	2017年挂县强农富民工程	稻麦
	4	金坛区稻麦产业新型经营主体联盟	常州金坛	215	2015年国家重大农技推广服务试点工作	稻麦
	5	兴化市粮食生产新型经营主体联盟	泰州兴化	302	2015年国家重大农技推广服务试点工作	稻麦
	6	东海稻麦产业新型农业经营主体联盟	连云港东海	168	2015年国家重大农技推广服务试点工作	稻麦
	7	其他		401		
合计				1 941		

（撰稿：严　瑾　郭彩丽　王惠萍　邵存林　陈荣荣　王克其　宋俊峰　徐敏轮

审稿：陈　巍　李玉清　俞建飞　马海田　孙小伍　审核：韩　梅）

十、对外合作与交流

国际合作与交流

【概况】 制订《南京农业大学聘请境外专家经费管理办法（暂行）》和《南京农业大学外事接待经费管理办法（暂行）》（校外发〔2017〕86号），对学校外国文教专家项目经费、外宾接待经费的使用与管理进行了明确与细化。

全年接待境外高校和政府代表团组32批128人次，包括美国密歇根州立大学校长代表团、波兰波兹南生命科学大学校长代表团、印度尼西亚国立玛琅大学校长代表团、新西兰达尼丁市代表团、南非自由州省代表团等。来访外宾总数达748人次，包括院士8人。2017年签署和续签18个合作协议，包括13个校（院）际学术交流协议和5个学生培养项目协议。进一步加强与"一带一路"沿线国家高校和科研机构的人文交流。

获得国家各类聘请外国文教专家项目经费992万元，新增教育部和国家外国专家局"农村土地资源多功能利用研究学科创新引智基地""高端外国专家项目""海外名师项目""促进与美大地区科研合作与高层次人才培养项目"等各类聘专项目110项。聘请境外专家620人次，举办专家学术报告700场。申报2018年度"一带一路教科文卫引智项目"、"外国青年人才引进计划"、教育部"海外名师项目"和"学校重点项目"等各类聘请外国文教专家项目119项。

深化与世界一流高校的交流与合作，打造世界一流、国际化、跨学科教学科研合作平台。6月，与美国田纳西大学联合成立中美农业植物生物学研究中心（China - US Research and Education Center for Agricultural Plant Biology，简称CAPB）。7月，与美国加利福尼亚大学戴维斯分校和荷兰瓦格宁根大学合作共建"动物健康与食品安全"国际合作联合实验室，通过教育部评估立项。9月，与美国密歇根州立大学共建非独立法人中外合作办学机构申请通过江苏省教育厅初审，并率先启动教师能力提升项目。11月，与密歇根州立大学发起成立亚洲农业研究中心（Asia Hub on WEF and Agriculture，简称Asia Hub）。

选派教师出国（境）参加学术会议、合作研究、进修培训等310批453人次。3个月以上长期出国交流人员65批70人次（含国家公派教师出国交流人员44人次）。派遣学生出国参加国际会议、短期交流学习、合作研究和攻读博士学位等620人次。其中，短期交流学习和交换留学330人，赴海外高校或科研机构从事博士学位或联合培养博士（硕士）研究学习122人次。

【入选农业部首批"农业对外合作科技支撑与人才培训基地"】 成功入选农业部首批"农业对外合作科技支撑与人才培训基地"，开展农业复合型人才培养方案探索，设立校级课题"农业对外合作复合型人才需求分析及培养模式研究"，针对农业对外合作人才培养开展专项研究，调研"农业走出去企业"需求，探讨共同开展农业对外合作人才培训。承办农业部"农业对外合作人才体系建设研讨会"。

【"亚洲农业研究中心"联合研究项目获批立项】10 月，启动"亚洲农业研究中心"南京农业大学-密歇根州立大学联合研究项目，共有来自农学院、植物保护学院、资源与环境科学学院、食品科技学院、经济管理学院、公共管理学院、工学院 7 个学院的首批 11 个项目获得立项资助，资助金额 363 万元。该项目由学校教授与密歇根州立大学教授共同合作，旨在发挥双方及亚洲其他合作方的优势，协同开展合作研究，共同应对亚洲农业可持续发展面临的挑战。

【加强"111 计划"管理、设立"111 计划培育项目"】进一步创新"111 计划"管理机制，提前启动"111 计划"推荐项目的遴选工作，最终确定推荐园艺学院教授陈发棣申报 2018 年度"111 计划"，确定动物科技学院和动物医学院的项目作为学校"111 计划培育项目"，为申报新的"111 计划"进行项目储备。

【举办第五届世界农业奖颁奖典礼暨第九届 GCHERA 世界大会】10 月 28～30 日，第五届世界农业奖颁奖典礼在南京农业大学举行，来自 9 个国家的 19 所国外大学和研究机构、20 多所国内大学及 2 所涉农企业的 100 多位领导与专家学者参加了系列活动。比利时根特大学植物系统生物学中心主任 Dirk Inzé 教授凭借其在植物器官生长和生物量生产力研究中的突出贡献获得此殊荣。同时举办的第九届 GCHERA 世界大会以"食物保障与食品安全：大学之使命"为主题，围绕全球食物保障与食品安全面临的挑战、大学回应挑战的教育功能和研究功能，以及价值创造与大学使命进行了分享，在策略、实施方式、变革议程等方面开展了广泛而深入的交流。

[附录]

附录 1　签署的国际交流与合作协议一览表

序号	国家	院校名称（中英文）	合作协议名称	签署日期
1	英国	雷丁大学 University of Reading	谅解备忘录	3 月 1 日
2	日本	千叶大学 Chiba University	学术交流协议	4 月 10 日
3			学生交流协议	4 月 10 日
4		北陆大学 Hokuriku University	缔结友好学校协议书	12 月 8 日
5			本科生联合培养协议（2018）	12 月 8 日
6			本科生联合培养协议（2019—2020）	12 月 8 日
7	印度尼西亚	国立玛琅大学 State University of Malang	谅解备忘录	3 月 25 日
8		印度尼西亚教育文化部电教中心 Agency of Television Media for Educational and Cultural Development Ministry of Education and Culture, Indonesia	谅解备忘录	5 月 16 日
9		印度尼西亚教育文化部教师发展中心 Center of Development and Empowerment for Arts and Culture Teachers and Educational Personnel Ministry of Education and Culture, Indonesia	谅解备忘录	5 月 15 日

（续）

序号	国家	院校名称（中英文）	合作协议名称	签署日期
10	肯尼亚	埃格顿大学 Egerton University	农业职业技术教育谅解备忘录	5 月 1 日
11			谅解备忘录（草案）	7 月 10 日
12			合作协议	12 月 4 日
13	美国	密歇根州立大学 Michigan State University	教师海外研修项目协议	5 月 5 日
14	意大利	米兰圣心天主教大学 Università Cattolica del Sacro Cuore	谅解备忘录	5 月 30 日
15	法国	埃夫里-瓦尔德爱松 Université Evry Val d'Essonne	框架协议	9 月 22 日
16	丹麦	奥胡斯大学 Aarhus University	谅解备忘录	12 月 18 日
17			学生交换协议	12 月 18 日
18	比利时	根特大学 Ghent University	博士学位联合指导和认证的合作协议	12 月 31 日

附录 2　举办国际学术会议一览表

序号	时间	会议名称（中英文）	负责学院/系
1	5 月 8～10 日	"粮食与食品双安全战略下的自然资源持续利用与环境治理"项目启动会 The kick - off meeting for 'Sustainable Natural Resource Management for Adequate and Safe Food Provision'	公共管理学院
2	5 月 8～11 日	国际作物模型比较与改进项目小麦组 2017 年年会 2017AgMIP Wheat Team Annual Workshop	农学院
3	6 月 19～21 日	中美猪业研讨会 Sino - U. S. Forum on Swine Industry	动物医学院
4	9 月 19～20 日	跨境肉类贸易及电子认证研讨会 Workshop on Cross - border Trade of Meat and Electronic Certification	食品科技学院
5	10 月 20～23 日	丝绸之路与中外农业交流学术研讨会 Conference on Silk Road and Sino - Foreign Scientific and Cultural Exchanges	人文与社会发展学院
6	10 月 23～26 日	2017 年研究生国际学术会议 2017 International Academic Conference for Graduate Students	研究生院
7	10 月 27～30 日	第九届 GCHERA 世界大会 The 9th GCHERA World Conference	国际教育学院
8	11 月 18～21 日	中国-东盟生物质炭生产与绿色农业应用研讨会 China - Asian Workshop on Biochar Production and Application for Green Agriculture - from Technology to Viable Systems	资源与环境科学学院
9	11 月 28～30 日	亚洲农业研究中心启动会暨 2017 年学术研讨会 Asia Hub on WEF and Agriculture Launch Meeting & Workshop on Innovations in Food，Energy and Water Systems in Asia	国际合作与交流处
10	11 月 29 至 12 月 1 日	作物表型组学重大科技基础设施专家论证会 The evaluation meeting on "China Crop Phenotyping Facilities"	科学研究院

附录 3 接待重要访问团组和外国专家一览表

序号	代表团名称	来访目的	来访时间
1	印度尼西亚国立玛琅大学校长代表团	拓展校际合作，续签合作备忘录等协议	3 月
2	美国田纳西大学院长代表团	深化学术合作，共建联合研究中心	3 月
3	荷兰驻上海总领事馆副总领事代表团	探讨合作举办学术研讨会	4 月
4	英国皇家学会会员、美国科学院外籍院士、洛桑试验站约翰·皮克特（John A. Pickett）教授	合作研究	4 月
5	美国科学院院士、普渡大学朱健康教授	合作研究	4 月
6	英国约克市政府代表团	探讨合作事宜	4 月
7	巴基斯坦高教委代表团	探讨合作事宜	4 月
8	澳大利亚悉尼大学院长代表团	探讨科研合作事宜	5 月
9	美国科学院院士、密苏里大学詹姆士·布什乐（James A. Birchler）教授	合作研究	5 月
10	南非自由州省代表团	探讨学生培养和科技推广的合作	5 月
11	荷兰瓦格宁根大学尼克拉斯·汉瑞克（Nicolaas B. M. Heerink）副教授	合作研究	5 月
12	日本北陆大学校长代表团	商讨两校在学生、教职员交流，以及科研合作的可能性	6 月
13	美国田纳西大学院长代表团	参加中美农业植物生物学研究中心揭牌仪式暨第一届学术研讨会	6 月
14	以色列 LR Group 代表团	探讨合作事宜	6 月
15	瑞典哥德堡大学代表团	商讨两校科研合作、学生交换事宜	6 月
16	瑞士日内瓦大学瑞特·斯特拉瑟（Reto Jorg Strasser）教授	合作研究	6 月
17	荷兰瓦格宁根大学代表团	深化科研合作及师生交流的相关事宜	7 月
18	欧洲科学院院士、英国塞恩思伯里实验室索菲恩·克蒙（Sophien Kamoun）教授	合作研究	8 月
19	美国俄勒冈州立大学布瑞特·泰勒（Brett Tyler）教授	合作研究	8 月
20	美国加利福尼亚大学戴维斯分校代表团	参加 2017 全球健康与食品安全研讨会	9 月
21	加拿大皇家科学院院士、阿尔伯塔大学罗内·巴布克（Lorne Babiuk）教授	合作研究	9 月
22	欧洲科学院院士、加拿大萨斯喀彻温大学苏瑞士·缇可（Suresh Tikoo）教授	合作研究	9 月
23	美国波莫纳加州立理工大学院长代表团	进一步拓展交流合作	10 月
24	英国皇家学会院士、英国阿伯丁大学詹姆士·普罗瑟（James Prosser）教授	合作研究	10 月

（续）

序号	代表团名称	来访目的	来访时间
25	新西兰达尼丁市政府代表团	探讨合作事宜	10 月
26	美国田纳西大学院长代表团	深化两校科研合作，进一步落实中美农作物生物学研究和教育中心的工作计划	11 月
27	英国林肯大学院长代表团	探讨合作事宜	11 月
28	美国密歇根州立大学代表团	参加亚洲农业研究中心启动会暨 2017 年学术研讨会	11 月
29	美国科学院院士、密歇根州立大学何胜阳（Shengyang He）教授	合作研究	11 月
30	波兰波兹南生命科学大学校长代表团	落实校际合作备忘录、进一步探讨实质性合作内容	12 月
31	日本北陆大学校长代表团	进一步落实合作	12 月
32	肯尼亚埃格顿大学校长代表团	深化两校合作、探索更多合作机遇	12 月

附录4 学校重要出国（境）校际访问团组一览表

序号	团组名称	访问单位	访问时间	访问目的
1	周光宏校长等 5 人赴日本	日本千叶大学、北海道大学	2017.4.9～13	加深两校间的合作关系，促进教师间的互访、学生间的互换交流，探索科研合作、学生交换留学等方面建立合作交流的可能性
2	副校长胡锋等 4 人赴印度尼西亚、柬埔寨	印度尼西亚玛琅国立大学和柬埔寨农业大学	2017.5.7～14	商谈两校间的师生交流、科研合作、留学生招生等事宜
3	副书记盛邦跃等 2 人赴赞比亚	赞比亚孔子学院	2017.5.16～20	参加国家汉办在赞比亚举办的"2017 年非洲孔子学院联席会议"，交流国家在非洲孔子学院办学经验等
4	副校长丁艳锋等 5 人赴澳大利亚	澳大利亚联邦科学与工业研究组织、农业食品研究组织（CSIRO）和阿德雷德大学	2017.5.21～27	受教育部委托执行国家"十三五"重大科技基础设施培育项目"农作物种质表型和基因研究设施"，调研澳洲农业领域研究机构和大学在科技设施培育项目上的经验和方法
5	副校长董维春等 5 人赴英国、荷兰	英国雷丁大学、荷兰瓦格宁根大学	2017.9.24～30	深入考察了解欧洲大学本科生培养和研究生教育管理经验，协商扩大学校与相关高校的人员交流事宜等
6	副校长戴建君等 3 人赴美国	美国康奈尔大学、艾奥瓦立大学	2017.10.16～20	访问康奈尔大学，总结两校"中美农业技术转移中心""农学 2+2 本科联合培养"等项目近 3 年执行情况，商议推动青年教师进修、学生短期互访等新项目开展；访问艾奥瓦州立大学，签署学生联合培养协议，商议"动物健康与食品安全"国际联合实验室下一步工作计划

（续）

序号	团组名称	访问单位	访问时间	访问目的
6	胡锋副校长等5人赴肯尼亚、莫桑比克	肯尼亚埃格顿大学、莫桑比克蒙德拉内大学	2017.12.1～8	肯尼亚：参加埃格顿大学孔子学院2017年度理事会，胡锋副校长被提名为新一届理事会理事，提交理事会表决；评估中肯作物分子生物学联合实验室的运行情况；为埃格顿大学师生、分子生物技术培训班学员举办相关讲座 莫桑比克：访问蒙德拉内大学，会见校领导，分享孔子学院的管理经验，探讨建立孔子学院战略联盟的可能性；商议两校师生双向交流计划；举办莫桑比克籍南京农业大学校友联谊会

附录5　学校新增国家重点聘请外国文教专家项目一览表

序号	项目名称	项目负责人
1	教育部学校特色项目——农业生物灾害防控研究外国专家聘请项目	王源超
2	海外名师引进计划［荷兰瓦格宁根大学尼克拉斯·汉瑞克（Nicolaas B. M. Heerink）副教授］	石晓平
3	"一带一路"教科文卫引智项目——水稻磷素吸收利用关键基因功能研究	孙淑斌
4	高端外国专家项目［美国普渡大学缇蒙西·菲力（Timothy R. Filley）教授］	潘根兴
5	高端外国专家项目［美国加利福尼亚大学河滨分校大卫·克劳利（David Crowley）教授］	李恋卿
6	高端外国专家项目［美国俄勒冈州立大学布瑞特·泰勒（Brett Tyler）教授］	王源超
7	高端外国专家项目［阿根廷马德普拉塔国立大学生物研究所拉马提纳·罗润泽（Lamattina Lorenzo）教授］	沈文飚
8	江苏外专百人计划［美国科学院外籍院士、墨西哥生物多样性基因组学国家实验室罗伊斯·伊斯特拉（Luis R. Herrera - Estrella）教授］	徐国华
9	江苏外专百人计划［澳大利亚新南威尔士大学斯蒂芬·约瑟夫（Stephen David Joseph）教授］	潘根兴
10	促进与美大地区科研合作与高层次人才培养项目（反刍动物粗饲料高效利用研究）	朱伟云

附录6　学校新增荣誉教授一览表

序号	姓名	所在单位、职务职称	聘任身份
1	罗内·巴布克（Lorne Babiuk）	加拿大皇家科学院院士、阿尔伯塔大学教授	客座教授
2	克瑞斯托弗·瑞兴（Christopher Rensing）	福建农林大学教授	客座教授
3	辛那（Sina Adl）	加拿大萨省大学教授	客座教授
4	詹森·查普曼（Jason Wayne Chapman）	英国埃克塞特大学副教授	客座教授

（续）

序号	姓名	所在单位、职务职称	聘任身份
5	丁辛顺（Xinshun Ding）	美国塞缪尔罗伯茨诺贝尔基金会研究员	客座教授
6	乔治·科瓦乔克（George A. Kowalchuk）	荷兰乌得勒支大学教授	客座教授
7	鞠安娜·萨勒（Joana Falcão Salles）	荷兰格罗宁根大学副教授	客座教授
8	斯蒂芬·盖森（Stefan Geisen）	荷兰瓦格宁根大学博士后	客座教授
9	魏利·弗里曼（Ville-Petri Friman）	英国约克大学讲师	客座教授
10	游明安（Frank M. You）	加拿大农业和农业食品部研究员	客座教授
11	迈克·希尔多（Michael K. Theodorou）	英国哈珀亚当斯大学教授	客座教授
12	詹姆士·布什乐（James A. Birchler）	美国科学院院士、密苏里大学教授	客座教授
13	凯诗琳·牛顿（Kathleen J. Newton）	美国密苏里大学教授	客座教授

（撰稿：丰　蓉　陈月红　苏　怡　郭丽娟　高　明　刘坤丽　张　松　魏　薇
审稿：陈　杰　刘志民　审核：韩　梅）

教育援外与培训

【概况】共举办农业技术、农业管理、中国语言文化等各类短期研修项目 21 期（含无锡渔业学院），54 个国家的 561 名学员参加研修。项目通过专题讲座、学术研讨、专业考察和文化体验交流等不同形式多方面展示学校科研教学的实力，展现中国经济发展成就和中国传统文化的魅力。

以教育部"教育援外基地"以及"中国-东盟教育培训中心"为平台，不断加强与"一带一路"沿线国家的教育合作交流，访问柬埔寨、印度尼西亚、哈萨克斯坦、新加坡等"一带一路"沿线国家，致力于推动与沿线国家的农业院校、科研单位在人才培养、人文交流等方面的合作。与印度尼西亚玛琅国立大学签署协议，共同举办地理方面的师资培训项目。

埃格顿大学孔子学院全年开设 108 个汉语教学班，学员 2 346 人，学员总数比 2016 年增长 30.6%；举办和参加文化活动 33 场次，参与人数达 18 710 人次。2017 年 12 月，在全国孔子学院工作座谈会上，埃格顿大学孔子学院开展的农业职业技能培训工作获国务院副总理刘延东肯定。

【与非洲高校联合培养 90 名农业人才】12 月，学校与埃格顿大学签署"埃格顿大学可持续农业与农业商务管理卓越中心"合作协议，两校将联合为肯尼亚等东非国家培养 90 名博士和硕士。

（撰稿：姚　红　李　远　审稿：刘志民　审核：韩　梅）

港 澳 台 工 作

【概况】接待港澳台专家 50 人次，派遣师生前往港澳台交流学习 25 批 26 人次，录取 1 名台湾学生来学校攻读学士学位，接收 5 名台湾学生来学校进行交换学习。申报 2018 年度王宽诚教育基金会资助项目 1 项并获得立项。进一步完善港澳台学生个人信息登记制度。协助学工处开展港澳台学生的录取及奖学金评定工作。与国际教育学院共同举办"两岸大学生新农村建设研习营"，台湾 24 名师生和学校国际教育学院、经济管理学院的 19 名师生参与了此项活动。

［附录］

我国港澳台地区主要来访团组一览表

序号	代表团名称	来访目的	来访时间（月）
1	台湾大学师生代表团	参加"两岸大学生新农村建设研习营"	7
2	嘉义大学师生代表团	参加"两岸大学生新农村建设研习营"	7
3	屏东科技大学学生代表团	参加"两岸大学生新农村建设研习营"	7
4	中兴大学师生代表团	参加"两岸大学生新农村建设研习营"	7
5	宜兰大学师生代表团	参加"两岸大学生新农村建设研习营"	7
6	海峡两岸农业科技交流团	合作交流	12

（撰稿：郭丽娟 丰 蓉 苏 怡 刘坤丽 审稿：陈 杰 审核：韩 梅）

十一、发展委员会

校 友 会

【概况】2017年，南京农业大学校友会成立肯尼亚校友会、甘肃校友会、青海校友会、山东烟台威海校友分会、山东滨州东营校友分会，指导山东校友会、河南校友会、浙江校友会、福建厦门校友会、北京校友会、无锡校友会、苏州校友会、泰州校友会完成换届工作，走访法国、海南、宁波、深圳、镇江、徐州等地方校友会。

组织召开校友会理事会暨校友工作交流研讨会、校友生态平台建设大会、校友"商机与发展"主题沙龙活动等，交流校友工作，探讨新时期校友工作方法。

地方校友会精心组织各类活动。北京校友会举办"走进中牧集团·参观国礼马"活动及南京农业大学"勤仁学堂"首讲暨"2017乘时致远"北京校友年会活动；山东校友会开展系列主题活动："企业法律咨询""植物精油应用""资本运作与金融高峰论坛"；上海校友会"校友足球俱乐部"获得"2017上海高校足球联盟赛"冠军组前5名及"最佳团队组织奖"。

设计开发"校友服务系统"网络数据平台，收集完善校友信息；开通"南京农业大学校友之家"微信公众号，与"南京农业大学校友会"微信公众平台协同使用，全年推送消息280篇，阅读量达66 000次；选聘210名校友联络大使并建立校友联络大使QQ群，为校友提供便利的联络平台。

编印《南农校友》杂志3期，向校友邮寄《南农校友》及校报21 000份。邀请5位校友回母校做客"校友讲坛"，分享个人成长故事、创业历程和就业经验。全年向校报"校友英华"栏目提供校友先进事迹稿件5篇，营造校友文化氛围，强化校友育人功能。

校友会累计接待30批820名校友返校聚会活动，为校友返校提供校园志愿者、横幅制作悬挂、食堂用餐等服务。其中，接待毕业10周年返校聚会校友19批次，毕业20周年返校聚会校友3批，毕业30周年返校聚会校友30批次。

校友馆全年接待参观团体及个人4 500人次，其中包括江苏省委书记李强、教育部副部长杜占元、中国科学院院士匡廷云、南京市委副书记龙翔、美国科罗拉多州立大学副校长Lou Swantson教授、美国华人专家会会长王希萌教授等。

成立甘肃校友会。4月23日，南京农业大学甘肃校友会成立大会在兰州饭店召开。副校长胡锋、校友总会秘书长张红生等，以及来自甘肃各地的60位校友代表参加成立大会。会议由1984级动物医学院校友郑明举主持。大会选举产生第一届甘肃校友会理事会成员，殷宏任会长，郑明举任常务副会长，张天虎、王彦荣、陈国雄3位校友担任副会长，马丁丑任秘书长，杨旭星、张春燕、高晋阳、张芬琴等17位校友为副秘书长。

成立青海校友会。5月7日，南京农业大学青海校友会成立大会在西宁市伊尔顿国际酒店召开。副校长胡锋，校友总会副会长、原副校长王耀南，校友总会秘书长张红生等，以及来自青海各地的60位校友代表参加成立大会，甘肃校友会派代表参加成立大会。大会选举产生第一届青海校友会理事会机构成员：李积德、连新明任总顾问，韩忠良任名誉会长，冶福春任会长，徐嘉易、朱晓梁、蔡霞、刘琳琳、李晓磊任副会长，马生军、牛远来任秘书长，李永强、常杨、刘兆华、曹有岳、安志芳、许媛君、唐舒婷任副秘书长。

成立山东烟台威海校友分会。10月29日，南京农业大学山东校友会烟台威海分会（以下简称烟威分会）成立大会在烟台召开。成立大会由1992级金融专业校友谭书辉主持，副校长胡锋、校友总会秘书长张红生等，以及来自烟台、威海的40位校友代表参加成立大会。大会一致通过：山东校友会烟威校友分会首任会长由赵成新担任，2008级设施农业专业校友于超、1992级园艺硕士校友丛磊、1999级农经专业校友陈友等担任副会长，1992级金融专业校友谭书辉任秘书长，2003级硕士动医专业校友孙旭辉、2000级动医专业校友房超、2008级机制专业校友徐刚等任副秘书长。

成立山东滨州东营校友分会。12月24日，南京农业大学山东滨州东营校友分会成立大会于在山东滨州绿都大酒店召开。南京农业大学副校长胡锋、校友会副会长孙健等，以及来自山东滨州东营各地的校友代表60人参加了成立大会。北京、河北和山东校友会以及山东烟威校友分会、济宁校友分会委派校友代表参加了成立大会。会议由1993级会计审计专业校友沈国星主持。大会一致通过第一届山东滨州东营校友分会组织机构人员名单：刘胜利任名誉会长，童宇任滨州校友分会联席会长，顾晓其任东营校友分会联席会长，沈国星任滨州校友分会联席秘书长，朱照明任东营校友分会联席秘书长。

【召开校友会理事会暨校友工作交流研讨会】5月21日，南京农业大学2017年校友会理事会暨校友工作交流研讨会在金陵研究院三楼报告厅召开。校友会名誉会长翟虎渠，会长、南京农业大学校长周光宏等，以及地方校友会代表、学院校友分会代表等100人出席大会。会议由副校长胡锋主持。周光宏在大会上致辞，校友会秘书长张红生作校友会理事会工作报告，中国农业大学校友会办公室主任骆骢和东南大学校友会秘书长姚志彪作为特邀嘉宾分别介绍两校校友工作经验，翟虎渠应邀作大会发言，海内外地方校友会代表交流工作经验，各学院校友分会介绍学院校友工作情况，校学科建设与发展规划处处长罗英姿作学校"双一流"建设主题报告。

【聘任第四届校友联络大使】6月7日，南京农业大学第四届校友联络大使聘任仪式在金陵研究院三楼会议室举行。校友总会副会长、原副校长王耀南，校友总会副会长、原副校长孙健，各学院分管校友会工作的领导和教师代表，2017届毕业生中推荐选拔的130位校友联络大使代表出席了聘任仪式。聘任仪式由校友总会副会长兼秘书长、学校发展委员会办公室主任张红生主持。共聘任2017届校友联络大使210人，各学院参会领导为校友联络大使代表颁发聘书。

【举办南京地区企业界校友"商机与发展"主题沙龙活动】6月29日，以"商业机会的选择与企业发展"为主题的南京地区企业界校友沙龙活动在卫岗校区行政楼A613会议室举办。发展委员会办公室副主任兼校友总会副秘书长杨明、经济管理学院副院长耿献辉、发展规划与学科建设处副处长周应堂等，以及50名对创新创业有浓厚兴趣的在校学生参加。校友王红兵交流创业心得，校友石凤春介绍宠物医疗行业现状及前景，校友杨勇分享从大学到创业成功的经历，王中有、桑鑫、于超等校友分享了各自创业经验和体会，周应堂从专业角度提出企业管理的意见和建议，耿献辉介绍学校 MBA 校友群体的创业情况。

【召开校友生态平台建设大会】8 月 26 日，以"共生、共享、共赢"为主题的南京农业大学校友生态平台建设会议在上海市松江区洲际假日酒店召开。南京农业大学原副校长、校友总会副会长孙健，上海海洋大学原校长、上海校友会会长潘迎捷等出席会议。来自江、浙、沪的校友企业家代表、上海校友会秘书处等共 80 位校友参加了本次会议，会议由上海校友会副秘书长顾继仁主持。孙健代表校友总会致辞，潘迎捷及企业界校友代表作大会发言，江苏校友企业牵头人王中有阐述校友企业平台建设的必要性，校友企业负责人徐文伟、程晓平、钱勇、叶刚、刘联、刘向阳、郭斌、陆超平、赵春宇、于超等分别在大会上发言。

【成立肯尼亚校友会】12 月 4 日，南京农业大学肯尼亚校友会暨埃格顿大学孔子学院校友会成立大会在肯尼亚埃格顿大学召开。大会由 2011 级植保病理专业 Miriam Karwitha Charimbu 博士主持，副校长胡锋、校友总会秘书长张红生等，以及来自肯尼亚全国各地的 50 位校友代表参加成立大会。会议一致通过肯尼亚校友会组织机构人员名单：首任会长由校友 Charles Muleke 博士担任，2000 级蔬菜学访问学者 Joshua Ogweno 博士任副会长，2011 级植保病理专业 Karwith Miriam Charimbu 博士任秘书长，2012 级食品科学专业 Maureen Cheserek 博士任组织委员，2009 级茶学专业 Tanui John Kipkorir 博士任财务委员。副校长胡锋与 Charles Muleke 博士完成"肯尼亚校友会暨埃格顿大学孔子学院校友会"成立的揭牌仪式，宣布学校校友会第三个海外校友分会正式成立。

【举办校友讲坛】3 月 29 日，在金陵研究院三楼报告厅举办第十期校友讲坛，食品科技学院 1986 级校友、雨润肉食品有限公司副总裁赵宁作题为《一路同行，共筑梦想》专题报告。10 月 19 日，在图书馆报告厅举办第九期校友讲坛，南京森楠生物技术研究有限公司运营总监、校友韩健宝作题为《创业——聚焦和坚持的力量》专题报告。12 月 24 日下午，在教四楼报告厅举办第十一期校友讲坛，资源与环境科学学院 1987 届校友、中山大学教授仇荣亮作题为《变土为壤——30 年土壤环境科学研究的一点思考》专题报告。

（撰稿：郭军洋　审稿：张红生　审核：代秀娟）

教育发展基金会

【概况】2017 年教育发展基金会新签订捐赠协议 20 项，到账金额 1 406.37 万元。申请中央高校捐赠配比资金 1 115 万元，两项合计 2 521.37 万元。

5 月，基金会对 2015 年 12 月委托投资的 300 万元进行收益赎回，利润 24.33 万元，收益率 8.11%。11 月 23 日，基金会根据捐赠协议以及理事会决议，分别购买了中国邮政储蓄银行与南京银行发行的保本型理财产品 1 200 万元、1 400 万元，共计 2 600 万元，预期收益率均超过 4%。

微捐赠平台开通"金善宝农业教育基金""邹秉文基金"等在线捐赠系统，鼓励校友反哺母校。基金会设立"孙颔教育基金""刘大钧农业教育基金""林敏端教育基金"等，激励广大师生投身中国农业事业。

7月，教育发展基金会召开第三届理事会第五次会议，同意左惟辞去南京农业大学教育发展基金会第三届理事会理事长，选举胡锋为南京农业大学教育发展基金会第三届理事会理事长。通过了理事监事人员调整、年度财务预算、大额资金使用以及相关规章制度等议题。10月，基金会被江苏省民政厅认定为慈善组织。

【设立孙颉教育基金】4月15日，孙颉教育基金捐赠仪式在南京农业大学举行。江苏省政协副主席徐鸣，江苏省农村工作领导小组副组长胥爱贵，南京江北新区管理委员会常务副主任、中共浦口区委书记瞿为民，学校党委书记左惟，副校长胡锋，省人大、政协、省农业科学院领导，家属代表、孙颉先生外甥唐超以及孙颉先生的老同事、老战友、学生代表等出席捐赠仪式，胡锋主持捐赠仪式。唐超和学校教育发展基金会秘书长张红生共同签署了《孙颉教育基金捐赠协议》，学校图书馆馆长倪峰代表学校接受孙颉先生藏书捐赠，胡锋向唐超颁发捐赠证书。根据协议，孙颉先生捐赠人民币135万元作为孙颉教育基金的种子基金。该基金为开放式，继续接受各类合法捐赠。基金通过运作，收益部分将以奖励的形式支持学校教育和科学研究的发展，激励优秀教师和学生以及校友积极投身中国"三农"事业。

【设立刘大钧农业教育基金】9月2日，刘大钧农业教育基金成立仪式在南京农业大学金陵研究院二楼会议室举行。江苏省农委主任吴沛良，南京农业大学副校长丁艳锋、陈发棣等出席成立仪式。陈发棣主持成立仪式。刘大钧农业教育基金由刘大钧及其家人和学生共同捐资，以奖励品学兼优、在农业科学教学和科研岗位上成绩突出的中青年科学家、研究生和本科生。刘大钧农业教育基金为开放式基金，接受国内外有关机构、人才和校友自愿捐赠，基金成立了专门的管理委员会，确保基金的可持续发展。农学院副院长王秀娥教授介绍了刘大钧农业教育基金成立的相关背景、未来打算。

【召开教育发展基金会第三届理事会第六次会议】9月18日，南京农业大学教育发展基金会第三届理事会第六次会议在金陵研究院二楼会议室召开，17位理事、4位监事和相关职能部门负责人参加了会议，会议由理事长胡锋主持。基金会秘书长张红生汇报了2016年基金会工作，并对2017年基金会支出预算进行了说明，学生工作处处长刘亮对2017年单笔金额超过20万元的各类奖助学金资金使用方案进行了说明，国际教育学院院长刘志民对2017年世界农业奖预算方案进行了说明，计财处副处长杨恒雷作了2016年基金会财务工作报告，发展委员会办公室副主任杨明对世界农业奖开放基金、孙颉教育基金、林敏端奖学金以及基金会其他非限定性资金的投资方案进行了汇报。此外，杨明对基金会基金项目管理系统建设资金的分摊年限、《基金会慈善组织认定》及章程修改等进行了说明。与会的理事会成员对会议各项议题进行了认真讨论，并投票一致通过了各项议题。

【举行大北农青年学者奖颁奖典礼】10月28日，南京农业大学2017年大北农公益基金颁奖仪式在大学生活动中心举行。副校长胡锋、大北农集团创业人才部总监高玉梅、南京天邦常务副总经理苏雅君、华东大区创业人才中心总经理江绍文、猪饲料科技产业江苏区创业人才部总监杨勇以及学校相关职能部门负责人出席颁奖仪式。颁奖仪式由发展委员会办公室主任张红生主持。胡锋代表学校致辞，高玉梅代表大北农集团对获奖青年教师和学生表示祝贺，苏雅君宣读获奖教师名单，杨勇宣读获奖学生名单，领导和嘉宾为获奖教师和学生颁发了荣誉证书。资源与环境科学学院韦中代表获奖教师发言、农学院廖英豪代表获奖学生发言。来自8个学院的8位教师：韦中、张万刚、黄小三、王益华、熊波、闫新、张峰、张龙耀获得大北农青年学者奖，每位获奖者奖金为 10 万元，此奖项是企业在学校设立的奖励青年教师金额最高的奖项。共有来自农学院、植物保护学院、动物科技学院、动物医学院、生命科学学院的 85 名本科生和研究生获得了大北农励志助学金，资助金额达 30 万元。颁奖仪式结束后，江绍文从"拥抱伟大时代、农业迎来伟大变革、大北农事业使命、大北农技术创新" 4 个方面作了题为《拥抱伟大时代，共创辉煌未来》的专题报告。

【举行仁孝京博奖孝（教）金颁奖典礼】 12 月 7 日，南京农业大学 2017 年仁孝京博奖孝（教）金颁奖典礼在金陵研究院二楼会议室举行。与会嘉宾及领导向学校获得该奖项的王锋、付坚强、沈文彪 3 名教师、王孝芳等 15 名研究生、冯硕等 20 名本科生分别颁发荣誉证书。发展委员会办公室副主任郑金伟发言，山东京博控股股份有限公司人力资源总监王明奎先生代表京博公司发表讲话，人文与社会发展学院付坚强教授、资源与环境科学学院博士生孙晟凯分别代表获奖教师、获奖学生发表获奖感言。

（撰稿：郭军洋　审稿：张红生　审核：代秀娟）

十二、办学条件与公共服务

基 本 建 设

【概况】学校完成基本建设总投资 1.52 亿元，其中，国拨经费 1.09 亿元全部执行完毕。为学校新增办学用房 5.4 万平方米，改造出新办学用房 4.5 万平方米，白马园区平整土地 117.59 公顷、修建道路 2.9 万米、沟渠 2.7 万米，改善了学校基本办学条件。

在建工程 14 项（卫岗校区 3 项，白马园区 11 项），各项工程有序推进。牌楼大学生创业与就业指导中心 3～7 层交付使用，正在推进一层食堂、二层创业中心的装修工作，预计 2018 年 1 月竣工；第三实验楼一期正在进行内外部装修工作，拟于 2018 年上半年交付使用；第三实验楼二期全部完成年度国拨及自筹资金的投资计划，新争取 2018 年度 2 000 万元国拨经费支持；卫岗智能温室地源热泵工程钻井作业已完成，地上温室主体工程即将开工；白马园区畜禽产品加工研究中心、动物实验基地、高标准实验田等 10 多项工程，较好完成预期任务，建成 10 647.64 平方米科研实验设施用房、117.59 公顷高标准实验田、9 200 平方米智能温室加降温系统、1 564.93 平方米玻璃温室、5 760 平方米温室大棚、2 000 KVA供电系统等，为相关学院入驻园区开展教学科研实验实习奠定了坚实基础。

完成维修改造任务 18 项，投资 2 000 余万元，截至 12 月 31 日，已竣工 16 项，其中涉及的国拨修购资金全部执行完毕，一系列维修改造工程顺利交付，有力地改善了师生生活、教习和科研条件。

学校紧紧围绕新校区建设用地指标审批、总体规划以及江浦农场土地收储、征地拆迁等开展了大量论证、调研和协调工作，多次主动向教育部、省、市、区各级政府汇报对接新校区建设方案，新校区工作取得重要突破。8 月 10 日，取得了新校区 2 524 亩选址红线和一期用地红线图、一期用地利用现状图、勘测定界点等相关资料，为建设用地审批做好准备；9 月 22 日，配合江北新区规划国土局组织了新校区校园总体规划专家论证会，进一步完善校园总体规划方案；9～12 月，先后完成了农场土地测量、地类分析、土地价格估算、青苗丈量，房屋、附着物等资产清查工作；新校区一期用地先后通过了浦口区国土局、南京市国土局和江苏省国土厅预审，并报国土资源部审批；11 月 23 日，江北新区管理委员会牵头南京市相关部门，原则上通过了新校区总体规划并完成社会公示。新校区总体规划 126 万平方米，一期占地 59.3 公顷，将建设 73 万平方米各类教学科研用房。

【科学技术部副部长徐南平考察学校白马园区】5 月 19 日，科学技术部副部长徐南平到学校白马园区考察指导工作。校长周光宏、副校长丁艳锋接待了徐南平一行。徐南平一行听取了白马园区建设进展汇报，对园区建设取得的成绩给予了肯定，希望学校加快重大项目入驻和科技成果转化，在南京白马农业科技园区创建国家级农业高新技术产业开发区过程中发挥更加重要的作用。

【国家农业科技园区调研组考察学校白马园区】9月29日，在国家农业科技园区调研组组长、农业部总畜牧师马爱国带领下，国家农业科技园区调研组到学校白马园区考察指导工作。校长周光宏、副校长闫祥林接待了马爱国一行。马爱国一行听取了白马园区的建设进展汇报，对园区建设取得的成绩给予肯定，对学校在农业科技创新、科技成果推广示范产业化等方面取得的成绩表示赞赏。马爱国指出，学校白马园区在目标、格局定位上都比较高，基本框架已拉开，初具规模，为后续快速发展奠定了坚实基础。他希望学校加快重大项目入驻和科技成果转化，早日把白马园区建成世界一流现代农业科技示范园区，同时引领白马国家农业科技园区发展。

[附录]

附录1　学校主要在建工程项目基本情况

序号	项目名称	建设内容	进展状态
1	牌楼大学生创业与就业指导中心	15 986 平方米	3～7层已交付，1～2层推进食堂装修，2018年1月竣工
2	新建第三实验楼（一期）	19 562.6 平方米	推进内外部装修，5月交付
	新建第三实验楼（二期）	16 000 平方米	完成施工招标，即将进场施工
3	白马园区智能温室地源热泵加降温系统	9 200 平方米智能温室的地源热泵加降温系统	竣工
4	白马园区东区水利工程	水库扩容、灌溉河道开挖及灌溉管道铺设等	竣工
5	白马园区西区供电系统	西区 2 000 KVA 配电房及设备采购安装，保障西区实验田供电	竣工
6	白马园区畜禽产品加工研究中心	建设 1 851.24 平方米畜禽产品加工实验设施用房	竣工
7	白马园区动物实验基地建设（二期）	建设 3 栋猪生产性能研究中心、3 栋鸡生产性能研究中心、1 栋可程控人工气候动物营养代谢实验室，共计 8 600 平方米	竣工
8	白马园区高标准实验田建设（一期）	建设高标准实验田 808.69 亩，包括田间沟渠、机耕道、灌溉管道、场地平整等	竣工
9	白马园区高标准实验田建设（二期）	建设高标准实验田 955.16 亩，包括田间沟渠、机耕道、灌溉管道、场地平整等	竣工
10	白马园区环湖绿化景观一期工程	中心湖边植物绿化	竣工
11	国家果梅杨梅种质资源圃基础设施建设	新建温室 1 564.93 平方米、196.4 平方米实验用房以及田间内部沟渠道路	竣工

（续）

序号	项目名称	建设内容	进展状态
12	葡萄新品种栽培示范项目	建设 5 760 平方米温室大棚	竣工
13	国家梨改良中心南京分中心基础设施建设	建设 819.34 平方米科研用房	完成工程量的 70％
14	卫岗智能温室	地源热泵、玻璃温室	施工中

附录 2　学校维修改造项目

序号	项目名称	建设内容	进展
1	南苑 13 舍维修出新	公共区域楼梯间墙面、天棚出新，宿舍内墙面、天棚出新，家具检修，东侧卫生间重做	已竣工
2	北苑 3 舍维修出新	公共区域楼梯间墙面、天棚出新，宿舍内墙面、天棚出新，家具检修，室内卫生间重做	已竣工
3	生科楼 A 楼、C 楼维修出新	卫生间维修改造	已竣工
4	体育场维修	场地、球网、围栏	已竣工
5	土桥水稻实验站玻璃房建设和稻飞虱抗性鉴定大棚遮阳网改造	新建科研办公用房二楼北侧及三楼东侧新建玻璃温室、新建科研办公用房南侧原大棚维修改造	已竣工
6	土桥水稻育种基地新建科研用房	新建 3 层科研办公用房 680 平方米	已竣工
7	资环楼电梯采购安装	电梯更换	已竣工
8	南苑 3 舍、4 舍、20 舍维修	3 舍公共区域、走到墙面及天棚出新，室内墙面天棚出新，家具检修，1 层、2 层盥洗室重做；20 舍楼间墙面及天棚出新	已竣工
9	动物科技学院国家实验教学中心环境与设施条件更新改造	一二层墙面出新，地面新做 PVC 地胶，新做石膏板吊顶；教室内墙面出新，地面新做 PVC 地胶，办公室新装实木地板	已竣工
10	北苑 11 舍维修改造	公共区域楼梯间墙面、天棚出新，宿舍内墙面、天棚出新，家具检修，二楼南侧屋顶重做防水	已竣工
11	南苑 2 舍维修改造	公共区域、走到墙面及天棚出新，室内墙面天棚出新，家具检修	已竣工
12	北苑 1 舍、2 舍、4～10 舍，南苑 9 舍、20 舍	部分公共区域、走到墙面及天棚出新，室内墙面天棚出新，家具检修	已竣工
13	南苑 11 舍维修改造	公共区域楼梯间墙面、天棚出新，宿舍内墙面、天棚出新，家具检修；屋顶重做防水	已竣工
14	逸夫楼屋面瓦维修改造	一二层墙面出新，地面新做 PVC 地胶，新做微孔铝板吊顶；教室内墙面出新，地面新做 PVC 地胶	已竣工
15	动物医学院国家实验教学中心改造	一二层墙面出新，地面新做 PVC 地胶，新做石膏板吊顶；教室内墙面出新，地面新做 PVC 地胶，办公室新装实木地板	已竣工

（续）

序号	项目名称	建设内容	进展
16	北苑学生食堂电路改造	电线、电缆铺设、装饰装修	已竣工
17	土桥基地房屋及玻璃温室改造	老房屋维修出新，走道天棚墙面重做，部分防水重做，新建玻璃温室	施工准备
18	普通动物房房屋加固出新	老房屋加固出新，更换屋面瓦等	招标中

（撰稿：张洪源　郭继涛　审稿：钱德洲　桑玉昆　审核：代秀娟）

财　　务

【概况】计财处积极规范管理，强化服务，合理配置资源，加快推进财务管理规范化、制度化和信息化建设，努力提升财务管理水平和服务效能，为学校事业发展提供了强有力的资金保证。全校各项收入总计 19.95 亿元，全校各项支出总计 22.15 亿元。

积极争取，多元化筹措办学资金，为学校发展提供财力保障。全年获得改善办学条件专项资金 11 000 万元，中央高校基本科研业务费 4 620 万元，中央高校教育教学改革专项 1 390 万元，中央高校管理改革等绩效专项 1 195 万元，"双一流"引导专项 5 400 万元，教育部国家重点实验室专项经费 665 万元，捐赠配比资金 1 115 万元，社会公益研究专项 2 200 万元，各类奖助学金 9 891 万元。

完成 2016 年财务决算工作，形成决算分析报告，完成决算编制；科学编制 2017 年校内收支年度预算和 2017 年部门预算，完成学校重点工程和日常开支预算。严格执行预算，加强预算执行监管，增加预算刚性，不得随意调整经费预算，充分发挥了资金的使用效益，并不定期地向有关领导通报信息、反馈情况，全年预算的总体执行情况良好。

进一步加强专项资金管理，提升资金使用效益。完成 2018—2020 年度中央高校改善基本办学条件专项资金项目的申报工作，申报项目总数 54 个，申请项目库项目资金总额 4.95 亿元。完成 2016 年度项目执行情况检查工作；完成中央高校改善基本办学条件专项、省优势学科专项、基本科研业务费专项、社会公益研究专项、重点实验室专项等项目经费的预算执行管理工作。

结合财务管理制度新变化，完成学校常规教学科研等财务核算审核报销工作。完善医药费报销流程，使用票据投递模式，原始单据经审核后直接将医药费报销金额打入个人工资卡，全年接受报销约 6 400 人次、报销单据 52 000 多张、报销金额 1 300 万元以上，节约了教职工排队报销时间。完成日常教学、科研经费报销工作，全年编制复核原始票据 92.87 万张，编制会计凭证 10.60 万份，录入凭证 32.72 万笔。

完善资金业务流程及内控制度，专人负责网银发放，实行"双签"制，保证发放成功率。进一步加强资金支付的信息化，积极推进学校公务卡工作，全面启动公务卡试行工作，为全校教职员工开立新卡 2 000 余张。形成了成熟的电子支付系统，刷卡金额与数量不断上升，现金报销量逐步减少，保证了资金安全性。

根据物价、财政及主管部门的相关要求，按时申报纳税，规范、合法管理和使用税务发票，根据财政部中央单位财政票据管理要求，对 2010 年 1 月 1 日至 2016 年 11 月 30 日的财政票据进行核销，整理和统计各类待核销机打和手工财政票据 28.55 万份。完成收费许可证备案、年检及非税收入上缴财政专户工作；完成全校本科生和研究生的助研费、学科建设、学院勤工俭学金的劳务费发放工作；完成新生收费标准制定、全校本科生学费、住宿费等费用的收缴工作。本科生收费 6 785.80 万元，发放各类奖勤助贷金 50 余项，共计 2 915.42 万元，16 万人次；研究生收费 8 254 万元，发放助学金 6 113 万元，发放学业奖学金、国家及其他奖学金达 7 941 万元，助学贷款等其他 734 万元。

完成南京农业大学 2016 年所得税汇算清缴、税务风险评估工作。完成学校增值税小规模纳税人变更为一般纳税人的申报工作，并申请增值税简易征收，实现了小规模纳税人到一般纳税人的平稳过渡。完成学校大型会议及院系、行政部门会议会务费的收取工作，全年上缴非税收入 19 324 万元。

完成全日制研究生、专业学位、本科生、留学生及继续教育学院干部培训人员的校园卡发放工作。全年发放校园卡 12 231 张，销户退卡 12 386 张。利用一卡通系统完成：年度各类等级报名，打印本科生学籍成绩表，校医院挂号，宿舍电费缴纳，教学楼宇开水炉的自助刷卡打水。全年经过一卡通系统的资金量近 1 亿元，通过一卡通结算的商户资金 9 700 多万元，比上年增长近 9%。

【做好财务新政及制度解读】《政府会计准则——基本准则》的发布，要求政府会计制度全面实施，高校财务制度将实现由预算会计向财务会计的过渡，财务核算系统有待升级，积极做好相关制度落实的准备工作，着手前期调研与宣传工作；根据中央反腐倡廉的要求，按规定推进公务卡结算，在全校范围内开展公务卡使用政策解读和宣传工作，出台《南京农业大学公务卡管理办法》等制度规范。

【结合"放管服"完善财务管理制度体系】根据《中共中央办公厅、国务院办公厅关于进一步完善中央财政科研项目资金管理等政策的若干意见》（中办发〔2016〕50 号）的规定，贯彻落实中央对科研经费的最新政策，进一步做好科研经费"放管服"工作。在制度范围内进一步简政放权，根据新形势逐步修订部分制度，进一步明确各级财务审批权限，保证会计信息真实、完整、准确。牵头起草并拟出台《南京农业大学科研项目间接经费管理细则》《南京农业大学科研经费结转结余资金管理细则》《南京农业大学科研财务助理管理暂行办法》等。对科研项目预算调剂、间接费管理、劳务费的使用和发放、科研项目结转资金管理做出细化规定，完善学校科研经费制度体系。

【推进财务信息化建设】完成财政部财政票据电子化管理单位基础信息表及外部用户个人证书申请及变更表的申报工作，为 2018 年财政票据电子化打下基础；完成学校信息与安全等级保护整改——"校园一卡通"系统安全整改工作；对教育部资金管控系统进行升级，确保数据传输、上报管道更加通畅；初步完成利用微信公众平台打造校园一卡通移动服务平台。

【做好内部控制建设常态化工作】继续推进内部控制建设工作，并建立起内部控制体系建设常态化工作机制。11 月 28 日，迎接教育部经费管理中心的内部控制建设调研，将学校内控建设、运行和监督评价情况向检查组汇报，并通过组织校内座谈、兄弟院校财务部门负责人座谈等形式，找出内控建设中的亮点与难点、存在的问题，反馈给教育部检查组。内部控制建设不断强化风险防范意识，落实具体措施并建立长效机制。

【培养专业人才打造优质团队】积极组织财务工作人员参加上级主管单位举办的财务巡视检查或培训，提升财务专业素养，提高综合业务能力。根据教育部内部控制建设要求，1人入选教育部首批会计领军人才，多次参与全国专项检查；安排全处（办）正科级及以上工作人员参加教育部行政事业单位内部控制高级培训班轮训；参与中国教育会计学会农业院校分会《高校内部控制》教材的编写工作，承担"高校收入业务控制"部分的撰写，并承担分会的科研秘书工作，计财处获得中国教育会计学会农业院校分会财务管理工作先进集体称号。

［附录］

教育事业经费收支情况

南京农业大学 2017 年总收入为 19.95 亿元，比 2016 年减少 10 118.48 万元，减少4.83％。其中：教育补助收入增长 0.48％，科研补助收入减少 84.28％，其他补助收入增长6.05％，教育事业收入减少 1.61％，科研事业收入减少 12.74％，经营收入增长 21.68％，其他收入增长 16.54％。

表 1　2016—2017 年收入变动情况表

经费项目	2016 年（万元）	2017 年（万元）	增减额（万元）	增减率（％）
一、财政补助收入	101 220.49	98 193.13	−3 027.36	−2.99％
（一）教育补助收入	92 542.16	92 984.30	442.14	0.48％
1. 基本支出	66 016.32	66 337.72	321.4	0.49％
2. 项目支出	26 525.84	26 646.58	120.735	0.46％
（二）科研补助收入	4 422.00	695.00	−3 727	−84.28％
1. 基本支出	50.00	30.00	−20	−40.00％
2. 项目支出	4 372.00	665.00	−3 707	−84.79％
（三）其他补助收入	4 256.33	4 513.83	257.5	6.05％
1. 基本支出	4 128.83	4 438.83	310	7.51％
2. 项目支出	127.50	75.00	−52.5	−41.18％
二、事业收入	94 441.15	84 954.96	−9 486.19	−10.04％
（一）教育事业收入	22 872.05	22 504.18	−367.87	−1.61％
（二）科研事业收入	71 569.10	62 450.78	−9 118.32	−12.74％
三、经营收入	1 584.24	1 927.66	343.42	21.68％
四、其他收入	12 407.76	14 459.41	2 051.65	16.54％
（一）非同级财政拨款	7 867.21	8 596.85	729.64	9.27％
（二）捐赠收入	988.24	1 169.51	181.27	18.34％
（三）利息收入	4 105.17	1 020.11	−3 085.06	−75.15％
（四）后勤保障单位净收入	−1 229.71	3 047.36	4 277.07	347.81％
（五）其他	676.85	625.58	−51.27	−7.57％
总计	209 653.64	199 535.16	−10 118.48	−4.83％

数据来源：2016 年、2017 年报财政部的部门决算报表口径。

2017 年，南京农业大学总支出为 221 497.81 万元，比 2016 年增加 35 167.64 万元，同比增长 18.87%，其中：教育事业支出增长 9.34%，科研事业支出增长 28.92%，行政管理支出增长 36.57%，后勤保障支出增长 112.41%，离退休人员保障支出增长 5.41%。

表 2　2016—2017 年支出变动情况表

经费项目	2016 年（万元）	2017 年（万元）	增减额（万元）	增减率（%）
一、财政补助支出—事业支出	99 376.64	101 265.20	1 888.56	1.90%
（一）教育事业支出	67 069.54	79 205.03	12 135.49	18.09%
（二）科研事业支出	8 978.50	10 573.06	1 594.56	17.76%
（三）行政管理支出	9 239.54	7 911.34	−1 328.20	−14.38%
（四）后勤保障支出	3 047.97	2 599.47	−448.50	−14.71%
（五）离退休支出	11 041.08	976.31	−10 064.77	−91.16%
二、非财政补助支出	86 953.53	120 232.61	33 279.08	38.27%
（一）事业支出	85 369.29	118 779.34	33 410.05	39.14%
1. 教育事业支出	30 419.32	27 392.91	−3 026.41	−9.95%
2. 科研事业支出	44 369.31	58 205.30	13 835.99	31.18%
3. 行政管理支出	4 190.58	10 430.00	6 239.42	148.89%
4. 后勤保障支出	1 382.41	6 811.21	5 428.80	392.71%
5. 离退休支出	5 007.67	15 939.92	10 932.25	218.31%
（二）经营支出	1 584.24	1 453.28	−130.96	−8.27%
（三）其他支出	0.00	0.00	0.00	—
总支出	186 330.17	221 497.81	35 167.64	18.87%

数据来源：2016 年、2017 年报财政部的部门决算报表口径。

2017 年，学校总资产 503 068.71 万元，比 2016 年增长 2.61%，其中：固定资产增长 4.70%，流动资产减少 4.11%。净资产 452 078.95 万元，比 2016 年增长 1.60%，其中：事业基金减少 50.13%。

表 3　2016—2017 年资产、负债和净资产变动情况表

项　　目	2016 年（万元）	2017 年（万元）	增减额（万元）	增减率（%）
一、资产总额	490 285.99	503 068.71	12 782.72	2.61%
其中：				
（一）固定资产	245 030.53	256 558.39	11 527.86	4.70%
（二）流动资产	178 792.09	171 437.02	−7 355.07	−4.11%
二、负债总额	45 310.74	50 989.76	5 679.02	12.53%
三、净资产总额	444 975.24	452 078.95	7 103.71	1.60%
其中：				
事业基金	21 435.92	10 689.58	−10 746.34	−50.13%

数据来源：2016 年、2017 年报财政部的部门决算报表口径。

（撰稿：李　佳　审稿：杨恒雷　审核：代秀娟）

招 投 标

【概况】招投标办公室进一步完善和推进招标采购管理信息化、制度化和规范化建设，努力提升招标采购管理水平和服务效能，廉洁、规范、高效地完成了各项工作任务。

严格招标程序，保质保量完成全年招标采购项目任务。全年完成货物服务类采购项目420余项，成交金额 1.65 亿元；完成工程类项目 60 余项，中标金额 1.2 亿元。形成了有效的价格竞争，较好地维护了学校利益。

建立规范标准，招标采购科学化管理水平不断提升。一是建立预选入围库。针对学校"小型工程""工程设计""工程监理""工程审计""造价咨询""财务审计""招标代理""知识产权代理""外贸代理""报废资产回收"等个别领域项目，通过公开招标方式建立预选入围库，规范采购方式，简化采购程序。二是建立 2 个标准化开标室和 1 个评标室，实现开评标全过程动态实时监管，切实做到招标采购行为规范、程序透明、信息公开和廉洁高效。三是建立"评标专家库"和"供应商库"，完善专家库管理，联合南京理工大学等在宁高校，共建共享供应商库和评标专家库。四是建立采购公告、中标公示及招标文件标准化模板，建立开评标工作标准化流程，规范项目采购方式变更和档案立卷归档，实现规范与业务流程上墙，做到项目公开透明，流程简明细致。五是建立"招标采购合同管理系统"和"非招标合同登记审查系统"，规范合同审核与登记盖章流程，有效地防范合同法律风险，维护学校正当合法权益。全年完成招标项目合同审核盖章 650 项，非招标合同审核登记和盖章 4 000 余项。六是完成招标采购项目档案立卷归档工作，形成"南京农业大学招标与采购项目档案存档目录"，建立了档案借阅、登记和审核制度，提高了档案管理水平。

【完善制度建设，保障招标采购工作有法必依、有章可循】制订印发《南京农业大学招标与采购管理办法》《工程招标管理实施细则》《货物采购管理实施细则》《服务采购管理实施细则》《招标与采购合同管理规定》等一系列规章制度；梳理制订 6 个"招标与采购工作流程图"，细化管理内容，明确办事流程；调研起草《招标代理机构管理考核办法》《供应商管理考核办法》《网上竞价管理办法》，不断健全完善招标采购制度体系。

【创新管理方式，利用信息化手段促进招标采购活动阳光高效】为提高采招工作效率，降低采招风险和成本，以"互联网＋"和"全周期招标采购"为目标，建成"一网站三平台"招标采购信息化管理平台，简化办事流程，提高管理水平和服务效能，保障依法依规阳光采购。同时，荣获 2017 年度校园管理信息化应用优秀案例和国家版权局颁布的计算机软件著作权，南京大学、山东大学、华中科技大学等 10 余所高校到访调研，获得上级主管部门和兄弟高校的高度认可和一致好评。

【加强队伍建设，着力提升人员业务素质和服务水平】加强招标采购政策学习和宣传，切实做好招标采购业务咨询服务。联合纪委监察处开展招标采购管理培训会议，学校有关部门共160 余人参加培训，增强了教职工法规和廉洁自律意识，为严格执行和落实招标采购制度要求、遵照规范程序和工程流程按章办事奠定了基础。联合南京理工大学邀请江苏省建设工程招投标办公室主任开展工程招投标专题学习培训。较好地处理采购人和投标人的问讯、异议及要求，协助纪委监督部门处理质疑投诉事项。全年未发生重大招标采购事项的质疑和投诉。

（撰稿：于　春　审稿：胡　健　审核：代秀娟）

审　计

【概况】截至 12 月 15 日，本年度完成各类审计事项 532 项，累计金额 11.72 亿元。核减工程结算款 1 951.67 万元，清退各类违规报销资金 4.43 万元。审计工作在规范校内财经秩序、提高资金使用效益、推进学校管理和党风廉政建设等方面取得了较好的成效。

本年度完成《南京农业大学关于成立审计工作领导小组的通知》及《南京农业大学建设工程管理审计暂行办法》2 项制度。结合学校内部审计工作规定，完成"干部经济责任审计""财务收支审计""科研经费（专项）审计""建设工程跟踪审计"4 项内部审计工作流程。

开展预算执行审计。完成南京农业大学 2016 年度中央高校基本科研业务费预算执行情况审计，审计金额为 2 740 万元，并重点关注项目立项、预算执行及使用管理情况。

开展领导干部经济责任审计。完成组织部委托干部经济责任审计 17 项，审计总金额达 4.80 亿元。

开展财务收支审计。完成对资产经营公司、教育基金会、校友会、学工处（陶伯黎奖学金）、工学院培训部等单位的审计事项 6 项，审计总金额达 2.82 亿元。

开展科研经费审计。完成自然科学、人文社科等各类科研专项审计 23 项，审计金额共计 2.11 亿元，共涉及学院 12 个。完成科研审签 51 项，审签总金额达 825.40 万元。

开展基建、维修工程审计。截至 12 月 15 日，共完成基建、维修工程项目结算审计 427 项，送审金额 1.81 亿元，审减金额 1 951.67 万元，核减率 10.77%。另外，完成跟踪项目总投资额 1.68 亿元。

在基建工程审计中，推行工程结算复审制，提高工程审计质量。

参与教育部巡视及学校专项审计工作各 1 项。

1 人获江苏省内部审计协会"2014—2016 年江苏省内部审计先进工作者"称号。

将 1995—2004 年工程结算报告资料及部分外审财务审计报告资料进行整理并移交入学校档案馆。

针对学校新建工程及房屋维修工程中形成的资产计价问题，向学校提交《关于对新建工程及房屋修缮项目实施完工后应计固定资产的建议》，审计建议得到学校领导的肯定和重视。

（撰稿：杨雅斯　审稿：顾兴平　顾义军　审核：代秀娟）

国 有 资 产 管 理

【概况】截至 2017 年 12 月 31 日，南京农业大学国有资产总额 50.31 亿元，其中，固定资产 25.66 亿元，无形资产 0.54 亿元。土地面积 896.67 公顷，校舍面积 64.42 万平方米。学校资产总额、固定资产总额分别比 2016 年增长 2.61％和 4.7％。2017 年，学校固定资产（原值）本年增加 1.39 亿元，本年减少 0.24 亿元。

资产管理信息系统运行稳定，资产数据规范、准确，资产服务大厅全年访问 47 983 人次。为进一步提升资产管理信息化水平，学校推动资产管理信息化二期建设，开发资产调剂平台，进一步促进资产共享共用，提高资产使用效益；研发资产盘点系统，以期开展资产盘点核实，保障国有资产安全与完整；开发资产管理软件手机客户端，方便教职工随时随地开展资产业务。

根据学校机构调整和岗位聘任情况，及时更新各部门资产管理员和资产管理负责人信息，做好新资产管理员业务培训工作，进一步加强资产管理队伍建设。根据教育部巡视组和国有资产管理专项检查反馈意见，按照学校要求，认真梳理总结学校国有资产管理工作，提出相应整改意见和措施。

继续推进资产盘点工作，重点核实盘亏资产。经过相关学院、单位资产管理人员的仔细盘点、认真核实，共核减原盘亏资产 65 项，原值合计 295 183 元。

为加强和规范学校公房管理，提高学校公房使用效益，对全校各学院的公房使用情况进行摸底调查，坚持"谁使用、谁负责"原则，每个房间落实"使用人"和"责任人"，并对部分公房进行实地测量。根据师生数、实验平台和教学学时等信息，测算各学院公房定额。通过对比公房定额和实际用房，分析缺房较为严重的若干学院。

为使有限的房屋资源优先保障教学科研需要，对牌楼创新创业中心、第三实验大楼和卫岗奶业集团出租房的使用方向和功能进行规划和定位，拟定搬迁接龙方案，制订用房计划。

按照国有资产管理规定和工作流程开展资产使用和处置管理工作。全年调拨设备 2 102 批次、家具 1 143 批次，调剂 20 批次。严格执行《关于规范岗位变动人员（校内调动、退休、离职）固定资产移交手续工作程序的通知》，资产领用和调拨应经各学院（单位）主管领导批准，所有资产责任到人，离岗必须移交资产，并对资产丢失、毁损等情况实行责任追究制度。全年完成离职人员资产移交审核 110 人次。

召开国资委会议 1 次、固定资产处置招标会 11 次，组织报废技术专家鉴定 21 台件，累计处置设备审核 2 373 台（套），金额 1 267.58 万元；处置家具审核 916 件（套），金额 51.44 万元。

固定资产处置严格履行报批报备手续。2017 年上报教育部固定资产处置事项 5 批次，共计 3 933 台（件）仪器设备、2 300 件（套）家具和 2 辆汽车，处置金额合计 2 406.41 万元。

［附录］

附录1 学校国有资产总额构成情况

序号	项目	金额（元）	备注
1	流动资产	1 714 370 230.87	
	其中：银行存款及库存现金	1 361 454 581.44	
	应收账款及其他应收款	318 254 101.16	
	财政应返还额度	32 626 949.21	
	存货	2 034 599.06	
2	固定资产	2 565 583 907.46	
	其中：土地		
	房屋	952 735 032.23	
	构筑物	19 051 863.00	
	车辆	15 205 228.20	
	其他通用设备	1 134 407 895.47	
	专用设备	193 593 850.78	
	文物、陈列品	4 434 558.41	
	图书档案	119 272 881.03	
	家具用具装具	126 882 598.34	
3	对外投资	121 035 538.00	
4	在建工程	575 169 452.53	
5	无形资产	54 463 038.24	
	其中：土地使用权	4 247 626.00	
	商标	161 300.00	
	软件	50 054 112.24	
6	待处置资产损益	64 903.15	
	资产总额	5 030 687 070.25	

数据来源：2017年中央行政事业单位国有资产决算报表。

附录2 学校土地资源情况

校区（基地）	卫岗校区	浦口校区（工学院）	珠江校区（江浦实验农场）	白马教学科研实验基地	牌楼实验基地	江宁实验基地	合计
占地面积（公顷）	52.32	47.52	451.20	336.67	8.71	0.25	896.67

数据来源：2017年中央行政事业单位国有资产决算报表及白马教学科研基地用地规划。

附录 3　学校校舍情况

序号	项目	建筑面积（平方米）
1	教学科研及辅助用房	329 718.95
	其中：教室	61 403.90
	图书馆	32 568.00
	实验室、实习场所	131 711.60
	专用科研用房	101 604.45
	体育馆	2 431.00
	会堂	
2	行政办公用房	37 172.55
3	生活用房	277 312.03
	其中：学生宿舍（公寓）	193 060.73
	学生食堂	20 543.50
	教工宿舍（公寓）	26 403.89
	教工食堂	3 624.00
	生活福利及附属用房	33 679.91
4	教工住宅	0.00
5	其他用房	0.00
	总计	644 203.53

数据来源：2017 年高等教育事业基层统计报表。

附录 4　学校国有资产增减变动情况

项目	年初价值数（元）	本年价值增加（元）	本年价值减少（元）	年末价值数（元）	增长率（%）
资产总额	4 902 859 855.91	—	—	5 030 687 070.25	2.61
1. 流动资产	1 787 920 917.85	—	—	1 714 370 230.87	−4.11
2. 固定资产	2 450 305 326.33	139 342 706.96	24 064 125.83	2 565 583 907.46	4.70
（1）土地	—	—	—	—	0.00
（2）房屋	952 735 032.23	—	—	952 735 032.23	0.00
（3）构筑物	19 051 863.00	—	—	19 051 863.00	0.00
（4）专用设备	174 431 300.09	21 346 526.60	2 183 975.91	193 593 850.78	10.99
（5）车辆	15 538 683.48	—	333 455.28	15 205 228.20	−2.15
（6）其他通用设备	1 050 267 315.58	104 237 198.35	20 096 618.46	1 134 407 895.47	8.01
（7）家具用具装具	122 545 825.53	5 786 848.99	1 450 076.18	126 882 598.34	3.54

（续）

项目	年初价值数（元）	本年价值增加（元）	本年价值减少（元）	年末价值数（元）	增长率（%）
（8）文物陈列品	4 407 558.41	27 000.00	—	4 434 558.41	0.61
（9）图书档案	111 327 748.01	7 945 133.02	—	119 272 881.03	7.14
3. 对外投资	114 188 138.00	—	6 847 400.00	121 035 538.00	6.00
4. 无形资产	43 455 123.37	11 007 914.87	—	54 463 038.24	25.33
5. 在建工程	506 925 447.21	68 244 005.32	—	575 169 452.53	13.46
6. 待处置资产损溢	64 903.15	—	—	64 903.15	0.00%

数据来源：2017 年中央行政事业单位国有资产决算报表。

附录 5　学校国有资产处置情况

批次	上报时间	处置金额（万元）	处置方式	批准单位	上报文号
1	2017 年 1 月	462.62	报废	教育部（备案）	校资发〔2017〕19 号
2	2017 年 4 月	487.71	报废	教育部（备案）	校资发〔2017〕136 号
3	2017 年 6 月	485.32	报废	教育部（备案）	校资发〔2017〕222 号
4	2017 年 7 月	489.07	报废	教育部（备案）	校资发〔2017〕265 号
5	2017 年 12 月	481.69	报废	教育部（备案）	校资发〔2017〕554 号

（撰稿：史秋峰　陈　畅　审稿：孙　健　审核：代秀娟）

实验室建设与设备管理

【概况】实验室与设备管理处自 9 月开始边筹备、边划转、边运行，坚持围绕学校中心工作抓保障，突出实验室管理抓安全，着力提高队伍素质抓服务，确保了筹备进展顺利、划转平稳有序、管理安全高效。

筹建情况。3 月 15 日，学校成立实验室与设备管理处（以下简称实验设备处）。7 月 26 日，学校任命陈礼柱任处长。9 月 24 日，设置实验室管理科、设备物资管理科及危化品与环保科 3 个科室。

职能划转。划转进入实验设备处的职能涉及 4 个单位（科学研究院、教务处、资产管理与后勤保障处、后勤集团公司），内容涵盖实验室设备物资（包括化学试剂与耗材）采购、实验室安全管理、环保管理、实验室废弃物回收、大型仪器共享平台管理等。

开展调研。走访全校所有科研实验室，分别召开学院分管领导、实验室安全管理员和实验技术人员等座谈会 5 个，广泛征求意见，了解实验室安全管理及物资设备采购方面的情况及存在问题；赴华中农业大学、江南大学等 6 所省内外兄弟高校学习调研，并参加本省及全国农业高校实验室安全管理等工作会议。

安全教育与检查。分别邀请公安、环保、安监等行业专家举办各类讲座 10 余次；参加各级政府部门、公安部门、环保部门组织的生物安全、危化品管理、环境保护方面培训 10 余场；举办学校第一期"危化品安全管理培训班"，46 人参加培训，学员参加安监系统国考通过率达 98%。同时，升级实验室在线安全知识考试系统，推进实验室工作人员准入考试制度。

成立学校实验室安全工作领导小组，明确提出学校与学院、学院与实验室、实验室与师生三级责任体系具体要求，层层传导安全责任。副校长丁艳锋分别与各学院党政一把手签订《实验室安全责任书》；建立专兼职安全督导队伍，构建实验室常态化安全检查制度，并对重点单位开展随机检查和专项检查，及时发布检查通报；根据部省要求，开展实验室安全隐患排查及整改，先后排查安全隐患 460 多个，整改落实 370 多个，其余均拟定了整改计划，全年先后接受省教育厅、市、区公安环保部门检查 31 次；在总结危化品专项整治及安全检查工作的基础上，开展"实验室危化品管理先进单位"评选活动，共有 10 个学员 18 个实验室受到表彰。

设施建设及环保工作。制订《南京农业大学实验室危险废弃物收集须知》，统一规范废弃物收集、处置，购置并启用废液暂存柜；安装视频监控、电子门禁、紧急冲淋洗眼器、消防设施等安全设施。配备防爆、防腐危化品柜 270 余个、发放废液桶 2 400 余个、废弃物专用垃圾桶 1 600 余个、垃圾袋 12 万个、废弃物编织袋 2 700 余个；印发危化品台账、危险源标识 20 余种、危废标签 2 000 多份；改造危险品仓库，通过危化品和剧毒品安全评估。全年共处置实验室危险废弃物 102.92 吨，其中实验室固体废弃物 68.62 吨、实验室废液 34.3 吨。

采购工作。修订《南京农业大学采购信息系统供应商考核指标体系》，截至年底，平台内供应商 129 家，试剂品牌 454 个，商品 629 万个，涉及全校实验室 330 个，共 2 万多单，年采购金额 5 500 万元；

完成采招平台 21 单、竞价采购 15 单、科研经费询价采购（1 万～10 万元）68 单，组织询价采购会 4 次；全年签订进口外贸代理合同近 269 份，合同金额约人民币 1.1 亿元；举办实验仪器设备采购工作培训会等。

制度建设。对原有规章制度和工作流程进行全面梳理，制订设备物资采购流程图、合同审核签订流程图、发票与合同签字流程图等工作流程。

（撰稿：杨海莉　审稿：陈礼柱　审核：代秀娟）

图 书 情 报

【概况】全馆文献资源建设总经费达 1 718.7 万元，为历史最高。全年新增文献数据库 16 个，新增入藏中文纸本图书 61 119 册、外文纸本图书 1 956 册、中外文合订本期刊 3 411 册，审核师生自购科研纸本图书 20 336 册、合计 993 776.87 元，新增研究生论文馆藏 2 157 册、制作发布研究生电子论文 2 078 册。

通过公开招投标、资源联采等形式，规范开展中外文图书、期刊、数据库等馆藏建设，全年文献资源总经费达 1 718.7 万元。按时完成"改善基本办学条件专项"——《支持创新人才培养的文献资源保障体系建设》（二期）13 个文献数据库的谈判与采购，完成 56 万多种纸本图书电子化等建设任务。

积极推进南京城东高校图书馆联合体文献资源建设，完成了联合体相关文献资源联采的前期调研评估、方案制订、谈判和采购工作。参与全省高校图书馆电子资源联采，完成中文在线、Find＋、龙源电子期刊等数据库资源的全省高校图书馆联采的前期调研与采购工作。

系统进行 2017 年度全馆数据库使用情况统计与效益评价分析工作，完成教育部本科评估统计材料、教育部事实数据库、江苏省高校图书馆事业发展统计与决策服务系统的数据统计与上报。成功升级"南京农业大学图书与信息中心微信工作平台"，开发并启动"网上漂流图书馆"应用实测，初步完成 JALIS 立项的"区域流通管理系统 OTO"（一期）项目开发工作。

积极探索图书文献资源采购由馆员主导向读者主导转型的 PDA 模式，通过学科馆员联络学院师生，开展外文图书荐购、PQTD 博硕士论文选购和图书使用绩效分析与评估工作。全年共计有 17 个院系、83 位教师成功荐购外文图书 684 册，完成 PQDT 硕博士论文数据库学位论文荐购 41 篇。

全年新增数据库 16 个，调整数据库 1 个，停订数据库 1 个（OCLC），冻结付费数据库 1 个，整改数据库 4 个。继续按照资源建设与学科服务一体化的工作思路，组织学科馆员和采访馆员广泛开展拟购数据库的需求调研，全年共计有 16 个院系的 100 名教师参与了拟购数据库的需求调研。

全年开展读者培训 30 场次，累计培训读者 4 671 人次。处置读者咨询中的各类问题 900 余次，回复问题咨询 172 条。

全年共借出图书 19.77 万册，还书 19.77 万册，办理毕业生离校 5 000 多人次，完成期刊报纸阅览室 64 份报纸夹板重新排架和修护工作，新增一楼流动阅报架 1 处；完成中文期刊 690 种、外文期刊 58 种的现刊全年排架工作，新增现刊塑料封面 192 个。

完成全省 110 多所高校、近 7 000 个通用借书证的信息采集与办理工作。利用汇文系统后台数据挖掘用户需求，通过借阅率比对，并结合图书破损和委托借还情况，增订热门图书 64 种、热门报纸 10 种。与学工处、教务处和国际教育学院等通力协作，顺利完成 2017 年全部本科生和留学生新生入馆教育工作。上报图书馆《多策并举　小智慧有效解决馆舍不足大问题》和教育信息化试点项目《信息技术支撑科技助农新模式创新探索》案例。

受理完成收录引证 1 182 项，其中，校内 1 158 项，校外 24 项；累计检索或对比文献 52 000 多篇，与上一年度基本持平；受理完成查新 132 项。全年为全校师生传递论文 4 500 余篇，图书 20 余部，直接请求满足率达 96％。通过江苏工程文献中心文献传递平台向校外传递文献 44 097 篇。制订了"学者学术简历"制作流程，探索在查收查引用户中试点 ResearchID（学术身份证）。

全面记录学校各类大型活动 60 余场次，录制视频资源近 400 余小时；为 2017 年开学典礼、毕业典礼等重大活动提供现场网络高清视频直播服务；全年拍摄制作精品资源共享课程、微课、MOOC、全英文课程等共计 120 余节；完成国家科技进步奖、女科学家、国家"长江学者"申报和院士申报等多媒体摄制 6 部；拍摄制作教学、科普及宣传相关视频多部；

为中国教育学会素质教育分会年会、本科生毕业典礼暨学位授予仪式、研究生硕博典礼暨学位授予仪式、2017 新生入学典礼及入学教育、世界农业奖、农业文化国际论坛、2017 年五四表彰典礼暨大学生梦想公开课演讲、《北大荒七君子》话剧、作物表型组学研究重大科技基础设施会议等活动提供多机位拍摄与转播工作；完成 2017 年新教师教育技术培训工作二期，共培训教师 70 余人。

召开第八届图书馆（图书与信息中心）建设与发展论坛，紧紧围绕学校一流农业大学建设需求和图书馆、图书与信息中心的发展热点问题进行深入研讨。成功召开第三届第二次教职工大会，审议通过馆长报告、读者服务全新排班制度等主要议题。组织开展馆员大学堂和馆员大讲堂活动 5 场，开展学科馆员业务培训和专家培训 9 场。

积极开展"两学一做"学习教育常态化制度化及"双抓双促"大走访大落实活动，通过主题党日活动和走访调研，践行"基础在学、关键在做"的理念。制订和推进《图书馆党总支"两学一做"学习教育常态化制度化及"双抓双促"大走访大落实活动实施方案》，组织党员深入开展中共十九大精神和习近平新时代中国特色社会主义思想的学习。组织党员赴淮安开展"学习缅怀周总理　旗帜鲜明强党性"学习教育活动，与淮安研究院、白马湖菊花基地进行文献信息服务的实地调研与交流。

图书馆党组织完成 5 个基层党支部委员会的调整优化工作，配强、配齐、年轻化基层党务工作队伍。

党支部在组织党员加强学习的同时，组织党员积极开展"服务亮身份"等数十项义务劳动活动。部门工会及时按规范补充工会委员。部门工会荣获 2017 年校龙舟赛第一名。部门工会连续多年荣获学校先进部门工会称号，荣获 2017 年学校教职工运动会团体总分第二名；先后举行"第四届植物种植及环境美化大赛""加强户外运动，乐享幸福生活"为理念的退休和在职馆员等活动。

【多项服务变革新举措】全面启动自助借还，总书库新增 4 处出入口，并改灯光为全亮状态；借助消防安全改造，设立磁性防火门，打通总书库与第一（北三楼）、第二（北二楼）借阅室，成功实现总书库与所有阅读空间互联互通。总咨询台、总书库取消中午休息，延长服务时间；北一楼"延时学习室"24 小时全天候开放。在不影响服务的情况下，完成 15 万册图书精准倒架，分区设立了第一借阅室（社科）、第二借阅室（自科为主）、第三借阅室（外文图书为主），正式实施"新排班方案＋学生馆员"制度。

【为学科及团队提供个性化定题服务】为经济管理学院、园艺学院、食品科技学院、资源与环境科学学院、宣传部等学院及单位的团队和个人提供学科分析与评价报告多份，主要包括：ESI"社会科学总论"学科分析、芸薹属领域近 5 年和近 10 年评价、肉品领域近 10 年评价及论文引用情况、有机肥和生物肥领域近 10 年评价、农业领域近 10 年"中国/全球"作者发文占比趋势等；完成学科评价报告 5 份，服务学校院士申报及学科决策以及宣传部等机关的工作需求。

【"腹有诗书气自华"读书月活动精彩纷呈】开展第九届"腹有诗书气自华"读书月活动，围绕经典阅读与文化传承，倡导"阅古鉴今，以文化人"，共组织 9 大系列活动，直接参与师生读者 3 500 人次。与园艺学院党委合作，成功举办首届"菊韵秋华　书墨萦香"校园菊花展，通过 2 周校园菊花展，共接待校内外参观者约 4 万人次，得到校内外媒体的关注与报道。

[附录]

附录1　图书馆利用情况

入馆总量	1 658 666 人次	图书借还总量	395 440 万
通借通还总量	2 888 册	电子资源点击率	247 万
高校通用证办理	124 个	接待外校通用证读者	474 人次

附录2　资源购置情况

纸本图书总量	249.5 万册	纸本图书增量	81 455 册
纸本期刊总量	243 565 册	纸本期刊增量	3 411 册
纸本学位论文总量	28 718 册	纸本学位论文增量	2 157 册
电子数据库总量	128 个	中文数据库总量	37 个
外文数据库总量	91 个	中文电子期刊总量	608 961 册
外文电子期刊总量	515 971 册	中文电子图书总量	13 818 722 册
外文电子图书总量	2 240 050 册		
新增数据库或平台	16 个（3 个赠送）		

（撰稿：郑　萍　审稿：倪　峰　审核：代秀娟）

信 息 化 建 设

【概况】图书与信息中心拓展多渠道与用户加强沟通。全年上门处理用户报障 3 300 余次，QQ 远程处理报障 150 余次，回复网站留言及校务信箱网络信息咨询 300 余条；在学校微信平台、今日校园、南农青年等新媒体平台发布访谈宣传信息 4 次，召开用户座谈 5 次，举办相关技术培训 3 次。

完成改善基本办学条件专项。圆满完成 2017 年改善基本办学条件专项——《校园信息化基础设施改善与信息应用基础运行平台》建设任务。完成逸夫楼、生科楼和综合楼等多个楼宇综合布线近 3 000 个信息点的增补改造、弱电间整合、室外光纤工程等，显著改善了相关楼宇的网络基础条件。升级教学区部分楼宇和研究生宿舍的接入交换设备，提升各楼宇校园网接入性能。

加快无线网络调优。对校园部分无线盲区进行设备和信号增补，继续对校园无线网络开展优化工作，能够满足校园无线网最高 8 000 用户并发在线和平均 4 400 用户并发在线（不包括本科生宿舍）的使用需要。

建设多校区网络系统。采用校企合作模式，完成溧水白马科研教学园区学生宿舍无线网络系统建设，并实现与卫岗校园网间的互联互通。完成牌楼大学生创业中心的网络调试、校园网接入工作，协助财务处、保卫处完成牌楼大学生创业中心与卫岗校区的光纤互通，实现两校区财务、保卫专网的对接，积极配合基建部门完成卫岗校区第三实验楼的网络系统规划与建设。

增加精品出口带宽资源。新增中国电信国际精品网出口线路 50M，对校内师生经常访问的国外网站和图书馆外文数据资源进行专线保障，显著提高国外数据库资源的访问速度，也解决了一些国外网站访问速度慢的问题。同时，探索建立教师网络问题反馈记录档案，深入了解并解决教师用网问题，不断提升教师用户的满意度。

不断完善网络基础应用系统。成功完成电子邮件系统平台的升级，对教师邮件空间进行扩容，并对学生用户开通云端邮箱功能。在充分调研的基础上，完成校园微软操作系统、OFFICE 系统等软件的校园正版化工作，确保所有校园网中的 PC 终端都可以实现校内微软正版化认证；新增校园网络防病毒软件，为全校终端用户提供了防病毒软件校内下载、病毒库更新和病毒预警服务，有效提升了网络终端的安全性能。

为学校 2017 年度重大活动现场提供网络视频直播服务。先后为 2017 届毕业生典礼暨学位授予仪式、2017 级新生入学典礼等大会现场提供网络高清视频直播；据统计，仅 2017 年毕业生典礼网络直播观看人次超过 14 753，其中移动终端观看人次占 81.76%、达到 10 668 人次，网上直播观众来自于全国 20 多个省、自治区、直辖市。

信息化项目建设与管理工作。召开 2017 年校园信息化建设项目评审会，加强学校信息化项目建设资金的管理。本年度评审项目 32 项，立项 24 项。制订南京农业大学校园信息化 10 万元以内采购管理办法和实施细则，规范招投标采购流程。出台 10 万元以内项目建设的前期管理和项目验收管理办法，明确规定项目建设单位招标时需提交系统（应用）需求说明书，由信息中心审核通过后方能进入采购流程。

建成师生综合管理与服务平台。学校网上办事大厅暨新一代校园信息门户正式上线，已完成接入应用 210 个、可用应用 68 个；已建用户组 159 个、公共用户组 25 个；API 数据接口数 229 个、已使用共享数据接口 33 个；构建数据表 506 张、使用数据表 138 张，数据总记录数 132 898 493 条；构建代码表 828 张，被引用 259 张。

开展综合管理与服务平台应用（系统）使用实时监控。为实现对全校应用服务的高效有序管理，2017 年校园信息化安心守护平台引入校园应用服务运行情况实时监控功能，直观展示应用接入的数量、类型、日均访问人数、活跃应用等信息，可监控各个应用的运行状态，及时发现运行问题，提高运行监管效率。

规范校园信息化应用与校园统一身份认证平台的接入工作，制订并颁布实施《校园统一身份认证接入暂行规定》（党办发〔2017〕24 号）。将校园统一身份认证系统从 IDS 4.0 升级至 IDS 6.0，完成迁移接入应用系统 25 个，完成老信息门户集成的应用（系统）迁移；管理平台中接入的应用（系统）已达 122 个，业务域达 19 种，服务类 10 类。

校园信息系统运维工作。先后完成 5 个运维服务项目的采购与招标、服务器及存储维保服务和安心守护服务续期招标、IBM P550 和 IT 设备保修服务的采购、信息化应用负载均衡设备的招标。完成 25 台虚拟服务器的配置与交付。实现 IT 综合服务平台 23 台服务器、OA 附件和博达站群等 3 台服务器的定时备份，并实施 IDS 故障恢复演练和师生综合服务与管理平台 AMP 故障恢复演练。

网站建设方面。完成苏迪、金智两套站群中 102 个网站向博达站群系统的迁移工作；新建中华地标网、实验室与设备管理处、新校区建设指挥部等新网站 10 个；关闭原站群中重大农技推广网站、国际化推进年专题网、本科教学审核评估网等网站 3 个。

网络信息安全工作。完成教育部《教育行业网络安全综合治理行动》通知规定的系列任务：先后集中开展校园网站内容信息发布合规性检查，抽查院系、部门网站和专题网站 93 个；清理电子邮件系统非在职人员账号 317 个；增补安全管理制度草案 3 个；完成公安部、教育部、省教育厅 2017 年度网络安全检查自查工作，对网站系统开展摸底统计、安全监管、整改加固、应急处置等，并对存在的问题进行了梳理总结。全年上报公安部、教育部、省网信办安全情况自查表、统计表等 13 份。配合等保测评公司完成学校 2 个三级系统、11 个二级系统的安全等级保护测评工作，明确安全问题、推进安全整改；完成 13 个系统的等保测评报告和整改建议的初审、测评与安全服务项目验收。全年集中开展安全漏洞扫描 4 次，发送安全漏洞修复整改通知 120 份，处置校外网络安全通报威胁事件 30 起。梳理校园网站 192 个、系统 75 个。完成了网站监测治理平台、日志安全审计设备等多个网络安全系统的部署，及时发现并处理校内"双非"网站 10 多个。

【网上办事大厅上线】11 月 8 日，网上办事大厅正式上线。截至 11 月底，总浏览量 1 214 127 人次、总访客数 210 184。网上办事大厅的建成运行是贯彻校园信息化建设中"碎片化服务"理念的有意义实践，它改变了传统校园信息化的大系统建设模式，从用户办事角度来开发单一任务的小应用，可为师生提供个性化、高效率的办事服务。

【新版移动校园——"今日校园"APP 上线】新版移动校园 APP"今日校园"正式上线，实现和师生综合管理与服务平台的无缝对接，成功实现 2017 年新生自助注册报到，新生激活使用率高达到 98%；截至 11 月底，移动门户日活跃用户数 2 000 人左右，随着移动 OA、白马基地订票、课表查询、自购图书报销等上架，移动校园的使用将更加便利化、泛在化，逐步实现"数据多跑路，师生少跑腿"的目标。

【首次举办信息化主题月宣传活动】探讨校园信息化未来发展，交流行业先进理念与信息化建设新模式，组织举办首届高校"菊香秋韵　智慧校园"信息化发展论坛，共邀江苏省内 30 多所高校校园信息化工作领导和专家参加研讨；成功举办"南农 Running Man"信息化主题月素质拓展活动，旨在普及信息化知识，宣传学校信息化建设成果；邀请行业技术专家举办题为《网络信息安全高校全新防诈骗》《智慧校园，互联网运营》等信息化科普讲座；组织开展校园 APP 设计大赛，征集到 77 份设计方案。

【全新校园网计费管理办法实施】在对国内高校广泛调研和校内多次师生座谈会征求意见的基础上，《南京农业大学校园网计费管理办法》（2017 年版）于 2017 年 11 月 10 日获得校长办公会议通过并正式实施。该办法改变了 2003 年以来的上网计时方式，采用给师生赠送一定的网络流量、超额部分流量计费方式，基本实现了全校师生上网的"零门槛"和正常用网的"零成本"目标，对加快学校的教学、科研和管理信息化，推进"教育信息化 2.0"行动计划都具有积极的意义。

【教育信息化试点项目获教育部优秀】据《教育部关于第一批教育信息化试点验收结果的通报》（教技函〔2017〕77 号）文件，学校"信息技术支撑农科教合作模式创新探索"项目被评为优秀，成为江苏省本科院校唯一获此殊荣的试点项目。该项目是在江苏省教育厅、江苏教育信息化中心和学校领导、科学研究院等大力支持下，图书与信息中心联合新农村发展研究院办公室、继续教育学院等，通过科学谋划、积极投入、扎实实践，创造性地开展工作，取得明显的试点成效，先后获得有关主管部门、检查评审专家的好评与赞赏，在教育部组织的 2 次现场验收中均获得优秀。

（撰稿：韩丽琴　审稿：查贵庭　审核：代秀娟）

档　案

【概况】4 月，档案馆发布《关于开展 2016 年度文件材料立卷归档工作的通知》，布置全校 2017 年的归档工作。为提高各学院、机关兼职档案员的积极性，发布《关于评选"2017 年度档案工作先进集体、先进个人"的通知》，为 2017 年归档工作打下沟通交流的良好基础。

档案馆年内接收、整理 44 个归档单位的档案材料 816 卷，照片 18 卷加 29 张，机要资料 17 卷；年度人事档案接收 31 卷；接收本科生新生档案 4 309 卷，研究生新生档案 3 200 卷；研究生学籍 4 507 卷。12 月，接收和整理农遗室交接的资料，财务档案合计 358 卷，文书档案合计 155 卷，科技档案合计 320 卷，另有部分照片。

全馆馆藏档案总数 103 264 卷，其中综合类档案 74 894 卷，人事档案 3 648 卷，学生人事档案 24 722 卷。全年提供常规档案（除教职工、学生档案和学籍档案）利用 420 人次，查询 900 卷，其中，主要是配合家属区加装电梯、人事处养老保险的核实、学校规章制度清理工作。学籍档案利用 6 951 人次、7 171 卷。传递人事档案 19 卷，全年接待查档 129 人次、539 卷，主要为配合人事处核实养老保险事宜；传递学生档案 5 307 卷，接待外单位政审 239 人次。配合全国学位与研究生教育发展中心、江苏省高校毕业生就业指导中心及有关用人单位，对 368 位毕业生进行了成绩单、毕业证书、学位证书的书面认证工作，提供相关材料 368 份。

【开展档案宣传】2017 年国际档案日的主题是"档案——共同的记忆"，为迎接"6·9 国际档案日"活动，6 月 9 日，档案馆在校园内悬挂横幅标语和张贴海报，设计编排《图说南农》画册，制作《毕业生档案问与答》宣传折页。组织全馆工作人员，分别在卫岗校区牌坊广场和浦口校区润泽园举行宣传咨询活动。

【征集校史档案】为完善馆藏，丰富校史，6 月，档案馆以《图说南农》画册为引，继续面向社会各界校友、离退休教职工、学校单位及师生征集校史档案。同时，力争对历史老照片进行人物还原，邀请蔡宝祥、祝寿康、鲍世问、顾焕章、周有忠、程端仪、孙健、王耀南等离退休的南农老同志帮忙辨认历史照片；原学校党委书记李力家属张瑞芳老师向档案馆捐赠李书记在学校工作时期和抗战时期的照片 125 张、工作时期会议笔记本影印件 1 本以及南京农学院工作证 1 本等。植物保护学院丁锦华、王荫长两位教授向档案馆捐赠书稿 10 份。

【推进档案信息化建设】9 月，完成成绩翻译系统、基建档案数字化外包的招标工作。截至 12 月 15 日，成绩翻译系统基本完成并处于调试阶段；扫描完成基建、专利和获奖证书、南京农业大学入学登记表（1988—2016）、中央（南京）大学成绩表（1939—1952）、南京农学院成绩表（1952—1966）、党员材料（2008—2016）、科研档案以及党群等其他文书档案等 1 872 卷、1 505 件，折合 A4 页共 334 055 幅。

【年鉴编撰】4 月，学校召开 2016 年鉴编委专家会议，编委会委员对年鉴的目录和框架进行了讨论并提出意见和建议。5 月，召开《南京农业大学年鉴 2016》编写部署暨编写人员培训会议，对编写人员就年鉴的目录、内容框架、分工、编写内容规范、编写注意事项及要求等作了解读和培训。编撰出版《南京农业大学年鉴 2016》。

【调整库房】随着馆藏逐年增加，档案馆空间更加局促，为充分挖掘内部潜力，合理布局空间，3 月初对库房进行统一调整，将原先在行政北楼的教工人事档案、学生档案搬迁至逸夫楼 9 楼和 10 楼库房，原逸夫楼 10 楼的会计库房整体搬迁至行政北楼。

［附录］

附录 1　档案馆基本情况

面积（平方米）		主要设备（台）									人员（编制 12 人）				
总面积	其中库房面积	服务器	计算机	扫描仪	复印机	打印机	空调	去湿机	防磁柜	消毒机	馆长	副馆长	综合档案部	人事档案部	档案信息部
1 000	750	2	17	4	2	13	18	1	1	1	1	1	4	3	3

附录 2　档案进馆情况

类　目	行政类	教学类	党群类	基建类	科研类	外事类	出版类	学院类	财会类	总计
数量（卷，件）	271	91	54	25	30	39	14	19	273	816

（撰稿：高　俊　审稿：景桂英　审核：代秀娟）

后勤服务与管理

【概况】坚持以人为本，为师生提供优质的后勤保障服务，服务涉及餐饮、物业、维修、浴室、物资供应、车队运输、通信收发、洗衣房、文印、幼儿教育等。做好大学生、研究生、家属社区管理工作，改善社区生活环境，营造温馨的社区生活。

实行物业管理社会化服务，公开招标引入山东明德物业管理集团有限公司、苏州东吴物业管理有限公司两家社会企业参与学生宿舍与教学办公楼宇管理和服务，完成 170 余名员工分流安置，实现平稳过渡。引入江苏盛邦建设有限公司负责学校45部电梯维保服务。完成新一轮社会餐饮企业公开招标工作，引入宁夏明瑞苑穆斯林餐饮公司合作经营民族食堂。完善《社会餐饮企业监督管理办法》，出台《专项监督检查办法》，加强对社会企业检查和考核，每月开展社会企业管理服务总结评比活动。

改善基础设施条件。对北苑四食堂、民族食堂进行电路改造，完善结构布局，改善就餐环境。全面完成食堂油烟净化系统改造，将机械式油烟净化器升级为光解油烟净化器，降低油烟排放。部分楼宇试点安装巡更系统确保安全。购置驾驶式洗地机等设备提升保洁效率效果。更新研究生、留学生宿舍电热水器494台和留学生宿舍空调118台。更新幼儿园监控系统等设备，改善办园条件。

完成牌楼创业中心研究生宿舍拓荒保洁，确保500余名研究生新生顺利入住，做好门卫、保洁、洗衣、开水等后勤保障工作。积极配合牌楼创业中心食堂筹建。开通牌楼创业中心至卫岗校区班车，做好班车服务监管。

进一步规范伙食原料招标采购，创新原料供应商考核评价体系和淘汰机制，构建市场价格调研平台，完善"调价机制"。积极引进、创新菜肴品种，满足师生员工多样化需求。加强成本核算，有效管控菜肴投料比率，做到质优价廉。定期开展全员食品安全培训，落实各层级岗位安全责任。创新教工餐厅经营模式，制订每周菜谱，进一步提升服务水平。畅通与服务对象的互动渠道，妥善处理各类投诉，积极吸收合理化建议，提升服务满意度。

新接管牌楼创业中心、土管楼、动物医院物业管理工作。会议中心全年承接378场会议。做好纯水设备、门禁系统、开水炉等日常管理和维护。全力保障世界农业奖等大型活动和考试的顺利开展。做好校园道路保洁与垃圾清运，全年清运垃圾6 000余吨；学生宿舍零星维修近5 000次；门禁卡授权15 388人次。主办江苏省高校寓物专会南京城中片2017年年会。

规范"零星维修工作流程"，狠抓施工管理与质量，全年完成零星维修任务1 500项。建立小型工程施工单位预选库，签订《入库服务协议》，承接监管2 000～30万元立项维修项目177项，预算总价1 100万余元。

做好幼儿传染病预防、晨检、体检、膳食管理等工作。以研促教，家园共建，依托学校资源，开展亲自然工作坊课题和"十三五"课题研究。细化师德教育内涵、提升教学科研质量，确保幼儿保教保育质量。材料报送获现场免检资格，顺利通过江苏省优质园复验。

完成留学生、研究生住宿与保障服务。完成信件收发、被褥窗帘洗涤、文印、锅炉安全供气、浴室服务监管、物资供应、车辆运输、资产管理等工作。

召开后勤集团公司三届二次职工代表大会，加强民主管理与监督。举办丰富多彩的工会活动，开展2017年总结表彰暨迎新春联欢会，打造健康、向上的后勤文化。做好困难职工慰问、大病医疗互助以及老龄工作。

加强安全宣传教育，层层签订《安全工作责任书》，落实安全责任。认真组织"安全生产月"活动，做好电气火灾安全隐患自查工作；全面开展安全自查，积极整改，迎接并顺利通过江苏省高校后勤安全检查。举办消防安全培训，加强日常巡查，严格安全隐患排查月报制度。改造2间剧毒品库房，做好危化品仓库和剧毒品库房的安全评价，顺利通过各类安全检查并移交至实验室与设备管理处。制定员工宿舍管理制度，加强宿舍安全管理和检查。

开展特色创新活动。与校团委共同举办"走近后勤·岗位体验"活动；举办江苏高校第二届美食文化节暨南京农业大学第十三届校园美食节，保留传统经典项目，开展伙食原料供应商精品展销和民族风情特色美食展销。评选表彰 19 人为 2017 年"最美后勤人"。

申报课题立项 4 项，结题 1 项；发表论文 2 篇，其中核心期刊 1 篇；论文获南京市一等奖 2 篇、二等奖 1 篇、三等奖 2 篇；1 项成果获得全国高校学生公寓工作创新成果奖二等奖；2 项成果分别获得江苏省高校寓物工作创新成果奖二、三等奖。

学校饮食团队在第二届江苏省高校美食文化节暨家乡菜 DIY 创意大赛中荣获"先进集体"。文印服务中心被评为玄武区"2016—2017 年度治安消防安全工作先进单位"。3 人获得"全国高等农业院校后勤管理研究会 2017 年度先进工作者"称号；2 名员工分别被评为江苏省高校"感动公寓"人物与"最美物业人"；1 名幼儿教师被评为玄武区优秀教育工作者。

完善学生社区管理工作体系。实行家庭亲情互动模式，通过学生会、学生自管队伍及校园新媒体等开展沟通交流，深入了解学生需求和意见，修订住宿管理规定，建立"辅导员学生社区工作站"，建立健全学生自我管理队伍体系。做好学生社区日常管理和安全防范工作，开展以生活常识、健康知识、道德规范、人际交往等方面为主题的宣传活动，做好卫生检查、安全督查等日常生活管理，深入了解并协助解决学生宿舍物品维修、失物招领等问题。加强对宿舍区用电、防火、防盗、防传染性疾病等安全工作的检查，确保信息畅通，杜绝可能诱发事端的苗头和隐患，防止各类安全事故的发生。举办春季、秋季"社区文化节"，开展了最美阿姨——宿管员线上评选活动、寻宝南农、我爱我家——毕业离校倡导、寝室装扮大赛、学生社区摄影大赛等主题活动，吸引近万名学生参加。

开展生活习惯教育，实行宿舍卫生与学生综合测评挂钩的管理模式。严格规范宿舍卫生标准，形成了辅导员、宿舍管理员和学生干部相互协作的管理体系。强调公德和纪律，奖惩严明，评选出 730 个卫生免检宿舍和 193 个文明宿舍，每周公布周最佳宿舍和不达标宿舍，每月进行学院卫生情况通报和月最佳宿舍评比，形成了良好的学生社区秩序和宿舍卫生环境。

加强毕业秩序管理，开展"我爱我家，毕业成长"活动，发出了"我爱我家，朝夕相伴舍友情；毕业成长，一尘不染寝室貌"的文明倡议，倡导毕业生文明离校。以"衣衣不舍，暖意绵延"为主题，开展毕业生衣物爱心捐赠活动，收集捐献衣物和被褥 1 000 余件。

开展心理咨询、学术活动共 200 余场次，解决研究生情感、经济、学习等方面困难。开展以家风、榜样、节俭、崇德等主题的研究生社区文化节系列活动：举办"文明宿舍"评选、"巢文化"宿舍风采大赛、"最美女博士"评选、"南农好榜样"评选、跳蚤市场、研究生早餐文化节等活动，建立社区志愿服务队伍。"研究生社区文化节"项目获学校校园文化建设优秀成果奖一等奖。

重视研究生社区管理队伍建设，设计适合研究生社区组织管理形式，聘请 14 名生活阅历丰富的退休工作人员担任宿舍管理员；强化学院辅导员职责，辅导员每周实地走访宿舍，了解学生思想动态；构建研究生宿舍助管队伍，发挥研究生自我管理、自我教育、自我服务功能。同时，开展研究生辅导员沙龙和宿舍管理员老师专题培训。

加强研究生社区环境建设，积极协调资产管理与后勤保障处和后勤集团公司，加大硬件建设力度，同时开展学生行为规范、思想道德、心理健康等宣传教育。调动研究生民主参与社区管理工作，加强研究生之间、研究生与管理员老师之间、研究生与医院、后勤集团公司、图书馆等部门的沟通，保障研究生合法权益。

开展家属区既有住宅加装电梯工作，截至 2017 年底，已申请加装 43 部，完成初步设计 41 部，竣工 7 部，在建 14 部。

为推进家属区物业社会化工作，成立家属区物业社会化领导小组、工作小组，制订工作计划和方案。起草招标文件，完成前期物业招标，并与中标方"紫竹物业公司"签订合同，2017 年底正式进场服务。

以惠民利民为宗旨，做优家属区各项社会事务。以活动推动为抓手，丰富居民文化娱乐生活。积极探索社区网格化管理模式，最大限度地组织群众维护区域社会安全稳定，科学设置分区域、分层面、按梯次的防控力量。全面加强治安志愿者队伍建设。计划生育、劳动保障及民政工作正常开展。

（撰稿：钟玲玲 闫相伟 王 敏 陈 畅 审稿：姜 岩 姚志友 孙 健 李献斌 审核：代秀娟）

医 疗 保 健

【概况】校医院推进改革，提供优质医疗服务，创新公共卫生工作模式，提高师生满意度，在医院人员减少 14% 的情况下，门急诊量仍达 82 719 人。传染病防控扎实有效，医学保健及时到位，为学校师生健康保障发挥重要作用。

加强管理。特邀分管校领导做"深入贯彻十九大会议精神，着力提升医疗保障水平"专题辅导报告，统一思想、提高认识。

结合"双抓双促"大走访工作，深入学生，广泛征求意见，收集提案 263 份。针对提案、认真分析、查找问题，召开"权心权益 始终为你——三方会谈专场大会"，搭建"学生"-"医院"交流的良好平台。

实施《公费医疗管理办法》新政，检查费、治疗费、材料费报销比例大幅度提升，医药费总支出 173.21 万元，较 2016 年增加 79.85 万元，增长 4.8%。

提高医疗技术。7 名医务人员获得江苏省救护师资培训合格证书；医务人员放弃休息时间，加班完成各类医学保健工作 150 余场。

开设雾化室，购置高频 X 光摄片机，进行供应室规范化改造，新购置 MAST 脉动真空灭菌器、超声波清洗机、水处理设备；污水处理系统改造工程竣工并通过验收，投入使用，提升医院感染管理工作水平。

加强学习型医院建设，聘请省人民医院、空军 454 医院、军区总医院等著名医学专家来院为医务人员授课，专家讲座 15 场；选派 4 人利用暑期时间到中西医结合医院进修学习；第二批中央高校医疗专项课题顺利结题；校医院 6 名医务人员又成功申报第三批中央高校医疗专项课题。

公共卫生工作扎实。2017 年教职工体检约 2 000 人，增加 2 项肿瘤标记物、糖化血红蛋白、甲状腺功能检查；全年完成各类体检 9 664 人次。新增恶性肿瘤 13 人。

发现肺结核疑似病例 12 人次，立即排查隔离，筛查密切接触者 456 人次，PPD 试验

384 人次，追踪强阳学生 6 人，其他传染病报卡 55 人次，院内隔离治疗病人 5 人次，全年没有发生传染病流行和暴发。计划免疫室开展首届"妈咪课堂"，面向年轻教职工宣传疫苗接种相关知识。

邀请江苏省疾控中心性病与艾滋病防治所所长还锡萍来校为全体新生开展传染病预防讲座；学校被南京市红会设立为急救培训基地；"5·31"开展控烟宣传活动；"12·1"联合学生红会开展艾滋病宣传周活动；发放健康教育宣传册 6 500 份，医院网站、橱窗宣传文章 22 篇，大学生健康教育选修、选读课共 500 余人次。

2017 年，国家全面放开"二孩"政策，学校已婚育龄妇女 800 余人，全年登记出生人口 56 人，生育符合率达 100％；避孕节育措施落实率 100％；开展"青春同伴教育"活动 35 余场，发放宣传资料 3 000 份，举办青春期生殖健康培训人数达 3 000 余人次。

大学生参保人数共计 18 340 余人，新参保 5 601 人，办理转专业学生参保手续 482 人，参保率达 98％，住院零星报销 109 人，住院金额累计达 150 万余元。

[附录]

2016—2017 年门诊人数、医药费增长统计表

年份	就医和报销人次			报销费（元）		门诊费（元）			总医疗费支出
	总人次	接诊人次	报销人次	报销金额	票据数	药品支出	卫材支出	平均处方	合计
2017	86 989	82 716	6 200	13 151 613	45 079	6 131 521.61	57 573.5	90.8	19 340 708.28
2016	86 836	82 182	6 002	11 449 673	38 629	5 017 714.37	54 939.9	74.1	16 522 326.76
增减	153	534	198	1 701 940.9	6 450	1 113 807.24	2 633.6	16.7	2 818 381.52
比率（％）	0.10	0.60	3.20	14.90	16.70	22.19	4.79	22.50	17.10

（撰稿：贺亚玲 审稿：石晓蓉 审核：代秀娟）

十三、学术委员会

【概况】第七届学术委员会扎实推进"教授治学"，营造"教授治学"的良好环境和工作氛围，确保有效行使学术权力。为完善学校学术治理体系，规范学术委员会工作，充分发挥学术委员会作用，经修订后发布《南京农业大学学术委员会章程（试行）》（2017 年修订）（校发〔2017〕138 号）、《南京农业大学学术委员会议事规则（试行）》（学术〔2017〕4 号）及《南京农业大学教授二、三级岗位及其他专业技术三级岗位申报条件》（学术〔2017〕7 号）3 个文件。制订或修订学位评定委员会、学术规范委员会、职称评定与教师学术评价委员会、教育教学指导委员会和各学院学术分委员会（含体育部）的议事规则。本年度 5 个学部在校学术委员会的指导下开展学术评价与咨询活动，切实发挥学部功能，培育较好的学科发展环境。

根据学术委员会工作实际，完成第七届学术委员会 2016 年度工作报告，并于 4 月 19 日南京农业大学第五届教职工代表大会第十一次会议进行汇报。根据学术委员会、学位评定委员会、专门委员会实际情况，4 月先后对南京农业大学第七届学术委员会、第十一届学位评定委员会、教育教学指导委员会部分成员进行调整。学术委员会分别于 1 月 14 日、3 月 23 日、6 月 12 日召开南京农业大学学术委员会七届五次、七届六次、七届七次全体委员会议，委员们认真审议学校学术事项，对营造良好的学术氛围等提出很多建设性建议，充分发挥学术智囊团的作用。

（撰稿：常　姝　郑艳妮　审稿：周应堂　审核：张丽霞）

十四、学院

植物科学学部

农学院

【概况】学院设有农学系、作物遗传育种系、种业科学系和江浦农学试验站。设有 1 个博士后流动站、6 个博士专业、6 个硕士专业、2 个本科专业和 1 个金善宝实验班（植物生产类）。现建有作物遗传与种质创新国家重点实验室、国家大豆改良中心（农业部大豆生物学与遗传育种重点实验室）、国家信息农业工程技术中心 3 个国家级科研平台，以及 13 个省部级重点实验室和研究中心。拥有 1 个入选国家"双一流"建设的国家重点一级学科（作物学）、2 个国家级重点二级学科（作物遗传育种、作物栽培学与耕作学）、2 个江苏省重点交叉学科（农业信息学、生物信息学）和 2 个江苏省优势学科（作物学、农业信息学）。作物学在第四轮全国一级学科评估中获评 A+。

现有教职工 162 人，其中教授 57 人、副教授 39 人、讲师 22 人，博士生导师 52 人，硕士生导师 34 人。学院拥有中国工程院院士 2 人、"长江学者"特聘教授 2 人、国家杰出青年科学基金获得者 4 人（新增 1 人）、"千人计划"专家 2 人（新增 1 人）、"万人计划"人才 7 人（新增 2 人）。拥有中组部"千人计划"青年人才 2 人、"长江学者"青年学者 2 人、国家优秀青年科学基金获得者 1 人、江苏省特聘教授 3 人、江苏省杰出青年科学基金资助 3 人（新增 1 人）、中国青年女科学家 2 人（新增 1 人）、获中华农业英才奖 1 人、农业部科研杰出人才 5 人、农业产业体系岗位专家 7 人等。

引进"千人计划"专家齐家国教授；院士盖钧镒荣获 2017 年度"中国种业十大杰出人物"；教授朱艳获第 14 届"中国青年女科学家"荣誉称号；教授郭旺珍、刘裕强分别入选国家"万人计划"领军人才和青年拔尖人才；教授杨东雷获得江苏省杰出青年科学基金资助；教授赵志刚入选江苏省"六大人才高峰"；教授王益华获大北农青年学者奖。教授李艳团队"大豆生物技术育种研究"教育部创新团队顺利通过验收并获得滚动支持。

全日制在校本科生 830 人（留学生 6 人）、硕士生 557 人（留学生 9 人）、博士生 272 人（留学生 34 人）。2017 年招收本科生 213 人（留学生 6 人）、硕士生 222 人（留学生 4 人）、博士 101 人（留学生 17 人）；毕业本科生 194 人（留学生 1 人）、硕士生 202 人、博士生 76 人。本科生年终就业率 96.9％、升学率 53.6％（全校第一）、研究生就业率 90.5％。

获批立项国家、省部级科研项目 102 项，其中国家自然科学基金 21 项（面上 11 项、青年 8 项、国际合作 1 项、杰出青年科学基金 1 项）；新增主持"十三五"国家重点研发计划项目 4 项，累计 5 项（全校累计 7 项）。总立项经费达 1.82 亿元，到账纵向经费 1.69 亿元、横向经费 1334 万元。发表 SCI 收录论文 178 篇，单篇影响因子最高为 32.197，其中影响因子 5.0 以上占 13.48%，大于 9 的 6 篇，棉花遗传育种团队研究成果发表在 *Nature Genetics*（5 年 IF=32.197）。授权国家发明专利 24 项，登记国家计算机软件著作权 5 项，获得植物新品种权 5 项，审定品种 1 个，美国和以色列发明专利授权各 1 项。教授智海剑团队获神农中华农业科技奖科研成果奖一等奖，教授朱艳团队获江苏省农业推广奖一等奖。

作物遗传与种质创新国家重点实验室科学技术部评估"优秀"，江苏省现代作物协同创新中心评估"优秀"。新增农业部农作物系统分析与决策重点实验室 1 个，与宁夏大学、西藏农牧学院共建国家重点实验室创新平台，白马基地建设顺利。举办"全国作物商业化育种新技术培训班"，培训种业相关人员 100 余名；举办水稻新品种"宁粳 7"号和"宁粳 8 号"现场观摩与推介会、现代作物栽培技术全国现场观摩和交流会、江苏优质专用小麦产业化发展推进会，专项一体化协同实施模式在全国粮食丰产专项现场观摩会示范推广。"低谷蛋白水稻 W0868 品种权转让及稻米生产经营权独占许可"科技成果成功转让。

农学专业接受了教育部高等教育评估中心组织的专业认证（第三级）。教育部卓越农林人才培养计划和江苏省品牌专业建设项目进展顺利，其中品牌专业获江苏省教育厅中期考核优秀（全校唯一）。"'本研衔接、寓教于研'培养作物科学拔尖创新型学术人才的研究与实践"获江苏省教学成果奖特等奖；1 项江苏省高等教育教改研究重点课题通过结题验收。4 项成果获得校级教学成果奖（其中特等奖 1 项、一等奖 2 项、二等奖 1 项）。7 项校级教改项目顺利结题，其中 2 项获得优秀，发表教改论文 11 篇。新增江苏省精品在线开放课程 2 门、校级精品在线开放课程 1 门、江苏省留学生英文精品课程 1 门、江苏省重点教材 1 部。成功申报"国家大学生科研创新计划"9 项、"江苏省大学生创新训练计划"4 项。立项江苏省研究生创新计划 20 项，其中 3 项获省级资助；1 个江苏省企业研究生工作站评估优秀；获江苏省优秀硕士学位论文 1 篇。成功举办第十届长三角作物学博士论坛。

全年共开展学术报告 66 场，其中国外专家 31 场；组织召开国际学术研讨会 4 次，包括首届"功能蛋白质组学前沿技术与农业产业发展"高峰论坛、"国际模型比较与改进项目小麦组年会"、"作物基因组学与抗病遗传改良研讨会"等会议。12 名教师受邀在国际学术会议上作大会报告和分会报告。2 项"111"引智基地项目顺利实施，新增国际合作项目 1 项。实施青年教师海外提升工程，本年度共资助 6 位教师出国留学；推进学院本科生加利福尼亚大学戴维斯分校寒假交流专项，投入 30 万元，选派 17 名优秀本科生赴美交流；20 名博士生获国家留学基金管理委员会资助联合培养一年以上。启动美国康奈尔大学本科生"2+2"联培项目和暑期访学项目的宣传；继续推进与密歇根州立大学的研究生合作办学工作。

学院先后获学生工作创新奖、就业工作先进单位、招生工作先进集体、大学生课外学术科技作品竞赛优秀组织奖、校园文化建设优秀成果奖、连续第五年获体育工作先进单位及校运动会学生团体第一名、4 团队获全国暑期社会实践优秀团队称号、1 团队获江苏省暑期社会实践优秀团队称号、1 班级获江苏省先进班集体称号、1 班级获江苏省活力团支部称号。学生个人先后获国家级表彰 38 项、省市级表彰 32 项、校级表彰 480 余项。

【作物学学科入选国家"双一流"建设学科】作物学一级学科顺利入选国家"双一流"建设学科并在全国高校第四轮学科评估中获得 A＋的好成绩，作物学学科的建设与发展也为学校农业科学进入全球 ESI 前 1‰作出了重大贡献。

【院士盖钧镒获世界大豆研究大会奖终身成就奖】12 月 6 日下午，世界大豆研究大会奖终身成就奖颁奖仪式在学校举行。第十届世界大豆研究大会奖终身成就奖授予院士盖钧镒，以表彰其为世界大豆研究作出的突出贡献。世界大豆研究大会常设委员会委员、美国佐治亚大学教授李增禄为院士盖钧镒颁奖。

【教授朱艳获得国家杰出青年科学基金资助】8 月 17 日，国家自然科学基金委员会公布了 2017 年度国家杰出青年科学基金资助评审结果，教授朱艳获资助。教授朱艳先后入选国家"万人计划"、教育部青年"长江学者"、农业部农业科研杰出人才及创新团队、江苏省特聘教授等，荣获中国青年科技奖、霍英东教育基金会高等院校青年教师奖一等奖、江苏青年五四奖章等。

（撰稿：解学芬　审稿：戴廷波　审核：孙海燕）

植物保护学院

【概况】学院现有植物病理学系、昆虫学系、农药科学系和农业气象教研室 4 个教学单位。建有 3 个国家和省部级科研平台、2 个部属培训中心和 1 个省部级共建重点实验室。拥有植物保护国家一级重点学科以及植物病理学、农业昆虫与害虫防治、农药学 3 个国家二级重点学科。设有植物保护一级学科博士后流动站、3 个博士学位专业授予点、3 个硕士学位专业授予点和 1 个本科专业。

现有教职工 112 人（新增 11 人），其中专职教师 86 人，教授 44 人（新增 5 人），副教授 29 人（新增 1 人），讲师 10 人。有博士生导师 46 人（校内 39 人，校外 7 人），硕士生导师 43 人（校内 24 人，校外 19 人），在站博士后工作人员 15 人（新增 6 人）。学院拥有"长江学者"特聘教授 3 人（新增 1 人）、"千人计划"专家 1 人（新增）、"万人计划"领军人才 3 人（新增）、国家杰出青年科学基金获得者 4 人、国家优秀青年科学基金获得者 3 人、全国模范教师 1 人、"新世纪百千万人才工程"国家级人选 2 人、"973 计划"首席科学家 1 人、国务院学科评议组专家 1 人、科学技术部"中青年科技创新领军人才"1 人、中组部"千人计划"青年人才 1 人、中组部青年拔尖人才 2 人、教育部青年教师奖获得者 1 人、教育部"跨世纪人才"2 人、教育部"新世纪优秀人才"9 人、江苏省特聘教授 5 人、江苏省杰出青年科学基金获得者 3 人（新增 1 人）、农业部杰出人才与创新团队 2 个、国家自然科学基金委员会创新研究群体 1 个（新增）、江苏省教育厅高校科技创新团队 1 个（新增）。

引进"千人计划"专家张舒群教授、"高层次人才"张峰教授。教授张正光入选教育部"长江学者奖励计划"特聘教授；教授王源超、教授张正光、教授窦道龙入选第三批国家"万人计划"领军人才；教授张正光、教授陶小荣入选江苏省第五期"333 工程"第二层次培养计划；教授王源超入选江苏省"青蓝工程"优秀教学团队培养对象；教授胡高获得江苏省杰出青年科学基金资助；副教授牛冬冬入选江苏省"青蓝工程"优秀青年骨干教师；退休教师程遐年教授获第二届中国昆虫学会"终身成就奖"。

招收博士研究生 64 人（含留学生 7 人），硕士研究生 202 人（含留学生 3 人），本科生 129 人。毕业博士研究生 57 人（含留学生 4 人），硕士研究生 175 人，本科 118 人。共有在校生 1 108 人，其中博士研究生 177 人，硕士研究生 485 人，本科生 446 人。毕业研究生和本科生年终就业率分别为 95.26％和 98.31％。

获批立项国家、省部级科研项目 162 项，其中国家自然科学基金委员会创新群体和国家重点基金项目各 1 项，国家自然科学基金面上项目 15 项，立项课题经费 1.079 亿元，实到经费 4 313.2 万元。发表 SCI 收录论文 183 篇，其中影响因子 5 以上的论文 22 篇、10 以上的 3 篇。申请、授权国家发明专利 11 项。

承办第 12 届全国芽胞杆菌青年工作者学术研讨会，组织国际研讨会 3 场，邀请国内外专家 60 人次来校开展学术交流，聘请英国埃克塞特大学 Jason Chapman 为客座教授。学院师生 200 人次参加国际学术交流会，10 人次应邀作国际学术会议报告，18 人次担任 2 个国际学术组织的主要成员和 19 种 SCI 期刊的编委，其中教授王源超担任 *PLoS Pathogens* 客座编委、MPMI 与 MPP 高级编委（Senior Editor），教授董莎萌和副教授王暄担任新一届 MPMI 编委会副主编（Associate Editor）。本科生出国交流 25 人次，8 位博士研究生成功申请联合培养项目。

1 门课程入选江苏省高校"十三五"在线开放课程，2 门微课获全国高校农林类专业微课教学比赛二等奖。1 部教材获江苏省"十三五"重点教材立项、5 部教材获农业部"十三五"规划教材立项。完成白马基地仪器设备购置，120 余名本科生顺利完成暑期生产实习。立项国家、省级大学生创新项目 26 项、省级创业项目 3 项、实验教学中心开放性项目 2 项。获批江苏省研究生科研、实践创新项目 15 项，获得江苏省优秀博士学位论文 2 篇、优秀硕士学位论文 1 篇。

立项省级教改项目 1 项，校级教改、教管项目 10 项，校级教育"卓越教学"课堂教学改革项目 15 项，发表教研论文 7 篇；组织召开首届全国高校植物保护学院党建与思想政治工作暨学生工作研讨会，全国 22 所高校的 63 名学生工作者参会。"保护中华虎凤蝶"志愿服务项目获全国青年志愿服务示范项目创建提名奖。学院被评为"学生工作先进单位""学生工作创新奖""五四红旗团委"等各类学生工作奖 80 项，学生 78 人次获得省级以上奖励。

【学科评价再创新高度】植物保护学科在全国第四轮学科评估中获评 A+；教授王源超领衔的作物疫病团队研究成果"诱饵模式——病原菌致病的全新机制"成功入选 2017 年度"中国高等学校十大科技进展"和"2017 中国农业科学重大进展"；教授周明国团队研究成果获教育部科技进步奖一等奖；教授王源超团队研究成果获大北农科技进步奖，该团队还获批国家自然科学基金委员会创新研究群体项目资助，实现了学校在该人才计划项目资助中零的突破，也是国内植物病理学科首次获此项目资助。

【专业认证深化生本理念】4 月，植物保护专业作为全国首家试点单位，接受教育部本科专业认证（第三级），经专家走访、深度访谈、随堂听课和文卷核查等工作，圆满通过认证，并参与到全国高等教育农林类专业认证标准研制工作中。

【召开全国高校植物保护学院党建及思想政治工作研讨会】5 月 5 日，由学院倡议并主办的首届全国高校植物保护学院党建与思想政治工作暨学生工作研讨会在金陵研究院三楼报告厅开幕。校党委常委、党委副书记刘营军，校党委常委、副校长董维春等出席开幕式。来自浙江大学、中国农业大学、西北农林科技大学、华中农业大学等全国 22 所高校相关学院的 63 位代表参加会议。会议探讨新时期高校植物保护学院的党建和学生思想政治工作，确定将该研讨会建成常态化的校际交流平台，讨论通过会议章程，并确定由西北农林科技大学和河北农业大主办第二届和第三届研讨会。

【师生携手服务"三农"，社会服务展现新成效】教授郭坚华团队举办有机种植培训会，惠及500名有机种植户；教授胡白石受聘为新疆维吾尔自治区农林厅病害控制咨询专家，在全疆范围内为梨树枯梢病及西甜瓜果斑病的控制进行电视技术培训；教授胡白石和副教授范加勤牵手重庆太极集团，攻关田七等中药材的根腐病成灾机制和控制研究；教授周明国团队针对抗药性小麦赤霉病研发"NAU"系列新型杀菌剂及相关病害综合防控技术，继续在江苏多地推广示范。组织"绿色植保"实践团赴扬州宝应宣传安全用药，与朝天宫社区共建大学生植物医院，联合江苏省环保宣传教育中心开展小博士课堂，搭建学生参与科技服务平台。

（撰稿：张　岩　审稿：黄绍华　审核：孙海燕）

园艺学院

【概况】园艺学院是中国最早设立的高级园艺人才培养机构，其历史可追溯到国立中央大学园艺系（1921）和金陵大学园艺系（1927）。学院现有园艺、园林、风景园林、中药学、设施农业科学与工程、茶学6个本科专业，其中园艺专业为国家特色专业建设点和江苏省重点专业。现有1个园艺学博士后流动站、6个博士学位授权点（果树学、蔬菜学、茶学、观赏园艺学、药用植物学、设施园艺）、7个硕士学位授权点（果树、蔬菜、园林植物与观赏园艺、风景园林学、茶学、中药学、设施园艺学）和3个专业学位硕士授权点（农业推广硕士、风景园林硕士、中药学硕士）；其中，蔬菜学科为国家和农业部重点学科，果树学科为江苏省级重点学科，园林植物与观赏园艺学科（含风景园林规划设计方向）为校级重点学科，园艺学一级学科被认定为江苏省一级学科国家重点学科培育建设点，"园艺科学与应用"在"211工程"三期进行重点建设，"现代园艺学"为江苏省优势学科；建有7个农业部"华东地区园艺作物生物学与种质创制重点实验室"和教育部"园艺作物种质创新与利用工程研究中心"等省部级科研平台。

现有教职工151人，专任教师121人，其中教授35人、副教授53人，其中高级职称教师占72.7%，具有博士学位教师占86.6%，具有海外一年以上学术经历的教师占47.8%；共接收优秀博士生6人、师资博士后4人；9人晋升为副教授；获国家杰出青年科学基金1项、1人获"有突出贡献中青年专家"荣誉、2人入选第三批国家"万人计划"领军人才（公示中）；1人入选"六大人才高峰"、1人入选江苏高校"青蓝工程"中青年学术带头人培养对象名单、2人荣获"江苏省创新争先奖章"；1人荣获南京市"十大科技之星"称号。有12位在职教师在美国、加拿大、英国、德国、韩国、日本、新加坡等国家的高等院校和科研院所进行3个月以上的中短期互访与讲学。

全日制在校学生1997人，其中本科生1279人，硕士研究生599人，博士研究生119人；毕业全日制学生555人，其中本科学生299人（本科学位授予率为97.99%），研究生256人；本科生就业率为96.32%，研究生就业率为92.3%；招收全日制学生625人，其中本科生320人，研究生305人。

新增校级教改项目3项；新增SRT立项资助50项，其中国家级7项，省级4项。年度到账总经费6 766万元，较2016年增加700余万元；国家自然科学基金受资助18项，总经费计1 304万元，其中面上基金8项，青年基金8项，重点基金1项，"杰青"基金1项。发表 SCI 论文 151 篇，篇均影响因子 3.0，其中 15 篇影响因子超过 5.0，总影响因子 488.56；获国家发明专利授权 15 项。获批研究生培养创新工程 15 项，江苏省优秀论文博士、硕士、专业学位各 1 篇。

连续 6 年获得省部级一等奖。以菊花、红蒜等为重要支撑的贵州麻江扶贫项目，入选教育部 2017 年度十大精准扶贫典型。梨产业通过"重点突破、以点带面、整体推进"的扶贫策略，对接吕梁山区等 6 个重点扶贫县。湖熟菊花基地继续受到广泛关注，同时在金华、淮安、天津、深圳等地合作建设菊花基地 10 个，参观人数近 300 万人次。安排教授到艾格顿大学进行为期 2 周的分子生物技术培训；邀请该校 5 位教师来学校进行为期 3 周的交流访学。园艺专业"三模块"实践教学体系的创新与实践获江苏省教学成果奖二等奖。

成功举办全国高校园艺专业建设与卓越人才培养研讨会，全国 51 所院校和中国农业出版社等多家出版机构的 170 多位专家参会；组织召开园艺学院第九届教学观摩与研讨会，聘请校外专家 3 人作指导老师；参与承办中国风景园林学会菊花分会第 26 届年会；举办瓜类作物分子细胞遗传改良协作研讨会；中美农业植物生物学研究中心（以下简称 CAPB）揭牌仪式暨第一届学术研讨会在校学术交流中心召开，该中心由田纳西大学和南京农业大学商定与其他科研机构合作，牵头建立 CAPB，CAPB 的建立将为两国合作提供重要平台；召开江苏省蔬菜产业体系启动和"三新工程"实施方案填报协调会。召开党政联席会议，专题研讨并启动"园艺学院人事制度改革（试点）"工作。

园艺学科在第四轮全国学科评估中进入 A 类行列，位列全国同类学科第三名。省级在线开放课程园艺植物生物技术和茶叶品鉴艺术在"中国大学 MOOC"网站上上线；《设施作物栽培学》和《园艺植物遗传学》获得江苏省高等学校重点教材建设立项；9 本教材获入选农业部"十三五"规划教材。

举办园艺学院第二届夏令营即"优秀大学生创新论坛"，拓展优秀研究生来源渠道。成功举办"2017 全国植物生物学女科学家科普与学术校园行"，全国 10 余位行业女科学家来校进行科普讲座和学术交流。组织 19 名本科生赴日本千叶大学进行暑期交流访学，26 名学生出国留学深造，其中哈佛大学和耶鲁大学各 1 人。学生创新创业工作获得新进展，获 2017 年江苏省大学生课外学术科技作品竞赛二等奖、第三届中国"互联网＋"江苏省选拔赛省级二等奖、"新农菁英"首届江苏省大学生涉农创业创富大赛二等奖；6 个项目入驻学校创客空间。获得学校"学生工作先进单位""五四红旗团委""体育工作先进单位""志愿服务优秀团队"等表彰 22 项。

学院党委先后开展"两学一做"学习教育活动 30 余次；深入开展中共"十九大"精神学习，基层党支部认真组织"我学十九大"主题教育学习活动 30 余次。创新基层组织建设工作举措，立项 8 个项目推进"园艺学院先进基层党支部"建设，总计资助金额 1.5 万元。

【《园艺研究》居中国科学院 JCR 园艺第一】南京农业大学首份英文学术期刊《园艺研究》影响因子 4.554，位于园艺类一区，第 1/34 名；农林科学大类一区，第 5/472 名，并且被评为 TOP 期刊。该期刊于 2017 年 2 月被科睿唯安旗下的 Web of Science 核心合集数据库收录，SCI 影响因子同为 4.554。此外，该期刊已被 PubMed、Scopus 和 DOAJ 数据库收录。《园艺研究》由学院教授程宗明担任主编，教授陈发棣、教授陈劲枫等担任副主编；以该期刊为依托，在英国东茂林成功举办第四届"国际园艺学术会议"，来自美国、英国、法国、意大利、中国、加拿大、芬兰等 17 个国家、70 个研究机构的 196 名专家学者与会。

【2 人入选国家级人才计划】 教育部办公厅正式发文公布 2017 年国家"百千万人才工程"入选人员名单，教授陈发棣入选"国家百千万人才工程"，并被授予"有突出贡献中青年专家"荣誉称号；教授吴俊获本年度国家杰出青年科学基金项目资助。

【获省部级科技成果奖励】 "梨优异种质与提质增效技术创新及应用"和"黄瓜细胞分子育种技术及优异新种质创制"获神农中华农业科技奖一等奖，"设施蔬菜连作障碍绿色防控技术集成与推广"获江苏省农业技术推广奖一等奖、"菊花抗性种质创新与利用"获教育部高等学校成果奖技术发明奖二等奖。

（撰稿：张金平　审稿：陈劲枫　审核：孙海燕）

动 物 科 学 学 部

动物医学院

【概况】 学院有基础兽医学、预防兽医学、临床兽医学 3 个系，建有国家级动物科学类实验教学中心（共建）、农业部生理生化重点实验室、农业部细菌学重点实验室、OIE 猪链球菌参考实验室、教育部"动物健康与食品安全"国际联合实验室、江苏省动物免疫工程实验室等省级以上科研平台，拥有临床动物医院、实验动物中心、《畜牧与兽医》编辑部、畜牧兽医分馆、动物药厂等机构及 50 余个校外教学实习基地。

现有教职工 124 人，专任教师 79 人。其中，教授 41 人、副教授等高级职称 28 人；高级职称占专任教师比例为 87.3%，具有博士学位教师占 90% 以上，有博士生导师 34 人，硕士生导师 28 人。学院拥有南京农业大学"钟山首席教授"2 人，农业科研杰出人才 3 人，江苏省特聘教授 1 人，"四青"优秀人才 3 人，4 人享受国务院政府特殊津贴，省部级突出贡献专家 1 人，教育部"新世纪优秀人才"支持计划 6 人，江苏省"333 工程"培养对象 7 人，江苏省"青蓝工程"优秀学科带头人 3 人及优秀青年骨干教师 4 人，江苏省"博士聚集计划"1 人，南京农业大学"钟山学术新秀"6 人。苗晋锋、李玉峰、宋小凯 3 人晋升教授，武毅、许媛媛、贾逸敏、刘广锦、贺斌 5 人晋升副教授；新选聘师资 11 人，其中引进青年拔尖人才 1 人。

在校学生 1 499 人，其中，本科生 870 人（含留学生 16 人）、全日制硕士研究生 477 人（含留学生 3 人）、博士研究生 152 人（含留学生 25 人）、专业学位博士和硕士生 145 人，博士后研究人员 10 人。授予学位 373 人，其中，研究生 210 人（博士研究生 39 人、硕士研究生 171 人）、本科生 163 人。招生 416 人，其中，研究生 239 人（博士研究生 51 人、硕士研究生 188 人）、本科生 177 人。动物医学专业志愿率为 98.08%，动物药学专业志愿率为 75.00%。本科生就业率为 98.77%，研究生就业率为 98.36%。

开设兽医微生物学、兽医寄生虫学、动物组织胚胎学和动物生物化学 4 门校级精品在线课程；推进兽医外科学、动物解剖学和动物组织胚胎学3门课程的虚拟仿真实验教学课件的建设；学院开设9门教授开放课程。为更好地培养外国留学生，学院建设兽医免疫学、兽医药理学、兽医临床诊断学和兽医内科学等8门全英文留学生课程。学院教授主编的《兽医传染病学(第六版)》、《小动物疾病学(第二版)》和《兽医生物制品学(第三版)》被评为2017年度中华农业科教优秀教材。学院15部主编教材立项为农业部"十三五"规划教材，包括《动物生理学》《动物生物化学》《兽医微生物学》《兽医传染病学》《兽医生物制品学》《兽医病理生理学》《小动物疾病学》《小动物外科学》《兽医临床病理学》《畜禽营养代谢病和中毒病》《小动物临床诊断学》11部理论教材，以及《动物生理学实验指导》《兽医病理生理学实验指导》《兽医微生物学实验指导》《兽医传染病学实验指导》4门实验教材。"复合应用型卓越兽医人才培养模式的创新与实践"获校教学成果奖特等奖；"兽医流行病学课程建设"获获校教学成果奖二等奖。

实施奖励激励机制促进学风建设，全年发放学生各级奖助学金1288.65万元，学院名人企业奖学金数达21项，年度金额达76.6万元。学生获得省市级及以上奖项50余人次，报送项目获"挑战杯"全国大学生系列科技学术竞赛三等奖1项、"挑战杯"江苏省大学生课外学术科技作品竞赛一等奖1项；"互联网＋"大学生创新创业大赛三等奖；"新农菁英"首届江苏省大学生涉农创业创富大赛铜奖1项；第三届"雄鹰杯"小动物医师技能大赛一等奖。

科研立项81项，其中国家自然科学基金项目13项，签订各类技术合作、成果转化等项目合同38项，立项经费6451.57万元，到位经费4492.71万元（其中纵向到位科研经费3672.99万元，横向到位经费819.72万元）。共发表SCI论文185篇，篇均影响因子为3.30。单篇影响因子大于等于5.0的论文34篇，影响因子大于等于3.0的论文92篇。授权发明专利10件。获批农业行业标准制定和修订2项。邀请康奈尔大学、加利福尼亚大学戴维斯分校等国内外知名学者开展学术交流和学术报告30余场次。举办8期学院青年学生学术报告会、1期罗清生大讲坛、1期青年教师学术年会、1期教授学术年会。获高等学校科学研究优秀成果奖自然科学二等奖1项。

顺利完成江苏省优势学科建设工程"兽医学"二期项目验收工作。学院投入80万元建设现代动物病理学平台；投入100多万元完善附属动物医院门诊部、外科大动物诊疗棚修缮建设；投入60余万元动物科学类国家级实验教学中心外观亮化改造工程；完成北坡动物房的改造，并通过江苏省科技厅验收，颁发《实验动物使用许可证》。

为进一步推进学校与加利福尼亚大学戴维斯分校的合作与交流，促进本科人才培养国际化，7月31日至8月19日，学院联合动物科技学院组织14名优秀本科生前往加利福尼亚大学戴维斯分校进行为期20天的访学交流活动。访学结束后，访学学生进行总结交流，更面向全院学生进行交流、宣讲、座谈等，分享在外学习经验。

全年召开党政联席会议和党委（扩大）会议10次，出台文件通知11个；通过理论学习、讲座报告、考察参观、民主生活会等多种方式开展"两学一做""社会主义核心价值观"等主题教育活动；学院获评校学生工作先进单位、招生工作先进单位、就业工作先进单位、五四红旗团委、五四红旗学生会、体育工作先进单位、暑期社会实践先进单位、志愿服务优秀组织单位、"挑战杯"优秀组织单位、社会主义核心价值观优秀项目等表彰。发展学生党员47人（其中，研究生14人、本科生33人）、转正51人（其中，研究生26人、本科生 25 人）。

【举办教育部"动物健康与食品安全"国际合作联合实验室立项考察会】7 月 7 日，教育部科技发展中心主持的教育部"动物健康与食品安全"国际合作联合实验室立项考察会在学校金陵研究院二楼会议室举行。论证专家组由华中农业大学院士陈焕春、军事科学院院士金宁一、扬州大学教授焦新安、江南大学教授顾正彪、中国农业大学教授刘金华、四川农业大学教授吴德、沈阳农业大学教授陈启军 7 位专家组成。国际合作联合实验室建设期间围绕疾病控制与食品安全、消化道营养与畜产品品质、肉品质量安全与营养 3 个研究领域组建 8 个研究团队。

【开展"记忆中的动医——名家口述历史"特色活动】4～10 月，学院开展"记忆中的动医——名家口述历史"活动，通过学生面对面采访学院 21 位老先生，汇编形成 10 万余字的《2017 年南京农业大学动物医学院名家口述历史采访录》，成功举办口述历史分享会，200 多名学生参与。

【成功举办第二届中美猪业高峰论坛】6 月 19～21 日，由南京农业大学和美国艾奥瓦州立大学联合主办，《畜牧与兽医》杂志社承办的第二届南农中美猪业高峰论坛在南京国际博览会议中心召开。会议得到 19 家中外企业和 13 家媒体的支持，国内外嘉宾注册报到 1 100 余人。本届高峰论坛先后进行 9 场大会主题报告和 41 场分会场主题报告，围绕主题"健康、高效、环保、前沿"阐述各自研究和应用领域中取得的新成果，创建新技术和务实的新理念。

（撰稿：熊富强　杨　亮　审稿：范红结　审核：孙海燕）

动物科技学院

【概况】学院设有动物遗传育种与繁殖系、动物营养与饲料科学系、特种经济动物与水产系。建有动物科学类国家级实验教学示范中心、动物消化道营养国际联合研究中心、农业部牛冷冻精液质量监督检验测试中心、农业部动物生理生化重点实验室（共建）、江苏省消化道营养与动物健康重点实验室、江苏省动物源食品生产与安全保障重点实验室、江苏省水产动物营养重点实验室、江苏省家畜胚胎工程实验室、江苏省肉羊产业工程技术研究中心、江苏省奶牛生产性能测定中心、江苏省新型兽药与饲料添加剂工程技术研究中心（共建）。

现有教职工 117 人，专任教师 86 人。其中，教授 30 人、副教授 23 人、博士生导师 25 人、硕士生导师 47 人；享受国务院政府特殊津贴 2 人；"973"首席科学家 1 人；国家自然科学基金杰出青年基金 1 人、优秀青年基金 1 人；现代农业产业技术体系岗位科学家 2 人；教育部"新世纪人才"1 人、青年骨干教师 3 人；江苏省"六大高峰人才"1 人、"333 工程"培养对象 3 人、"青蓝工程"中青年学术带头人 2 人、骨干教师培养计划 2 人、教学名师 1 人、"双创"博士 1 人；南京农业大学"钟山学术新秀"5 人；"新中国 60 年畜牧兽医科技贡献奖（杰出人物）"1 人。获聘首批江苏现代农业产业技术体系首席专家 2 人，获聘首批江苏现代农业产业技术体系岗位专家 3 人。

拥有畜牧学、水产一级学科博士点和 1 个博士后流动站、4 个二级博士授权点、4 个二级硕士授权点，畜牧学为江苏省"十三五"重点学科。本科设有动物科学、水产养殖、动物健康与生产强化班（共建），动物科学为教育部和江苏省特色专业，开设国家级精品课程

2门、视频公开课1门、资源共享课2门。教师主持省级教改项目4项、校级教改项目2项，出版《动物繁殖学实验教程》。"拓展卫生内涵外延伦理概论的'家畜环境学科'课程建设"获得校级教学成果奖二等奖。

招收本科生168人、毕业本科生142人、授予学士学位142人，成立卓越151"复合应用型"动物科学卓越农林人才实体班。招收硕士研究生116人、博士研究生29人、毕业硕士研究生96人、博士研究生39人，授予硕士学位96人、博士学位42人，获江苏省优秀博士、硕士学位论文各1篇。学生获市级以上奖励32人次、校级及以上奖助学金882人次，连续两年获得全国大学生动物科学技能大赛特等奖、全国农林高校"牛精英挑战赛"二等奖。学院设立院级奖学金16项，新增企业奖学金2项（协议总额65万元），发放院级奖学金58万元。本科生就业率98.77%，研究生就业率96.30%，获校学生工作先进单位称号。

新增纵向到账经费2 288.07万元。新增科研项目64项（纵向项目42项、横向项目22项），其中，国家自然科学基金9项、国家重点研发计划课题1项（另有子课题6项）、农业部国家现代农业产业体系2项、农业行业标准项目1项、江苏现代农业产业技术体系5项、江苏省自然科学基金2项、江苏省农业自主创新项目1项。新增SCI论文182篇，比2016年同期增长31.88%，其中，影响因子大于10的1篇、大于5的12篇。新增发明专利8项、实用新型专利5项。

邀请国内外专家报告31场，教师124人次参加国内外学术会议。承办第19次全国动物遗传育种学术讨论会、中国（江苏）首届肉羊产业发展高峰论坛、2017年全国牛冷冻精液生产技术与管理培训班、2017年南京农业大学研究生国际学术会议。举行动物消化道营养国际联合研究中心启动会、江苏省消化道营养与动物健康重点实验室学术委员会第二次会议。

新发展教师党员1人、学生党员32人。本科生第一党支部事迹在全国高校"两学一做"支部风采展示中获"特色作品奖"，"学生'四个意识'政治思想强化工程"获校2017年度基层党建"书记项目"立项支持，"展党员形象 做时代先锋"活动获校2017年党员主题教育实践活动方案立项资助，基于互动式的"青春动科党支部"微信公众号的建设与运用获校党建工作创新奖，"弘扬爱国情怀 传承革命精神"志愿讲解活动获校最佳党日活动三等奖。

【畜牧学科实力显著提升】南京农业大学一级学科畜牧学在教育部全国高校第四轮学科评估中获评B+，排名进入全国前20%；在上海软科2017中国最好学科排名中位列全国第二。学院教师在国际著名杂志AUTOPHAGY（5年影响因子为11.019）上发表文章，单篇SCI论文影响因子首次突破10。"长三角区域肉羊规模化高效精准养殖关键技术集成与应用"获农业部"神农中华农业科技奖"科研类成果奖二等奖（第一完成单位）。

【承办第19次全国动物遗传育种学术讨论会】10月13~16日，第19次全国动物遗传育种学术讨论会在南京国际博览会议中心召开。大会由中国畜牧兽医学会动物遗传育种学分会主办，南京农业大学动物科技学院牵头承办。来自全国196所高校、科研院所及生产单位的2 033名代表参加大会。大会共收到来自全国科研高校研究论文675篇，其中165篇论文墙报参与展览。会议围绕"Omics时代的动物遗传育种"主题，邀请国内外知名动物遗传育种专家，就大数据时代背景下的经典数量遗传学和群体遗传学、分子遗传学和基因组学在动物育种中的创新应用等进行 22 场特邀报告。大会以猪、牛、羊、禽、特种动物的遗传育种专题分设 5 个分会场，进行分会学术报告 128 场。大会共评选出 20 篇优秀论文和 20 篇优秀墙报。

【承办中国（江苏）首届肉羊产业发展高峰论坛】 12 月 2～4 日，中国（江苏）首届肉羊产业发展高峰论坛在南京农业大学召开。大会由国家肉羊产业技术体系支持、江苏省现代农业产业技术体系（肉羊）和南京农业大学主办、南京农业大学羊业科学研究所与江苏波杜农牧股份有限公司承办。国家肉羊产业技术体系与苏鲁皖肉羊体系约 30 位岗位专家站长或团队成员，以及全国 12 个省市的 300 名专家学者、基层技术人员、养殖户、企业代表等出席会议。大会围绕肉羊产业链发展实际，分设专家报告、企业论坛、苏鲁皖肉羊产业对接、企业专家高峰论坛 4 大板块。举行苏鲁皖肉羊产业技术体系协作协议签约仪式，全面启动华东相邻三省肉羊体系的合作。

（撰稿：苗　婧　审稿：高　峰　审核：孙海燕）

草业学院

【概况】 学院现有牧草学、饲草调制加工与高效利用、草类生理与分子生物学、草地生态与草地管理、草业生物技术育种 5 个研究团队。学院重点建设有 5 个科研实验室：牧草学实验室（牧草资源和栽培）、饲草调制加工与贮藏实验室、草类植物生理生化与分子生物学实验室、草地环境工程实验室和草类生物技术与育种实验室。草种质资源创新与利用实验室为江苏省高校重点实验室建设项目。学院下设南方草业研究所、饲草调制加工与贮藏研究所、草坪研究与开发工程技术中心、西藏高原草业工程技术研究中心南京研发基地、蒙草-南京农业大学草业科研技术创新基地、中国草学会王栋奖学金管理委员会秘书处。草学学科为"十三五"期间江苏省重点学科，现有草学博士后流动站、草学一级学科博士和硕士授权点、草业科学本科专业。

本年招收本科生 42 人（含草业国际班 14 人）、硕士研究生 28 人、博士研究生 7 人。毕业本科生 33 人、硕士研究生 18 人、博士研究生 2 人。授予学士学位 33 人、硕士学位 18 人、博士学位 2 人。毕业本科生学位授予率和毕业率 100％、年终就业率 94％、升学率 34％。毕业研究生就业率首次达到 100％。有 2 名本科生赴美国罗格斯大学交换学习。

现有在职教职工 36 人（新增 3 人），其中专任教师 30 人，管理人员 6 人。教授 6 人（其中 2 人兼职）、副教授 9 人（新增 2 人）、讲师 9 人、博士后 1 人、师资博士后 5 人。新增教职工 3 人，其中师资博士后 2 人、办公室秘书 1 人。有博士生导师 6 人、硕士生导师 11 人，其中新增博士生导师 1 人、学术型硕士生导师 1 人。有国家"千人计划"讲座教授 1 人，国家牧草产业技术体系首席科学家 1 人，"长江学者" 2 人，江苏省"六大人才高峰" 1 人，江苏省"双创"团队 1 个和"双创"人才 1 人，中国草学会第九届理事会副理事长 1 人，中国草学会第九届理事会秘书长 1 人，中国草学会草坪专业委员会副秘书长 1 人、常务理事 1 人，南京农业大学首批"钟山学者"首席教授 1 人、"钟山学术新秀" 1 人。新增农业部现代农业产业技术体系岗位科学家 2 人，江苏省高校"青蓝工程"优秀青年骨干教师培养对象 1 人，中国草学会草产品加工专业委员会副主任委员 1 人，中国草学会教育专业委员会第六届理事会副主任委员 1 人。

教师发表论文 76 篇，其中 SCI 论文 58 篇，核心期刊 17 篇。影响因子大于 4 的有 13 篇，累计影响因子 146.86。

申请获批自 2018 年启动的主持项目 11 项，合计立项经费 229 万元，到账经费 103.4 万元，其中主持国家自然科学基金项目 5 项。顺利结题主持项目 15 项。2017 年新开展主持科研项目 40 项，总经费 1 342 万元；继续在研主持项目 35 项，总经费 780.4 万元。继续在研、顺利结题、新增获批主持科研项目总经费 2 351.4 万元，累计到账经费 1 242.4 万元。

教师发表教育教学研究论文 2 篇，主持校级教育教学科研项目立项 6 个、在研 3 个、结题 1 个。荣获江苏省高等学校教学管理研究会优秀论文一等奖 1 人，江苏省教学成果奖特等奖（高等教育类）（排名 9）1 项，南京农业大学校级成果奖一等奖 1 项。上海市科技进步奖三等奖（排名 2）1 人。副教授徐彬入选江苏高校"青蓝工程"优秀青年骨干教师培养对象。教授邵涛获西藏自治区草业科技工作"先进个人"称号。高务龙、徐彬、邵星源、何晓芳、周佳慧的"草业科学专业'三段两线'实践教学体系的研究与实践"获南京农业大学校级成果奖一等奖。

本科生主持"大学生创新创业训练计划"项目 23 个，其中立项 13 个，分别是国家级 1 个、省级 1 个、校级 3 个、院级 8 个；结题 10 个，分别是国家级 1 个、省级 1 个、校级 3 个、院级 5 个。11 月，南京农业大学在团中央、人民日报社、中国青年报社举办的 2017 年大中专学生"三下乡"社会实践"千校千项"成果遴选中获"最具影响好项目"。

邀请专家作学术报告 20 场，青年学术论坛 1 次，技术推广培训班 1 次，教学观摩研讨活动 1 次，草业科学专业建设专家报告会 1 次，研究生学术沙龙 4 次。其中国际性报告 14 场。教师参加各类学术会议 67 人次，其中作大会报告 22 人次，参加国际性学术会议 6 人次。

教师在国内学术组织或刊物兼职 51 人次，其中，2017 年度新增 12 人次；在国际组织或刊物任职 8 人次。教师和团体获各级各类奖项 24 个，其中国家级 1 个，省级 5 个，校级 18 个。校级 2017 年度科研实验室危化品管理先进单位 2 个。

学生获各级、各类奖项 245 人次，其中本科生和研究生共有 128 人次获得各类奖学金，11 人次获得国家级表彰，13 人次获得省级表彰；本科生获校级"2017 届优秀毕业生"9 人、"2017 届本科优秀毕业论文（设计）"1 人；硕士研究生获"2017 届优秀硕士毕业生" 3 人、"中期考核优秀"2 人；博士研究生获"中期考核优秀"1 人；86 人次获得校级和院级奖励。

学院共有 8 个校外实践教学基地。白马园区草坪科学试验站、草业科学专业实践教学与成果展示基地已全面投入使用；与呼伦贝尔农垦集团共建的草业农业生态系统试验站全面完成基础建设，已面向有关科研团队项目开展工作。学院与江苏省农业科学院、上海鼎瀛农业有限公司、江苏琵琶景观有限公司等单位新签或续签实践教学基地协议。

修订、制定《草业学院"饲料科学"奖学金申报评审办法（试行）》《草业学院关于中央高校基本科研业务费的暂行规定》《南京农业大学草业学院学术委员会议事规则（试行）》《草业学院关于奖励参加特定英语考试本科生的办法（试行）》《草业学院"双一流"建设经费使用原则（试行）》等制度。

发展党员 10 人，其中本科生党员 6 人，研究生党员 3 人，教工党员 1 人。通过转正申请的本科生预备党员 3 人。全院共有教师党员 18 人、学生党员 48 人。

【草业学院2位教师获现代农业产业技术体系科学家岗位】农业部发布《农业部关于印发现代农业产业技术体系聘用人员名单（2017—2020年）的通知》，确定草业学院教授郭振飞被聘为国家绿肥产业技术体系豆科绿肥育种岗位科学家，副教授肖燕被聘为国家牧草产业技术体系土壤改良与产地环境治理岗位科学家。

【召开"草种质资源创新与利用"江苏省高校重点实验室建设论证会】3月15日，"草种质资源创新与利用"江苏省高校重点实验室建设专家论证会暨首届学术委员会会议在学校召开。专家组由兰州大学院士南志标、中国热带农业科学院副院长刘国道研究员、中国农业大学动物科技学院副院长张英俊教授、四川农业大学动物科技学院副院长张新全教授、内蒙古农业大学草原与资源环境学院院长韩国栋教授、新疆农业大学草地与环境学院院长张博教授、江苏省农业科学院畜牧研究所研究员顾洪如等组成。南京农业大学副校长丁艳锋教授、草业学院党总支书记李俊龙、副院长高务龙、国家"千人计划"讲座教授黄炳茹等30名教师参加会议。科学研究院常务副院长姜东教授主持会议。丁艳锋致欢迎辞，并为学术委员会委员们颁发聘书。黄炳茹汇报重点实验室建设发展计划。专家组一致同意通过实验室的建设方案，同时也对实验室今后的建设工作提出意见和建议。

（撰稿：班　宏　邵星源　周　佩　审稿：李俊龙　高务龙　郭振飞　审核：孙海燕）

无锡渔业学院

【概况】学院现有水产学一级学科博士学位授权点和水生生物学二级学科博士学位授权点各1个，全日制水产养殖、水生生物学硕士学位授权点各1个，专业学位渔业领域硕士学位授权点1个，水产养殖博士后科研流动站1个。设有全日制水产养殖学本科专业1个，另设有包括水产养殖学专升本在内的各类成人高等教育专业。依托中国水产科学研究院淡水渔业研究中心建有农业部淡水渔业与种质资源利用重点实验室、中国水产科学研究院长江中下游渔业生态环境评价与资源养护重点实验室，以及农业部水产品质量安全环境因子风险评估实验室（无锡）、农业部长江下游渔业资源环境科学观测实验站、农业部水产动物营养与饲料科学观测试验站等10多个省、部级公益性科研机构；是农业部淡水渔业与种质资源利用学科群，以及国家大宗淡水鱼产业技术体系和国家罗非鱼产业技术体系建设技术依托单位。

在职教职工195人，其中教授22人、副教授44人，博士生导师6人，硕士生导师30人；国家级、省级突出贡献中青年专家及享受国务院政府特殊津贴专家5人（新增1人），全国农业科研杰出人才及其创新团队3个，国家现代产业技术体系首席科学家2人、岗位科学家10人，中国水产科学研究院首席科学家4人；研究员董在杰入选2017国家"百千万人才工程"并被授予"有突出贡献中青年专家"荣誉称号；2名博士参加江苏省第九批科技镇长团，1名青年教师赴美国访问留学。

全日制在校学生338人，其中本科生159人、硕士研究生106人、博士研究生31人、留学生硕士研究生41人、博士研究生1人。毕业学生105人，本科生41人、渔业专业硕士研究生15人、学术型硕士研究生21人、博士研究生8人，留学生20人。2名研究生被评为校级优秀研究生干部，26名本科毕业生被评为校级或院级优秀毕业生。共录取全日制硕士研究生 51 人、博士研究生 8 人。招收学术型博士留学生 1 人，硕士留学生 1 人。赵振新荣获南京农业大学 2017 年度研究生校长奖学金，这是渔院研究生首获此殊荣。2 人毕业论文荣获校级优秀学位论文，其中 1 人同时荣获 "2017 年江苏省优秀硕士学位论文"。首次与西部地区科研院所合作，与新疆水产研究所签订联合培养协议，为支援西部地区科研院所培养人才发挥重要作用。首次招收全日制脱产博士后，实现自 2003 年博士后流动站成立以来的零突破。作为首批 8 家江苏省省级渔业教育与培训定点机构之一，共承办 "2017 年江苏省基层农技推广体系改革与建设项目农技推广人才培训班" 等 10 期渔业教育和技术培训班，培训人员达 700 余人。入选首批全国新型农民培育示范基地和全国农业对外合作科技支撑与人才培训基地。

发表学术论文 189 篇，其中 SCI 和 EI 收录论文 84 篇（影响因子 4 以上 SCI 论文 10 篇，最高达 6.871）、核心期刊 69 篇，出版专著 4 部。获得授权国家专利 29 项，其中发明专利 15 项。承担科研项目 343 项，合同经费 25 202.21 万元，到位经费 6 995.18 万元（其中年度新上科研项目 127 项，合同经费 9 567.12 万元，到位经费 5 349.46 万元）。新上国家自然科学基金项目 5 项，其中面上项目 3 项。申报科技奖励 8 项，获得省部级科技成果奖励 5 项、市级科技奖励 1 项。其中，中华农业科技奖二等奖 2 项、三等奖 1 项，湖北省科技进步奖二等奖 1 项，无锡市科技进步奖三等奖 1 项。中华绒螯蟹 "诺亚 1 号" 获得国家水产新品种证书；福瑞鲤 2 号、青虾 "太湖 2 号" 以及滇池金线鲃 "鲃优 1 号" 3 个新品种通过全国水产原种和良种审定委员会审定。

学院邀请交流讲学和访问的国外专家 11 批 47 人次，派出 18 批 34 人次。承担商务部等部委下达的援外培训项目 17 项（商务部 14 项，FAO、巴基斯坦和孟加拉国资助项目各 1 项），正在执行发展中国家渔业专业硕士项目（2 年）2 项、佩罗基金项目 1 项、中柬国际交流与合作项目 1 项。共培训 50 多个国家的 545 名高级渔业技术和管理官员。组织科技人员参加国际和国内重要学术交流活动 26 次，承办水产科技周活动。

贯彻落实新形势下发展党员要 "控制总量、优化结构、提高质量、发挥作用" 的总要求，认真做好入党积极分子的教育、发展工作，发展党员 13 人，其中研究生 5 人，本科生 8 人，预备党员按期转正 7 人。团委结合 "五四" 青年节组织青年职工赴安庆西江江豚保护基地开展 "关爱长江母亲　保护珍稀江豚" 主题团日活动。

【培育新品种中华绒螯蟹 "诺亚 1 号"】4 月，中华绒螯蟹 "诺亚 1 号" 获得国家水产新品种证书。其亲本来源于长江干流江苏仪征段中华绒螯蟹野生群体，采用群体继代选育技术，奇数年和偶数年同时进行，经连续 5 代选育而成。在苏州优华生态科技有限公司（阳澄湖）进行 "诺亚 1 号" 中华绒螯蟹的节水、节能、节约、减排、安全、高效的生态养殖模式的关键技术研究，其特征为：亩放 800 只扣蟹，收获 600 只成蟹，亩产出 3 万元。

【哈尼梯田 "稻渔共作" 精准扶贫成效显著】深入推进在云南红河开展的哈尼梯田 "稻渔共作" 精准扶贫工作，对 13 个乡镇实现技术培训和现场指导全覆盖，培训水产技术员、示范农户 1 900 多人；示范推广 "稻鳅共作" 面积达 1.12 万亩，带动建档立卡贫困户 1 598 户、贫困人口 7 200 多人。实现 "一水多用、一田多收、粮渔共赢"。

（撰稿：姜海洲　胡海彦　审稿：万一兵　审核：孙海燕）

生物与环境学部

资源与环境科学学院

【**概况**】学院现有教职工 159 人，其中，教授、研究员和正高级实验师 51 人，副教授、副研究员、高级实验师 42 人。在校学生 1 526 人，其中本科生 772 人，硕士研究生 551 人，博士研究生 186 人，留学生 17 人。有国家"千人计划"专家 2 人，以及国家杰出青年科学基金获得者、国家教学名师、全国农业科研杰出人才、全国中青年科技创新领军人才、全国师德标兵、国务院学位委员会学科（农业资源与环境）评议组召集人、国家"973"项目首席科学家等。有入选国家"千人计划"青年人才、"优青"、教育部"新世纪优秀人才"、江苏省特聘教授、江苏省"333 工程"学术领军人才、江苏省杰出青年科学基金获得者、江苏省"青蓝工程"人才。有 10 多位教授任职国际学术组织、国际学术期刊编委，5 位入选 ELSEVIER 中国高频引用作者榜单（农业与生物学领域）。拥有教育部科技创新发展团队 1 个、农业部和江苏省科研创新团队 4 个、江苏省高校优秀学科梯队 1 个。教授黄新元获得"国家青年千人"称号；宣伟通过教育部"青年长江学者"的评审；韦中副教授获得江苏省优秀青年基金项目资助；教授沈其荣先后获全国首届创新争先奖、"2017 中国有机肥行业突出贡献人物"称号（科技创新）等。

学院积极组织农业资源与环境、环境科学与工程学科参加全国第四轮学科评估。江苏省优势学科"农业资源与环境"建设工程二期 A 类建设项目、国家有机（类）肥料工程技术中心的建设进展顺利。江苏省有机固体废弃物资源化协同创新中心及农业部长江中下游植物营养与肥料重点实验室顺利通过验收评估，其中植物营养与肥料重点实验室的评估为 98 分，在整个学科群近 20 个实验室和试验站的评比中名列前茅。"植物营养生物学"创新团队于 2017 年获得教育部"创新团队发展计划"滚动支持，江苏省有机固体废弃物资源化协同创新中心通过考核获得滚动支持。

共邀请 40 多位国际知名的同行专家到学院访问、讲学，派遣 12 名青年教师出国进修，12 名博士研究生获得国家留学基金资助赴国外留学。成功举办中国东盟生物质炭生产与绿色农业应用国际交流培训会——从技术到模式、中国植物营养与肥料学会学术年会、中国土壤学会土壤化学专业委员会学术研讨会。举办国内外杰出专家学术报告 30 多场。建立稳定的外籍教授授课和本科生访学渠道，引进 3 位国外教授为本科生进行授课，选派 1 名教师参加美国密歇根州立大学师资培训项目，选派 5 名本科生参加美国加利福尼亚大学戴维斯分校的访学项目。

环境工程专业的中美（密歇根州立大学）合作办学项目进展顺利。农业资源与环境专业毕业生的升学和出国比例达 63%。第一届资源环境科学菁英班 30 人顺利毕业，其中免试推荐或考取研究生的升学率为 96.7%。第四届资源环境科学菁英班顺利开班。本科生年终就业率排名全校第一。学院总就业率为 98.4%。

获省级教学成果奖二等奖 1 项，校级教学成果奖特等奖、一等奖、二等奖各 1 项。5 项校级教改项目顺利结题，其中 3 项被评为优秀。新增省教改项目 1 项、校教改项目 7 项、校"卓越教学"课堂教学改革实践项目 2 项（其中 1 项为重点项目）、校虚拟仿真实验教学项目 1 项。组织申报教育部新工科研究与实践项目 1 项。学院新增 1 门省级重点教材建设项目，2 门江苏省在线开放课程建设项目，2 门校级在线开放课程建设项目。新增 6 门全英文授课课程，新建 11 个课程群。学院获得创新创业训练计划共 70 项，其中国家级 4 项、省级 2 项、校级 25 项、院级 34 项、江苏省创业训练项目 5 项。以本科生为第一作者发表核心期刊论文 19 篇，1 篇论文获省优秀毕业论文三等奖。

学院辅导员主持省级研究课题 1 项、参与 2 项，主持校级课题 5 项，获省级奖励 1 项、校级奖励 7 项。承办校"心理健康月"系列活动，获校心理情景剧一等奖，在第 45 届校运动会中首次获得学生男团总分第四、女团总分第八、团体总分第六的好成绩，获体育道德风尚奖以及院系杯足球赛前八、排球赛第六、神农杯研究生篮球赛季军。举办"资源-环境-生物"优秀大学生暑期夏令营，共有 20 余所高校的 40 名优秀本科生参加。连续 18 年开展"秦淮环保行"活动、Emic 环保义教活动，获全国大学生素质教育优秀品牌活动金牌。重视学生科创技能培养，开展研究生学术论坛、第五届英语能力竞赛、第三届校 GIS 软件设计大赛，加入南京高等教育学校地理科学学生联盟。沈越获全国"环境青年说"铜奖，薛冰琛等 3 位同学获"神雾杯全国大学生节能减排大赛"二等奖。程梦涵获省十佳学生干部、资环142 获省十佳班级。

学院认真贯彻学习中共十九大精神与习近平总书记系列重要讲话，深入开展"两学一做"学习教育活动，强化党员意识教育，落实"双抓双促"工作，加强学院基层党组织建设，增加网络宣传学习平台，自查近两年学院党风廉政建设。

【农业资源与环境学科在第四轮全国一级学科评估中获得 A＋】12 月 28 日，教育部网站公布第四轮全国一级学科评估结果。农业资源与环境学科评估结果为 A＋，成功入选"双一流"建设学科。

【教授赵方杰入选科睿唯安"高被引科学家"名单】在科睿唯安（Clarivate Analytics）发布的 2017 年全球"高被引科学家"名单中，国家"千人计划"学者、作物遗传与种质创新国家重点实验室教授赵方杰入选"植物与动物科学"领域高被引科学家。

【科研成果再创佳绩】获批国家自然科学基金项目 20 项，资助金额 1 054 万元，资助率为37％。主持和参与多项"十三五"国家重点研发计划专项项目，教授徐阳春主持的"农业废弃物资源化利用机制"项目获得立项，国拨经费 2 300 万元。以学院教师和研究生作为第一作者和通讯作者发表 SCI 论文 166 篇，平均单篇影响因子大于 4，其中影响因子大于 10 的论文有 2 篇，大于 5 的论文有 52 篇。8 项专利获得转让，转让合同金额达 1 725.3 万元。

（撰稿：巢　玲　张　军　审稿：李辉信　审核：孙海燕）

生命科学学院

【概况】学院下设生物化学与分子生物学系、微生物学系、植物学系、植物生物学系、动物生物学系、生命科学实验中心。植物学和微生物学为农业部重点学科，植物学同时是江苏省优势学科平台组成学科，生物化学与分子生物学是校级重点学科，现拥有国家级农业生物学虚拟仿真实验教学中心、农业部农业环境微生物重点实验室、江苏省农业环境微生物修复与利用工程技术研究中心和江苏省杂草防治工程技术研究中心。现有生物学一级学科博士、硕士学位授权点，植物学、微生物学、生物化学与分子生物学、动物学、细胞生物学、发育生物学和生物技术 7 个二级博士授权点。拥有国家理科基础科学研究与教学人才培养基地（生物学专业点）和国家生命科学与技术人才培养基地、生物科学（国家特色专业）和生物技术（江苏省品牌专业）2 个本科专业。

现有教职工 124 人，2017 年引进优秀博士 3 人，其中，专职教师 89 人，具有博士学位的占 96％。2017 年，有 6 位教师晋升高一级职称，其中正高级 2 人。教授鲍依群获得 2015—2017 学年度优秀教师称号，腊红桂入选省第五期"333 工程"第三层次，教授闫新入选大北农青年学者奖。

招收博士研究生 36 人，硕士研究生 167 人，另招收博士留学生 2 人；招收本科生 178 人。毕业本科生 157 人、研究生 147 人。2017 届本科毕业生年终就业率为 92.99％，研究生年终就业率 92.17％。

2017 年到账科研经费 2 474.59 万元，新增立项经费 6 854 余万元，其中国家自然科学基金面上项目 14 项，主持国家重点研发专项课题 3 项，经费 1 290 余万元。发表 SCI 论文 127 篇，其中影响因子 5 以上的论文 17 篇，占收录论文的 13.39％。王伟武课题组与中国科学技术大学蔡刚课题组合作，在国际顶尖杂志 *Science* 上发表论文 1 篇。梁永恒课题组在遗传学领域著名刊物 *PLoS Genetics* 发表论文 1 篇。赵明文课题组在微生物学领域国际权威期刊 *Environmental Microbiology* 上发表论文 3 篇。

积极组织各类学术活动，邀请欧美、日本和我国香港等地著名教授来院访问，组织学术报告百余场。承办第四届印度尼西亚"生物及化学培训班"，杂草研究室承办"绿色控草理论与技术"学术研讨会暨江苏省杂草研究会第 15 届学术年会。举办第四届生命科学学院青年教师学术论坛，共有 18 名青年教师参与学术交流。有 3 位优秀青年教师到境外学习深造，教师、学生出国交流人数 30 余人次。

聘请外国专家讲授高级微生物学、细胞生物学、现代生物化学和现代植物生理学 4 门研究生全英文课程，继续承担农业与生命科学博士生创新中心的博士生技能培训工作。利用国家基础科学人才培养基金人才培养支撑条件建设项目新建生物信息学实验室并完成相关设施配置。本科生 SRT 项目 54 项，国家大学生实践创新训练计划项目 10 项，江苏省大学生实践创新训练计划项目 4 项，校级训练项目 22 项和中心开放项目 4 项，院级训练项目 14 项。12 个创新计划项目入选江苏省研究生创新工程项目立项，并获研究生教育教学改革研究与实践课题 2 项。校级优秀硕士学位论文 1 篇。依托精品学术论坛"樊庆笙论坛"开展研究生学术活动，成功举办 30 余场精品学术报告，参加学生 900 余人次。

学院在植物学"理论、实验、实践＋线上、线下"的综合梯度小班化教学改革的基础上，结合本科生物科学类拔尖创新型人才培养模式，开设生命科学类教授开放研究课程 3 门；推进生物技术全英文国际化专业建设，修订本科留学生全英文培养方案，2017 年度共开设留学生全英文课程 4 门。强胜教授团队申报的植物学课程获得江苏省 2016—2017 省级在线开放课程立项建设，已上线开课，主编的"十二五"普通高等教育本科国家级规划教材《植物学(第二版)》于 2017 年 3 月正式出版，现已广泛应用于植物学课程教学。

以"生命科学节"为载体，成功举办第六期科普调研计划、博士生学术论坛，与江苏省植物生理学学会合作成功举办"植物营养与人类健康"第六届国际植物日科普宣传活动。开展 17 项社会主义核心价值观活动，"NAUsky"累计推送 342 篇，阅读量 13 万次，PU 平台开设活动 165 项。

重视生源质量提升，针对本科生，赴 7 所重点生源地中学开展招生共建，并于暑期集中赴 13 所中学开展招生宣传工作；针对研究生，举办第二届生命科学学院全国优秀大学生暑期夏令营，共筛选接收来自 18 所高校的 27 名学生，其中有 2 名学生通过"推免"到学院攻读研究生。

院团委荣获"校五四红旗团委"，学院获"校学生工作先进单位"，生命基地 162 团支部获"江苏省活力团支部"。蝉联校啦啦操第一名，体育运动大会第二名，获第 12 届大学生职业规划大赛一等奖等省级以上奖励的学生 40 余人次。

推进以基地班为依托的"菁英计划"，2017 年 6 月，首届菁英班成员毕业，升学至中国科学院所 11 人、"985"高校 15 人、"211"高校 2 人、出国留学 2 人。继续组织菁英班赴中国科学院上海分院暑期实习，由学生自主联系课题组选定导师，学院提供交通及住宿经费。

4 月，与美国科学院院士朱健康教授领衔的中国科学院上海植物逆境生物学研究中心签订"未来生物学家计划"本科生联合培养协议，第一批 10 名成员于暑假赴逆境中心各课题组进行为期一个月的科研实训。

【虚实结合，建成并应用"虚实互补"的实验教学体系】学院秉持"以学生发展为中心"的理念，在传统实验教学基础上，构建完整的"三层次"进阶式"虚实互补"实验教学体系。基础型实验通过课前虚拟操作练习，实现"以虚促实"；综合型实验通过全过程"虚实结合"，提升综合实践能力；创新型实验通过"虚实结合"自主开展研究型、拓展型实验，培养创新素质。同时，在教学方法上，应用虚拟仿真、增强现实等技术，通过"课堂内外，虚实结合"，精心设计和切换"虚"与"实"的教学内容。

【学生参与国际交流比赛】第四次选派本科生代表赴美国参加国际基因工程机械大赛（iGEM），在 40 多个国家的 295 支队伍角逐中获得全球金奖。5 名学生获国家建设高水平大学公派研究生项目资助攻读博士学位，3 名学生获得研究生短期出国项目资助。

（撰稿：赵　静　审稿：李阿特　审核：孙海燕）

理学院

【概况】学院现有数学系、物理系、化学系和物理教学实验中心、化学教学实验中心，两中心均为江苏省基础课教学实验示范中心。学院现有信息与计算科学、应用化学、统计学 3 个本科专业；数学、化学 2 个硕士一级授权点，生物物理、应用化学、化学工程 3 个二级硕士授权点；天然产物化学和生物物理学 2 个博士授权点。学院下设 6 个基础研究与技术平台，分别为农药学实验室、理化分析中心、农产品安全与质量检测中心、农药创制中心、应用化学研究所和同位素实验室。其中，农药学实验室（与植物保护学院共建）为江苏省高校重点实验室，化学学科为江苏省重点（培育）学科。

现有教职工 95 人，其中专任教师 80 人，教授 12 人（新晋升 1 人）、兼职教授 7 人（聘自国内外著名大学），副教授 40 人（新晋升 4 人）。具有博士学位的教师 53 人，在读博士 5 人，学历层次、职称结构及年龄结构较为合理。目前在校生 610 人，其中本科生 512 人，硕士、博士研究生 98 人。学院现有各类实验室 3 000 多平方米，万元以上仪器设备百余套，总价值数千万元。另设有专业资料室、计算机房等。

招收本科生 135 人，硕士研究生 44 人；毕业本科生 103 人（其中信息与计算科学本科生 48 人，应用化学本科生 55 人），毕业研究生 22 人；本科生一次就业率 97.08％，研究生一次就业率 90.91％。本科毕业生 56 人升学（含出国读研 6 人），升学率为 54.36％（含出国读研率 5.83％），其中应用化学考研升学率为 49.09％（全校专业第一），信息与计算科学专业升学 17 人，升学率为 35.41％，再创新高。39 名本科生获南京农业大学优秀毕业生，4 名研究生获南京农业大学优秀硕士毕业生。

科研经费到账约 455 万元，新增国家自然科学基金项目 4 项，其中面上项目 3 项，江苏省自然科学基金项目 3 项、年度到账科研经费累计已超 1 000 万元；发表 SCI 收录论文 56 篇；举办国际学术研讨会 2 次，举办学术报告和沙龙 23 次，邀请国内外专家来校进行学术交流 18 人次，教师交流出访 83 人次。

教师积极投入科研、教学、公共服务，取得可喜成绩。李强获 2015—2017 学年度"优秀教学奖"；陶亚奇获得南京农业大学第七届"优秀教师奖"、2016 年度校级教学成果奖二等奖；陈丹获得"教学管理先进个人"；杨红、周小燕获得南京农业大学教学质量优秀奖；卢爱民、徐江艳获得南京农业大学实验教学先进个人；侯丽英获得江苏省高等学校微课教学比赛二等奖、南京农业大学第三届微课教学比赛二等奖；黄芳、朱红梅获得招生宣传工作"先进个人"；刘照云获得就业工作"先进个人""校园文化建设优秀成果评选一等奖""校园文化建设优秀成果评选二等奖"；周玲玉获得"江苏省第五届大学生艺术展甲组优秀创作奖"、"江苏省第五届大学生艺术展朗诵展演甲组特等奖"、"校园文化建设优秀成果评选二等奖"、校"助学筑梦铸人主题征文二等奖"；黄芳获得校"首届就业指导教师授课技能大赛二等奖""校园文化建设优秀成果评选一等奖"、"校园文化建设优秀成果评选二等奖"、校"第四届辅导员职业能力竞赛二等奖"、校优秀辅导员、校优秀学生教育管理工作者；杜超获得校"社会实践优秀指导老师"。

学院指导本科生参加各类竞赛。陈洧获得"2017 年国际基因工程机械大赛（iGEM）金奖""2017 年美国大学生数学建模竞赛二等奖（H 奖）"；江苏省第 14 届高等数学竞赛，3 名学生获得一等奖、2 名学生获得二等奖；贾楠获得"2017 年全国大学生英语能力竞赛 c 类三等奖"；魏常玉获得"2016 年全国大学生'互联网＋'创新大赛暨第四届'发现杯'全国大学生互联网软件设计大赛本科组网络营销技能赛项区域赛二等奖；金如宾获得"创行世界杯社会创新大赛中国站华东赛区三等奖"；闫天怡获得"江苏省高校第 14 届大学生物理及实验科技作品创新竞赛三等奖"；侯美廷获得"江苏省大学生女子独舞二等奖""江苏省第 11 届学校体育舞蹈锦标赛恰恰舞一等奖"；学院学生获得第十届全国大学生电工数学建模三等奖、2017 年高教社杯全国大学生数学建模竞赛本科生组江苏赛区一等奖等。累计获得全国二等奖 5 人次、全国三等奖 3 人次、江苏省一等奖 1 人次、江苏省三等奖 2 人次、江苏省三等奖 1 人次，组队参加全国研究生数学建模竞赛，获得全国三等奖 3 人次。

学院获得 2017 年度校级志愿服务优秀组织奖、南京农业大学"与心同飞，让梦起航"校园心理情景剧比赛第一名、南京农业大学第 44 届啦啦操大赛一等奖、研究生精品学术活动结项优秀、2016—2017 学年学生资助成效微电影优秀作品三等奖、"'小雨滴'雨花台志愿服务行动"获校园文化建设优秀成果评选一等奖，"心理情景剧创作"获校园文化建设优秀成果评选二等奖，应化 141 班获得 2017 年江苏省先进班集体，应化 152 班获得校先进班级。

12月13日，学院在教四楼报告厅成功地召开教职工代表大会。会上，章维华院长作《理学院教师年度绩效考核试行方案》（以下简称《方案》）主题报告。报告对教师年度教学、科研、公共服务三方面工作量考核办法、公共服务工作量认定条款、考核结果等级确定作详细说明和解读。代表们对《方案》进行充分讨论，提出许多有益的意见和建议。经无记名表决，全票通过。

根据学院学生实际需求，依托党建班、就业培训、新生入学教育、毕业生文明离校等活动载体，学院共举办素质教育类讲座 22 场，涵盖理想信念、生涯规划、心理调适、出国交流、就业提升、安全知识、新闻写作、图片拍摄、海报设计等方面。

【吴磊课题组在蕨烯类化合物合成及应用领域取得新进展】 教授吴磊课题组在国际权威刊物 *ACS Catalysis*（美国化学会-催化）在线发表题为 *Palladium - Catalyzed Coupling of Allenylphosphine Qxides with N - Tosylhydrazones Toward Phospinyl [3] Dendralenes* 的研究论文。这是学院首次以南京农业大学为第一作者单位和第一通讯单位在 10.0 以上刊物发表研究论文。吴磊课题组一直致力于潜生物活性的含膦有机物和杂环化合物的合成方法学研究及应用。该论文以氧膦取代联烯和酰腙类化合物的新型偶联反应高效实现一类结构新颖的有机膦 [3] 蕨烯合成。

【青年博士温阳俊在关联分析方法学方面取得新突破】 讲师温阳俊以第一作者在国际数学与计算生物学领域知名期刊 *Briefings in Bioinformatics*（5 年影响因子为 6.679）在线发表统计基因组学团队在关联分析方法学方面的研究论文 *Methodological implementation of mixed linear models in multi - locus genome - wide association studies*，该论文提出一种针对海量标记、高精度、高功效关联分析的多位点 SNP 随机效应混合线性模型算法 FASTmrEMMA，这是学院首次以南京农业大学为第一作者单位在数学与计算生物学领域发表高水平论文。

（撰稿：杨丽姣 审稿：程正芳 审核：孙海燕）

食品与工程学部

食品科技学院

【概况】 学院有博士学位食品科学与工程一级学科授予权，1 个博士后流动站，1 个国家重点（培育）学科，1 个江苏省一级学科重点学科，1 个江苏省优势学科，1 个江苏省二级学科重点学科，2 个校级重点学科，4 个博士点，4 个硕士点。拥有 1 个国家工程技术研究中心，1 个中美联合研究中心，1 个农业部重点实验室，1 个农业部农产品风险评估实验室，1 个农业部检测中心，1 个教育部重点开放实验室，1 个江苏省工程技术中心，8 个校级研究室。拥有 1 个省级实验教学示范中心，2 个校级教学实验中心（包括 8 个基础实验室和 3 个食品加工中试工厂）。学院下设食品科学与工程、生物工程、食品质量与安全 3 个系，下设的食品科学与工程、生物工程、食品质量与安全 3 个本科专业，其中食品科学与工程为国家级特色专业，生物工程和食品质量与安全为江苏省特色专业。

现有教职工 102 人，专任教师 66 人，其中教授 28 人，副教授 27 人，博士生导师 26 人，硕士生导师 43 人。新增教职员工 4 人，其中外籍 1 人。新增教授 2 人，副教授 5 人，博士生导师 2 人，硕士生导师 3 人。教授郑永华入选爱思唯尔"2016 年中国高被引学者"榜单；教授刘蓉入选国家"千人计划"青年人才项目、江苏省"杰青"；教授李春保获得国家生猪产业技术体系岗位专家、*Asian-Australian Journal of Animal Science* 副主编；另有 2 人获得江苏省"六大人才高峰"培养对象，2 人获得江苏省农业产业体系岗位专家，1 人获得江苏省普通高校"青蓝工程"青年骨干教师，1 人获学校"大北农青年学者奖"。

启动教育部工程认证工作，成为 13 个通过初审的唯一一所农业院校。结题校级教改项目 4 项，其中 1 项被评为优秀，发表教改论文 1 篇；成功申请教学改革项目 10 项，其中重点项目 1 项，"卓越教学"课堂改革实践项目 4 项，其他项目 5 项；成功获批校级示范性虚拟仿真实验教学项目 1 项，在线开放课程 2 门，校级课程群 4 个，申请全英文课程 19 门，在建全英文课程总数达到 21 门；出版化学工业出版社"十三五"教材 1 本，《食品质量管理学》荣获中华农业科教基金优秀教材。新增江苏省普通高校研究生科研创新计划 8 项、专业学位研究生科研实践计划 4 项、新增江苏省研究生企业工作站 1 个、省级研究生教改项目 1 项。

本年度招收博士研究生 30 人、全日制硕士研究生 146 人、留学生 6 人（其中硕士生 3 人，博士生 3 人）。启动本科生大类招生改革试点，招收食品科技与工程类专业本科生 181 人。有 30 人被授予博士学位（含留学生 1 人）、70 人被授予工学硕士学位、67 人被授予专业硕士学位（其中全日制专业硕士 47 人，在职专业硕士 20 人）、169 人被授予学士学位。1 名硕士研究生论文获省级优秀硕士学位论文，1 名博士研究生论文获江苏省优秀博士论文，2 名研究生获得中国畜产加工科技大会会议优秀论文奖。

新增科研项目 47 项，其中国家自然科学基金项目 6 项，资助总额为 261 万元。纵向到位科研经费 3 119 万元。在国内外学术期刊上发表论文 314 篇，其中 SCI 收录 178 篇。申请专利 44 项，授权专利 28 项。学院获教育部科技进步奖二等奖（排名第二）1 项；教授周光宏领衔的"肉品加工与质量控制"创新团队入选农业部 2016—2017 年度神农中华农业科技奖优秀创新团队。学院在西藏农牧学院设立国家肉品质量安全控制工作技术研究中心西藏实验站，推进西部地区肉品加工相关的学科发展、实验室建设、师资队伍建设、人才培养等。农业部生鲜猪肉加工技术集成科研基地获得立项建设，目前已在学校白马基地完成 1 800 平方米的厂房建设以及设备采购项目的初步设计。建成学校国家动物生产类教学示范中心肉类生产加工全产业链科普基地，进一步提升科学研究、产业服务和人才培养的能力。先后召开中美农业联合研究中心主任联席会议、国家农业产业技术体系"肉禽水产品屠宰加工技术及新产品开发"跨体系任务年会、2017 年中国畜产品加工科技大会、国家重点研发计划"中式传统肉制品绿色制造关键技术与装备研发及示范"2017 年度进展交流，组织 50 余场学术报告会，接受国内外访问学者、合作研究人员 50 余人，有 10 余位专家赴英国、美国、爱尔兰、丹麦等国家参加国际学术会议和学术访问，6 位教师赴国外进修。依托江苏省科协举办首届江苏省大学生食品科技创新创业大赛。经学生团队自主报名、高校推荐、评审委员会组织遴选，江苏省 16 所开设食品专业本科院校的 20 件作品入围终审决赛。

学院扎实推进"两学一做"学习教育常态化制度化，围绕"世界一流学科目标导向的教师梯队建设"设计并启动基层党建书记项目，形成支部轮流承办活动的机制。学院全年新发展教师党员1人、学生党员42人，党支部设计的"舌尖上的守护者"项目受学校重点立项资助，并获南京电视台关注报道。

【教育部第四轮学科评估进入A类】12月28日，教育部网站公布第四轮全国一级学科评估结果。全国食品科学与工程学科评估参评高校共计79所，南京农业大学食品科学与工程学科评估结果为A类（A-），并列排名第四，本次评估学院学科排名稳中有升，进入前10%。

【举办首届"正大杯"全国高校学生畜禽产品加工创意大赛】依托中国畜产品加工研究会，发起2017年"正大杯"全国高校学生畜禽产品加工创意大赛。来自全国24个省（自治区、直辖市）的57所高校报名参赛，参与赛事选拔师生逾万人。经专家评审，30件作品入围终审决赛。教育部高等学校食品科学与工程类专业教学指导委员会主任金征宇教授、正大集团农牧食品企业中国区副董事长姜波、南京农业大学副校长闫祥林研究员、中国畜产品加工研究会会长徐幸莲教授等出席开幕式。农业部兽医局局长冯忠武，科学技术部农村科技司司长王喆，中国畜产品加工研究会名誉会长、南京农业大学校长周光宏教授等为获奖师生颁奖。

【召开联合国欧洲经济委员会（UN/ECE）跨境肉类贸易及电子认证研讨会】9月19～21日，联合国欧洲经济委员会（UN/ECE）跨境肉类贸易及电子认证研讨会在学校召开，来自联合国、美国、澳大利亚、泰国、越南、马来西亚、老挝、不丹及国内相关专家代表50余人参会。会议主要围绕世界肉类生产、加工、消费、贸易、标准、跨境贸易动物疫病扩散等问题进行交流和讨论。这是国际组织UN/ECE第三次在学校召开此类研讨会。

（撰稿：钱　金　彭惠惠　审稿：夏镇波　审核：孙海燕）

工学院

【概况】工学院位于国家级南京江北新区，占地面积47.52公顷，校舍总面积16.42万平方米。仪器设备共16 048台件、13 599.51万元。图书馆建筑面积1.13万平方米，馆藏39.97万册。设有学院办公室、人事处、纪委办公室（监察室）、工会、计划财务处、教务处、科技与研究生处、学生工作处（团委）、图书馆、总务处、农业机械化系、交通与车辆工程系、机械工程系、电气工程系、管理工程系、基础课部和培训部。

学院具有博士后、博士、硕士、本科等多层次多规格人才培养体系。设有农业工程博士后流动站，农业工程一级学科博士学位授予权点，农业工程、机械工程、管理科学与工程3个一级学科硕士学位授予权和机械制造及其自动化等8个硕士学位授权点以及工程硕士（农业工程、机械工程和物流工程领域）和农业硕士（农业工程与信息技术）专业学位授予权；设有农业机械化及其自动化、交通运输、车辆工程、机械设计制造及其自动化、材料成型及控制工程、工业设计、自动化、电子信息科学与技术、农业电气化、工程管理、工业工程、物流工程12个本科专业。

在编教职工379人，其中专任教师231人（教授22人、副教授77人、具有博士学位的111人）；非编人事代理14人，租赁42人。新晋升教授3人、副教授4人；36人通过职员职级晋升评审（五级3人、6级13人、七级12人、八级8人）。拥有中国科学院"百人计划"1人、二级教授2人、国务院农业工程学科评议组成员1人、省"333工程"第三层培养对象2人、"青蓝工程"优秀青年骨干教师培养对象10人、"青蓝工程"中青年学术带头人 2 人、"六大人才高峰"资助者 1 人、学校"钟山学者"首席教授 1 人、学校"钟山学术新秀"入选者 3 人，新增青年教师入选"江苏省青年科技人才托举工程"1 人，全职引进一高层次人才团队——教授舒磊及其"物联网应用研究团队"。继续选派教师出国进修，进修完成回国 4 人，在国外进修 10 人。农业工程博士后流动站新进站 8 人，方真教授博士后李虎获得中国博士后管理委员会资助的 2017 年度"博士后国际交流计划派出项目"，这是农业工程流动站首次获得此项资助。学院离退休人员 311 人，其中离休 4 人、退休 302 人、内退 1 人、家属工 4 人。

全日制在校本科生 5 197 人，全日制硕士研究生 277 人（其中外国留学生 11 人），专业学位研究生 70 人，博士研究生 88 人（其中外国留学生 11 人）。招生 1 539 人（其中本科生 1 400 人、硕士研究生 125 人、博士研究生 14 人），毕业学生 1 470 人（其中本科生 1 341 人、硕士研究生 112 人、博士研究生 17 人），本科生就业率 98.22%（保研 107 人、考研录取 240 人、就业 972 人、出国 62 人）。培训部在籍学生 770 人（业余、函授学生 666 人，中国农业大学远程教育 104 人），毕业学生 247 人（其中成人本科 110 人，成人专科 109 人，中国农业大学远程教育 28 人），录取新生 252 人（其中高升专 149 人，专升本 93 人，中国农业大学远程教育 10 人）。

获得科研经费 1 883 万元（不含校外和启动基金），其中纵向项目 1 555 万元，包括国家自然科学基金项目 208 万元、国家重点研发项目 515 万元、中央高校基本科研业务费 249 万元（其中自然科学类项目 181 万元、人文社会科学基金项目 68 万元）、江苏省自然科学基金项目 69 万元、江苏省重点研发计划项目 41 万元和江苏省农机"三新工程"项目 38 万元等；横向项目 328 万元。

专利授权 82 项，其中，发明专利 18 项、实用新型专利 56 项、软件著作权 8 项；出版科普教材 5 部；发表学术论文 216 篇，其中，南农核心及以上 168 篇、SCI/EI/ISTP/SSCI 等收录 85 篇。

学院按照项目任务书的计划，进行江苏省高校重点实验室"智能化农业装备重点实验室"、南京农业大学（灌云）农机研究院和现代设施农业技术与装备工程实验室等的建设工作。学院投入 959 万元"双一流"建设费（改善高校基本办学条件项目 450 万元、"双一流"建设专项 134 万元、引进人才安家费 185 万元、人才启动基金 190 万元）。投入 440.60 万元用于教学经费保障以及实践技能的培养，其中大学生创新训练项目 31 万元、学生科技竞赛费用 100 万元、校外实践基地和实习中心条件改善 275 万元。立项国家级部省级课外科技竞赛 30 项，举办学院内部竞赛 14 项，省级以上获奖 607 人次。获第 11 届全国大学生力学竞赛特等奖、全国三维数字化创新设计大赛江苏赛区特等奖、全国大学生智能农业装备创新大赛一等奖、第八届全国大学生数学竞赛一等奖、全国大学生英语竞赛一等奖等。宁远车队获第八届中国大学生方程式大赛二等奖，位居江苏省 6 所学校之首。组建社会实践重点团队 9 支，其中省级重点团队 1 支。"宁浦绿行"共享单车调研服务团获省级优秀团队，受到国家级、省市级报道 20 次。立项支持 12 个具有工科特色的志愿服务项目，"E 行社区志愿服务项目"获江苏省青年创意项目大赛铜奖。"三创空间"入选本年度第一批南京市"众创空间"。

获批"南京农业大学工学院工科大类虚拟仿真平台建设"教育部修购专项 360 万元。全面推进新工科背景下的教学模式改革。按照"大类招生、按类培养、专业分流、专业培养"

的人才培养机制，同时依据国家《工程教育认证标准》，以本科教学质量持续改进为主线，全面梳理机械大类 5 个专业人才培养方案，制订 2017 级机械大类本科招生专业分流实施方案。推进信息化技术与教育教学、线上线下的深度融合，共设立线上线下混合式课堂教学改革项目 9 项，资助 4.5 万元；设立小型在线开放课程（SPOCs）建设项目 20 项，资助 20 万元。组织全国大学生英语四六级考试共约 7 000 人次，安排各类课程考试约 2 000 人次。完成自助打印机、教室中控系统与新一卡通系统的对接，依托新一卡通平台，实现各类考试报名、重补修缴费信息化。

加强基层党组织机制，有党支部 64 个（其中教职工支部 22 个、本科生支部 26 个、研究生支部 10 个、离退休支部 6 个），党员 829 人。发展学生党员 216 人、教职工党员 1 人。发挥院党校教育培训工作，培训发展对象 380 人，按组织部要求，组织全院中层干部、支部书记、学生教育管理人员、预备党员、积极分子 5 个层次的网上在线学习工作。完成学院 2017 年科级干部聘任相关工作，聘任科级干部 74 人，其中副职 23 人、正科级 27 人、副科级 15 人、主任科员 6 人、副主任科员 3 人。协助组织部做好新任处级干部试用期考核等工作。安排好贵州省麻江干部杨宗富、吴悠在学院的挂职工作。4 月 14～15 日，学院举办第 28 届田径运动会。完成新一届南京农业大学浦口校区校友分会成员的推选工作，完成 2017 届校友联络大使选拔，其中包括一位巴基斯坦留学生校友联络大使。农机化 31 班校友、成都旸谷信息技术有限公司总经理赵丕强向学院捐赠 220 万元设立"旸谷创新奖励基金"。校友及校友企业设立 8 项奖学（教）金，奖励教职工 11 人，学生 119 人。

严格执行大宗物资采购操作程序，按时完成本年度教学、科研、服务等设施、设备的招标采购工作，登记入库设备、家具 1 618 台件，合计金额 1 681 万元；登记报废设备及家具 477 万元。对学院的边界、界桩进行核查，申请补充 19 个点的边界地桩。全年共完成水电维修 5 000 次（处），敷设、改造线路 15 000 米，完成食堂浴室屋面外墙维修、学生宿舍乳胶漆出新、一食堂餐台改造、48 栋屋面防水维修等项目，万元以上送审计项目 33 项，万元以下自行审计项目 61 项。完成 3 个教育部修购专项项目的申报资料，按要求完成 6 号楼、7 号楼结构鉴定。

立足基本门诊，做好节假日、寒暑假门诊、夜诊，全年日常门诊接待就诊 12 000 次，节假日、寒暑假门诊、夜诊总共 2 000 次。重视校园应急救护技能的培训，开展多期救护培训，普及应急救护知识，提升校园应急救护能力。做好大学生城镇居民医疗保险工作，学生参保 5 639 人（其中新生 1 492 人，投保率 100％）。建设校园车辆出入智能管理系统，完善校园的交通标志、标识，规范交通秩序，提高校园行车安全。

【方真教授入选"2016 年中国高被引学者"榜单】 2 月 27 日，爱思唯尔发布 2016 年中国高被引学者（Most Cited Chinese Researchers）榜单，共收录 1 700 余名最具世界影响力的中国学者，学校共有 10 名教授入选。在能源领域，方真教授进入榜单，这是学校首次在该学科领域有高被引论文作者。

【"农业电气化与自动化学科综合训练中心"通过验收】 江苏省教育厅下发《省教育厅办公室关于公布 2016 年省级实验教学与实践教育中心验收结果的通知》（苏教办高〔2017〕1 号），学院"农业电气化与自动化学科综合训练中心"通过验收，并获得优秀。此次，江苏省共有 72 个省级实验教学与实践教育中心建设点建设期满参加验收，只有 8 个建设点获得优秀。

【召开江苏省农业科技自主创新资金重大项目启动会】 9 月 9 日，教授汪小旵主持的江苏省农业科技自主创新资金重大项目"基于秸秆综合利用的稻麦生产全程机械化技术与装备集成方案"启动会在学校召开。江苏省农业科学院院长易中懿、江苏省农机学会理事长范伯仁、扬州大学教授张瑞宏、江苏省财政厅农业处副处长储惠平、科长王芃及项目组成员等参加会议。该项目主要针对江苏省基于秸秆还田的稻麦全程机械化技术"瓶颈",以县域为尺度,在全面推进秸秆还田与耕地培肥条件下,围绕降低生产成本和提高机械使用效率,重点研发智能化育秧设备、长秧龄毯苗插秧机、高效植保机械、节能环保产地烘干储藏装备等,集成成熟装备,形成稻麦生产全程机械化高效技术体系。

【召开《农业机械学报》创刊 60 周年座谈会暨第九届编辑委员会成立大会】 12 月 30 日,学院多位教师参加《农业机械学报》创刊 60 周年座谈会暨第九届编辑委员会成立大会。教授汪小旵、教授沈明霞、教授丁为民、教授姬长英、教授陈坤杰等成为第九届编辑委员会委员。大会同时还对 2016 年度优秀论文和优秀审稿专家进行表彰。学院教授姬长英、副教授卢伟的论文分获 2016 年度优秀论文;周俊教授被评为 2016 年度优秀审稿专家,这也是其连续 4 年获此荣誉。

【国际交流与合作】 与德国柏林工业大学新签校际合作协议 1 项,与英国、法国、德国 3 个国家的大学建立国际交流合作伙伴关系。获批 9 项引智项目,聘请短期外国专家 12 人。接待包括英国林肯大学、英国考文垂大学、英国爱丁堡大学、加拿大"两院"院士、皇家科学院院长贾马尔·迪恩(Jamal Deen)教授、法国梅斯国立工程师学院等国外高级专家来访人员 6 批次 20 人。进一步做好与英国考文垂大学"2+2"、"3+1"、"4+1"双学位项目及"3+2"中法班项目的宣传、报名和录取等工作。首批中法班学员 11 人赴法国继续攻读工程师文凭。积极推进与德国柏林工业大学的"3+1+2"本硕双学位项目的设计和实施。设立工学院学生留学专项资金,资助更多品学兼优的学生赴海外交流学习。实施学校教育发展基金会资助留学项目,包括法国工程师高端访学项目、德国科隆暑期访学项目、美国加利福尼亚州理工学院访学项目等。学院共有 18 批次、78 人参加各类长短期交流访学项目。2017 届毕业生 27 人有在校期间参加过国际交流项目的经历。

(撰稿:陈海林　审稿:李　骅　审核:孙海燕)

信息科技学院

【概况】 学院设有 2 个系、2 个研究机构、1 个省级教学实验中心。拥有 1 个二级学科博士学位授权点(信息资源管理)、2 个一级学科硕士学位授权点(计算机科学与技术、图书情报与档案管理)。完成图书情报与档案管理一级学科博士点的申报工作。专业学位方面,具有农业硕士农业信息化领域的授予权和图书情报专业硕士授予权,其中农业信息化专业硕士学位授权点通过自我评估。3 个本科专业(计算机科学与技术、网络工程、信息管理与信息系统)。二级学科情报学硕士点为校级重点建设学科,信息管理与信息系统本科专业为省级特色专业。计算机科学与技术本科专业为校级特色专业,同时为江苏省卓越工程师培养计划专业。

现有在职教职工 53 人,其中专任教师 39 人、师资博士后 1 人、管理人员 6 人、实验技术人员 7 人。专任教师中,教授 7 人、副教授 23 人、讲师 9 人。博士生导师 7 人(2017 年新增 1 人)、硕士生导师 28 人。江苏省"333 工程"培养对象 2 人,江苏省"青蓝工程"培养对象 4 人 (2017 年新增 1 人)，南京农业大学"钟山学术新秀" 4 人，教育部图书馆学本科专业教学指导委员会委员 1 人。外聘教授 5 人 (其中 1 名外籍)、院外兼职硕士生导师 7 人。

全日制在校学生 845 人，其中，博士研究生 10 人、硕士研究生 100 人、本科生 735 人。另有研究生学位教育学生 34 人。招生 229 人，其中，博士研究生 2 人、硕士研究生 49 人、本科生 178 人。毕业学生 209 人，其中，硕士研究生 33 人、研究生学位教育学生 1 人、本科生 175 人。本科生总就业率 96.57%，研究生总就业率 97.37%。2016 届图书馆学硕士研究生常颖聪的毕业论文《基于关联数据的科学数据组织模式研究——以植物学基因表达实验数据为例》，被评为 2017 年度江苏省优秀学术学位硕士学位论文，指导教师何琳。

立项科研经费 1 000 万元，到账科研经费 420 万元。教师发表核心刊论文 35 篇，其中 SSCI 1 篇、SCI 4 篇、EI 1 篇，一类核心刊论文 14 篇。发明专利 3 个、软件著作权 22 个。黄水清的"学术资源建设重在促进学术研究"于 2017 年 11 月获 2016 年度江苏省优秀理论成果奖。

建成程序设计语言、计算机组成原理与系统结构在线开放课程基础上，新增信息计量学、数据结构在线开放课程。6 月 25 日，计算机公共基础课信息技术基础首次机考顺利完成。校企联合双导师制的"卓越工程师"计划，新增第四届卓越工程师班 46 人。3 个校级教学改革项目顺利结题，新增校级"卓越教学"课堂教学改革实践项目 2 个、校级教学改革项目 5 个 (其中重点项目 1 个)、校级创新性实验实践教学项目 3 个。发表教改论文 5 篇 (其中核心刊论文 3 篇)。姜海燕的"系统能力为中心的计算机专业基础课程群框架构建与实践"、郭小清的"以系统能力为目标的专业 C 程序设计类课程教学改革与创新"分别获得校级教学成果奖一、二等奖。全面实施大学生创新创业训练计划，申报国家级项目 5 个、省级项目 4 个、校级创新项目 20 个，校级创业项目 3 个，院级创新项目 9 个。

信息管理与信息系统专业启动 CILIP 国际认证工作，开始课程的能力培养及教学过程规范性的梳理工作。学院加入美国图书情报学教育协会 (ALISE)，成为 ALISE 的国际机构成员，为面向全球人才招聘提供更好的招聘平台。

本科生获得校级及以上奖励 552 人次，其中获得省级以上表彰 54 人次，国家级 14 人次。学院获校啦啦操比赛二等奖、排球"院系杯"第二名、排球"新生杯"第二名、男篮"新生杯"第三名；组织学生参加全国计算机设计大赛，获得国家一等奖 1 个、三等奖 3 个；组织"蓝桥杯"校内选拔赛，参赛学生获得国家二等奖 1 个、省级奖项 19 个；ASC17 超级计算机竞赛获二等奖 5 个。暑期社会实践获 2 个校一类重点团队、2 个校二类重点团队。信息 141 班获江苏省先进班集体，郑逸获江苏省优秀学生以及校十佳学生，宋若璇获校十佳学生干部。

学院研究生分会被学校评为"优秀研究生分会"。计算机与信息技术实验教学中心被学校评为"南京农业大学优秀实验教学中心"，黄珊被评为"实验教学先进个人"。江苏省科学技术情报研究所实践教学基地被学校评为"优秀校外实践教学基地"。获校级教学质量优秀奖 2 人。

【承办全国图书情报专业学位教育指导委员会 2017 年年会暨培养单位联席会议】由全国图书情报专业学位教育指导委员会主办、南京农业大学信息科技学院首次承办的全国图书情报专业学位教育指导委员会 2017 年年会暨培养单位联席会议于 5 月 12～14 日在学校翰苑大厦召开，与会代表共同探讨"深化培养模式改革、提升 MLIS 培养质量"这一主题。会议凝聚"以社会需求为导向"的共识，指明"注重人才培养与行业实践对接"的发展方向，明确"推进课程内容改革、毕业论文规范"的实施思路。

【院训、院徽评选】学院党委组织征集来自校内外各界人士的院训 510 条、院徽 44 幅。本着公开、公平、公正的原则，经院徽院训评定小组初审以及微信公众投票、学院教职工意见征求、评定小组评审等环节，确定院训为"卓信 敏学"，院徽用字母 c 和 e 及信息方块构成 3 层动态纽带形，蕴含学院凝聚力与向心力，体现二系一中心、3 个本科专业、本硕博 3 层次培养体系等学院特色。

（撰稿：汤亚芬 审稿：郑德俊 审核：孙海燕）

人文社会科学学部

经济管理学院

【概况】经济管理学院设有农业经济学系、经济贸易系、管理学系 3 个系，1 个博士后流动站、2 个一级学科博士学位授权点、3 个一级学科硕士学位授权点、4 个专业学位硕士点、5 个本科专业。其中，农业经济管理是国家重点学科，农林经济管理是江苏省一级重点学科、江苏省优势学科，全国第四轮学科评估 A＋学科，农村发展是江苏省重点学科。

现有教职员工 80 人，其中教授 25 人，副教授 25 人，讲师 15 人，博士生导师 24 人，硕士生导师 19 人。2017 年新增教授 2 人、副教授 1 人，教授朱晶入选国家文化名家暨"四个一批"人才和国家"万人计划"哲学社会科学领军人才，教授徐志刚入选教育部"长江学者奖励计划"青年学者，教授易福金入选国家"万人计划"青年拔尖人才和江苏高校"青蓝工程"优秀学术带头人，教授朱晶获得江苏省巾帼标兵荣誉称号，6 人获国家留学基金管理委员会或其他项目资助赴国外著名大学进修、访问与交流。

全日制在校本科生 1 046 人，博士研究生 90 人，学术型硕士研究生 205 人，各类专业学位研究生 387 人，留学生 20 余人。本科生年终就业率 95.2％，研究生年终就业率 95％左右。

新增各类科研项目 60 项（纵向 41 项、横向 19 项），其中国家自然科学基金项目 6 项（面上项目 4 项、青年项目 2 项）、部省级项目 9 项；新增现代农业产业技术体系岗位科学项目 5 项，其中国家级 1 项、省级 4 项；到账科研总经费 1 338 万元，其中纵向经费 1 028 万元，横向经费 310 万元。

以南京农业大学为第一作者单位或通讯作者单位发表核心期刊研究论文 121 篇，其中 SSCI/SCI/EI 收录的高水平论文 31 篇，较 2016 年增长 82％，其中 SSCI 论文 24 篇，较 2016 年增长 100％，发表在农业经济管理学科国际一流期刊 *Canadian Journal of Agricultural Economics*、*Applied Economics* 4 篇，人文社科核心权威期刊 3 篇，一类 31 篇，二类

42 篇；教授徐志刚入选 2016 年中国高被引学者，是学校首位人文社科领域入选学者；"构建五大体系，提升三大能力：农业经济管理拔尖人才培养的探索与实践"荣获江苏省高等教育教学优秀成果奖一等奖；1 项研究成果荣获江苏省社科应用精品工程优秀成果奖二等奖；主持起草的 1 项国家标准获颁布实施；先后向上级政府部门提交咨询报告 10 余份，1 份报告入选国家成果要报，4 份报告获部省级领导人批示或采纳应用，建议被相关部门采纳，服务"三农"发展。

荣获江苏省高等教育教学优秀成果奖一等奖 1 项，本科生团队再获第 27 届 IFAMA 案例竞赛亚军。获江苏省优秀本科毕业论文 2 篇，获国际学术期刊优秀论文奖 2 项。新增江苏省普通高校研究生科研创新计划 8 项、实践创新计划 2 项，大学生创新训练项目 43 项，其中，国家级 9 项、省级 4 项、校级 30 项。全年共招收 24 名留学生攻读学位，其中博硕士研究生 21 人，派出 46 名学生赴国外访学或交流学习。

【全国第四轮学科评估中取得 A＋】 农林经济管理学科在第四轮全国学科评估中取得 A＋的优异成绩。据上海软科发布的 2017 "中国最好学科排名"显示，农林经济管理学科排名全国第一。形成以农业经济管理学科为优势和特色、经济与管理多学科协调发展的良好势头。

【设立"盛泉学者"高层次人才计划】 依据盛泉农林经济管理学科发展基金管理办法，为加快农林经济管理学科的人才引进与培养，学院设立"盛泉学者"高层次人才计划，先后制订《南京农业大学经济管理学院"盛泉学者计划"实施办法》及与实施办法配套的《南京农业大学经济管理学院科研奖励暂行办法》，成立第一届"盛泉学者计划"评聘考核委员会。经过个人申请、材料初审、评聘委员会评审、院内公示等环节，首批共有 11 位教师入选该人才计划，其中第一层次 4 人、第二层次 7 人。

【承办中国农林经济管理学术年会】 受国务院学位委员会农林经济管理学科评议组、教育部高等学校农业经济管理类专业教学指导委员会和中国农业经济学会青年（工作）委员会委托，学院承办了"2017 中国农林经济管理学术年会"。年会邀请了全国政协常委陈锡文、全国政协委员柯炳生、韩国农业经济学会主席 Doo Bong Han、北京大学中国农业政策研究中心主任黄季焜、中国科学院农业政策研究中心主任张林秀等国内外农经领域重量级专家作主旨报告。本次年会对会议议程和组织形式进行了与国际接轨的创新，吸引了来自中国人民大学、中国农业大学、浙江大学等国内外近百所高校和科研机构的近 600 位学者参加了本届年会，为历史之最。与会者聚焦农经领域前沿问题，围绕"三农"问题开展学术讨论和交流，为"三农"发展和改革提供对策建议，扩大了学校农林经济管理学科的学术影响力。

（撰稿：夏德峰　审核：孙雪峰　审核：韩　梅）

公共管理学院

【概况】 公共管理学院有公共管理一级学科博士学位授权，设有土地资源管理、行政管理、教育经济与管理、劳动社会保障 4 个博士点，土地资源管理、行政管理、教育经济与管理、劳动与社会保障 4 个硕士点和公共管理专业学位点（MPA），土地资源管理、行政管理、人文地理与城乡规划管理、人力资源管理、劳动与社会保障 5 个本科专业。土地资源管理为国家重点学科和国家特色专业。

学院设有土地管理、资源环境与城乡规划、行政管理、人力资源与社会保障 4 个系。设有农村土地资源利用与整治国家地方联合工程研究中心、中国土地问题研究中心·智库、中荷土地规划与地籍发展中心、公共政策研究所、统筹城乡发展与土地管理创新研究基地等研究机构和基地，并与经济管理学院共建江苏省农村发展与土地政策重点研究基地。

现有教职工 77 人，其中专任教师 63 人、管理人员 14 人。专任教师中，教授 23 人、副教授 27 人、讲师 13 人，博士生导师 21 人、硕士生导师 25 人，另外有国内外荣誉教授和兼职教授 33 人。教授陈会广获首批国土资源部杰出青年科技人才称号；教授孙华获中国环境科学学会"第 11 届优秀环境科技工作者奖"；教授李放获广西第 14 次社会科学优秀成果奖；"农村土地制度、市场与资源可持续利用"获江苏省高校哲学社会科学优秀创新团队。

引进海内外高水平博士 2 人，启动"公共管理学院学者访问计划"，2 名外籍教授受聘。2 名教师被评为教授，3 名教师被评为副教授。9 名教师和 5 名研究生出国学习及参加国际学术会议。

全日制在校学生 1 403 人，其中本科生 992 人，研究生 411 人。有专业学位 MPA 研究生 739 人。毕业学生 465 人，其中研究生 187 人（博士研究生 27 人、硕士研究生 84 人、MPA 研究生 76 人），本科生 278 人。招生 306 人，本科生 194 人，研究生 112 人（硕士 83 人、博士 29 人）。全年招收专业学位 MPA 研究生 246 人。本科生就业率 96.76%，研究生就业率 98.51%。

新增纵向项目 94 个，共计到账经费突破 1 500 万元，其中国家自然科学基金项目 4 个，经费 168 万元；国家社会科学基金 2 个，经费 28 万元。出版著作 5 部，核心期刊论文 120 余篇，一类 25 篇，SSCI13 篇，SCI 5 篇，为国务院、江苏省政府等机构提供 6 篇咨询报告，获 2016 年度江苏省社科应用研究精品工程二等奖 1 项。教授石晓平申请的引智项目成功入选教育部"海外名师项目"，"农村土地资源多功能利用研究学科创新引智基地"项目也成功入选教育部 2017 年新建高等学校学科创新引智计划（即"111 计划"）。成功举办了"粮食与食品双安全战略下的自然资源持续利用与环境治理"国际研讨会，与会人员近 60 余人。

资源与环境经济学、土地经济学 2 门省级在线开放课程已上线。《不动产估价》等 9 本教材获农业部"十三五"规划教材立项，《资源与环境经济学（第二版）》和《土地行政管理学（第二版）》获江苏省"十三五"重点教材立项。顺利通过土地资源管理江苏省品牌专业建设中期检查，获得校级教学成果奖特等奖 1 项、二等奖 3 项。获省级教改项目 1 项、校级教改项目 8 项、校级"卓越教学"课堂教学改革实践项目 5 项、创新性实验实践项目 3 项。教授于水荣获第七届南京农业大学"优秀教学奖"。郑永兰、周蕾获南京农业大学教学质量优秀奖。成功申报 1 项"土地资源管理'递进式'创新人才培养模式实践研究"省级教改项目。有 49 项 SRT 项目获得立项，其中国家级项目 7 项、省级项目 4 项、校级项目 30 项、院级 8 项。本科生发表论文 80 篇，其中核心期刊 3 篇。获得全国研究生学术创新论坛优秀组织奖、第 15 届中南谷江苏省大学生课外学术科技作品竞赛三等奖、首届"新农菁英"江苏省大学生涉农创业创富大赛金奖、校研究生学术科技作品竞赛 1 项特等奖、2 项二等奖等佳绩。成功举办首届全国土地资源管理专业大学生不动产估价技能大赛。

建立智库专家论坛、钟鼎学术沙龙、行知学术论坛、公共管理讲坛四位一体的学术平台，全年举办学术活动 60 多场。行知学术论坛获得全校唯一一个 2017 年江苏省公共管理学科性质研究生学术创新论坛立项，获 10 万元资助。获江苏省优秀博士论文 1 篇、江苏省研究生培养创新工程 8 项。博士研究生沈费伟获得中国科协高端科技创新智库青年项目，是江苏省唯一一位该项目获得者，并得到 10 万元资助。博士研究生詹国辉获清华大学农村研究博士论文奖学金资助。

继续推进与国土资源部联合在国土系统定向培养 MPA 工作，在招生季推送招生相关微信宣传文章，累计浏览量达 2 000 人次。组织教师参加"公共管理专业学位案例教学中心"案例入库征集工作，提交自编案例 5 篇，其中 4 篇被案例中心收录入库；参加地区性 MPA 交流，组织师生 10 人代表团参加第七届江苏省 MPA 论坛，4 篇论文入选大会交流，1 篇获 3 等奖，3 篇获优秀奖；全年选派 8 人次参加全国 MPA 教指委组织的案例编写、教学研讨、课程培训等 6 场培训及会议。公共管理硕士（MPA）陈凯翔的学位论文《产业集聚过程中地方政府行为研究——以浙江省新昌县儒岙镇胶囊产业集聚为例》被评为第七届全国公共管理硕士（MPA）优秀学位论文。

加强管理学科教学实验中心硬件条件建设，先后投入资金共 20 万元，配置投影仪 3 台、无人机 7 台、计算机 1 台、水准仪 4 台、空调 4 台、打印机 5 台等，并对实验室进行改造。

【学科建设取得重大成果】12 月 28 日，教育部学位与研究生教育发展中心公布全国第四轮学科评估结果，公共管理学科喜获 A，排名全国前 5%，是 14 所获评 A 等高校中唯一的"211"（非"985"）高校。

【立项国家社会科学基金重大项目】12 月 25 日，全国哲学社会科学规划办公室公布 2017 年国家社会科学基金重大项目名单，教授吴群为首席专家申报的"农民获得更多土地财产权益的体制机制创新研究"项目获批立项。

【研究成果获中央领导批示】7 月 15 日，学校接到江苏省人民政府研究室致谢函和国务院发展研究中心转发的致谢函。教授于水主持的国务院发展研究中心"2016 中国民生指数研究（江苏）"项目，顺利结题并形成了高质量的民生发展报告。国务院总理李克强对研究成果作出重要批示，有关部门也十分重视调研成果。

（撰稿：李姗姗　审稿：张树峰　审核：韩　梅）

人文与社会发展学院

【概况】人文与社会发展学院下设社会学系、法律系、旅游管理系、农村发展系、文化管理系、艺术系、科学技术史系 7 个系。学院有社会学、法学、旅游管理、农村区域发展、公共事业管理、表演 6 个本科专业，1 个一级学科博士学科点（科学技术史）、2 个一级学科硕士学科点（科技史、社会学）及 4 个二级学科硕士学科点（科技史、专门史、经济法学、民俗学），拥有农业推广（农业科技组织与服务）、法律硕士和社会工作硕士 3 个专业硕士学位培育点。

现有教职工 100 人，其中师资博士后 6 人，专职教师 71 人，其中教授 14 人，副教授 25 人，博士生导师 9 人，硕士生导师 36 人。本年新增教授 3 人、博士生导师 1 人、硕士生导师 1 人。

全日制在校学生 1 160 人，其中本科生 921 人，硕士研究生 209 人、博士研究生 30 人。毕业生 311 人，其中研究生 75 人（硕士研究生 65 人、博士研究生 10 人），本科生 236 人。招生 324 人，其中研究生 107 人（硕士研究生 100 人、博士研究生 7 人），本科生 217 人。

本科生总就业落实率 98.73％、研究生总就业落实率 98.62％（不含推迟就业）。

配合校学位评定委员会办公室（研究生院学位办公室）进行了社会学一级博士点申报、经济法学一级硕士点申报摸底、专门史二级学科点动态调整以及科学技术史、农业科技组织与服务学科点自我评估，为社会学博士点申报工作做准备。

推进本科大类（社会学大类）招生试点工作，制订《人文与社会发展学院大类招生培养方案》《人文与社会发展学院大类招生专业分流实施方案》。讨论和确定管理学原理、经济学原理、社会学概论、中国文化概论、法学概论、普通发展学、文化学概论 7 门学科大类基础课列为学院重点建设课程。

学院结合专业优势和特点，组织开展了"一系一品"的第二课堂。社会学专业开展"农村社会调研大赛"、旅游管理专业开展"大学生旅游线路规划大赛"、公共事业管理专业开展"特色小镇主题展"、农村区域发展专业开展"美丽乡村规划大赛"、法学专业开展"今日说法大赛"、表演专业开展"音乐剧舞台综合教学实践"。

完成学校教育教学改革研究项目 3 项，申报南京农业大学"卓越教学"课堂教学改革实践项目 9 项，申报学校创新性实验实践教学项目 3 项、学校教育教学改革研究项目 6 项，发表教学改革论文 5 篇。李明获南京农业大学第七届"优秀教学奖"；王菲在 2017 香港国际声乐公开赛中获声乐比赛二等奖。教授朱利群主编的教材《农业政策与法规》入选农业部"十三五"规划教材。

完成国家大学生创新创业训练计划项目 5 项、江苏省大学生创新创业训练计划立项项目 3 项、校级 SRT 计划 20 项；申报 2017 年国家大学生创新创业训练计划项目 5 项、江苏省大学生创新创业训练计划立项项目 3 项、校级 SRT 计划 20 项。围绕大学生创新训练计划的研究内容，学生发表论文 46 篇。戚晓明老师指导的本科生科研项目"村改居社区社会资本的现状调查与思考"入选江苏省大学生创新创业优秀成果交流展示会，并被评为"优秀论文"。

发表学术论文 121 篇，其中社会科学核心一类 23 篇、核心二类 14 篇、核心三类 9 篇；自然科学核心一类 2 篇、核心二类 7 篇；出版专著 24 部；各类科研成果获奖 19 项；参与《中华茶通典》编写工作，承担《茶通史典》主编工作；参与《中国大百科全书》"作物学卷"和"科技史卷"以及第七版《辞海》相关词条的修订工作。教授王思明 7 月参加在巴西里约热内卢联合大学举行的第 25 届国际科学技术史大会（ICHST），并作了《美洲作物的引进及其在中国经济社会发展中的长期影响》的主题报告；10 月，参加在澳大利亚布里斯班格里菲斯大学举行的"食物与环境国际学术研讨会"并应大会之邀作了"食物与环境：中国食物的历史变迁"的学术报告。

新增获批纵向项目 70 项，其中国家社会科学基金 5 项（刘影、张爱华、李明、付坚强、惠富平），国家自然科学基金 1 项（黎孔清），其他各类项目立项来源包括中央其他部委、江苏省社会科学基金、江苏省教育厅或省委其他部门，获批项目资金 360.6 万元。现有省部级以上科研平台 2 个（中华农业文明博物馆、中国农业遗产研究室）。

教授王思明的研究成果在《中国社会科学报》连载；教授路璐的论文和教授季中扬的专著分别获得江苏省理论成果优秀奖；副教授李明的《江苏农村文化建设发展报告》获"江苏省社科应用研究精品工程奖"二等奖。

学生获得省市级以上奖励共 73 项，其中国家级 25 项，省级 23 项，市级 25 项。例如，江苏省南仲紫金杯模拟仲裁大赛一等奖、江苏省第 19 届运动会高校部足球预赛第一名、江苏省第五届大学生艺术展演舞蹈展演甲组一等奖、第一届江苏省大学生休闲农业线路创意设计竞赛一等奖、江苏省全国大学生艺术展演舞蹈组、江苏省"奥科美"杯旅游线路规划大赛二等奖、第 11 届"律苑星辉"高校法律人风采大赛亚军和季军、意大利卢卡国际艺术节声乐比赛第三名等。

举办各类学术会议和讲座累计 37 场，其中具有专业针对性的讲座 10 余场、面向全院学生开展传统文化入校园讲座 13 场、面向全院学生丰富第二课堂理论知识的讲座 15 场、面向全院学生提高学习能力专题讲座 5 场，累计惠及学生 3 600 人次。其中，科技史系主办的"丝绸之路与中外农业交流学术研讨会——2017PNJCCS 论坛"有国内外 40 多家高校和科研机构代表 80 余人参加，获得各类媒体的热烈报道。民俗学主办的系列专家论坛也获得了业内的广泛关注好评。

社会影响。教授姚兆余当选为江苏省社会学学会副会长，教授季中扬、副教授戚晓明当选为江苏省社会学学会常务理事，王小璐、张春兰、屈勇、路璐当选为江苏省社会学学会理事。教授姚兆余当选为江苏省社区发展研究会副会长，副教授戚晓明当选为江苏省社区发展研究会常务理事，刘影当选为江苏省社区发展研究会理事。教授付坚强受聘中共江苏省委法律专家库成员。教授朱利群受邀参加江苏现代农业科技大会，其领衔的区域农业研究院团队，完成了无锡锡山、安徽颍上等 2 个国家级、4 个省级园区规划。教授朱利群参加江苏农业系统工程学会第八届理事会，并当选常务理事及农林专业委员会主任。

奖学金。本年度除了"擎雷企业奖学金""兆龙新农村建设奖教学金""鹭溪农业奖教学金"之外，杭州瑞银旅业有限公司、江苏山合水文化旅游发展有限公司分别捐赠 10 万元，在学院设立企业奖教学金；刘万福律师捐赠 5 万元，设立第二期"刘万福奖学金"。

【成立"中国地标文化研究中心"】6 月，成立南京农业大学中国地标文化研究中心，启动《中国农业地标文化集萃》编纂出版工作，制定中华地标评审标准，进行"中华地标网"的设计、制作和日常维护，计划出版《中国地标品牌发展报告（蓝皮书）》。

【成立"世界乡村发展研究中心"】10 月，与江苏省住房和城乡建设厅、新华日报社联合共建"江苏省特色田园乡村协同创新研究基地"，经世界绿色设计组织（WGDO）同意，将世界绿色设计组织（WGDO）"世界乡村发展委员会"秘书处挂靠南京农业大学并成立"世界乡村发展研究中心（CWRD）"。

（撰稿：尤兰芳　审稿：杨旺生　审核：韩　梅）

外国语学院

【概况】外国语学院设英语、日语和公共外语教学 3 个系部，设英语和日语 2 个本科专业，有英语语言文化研究所、日本语言文化研究所、中外语言比较中心和校级"典籍翻译与海外汉学研究中心"4 个校级研究机构。拥有外国语言文学一级硕士点，下设英语语言文学和日语语言文学 2 个二级学科硕士点，有英语笔译和日语笔译 2 个方向的翻译硕士学位点（MTI）。

现有教职工 86 人，其中教授 8 人、副教授 26 人；聘用英语外教 3 人，日语外教 3 人。新增教师 3 人，行政人员 1 人。

全日制在校生 758 人，其中硕士研究生 108 人、本科生 650 人。2017 年毕业 224 人，其中硕士研究生 48 人、本科生 176 人。招生 210 人，其中本科生 156 人、硕士研究生 54 人（含学术型硕士生 9 人）。本科生和研究生年终就业率分别为 95.45％和 95.83％。本科生升学率 27.28％，其中出国攻读硕士学位人数占 10.23％。

本科生获得大学生 SRT 项目立项 19 项，其中国家级 4 项、省级 2 项，发表相关研究论文 6 篇。在第 11 届江苏省高校外语专业研究生学术论坛中，获三等奖 1 项、优胜奖 1 项。获江苏省研究生创新实践训练项目立项 3 项。获江苏省研究生翻译大赛三等奖 2 项。利用多方资源，强化研究生课程建设：邀请新南威尔士大学钟勇教授开设"多思翻译工作坊"；邀请上海交通大学管新潮教授开设计算机辅助翻译课程；与舜禹翻译公司合作开设"职业素养与项目管理"课程。学院与新东方（南京）学校、江苏汇鸿国际集团中天控股有限公司等 3 个单位合作建立实习就业基地；与侵华日军南京大屠杀纪念馆合作建设研究生工作站，使校外教学实习基地增加到 14 个（含海外教学实习基地 2 个）。

暑期选派 14 名英语教师赴英国考文垂大学接受学术英语（EAP）教学法培训。教师胡苑艳在第八届"外教社"杯全国高校外语教学大赛中获江苏省赛区一等奖。学生在省级以上各类外语技能竞赛中获奖人次达到 45 人次。学院举办了第二届"舜禹杯"日语翻译竞赛暨学术研讨会，收到来自江苏省 27 所高校的有效参赛稿件共计 420 篇。

ESP 课程群编写教材《农科学术英语阅读教程》获批全国高等农林院校"十三五"规划教材项目。《新思路英语写作教程》和《中日新闻译写》两本教材获签出版协议。6 项校级教改课题结项，16 项教学相关的项目获得立项。发表教学科研论文 17 篇。实验中心投入资金 25 万元，完成 1 间云媒体语音教学实验室改造。成功申报全国大学英语四、六级口语考试南京农业大学考点。

新增科研项目 34 个，其中国家社会科学基金后期资助项目 1 项，教育部人文社科规划项目 1 项，江苏省教育厅高校哲学社会科学项目 3 项，江苏省社会科学应用研究精品工程外语类课题 2 项，横向项目 2 项，到账科研经费共计 80.6 万元。共发表第一作者学术论文 34 篇，其中 CSSCI 论文 4 篇；此外，发表在《中国社会科学报》《学习时报》《中国外文局中国翻译研究院内参》各 1 篇。

邀请国内知名专家讲学 6 次，派出教师参加国内各类学术会议 54 人次；出国进修半年及以上 3 人次；邀请英国、美国等境外专家来学院讲学 13 人次。学院与日本北陆大学签署"2＋2"联合培养协议；与澳大利亚麦考瑞大学、考文垂大学开展课程对接，推进"2＋2"与"1＋1"联合培养项目。与北海道大学初步达成合作协议。71 名学生参加各类长短期出国交流项目。继续引进雷丁大学亨利商学院 Business Communication & Negotiation 课程，与佐治亚州立大学共同建设"技术传播"类课程。

【第四届全国公示语翻译研讨会】9 月 22～24 日，第四届全国公示语翻译研讨会暨《公共服务领域英文译写规范》国家标准推广高端论坛在南京农业大学举行。来自学术界以及政府、标识行业、翻译公司和行业用户代表 80 余人围绕如何宣传推广国家标准和如何进一步规范公示语翻译进行了 12 场大会发言、1 个政产学研圆桌论坛会议和 3 场分论坛交流。本次研讨会暨高端论坛的主题是"语言服务、标准规范、外语政策",主要议题包括公示语翻译与中国文化"走出去"、国家外语能力、外语教育政策、"一带一路"倡议下的语言服务、国家标准与行业标准、政府规范和行业自律、公示语翻译规范化与术语化、公示语翻译实践与ESP 教学、公示语翻译与经济可持续发展等。

【全国高等农林院校外语教学研究会年会】11 月 25～26 日,"全国高等农林院校外语教学研究会年会"在学校举行,来自全国 20 余所农林院校外国语学院的院长、专家和教师代表参加了此次年会。会议邀请"长江学者"黄国文教授和英国考文垂大学人文学院副院长 Marina Orsini Jones 博士分别作题为《生态语言学的目标和研究途径》及 *Communication Competence for the 21th Century* 的报告。会议期间,还举办了第二届全国高等农林院校青年教师英语讲课大赛。

【外国文学、比较文学、跨文化研究高层论坛】12 月 23 日,外国文学、比较文学、跨文化研究高层论坛在学校举行,参加此次论坛的有浙江大学教授聂珍钊、东北师范大学教授刘建军、南京大学教授杨金才、《外国文学研究》主编苏晖教授、华中师范大学教授罗良功、教育部首批"青年长江学者"尚必武教授以及外国语学院中青年骨干教师和研究生代表。教授聂珍钊、刘建军、苏晖、罗良功、尚必武作了相关报告。

【承办第二届江苏省"舜禹杯"日语翻译竞赛颁奖仪式暨学术研讨会】5 月 13～14 日,由中国日语教学研究会、江苏分会、江苏省舜禹信息技术有限公司共同主办,南京农业大学承办的第二届江苏省"舜禹杯"日语翻译竞赛颁奖式暨学术研讨会在学校举行。副校长陈发棣、中国日语教学研究会会长周异夫、大连大学副校长宋协毅、江苏分会副会长周浩、学院副院长曹新宇、新世界教育集团副总裁樱花国际日语首席运营官朱伟文先生等出席开幕式。同传专家宋协毅教授作题为《新時代の通訳・同時通訳教学の探索》的报告。上海杉达学院副院长、村上春树研究中心主任施小炜及国际交流基金北京日本文化中心日本语高级专家王崇梁分别作了题为《情報ビッグバン時代に於ける日本文学翻訳》和《実際のコミュニケーションの特徴を考える》的主题发言。

(撰稿:钱正霖　桂雨薇　贾　雯　审稿:韩纪琴　曹新宇　审核:韩　梅)

金融学院

【概况】学院设有金融学、会计学和投资学 3 个本科专业。其中,江苏省品牌专业金融学和江苏省特色专业会计学均于 2012 年成为江苏省重点建设专业。学院拥有金融学博士、金融学硕士、会计学硕士、金融硕士(MF)、会计硕士(MPAcc)构成的研究生培养体系,1 个省级金融学科综合训练中心,以及江苏省哲学社会科学重点研究基地、江苏农村金融发展研究中心、区域经济与金融研究中心、财政金融研究中心、南京农业大学农业保险研究所 5 个科学研究中心。

现有教职员工 40 人(新增 1 人)。专任教师 31 人(新增 1 人)中,教授 10 人(新增 2人),副教授 13 人(新增 3 人),讲师 8 人;博士生导师 7 人,硕士生导师 66 人(校内 15人,校外 51 人)。专业硕士的培养管理实行"双导师"制,聘任第二批 12 名来自金融和会计行业的企业家、专家等担任校外指导教师。教师中,1 人获得南京农业大学"大北农青年学者"奖、1 人被评为南京农业大学优秀教师、1 人被评为校优秀教育管理工作者。

全日制在校学生 1 165 人，其中，本科生 878 人、硕士研究生 271 人、博士研究生 16 人。2017 届毕业学生共计 442 人，其中，本科生 282 人，年终就业率 95.04%；硕士研究生 153 人，年终就业率 98.13%；博士研究生 7 人，年终就业率 100%。

获得立项科研经费 170 万元。新增科研项目 27 项，其中，教育部人文社会科学研究一般项目 1 项，其他省部级科研项目 12 项。在研国家社会科学与自然科学基金项目共计 13 项，省部级项目 20 项。教师共发表论文 68 篇，其中，南京农业大学人文社科核心期刊论文 36 篇；出版专著 3 部；荣获江苏省教育科学研究成果奖 2 项，江苏省"社科应用研究精品工程"一等奖 2 项。

共有在研教学改革与教学研究课题 10 项（新增 1 项校级教改课题）；3 项校级教学改革与教学研究课题顺利结题，其中 1 项获评优秀；新增 2 项"卓越教学"课堂教学改革实践项目，2 项校级创新性实验实践教学项目。本年度，金融学被批准为南京农业大学校级品牌专业；金融学、会计学和投资学 3 个课程（群）教学团队获批建设；学院教师在教育核心期刊上发表教学研究论文 2 篇；2 项教学成果分别获得南京农业大学教学成果奖一等奖和二等奖。学院组织申报的精品在线开放课程基础会计学和财务管理学获批立项，并完成视频录制工作；《贷款买房——我们到底交了多少利息》《基础会计学》2 门微课作品参加南京农业大学第三届微课教学比赛并荣获二等奖、三等奖，其中，《贷款买房——我们到底交了多少利息》微课作品荣获 2017 年江苏省高等学校微课教学比赛三等奖。江苏省高等学校重点教材《金融学》《中级财务会计》入选农业部"十三五"规划教材，《中级财务会计》于 2017 年 7 月正式出版；特色教材《农村金融学（第二版）》出版；组建团队启动新编特色教材《农业与农村保险学》。

新增国家大学生创新性实验计划项目 3 项，江苏省大学生实践创新训练计划项目 7 项，校级 SRT 项目 23 项，院级 2 项；同时，对 2016 年立项的 38 项 SRT 项目进行了结题验收，参与项目的学生公开发表学术论文 16 篇。

【加快人才引进，提升青年教师教研水平】加快高层次人才引进，建立与国外高校合作研究平台。聘任美国代顿大学教授张霆、梅西大学教授迟晶，开展授课与学术交流；完成 1 位浙江大学应届博士生直聘副教授的工作，1 位新进教师的入职办理；与美国纽约福特汉姆（Fordham）大学加贝利（Gabelli）商学院签订合作备忘录和国际商务桥梁项目补充协议，加深与梅西大学经济与金融学院的合作。通过实行"一对一"导师制度、开展青年教师学术沙龙、资助新教师科研课题启动经费、组织科研项目申请辅导报告、鼓励出国进修访学等多种形式，推动学院青年教师教学与研究水平提升。派出 1 名青年骨干教师前往英国华威大学进行为期一年的访学交流，1 名教师完成澳大利亚维多利亚大学一年的访学，选派 13 人次教师参加国内进修和培训。

【推动学术参与，打造精品学术活动项目】共举办专家学术报告 20 场、研究生学术报告 11 场、实地参观调研 2 场、学术技能培训 9 场，600 余人次本科生、1 500 余人次研究生参与其中。学院组织精品学术活动项目的申报。"财务分析经典方法探讨之杜邦分析应用"被评为优秀研究生精品学术沙龙；"农村金融研究生精品学术创新"论坛、"新常态下商业模式探索与创新"沙龙、"财务分析经典方法探讨之杜邦分析应用"沙龙继续获得学校研究生工作部资助。

【开展学科竞赛，培养创新创意创业人才】共开展 IMA 校园管理会计案例大赛、ERP 模拟沙盘对抗赛、"创业之星"网络模拟运营赛、模拟股市大赛、计量软件应用大赛等院校级学科竞赛 8 场，参与学生 1 500 余人次。获第四届大学生自然科学知识竞赛省级特等奖、第 13 届"新道杯"沙盘模拟经营大赛省级一等奖、第七届 IMA 校园管理会计案例大赛省级三等奖，学生共计获得国家级荣誉 11 人次、省级荣誉 64 人次。

【拓宽教育视野，再创毕业生出国率新高】国际交流协会开展英语角、四六级交流会、留学访学经验分享会等活动近 10 场；27 名学生成功获批参加留学基金管理委员会、省教育厅和学校国际交流项目，前往美国、英国、韩国等国家知名学府进行学习交流；本科毕业生出国率连续 3 年保持超过 2% 的增长率，出国升学率 21.99%，位列第一。部分毕业生进入伦敦大学、纽约大学、悉尼大学以及香港中文大学等世界排名前 50 的顶尖名校深造。

（撰稿：李路轩　审稿：李日葵　审核：张　丽）

马克思主义学院

【概况】2017 年 10 月 17 日，学校成立马克思主义学院（党发〔2017〕59 号），与政治学院 1 个机构、2 块牌子。学院是教学科研并重的二级学院，设有道德与法教研室、马克思主义原理教研室、近现代史教研室、中国特色社会主义理论教研室、科技哲学（研究生政治理论课）教研室 5 个基本教学研究机构，承担全校本科生、研究生的思想政治理论课教学与研究工作。学院现有哲学一级学科硕士学位授权点、马克思主义基本原理和思想政治教育 2 个二级学科硕士学位授权点。学院现有 2 个校级研究中心：马克思主义理论研究中心和科技与社会研究中心，1 个院级研究中心：农村政治文明研究中心。

现有教职员工 29 人，其中，专任教师 27 人，专职行政人员 2 人。在专任教师中，教授 3 人，副教授 14 人，讲师 11 人。具有博士学位 17 人，占专任教师总数的 63%；硕士和学士均为 5 人，各占教师总数的 18.5%。新进教师 1 人，退休 1 人。

学院成功举办第七届"思·正"杯"讲国史·铸国魂"暨纪念伟人邓小平历史知识演讲比赛和第五届"思·正"杯"中国梦·富强梦"主题演讲比赛，参加学生 400 余人次。加大思想政治理论课实践教学的改革力度，增加实践学分，制订《思想政治理论课实践教学大纲》图册。本图册即为中国近现代史纲要（以下简称《纲要》）课程实践教学改革创新部分成果的集中展示。

举办"思正学术"论坛 6 期，先后邀请 8 位国内外学者讲座；教师参加各类学术研讨会 20 人次，开展社会调研 45 人次；组织 20 位教师参加江苏省思政课暑期全员培训班、4 位教师参加教育部思政课骨干研究班学习；校际交流 5 次；2 位教师分别获得校优秀教学奖、教学质量优秀奖。

教师校学术榜论文发表 8 篇，全年发表论文 25 篇，出版专著 1 部。立项课题共 15 项，到账总经费 88.5 万元，其中，国家社会科学基金 1 项，省部级 5 项。获奖 6 项，其中江苏省社科应用研究精品工程奖二等奖 1 项，全国高等农林院校学科及课程建设年会优秀论文一等奖 2 项、二等奖 2 项，首届全国高等农林院校思政课研讨会优秀微课教学展示特等奖 1 项（与工学院合作）。

研究生培养。学生全年发表论文 15 篇，北京大学中文核心期刊上发表论文 3 篇。举办"思正沙龙"6 场、"思正论坛"6 场，参加研究生近 300 人次。组织研究生假期社会调研 30

人次。

【落实教育部《2017 年高校思政课教学质量年专项工作总体方案》】 教育部将 2017 年定为思政课教学质量年。学院组织全体教师认真研习《质量年工作总方案》，完成《南京农业大学思政课质量年专项工作具体实施办法》，并配合教育部专家完成学校思政课"飞行听课"任务。

【博士点申报获得阶段性成果】 学院组建申报团队，按照国务院学位委员会办公室要求，申报哲学一级学科博士点最终通过江苏省学位委员会办公室评审，进入最后一轮即国务院学位委员会办公室的审核阶段。这是学校本次申报中唯一通过省学位委员会办公室审核的文科学科。

（撰稿：李　琴　审稿：余林媛　审核：张　丽）

体　育　部

【概况】 体育部设有党总支、办公室、教学科研部、群体部、运动训练部、高水平运动队团总支和体育与健康研究所。现有在职职工 41 人，其中副教授 14 人，讲师 14 人，助教 6 人，行政管理及教辅 7 人，担负着全校近 1.6 万余名学生的体育教学、群体活动、运动训练、运动竞赛以及《国家学生体质健康标准》测试等工作。

体育是学校教育与人才培养的重要组成部分，学校体育工作秉承学校办学特色，坚持立足教会每位学生一项技能，形成一项体育爱好、特长和终身锻炼的健康理念。建立学校体育教育的"一体化　三结合"模式，切实提高学生体质，增强学生体魄，培养学生体育锻炼的习惯，努力打造"奋进、健康、合作、快乐"的校园体育文化氛围。

目前，有女子排球队、武术队、网球队 3 支高水平运动队。业余队有足球、篮球、跆拳道、田径、舞龙队、定向越野队、游泳队等。

广泛开展校内群体活动。大一上半年统一出早操，下半年采用晨跑的形式替代广播操，并将 APP 技术融入早锻炼管理，每学期早锻炼的学生有 3 200 多人；举办第 45 届运动会，6 000 多人次参加运动会 6 个项目的比赛。还举办了 4 月男女篮球、5 月排球、6 月啦啦操、第 12 届体育文化节、11 月校田径运动会、12 月足球等比赛项目。

8 月，获国家体育总局颁发的"2013—2016 年度群众体育先进单位"称号。9 月，获中华人民共和国第 13 届学生运动会组织委员会颁发的"校长杯"。

【高水平运动队竞赛】 女排参加 2017—2018 年中国大学生排球联赛，获（南方赛区）第三名，获得进入总决赛资格，由徐野指导；网球队参加江苏省第 19 届运动会高校组网球比赛（高水平组）获得男子、女子团体第一，男子单打第一，男子双打第二，女子单打第一，女子单打第五，女子双打第一，混合双打第二，由王帅指导；武术队参加了全国第 13 届大学生运动会，入选 5 名队员。分别为张丹妮、赵静文、张露馨、王晶晶、任铭宇，共获得团体总分 81 分；10 月，参加江苏省第 19 届运动会高校部（高水平组）武术比赛，获得团体总分 147 分，由白茂强指导。

【普通生运动队竞赛】 篮球队参加江苏省第 19 届运动会高校组甲 B 篮球赛预赛，女子篮球队获得第一名；7月，获得江苏省第19届运动会高校组甲B女子组篮球赛决赛第三名，并被评为道德风尚奖，由杨春莉指导。男子篮球队获得江苏省第19届运动会高校组甲B篮球赛预赛第三名；7月，获得江苏省第19届运动会高校组甲B男子组篮球赛决赛第七名，由段海庆指导。健美操队参加江苏省第19届高校组健美操比赛，获得11分，团体第十一，由于阳露指导。田径队5月参加南京市高校组田径比赛获得两金、四铜；7月，参加2017年华东区农林院校田径锦标赛普通生组，获得一金、两银、五铜，由管月泉、孙雅薇指导。足球队参加江苏省第19届运动会高校组足球比赛（预赛），分别获得男子组第一名、女子组第九名；参加江苏省第19届运动会高校组足球比赛（决赛）分别获得男子组第五名、女子组第九名，由卢茂春指导；舞龙舞狮队获得第八届江苏省大学生舞龙舞狮精英赛普通生组全能银奖、传统第一名，由孙建指导。

（撰稿：耿文光　陆春红　审核：许再银　审核：张　丽）